数据要素丛书

A COMPREHENSIVE GUIDE TO DATA ASSETIZATION

一本书讲透数据资产化

数据资产确权、入表、评估、管理与变现

秦璇 魏伟 易晓峰 周舸 ◎ 著

机械工业出版社
CHINA MACHINE PRESS

图书在版编目（CIP）数据

一本书讲透数据资产化：数据资产确权、入表、评估、管理与变现 / 秦璇等著 . -- 北京：机械工业出版社，2025.7. -- （数据要素丛书）. -- ISBN 978-7-111-78530-9

I. F272.7

中国国家版本馆 CIP 数据核字第 2025AB3640 号

机械工业出版社（北京市百万庄大街 22 号　邮政编码 100037）
策划编辑：杨福川　　　　　　　　责任编辑：杨福川　董惠芝
责任校对：王文凭　李可意　景　飞　责任印制：李　昂
涿州市京南印刷厂印刷
2025 年 7 月第 1 版第 1 次印刷
170mm×230mm・27.5 印张・3 插页・416 千字
标准书号：ISBN 978-7-111-78530-9
定价：129.00 元

电话服务　　　　　　　　　网络服务
客服电话：010-88361066　　机 工 官 网：www.cmpbook.com
　　　　　010-88379833　　机 工 官 博：weibo.com/cmp1952
　　　　　010-68326294　　金 书 网：www.golden-book.com
封底无防伪标均为盗版　　　机工教育服务网：www.cmpedu.com

推荐序

蓦然之间，人类社会进入了数字时代，虚实相映、数实融合，算法、算力和数据一跃成为支撑社会运行的三大支柱。其中，数据作为最活跃的要素，无时无刻不处于幂级膨胀之中。在数字时代，数据不再只是生产和服务的工具，而被视为一种可创造经济价值和社会价值的资产。尽管数据蕴含着巨大的价值，但要将数据转化为真正的资产，必须经过合规化、标准化和增值化的过程。这不仅需要技术和制度的支持，也需要清晰的战略规划和思维转变。正因为如此，数据资产化的理念逐步成为推动企业创新的重要引擎。如何通过系统的管理、精准的挖掘和灵活的应用，使数据价值释放变得更加有序、可持续、高效，是企业及整个社会面临的重要挑战。

数据资产化是一套跨学科的创新思维与方法体系，它涉及数据的确权、管理、流通、变现等多个环节，并且每一个环节都充满了挑战。很高兴看到秦璇博士团队迎难而上，融汇多年的思考和探索于书中，与大家共同探讨如何在数字经济背景下抓住数据资产化机遇，驱动数据创造价值。从内容结构来看，本书首先为读者系统梳理了数据资产化的理论框架。无论是从数据资产化的源起和内涵出发，还是对数据资产的特性与分类进行细致分析，都是高效推广数据资产化的重要理论基础。

随着数据的价值日益凸显，全球范围内的政策环境和技术背景也在发生深刻的变化。我国将数据要素纳入国家发展战略，关于数据要素的顶层制度设计在数据资产化中发挥着引领作用。对于数据资产化来说，财政部出台了数据资产入表与数据资产管理的系列制度文件，快速推动了数据资产化的实践进程。全方位认识数据资产化的发展条件是把握数据资产化发展方向、认识数据资产化发展规律的重要手段。本书从政策环境、经济形势、社会基础和技术背景等多个角度入手，生动展示了数据作为新型生产要素在推动经济社会发展的重要作用。

在明确了数据资产化的基本框架与发展条件后，如何打造覆盖数据资产形成、管理和变现全链路的实践路径，成为本书的核心内容。沿着数据资产化的全链路，本书系统地介绍了数据资产战略规划、确认、登记、入表、评估、使用管理、安全管理等环节的实践流程，并提炼了主流的数据资产商业模式、价值实现路径和开发利用模式。这些内容为从事数据资产管理、运营和应用的读者提供了较为实用的操作指南，为企业在复杂的市场和技术环境中有效开展数据资产化提供了可参考的分析框架和方法体系。

总的来说，本书清晰完整地展现了数据资产化的全过程，为读者提供了一次深入理解数据资产化的契机，系统回应了在实务中普遍关心的数据资产管理问题，是数据资产化从理念创新走向广泛应用的一个见证。让我们共同把握数据资产化的航向，在数字经济浪潮中笃行致远，惟实励新！

方军雄

浙江财经大学会计学院院长、教授、博士生导师

前言

为什么要写本书

数据已然成为继土地、劳动力、资本、技术之后的第五大生产要素，在全球经济中扮演着越来越重要的角色。随着我国数据要素市场化配置改革的深入，数据价值在全社会有序流动的格局逐渐形成，数据要素价值体系日益成熟和丰富，数据逐步成为兼具法律和经济属性的重要资产。无论是企业运营、产业链协同，还是宏观经济治理，都离不开对数据资源的开发利用和价值挖掘。在此过程中，数据资产化以全新的管理视角和方法体系，全面融入数据要素市场建设浪潮，有力回应了数字经济发展对数据资源有效供给和数据资产规范管理的迫切需求。

当今世界正进入数字经济的深水区，数据资产化在提升数据资产管理水平、完善数据资产价值实现路径、发挥数据资产战略价值等方面扮演着重要角色，并对数据资产合规化、标准化、增值化服务提出了更高要求。与此同时，数据资产化在操作上的复杂性和理解上的模糊性，值得我们深入思考并展开全面讨论。许多企业在尝试数据资产化的过程中面临概念理解模糊、缺乏实践指导的典型困境。国家政策和监管的推进速度与企业数据资产化能力建设之间存在显著差距。鉴于市场上关于数据资产化的书籍相对缺乏且内容分散，我们编写了这本书。本书旨在为企业提供全面的数据资产化知识体系和全景式的实践指南，帮助企业理解数据资产化的本质、意义与发展路径，推动企业数据资产化的长期可持续发展。

我们希望通过本书解答以下问题。

- ❏ 什么是数据资产化？
- ❏ 为什么要开展数据资产化？
- ❏ 数据资产化给企业带来哪些方面的影响？
- ❏ 数据资产化的发展历程和发展条件有哪些？
- ❏ 数据资产化会面临哪些挑战？如何应对？
- ❏ 数据资产化如何塑造数据资产相关权益？
- ❏ 数据资产化与数据要素市场的关系是什么？
- ❏ 数据资产化包含哪些数据资产管理流程？
- ❏ 数据资产化如何推动数据资产价值实现？
- ❏ 数据资产化可能引发哪些未来变革？

读者对象

本书主要面向企业管理人员、会计人员、法律人员、信息技术人员、相关领域的学者以及对数据资产化这一话题感兴趣的读者，特别适合 CEO（首席执行官）、CFO（首席财务官）、CDO（首席数据官）、IT 总监、IT 经理、财务经理、数据管理员等人员阅读。

本书特色

本书围绕数据资产化这一主题，建立了涵盖经济、法律、管理、计算机等跨学科的知识体系，力图为读者提供全面而深刻的理论框架和实践指导。本书具有以下特色。

- ❏ 系统性：本书构建了一个完整的数据资产化知识体系，涵盖从基本概念到实际操作的全流程。内容结构清晰，从数据资产化的定义与背景入手，延展至战略规划、入表流程、管理体系、价值实现及未来发展趋势，全面呈现了数据资产化的各个关键环节。此外，本书还通过多层次视角探讨了数据资产在组织管理、政策支持和技术赋能等方面的联动作用，使读者能够形成对数据资产化的系统认知。
- ☐ 实用性：本书注重理论与实践的结合，提供多维度的操作指导。通过丰富的实践案例、工具方法和操作流程，本书逐一讲解数据资产化的关键业务环节，帮助读者将理论转化为可操作的实践方案。无论是企业开展数据资产管理，还是相关从业者参与数据要素市场建设，都能从本书中找到实用的解决思路。
- ☐ 前沿性：数据资产化是当前数字经济发展的热点议题，本书紧扣政策前沿与技术趋势，分析国家政策的实施影响，并探讨人工智能、大数据等新技术对数据资产化的推动作用。本书总结了国内外数据资产化实践中的典型案例，为读者展现了这一领域的最新进展和未来可能的演变方向。

如何阅读本书

本书分为四大部分，共 15 章，全面讲解了数据资产化的概念框架、理论方法、技术路径和实操方法，涵盖数据资产化的全部核心环节。

第一部分　数据资产化的理论框架（第 1～3 章）

深入分析数据资产化的概念内涵、发展条件、面临的挑战及应对方案，为读者提供理解和开展数据资产化工作的理论支点，并全景展示数据资产化的丰富内涵。

第二部分　数据资产形成（第 4～7 章）

详细阐述数据资产战略管理模型的构成与应用方法，详细说明数据资产确认、登记和入表业务的制度要求、理论体系和操作流程，帮助读者理解数据如何被企业内化为资产。

第三部分　数据资产管理（第 8～11 章）

系统讲解包括数据资产质量评价、价值评估、使用管理、安全管理在内的数据资产管理体系，帮助读者建立对数据资产管理体系的深刻认识并了解实践路径。

第四部分　数据资产变现（第 12～15 章）

全面剖析数据资产的商业模式、价值实现路径和模式、开发利用的行业实践，并讨论数据资产的发展前景，为读者提供数据资产化的全景指南。

勘误和支持

由于作者水平有限，加之数据资产领域的知识和应用更新迅速，书中难免出现一些错误或不够准确的地方，对此我们深表歉意，并恳请广大读者批评指正，以便我们不断完善和提升。

如果你对本书有任何意见和建议，请通过邮箱 dataassetazation@163.com 联系我们，期待得到你的宝贵反馈。

致谢

本书的撰写得到了众多业内人士和专家学者的大力支持与帮助，对此我们表示衷心感谢。

特别感谢林梓瀚先生，他对本书提出了诸多宝贵意见，帮助我们切实提高了内容质量。感谢在数据要素领域做出杰出贡献的专家学者和从业人士，他们的研究成果和理论观点为本书提供了坚实的理论基础和丰富的实践案例。此外，向众多因数据资产化与我们展开交流合作的前辈同人表示诚挚谢意，他们的精彩观点给我们带来了灵感启发，也赋予了我们传递这些观点的动力。

我们深知，一本书是一段与读者同行的旅程。衷心希望这本书的出版能给读者带来有价值的启发和实用的指导，成为大家理解并实践数据资产化的有力助手。同时，我们期待通过这本书与读者建立更紧密的联系，与志同道合的朋友携手探索数据资产化的未来发展之路。

最后，感谢所有给予我们支持和信任的人。正是他们的信任和期待推动我们完成了这本书的创作，也激励着我们在未来的旅途中继续努力，共同创造数据资产化的美好前景！

目录

推荐序

前言

第一部分　数据资产化的理论框架

第1章　全面认识数据资产与数据资产化

1.1 什么是数据资产化	2
1.1.1 数据的价值	3
1.1.2 数据资产化的出现	5
1.1.3 数据资产化的内涵	8
1.2 数据资产概念辨析	21
1.2.1 数据资产的基本定义	21
1.2.2 数据产品与数据资产的关系	23
1.2.3 数据资本与数据资产的关系	24
1.3 数据资产的基本特征	25
1.3.1 非实体性	26
1.3.2 依托性	26
1.3.3 多样性	27
1.3.4 价值易变性	28
1.3.5 可加工性	29
1.4 数据资产的分类	29

1.5 数据资产化的历史演进 31
 1.5.1 信息时代 32
 1.5.2 大数据时代 34
 1.5.3 数据资产时代 35
1.6 本章小结 38

第2章 数据资产化的发展条件

2.1 政策环境 39
 2.1.1 数据要素成为全球数字经济发展与国际竞争的焦点 41
 2.1.2 数据要素市场化配置改革融入国家发展战略 42
 2.1.3 地方加快完善数据资源体系 44
 2.1.4 数据资产的顶层架构逐步成形 45
2.2 经济形势 47
 2.2.1 世界经济发展整体乏力 47
 2.2.2 新质生产力需求显现 49
 2.2.3 生产关系与经济结构变化 51
2.3 社会基础 53
 2.3.1 社会发展迎来新动能 54
 2.3.2 数字时代的社会变迁 56
 2.3.3 数字社会建设凸显数据价值 58
2.4 技术背景 61
 2.4.1 新型生产力快速普及 62
 2.4.2 新技术牵引效应显著 63
2.5 本章小结 67

第3章 数据资产化面临的挑战及其应对方案

3.1 数据资源获取的挑战及其应对方案 69
 3.1.1 数据积累不足 71

  3.1.2 数据孤岛问题 72
  3.1.3 数据多源异构 74
 3.2 数据资产形成的挑战及其应对方案 76
  3.2.1 数据资产确认方面的问题 76
  3.2.2 数据资产评估方面的问题 78
  3.2.3 数据资产入表方面的问题 80
 3.3 数据资产管理的挑战及其应对方案 82
  3.3.1 数据安全和隐私保护方面的问题 82
  3.3.2 数据使用与控制方面的问题 85
  3.3.3 数据合规与风险管理方面的问题 87
 3.4 数据资产变现的挑战及其应对方案 89
  3.4.1 商业模式方面的问题 89
  3.4.2 市场需求方面的问题 92
  3.4.3 基础条件方面的问题 93
 3.5 本章小结 95

第二部分　数据资产形成

|第 4 章|　数据资产战略管理模型

 4.1 使能层：如何制定战略规划 98
  4.1.1 数据资产战略规划分析 100
  4.1.2 数据资产战略体系 102
 4.2 执行层：如何组织战略实施 107
  4.2.1 明确数据资产形成路径 107
  4.2.2 构建数据资产管理体系 115
  4.2.3 推动数据资产价值实现 119
 4.3 支撑层：如何保障战略落地 126
  4.3.1 夯实数字化转型基础 127

4.3.2　强化战略支撑体系　　　　　　　　　　　131
　4.4　本章小结　　　　　　　　　　　　　　　　　134

第 5 章　数据资产确认

　5.1　数据产权的相关理论　　　　　　　　　　　136
　　　5.1.1　新型权利论　　　　　　　　　　　　136
　　　5.1.2　权利束理论　　　　　　　　　　　　137
　　　5.1.3　数据三权分置　　　　　　　　　　　138
　　　5.1.4　数据产权争议来源　　　　　　　　　140
　5.2　数据产权的法律依据　　　　　　　　　　　142
　　　5.2.1　欧盟立法的权属规则　　　　　　　　142
　　　5.2.2　美国立法的权属规则　　　　　　　　143
　　　5.2.3　日本立法的权属规则　　　　　　　　144
　5.3　数据资产确认原则　　　　　　　　　　　　145
　　　5.3.1　确保数据来源合法合规　　　　　　　145
　　　5.3.2　确保数据可价值化　　　　　　　　　146
　　　5.3.3　确保数据的可用性　　　　　　　　　147
　5.4　数据资源识别　　　　　　　　　　　　　　147
　　　5.4.1　数据资源识别要素分析　　　　　　　147
　　　5.4.2　数据资源识别流程　　　　　　　　　151
　5.5　数据资产的会计确认与盘点　　　　　　　　153
　　　5.5.1　数据资产的会计确认条件　　　　　　153
　　　5.5.2　数据资产盘点流程　　　　　　　　　157
　　　5.5.3　数据资产确认的整体流程　　　　　　158
　5.6　本章小结　　　　　　　　　　　　　　　　160

第 6 章　数据资产登记

　6.1　数据资产登记的概念与意义　　　　　　　　161
　　　6.1.1　数据资产登记的概念　　　　　　　　161

		6.1.2	数据资产登记的意义	166
	6.2	数据资产登记的实践现状		167
		6.2.1	数据资产登记制度	167
		6.2.2	数据资产登记业务	170
		6.2.3	数据资产登记模式	172
	6.3	数据资产登记的实践内容		174
		6.3.1	数据资产登记对象	174
		6.3.2	数据资产登记内容	176
		6.3.3	数据资产登记主体	177
		6.3.4	数据资产登记凭证	178
		6.3.5	数据资产登记效力	178
		6.3.6	数据资产登记流程	182
	6.4	数据资产登记面临的问题		186
		6.4.1	过度登记现象较为突出	186
		6.4.2	数据产权登记的权威性有待提升	187
	6.5	数据资产登记的发展建议		188
		6.5.1	加强相关法律法规建设	188
		6.5.2	完善数据治理社会保障服务体系	188
		6.5.3	推进数据产权登记统筹建设	189
	6.6	本章小结		190

| 第 7 章 | 数据资产入表 |

	7.1	数据资产入表的概念		191
	7.2	数据资产入表的意义		193
		7.2.1	统筹数据资产化进程	194
		7.2.2	支持数据产业做强做大	194
		7.2.3	优化数据资产价值版图	195
	7.3	数据资产入表的前提条件		196

XIII

		7.3.1 明确数据资产入表的规范要求	196
		7.3.2 构建数据资产入表的整体链路	203
	7.4	数据资产入表的步骤	205
		7.4.1 梳理数据资源价值链	206
		7.4.2 成本归集与分摊	208
		7.4.3 开展会计处理	209
		7.4.4 列示与披露	211
	7.5	数据资产入表现状分析	211
		7.5.1 数据资产入表的实践情况	211
		7.5.2 数据资产入表的现实挑战	214
	7.6	本章小结	215

第三部分　数据资产管理

|第 8 章| 数据资产质量评价

8.1	数据资产质量评价的目的和意义		218
8.2	数据资产质量评价的指标体系		219
	8.2.1	数据资产的准确性评价	220
	8.2.2	数据资产的一致性评价	221
	8.2.3	数据资产的完整性评价	221
	8.2.4	数据资产的规范性评价	222
	8.2.5	数据资产的时效性评价	223
	8.2.6	数据资产的可访问性评价	223
	8.2.7	数据资产质量评价指标计算	224
8.3	数据资产质量评价的方法和流程		225
	8.3.1	数据资产质量评价的方法	225
	8.3.2	数据资产质量评价的流程	231
8.4	数据资产质量评价的技术与工具		235

  8.4.1　数据资产质量评价的技术　235

  8.4.2　数据资产质量评价的工具　237

 8.5　数据资产质量评价面临的挑战及其应对策略　240

  8.5.1　数据标准方面　240

  8.5.2　数据关系方面　241

  8.5.3　数据质量评价科学性方面　241

  8.5.4　数据处理技术方面　242

  8.5.5　数据资产管理意识方面　242

 8.6　本章小结　243

| 第 9 章 | 数据资产价值评估

 9.1　数据资产价值评估的意义　245

  9.1.1　对数据要素市场的意义　245

  9.1.2　对企业的意义　246

 9.2　数据资产价值评估的理论体系　248

  9.2.1　分析数据资产的价值构成　248

  9.2.2　确定数据资产价值评估指标体系　250

  9.2.3　搭建数据资产价值评估模型　254

 9.3　数据资产价值评估流程　255

  9.3.1　识别评估目的　256

  9.3.2　分析评估对象　257

  9.3.3　获取评估要素　258

  9.3.4　选择评估方法　260

  9.3.5　管理评估结果　265

 9.4　数据资产价值评估的实践研究　266

 9.5　数据资产价值评估面临的挑战　267

  9.5.1　资产特征方面　269

  9.5.2　评估方法方面　269

XV

9.5.3　安全合规方面　270
9.5.4　市场需求方面　271
9.6　本章小结　272

第 10 章　数据资产使用管理

10.1　数据资产使用管理概述　274
　　10.1.1　数据资产使用管理的内涵　274
　　10.1.2　数据资产使用管理的意义　275
10.2　数据资产分类分级管理　275
　　10.2.1　数据资产分类分级的制度建设　276
　　10.2.2　数据资产分类分级的主要形式　279
　　10.2.3　数据资产分类分级管理的流程　281
10.3　数据资产使用权限管理　282
　　10.3.1　数据资产使用权限管理的核心原则　283
　　10.3.2　多层次的权限管理框架　283
　　10.3.3　动态权限管理与监控审计　284
10.4　数据资产流通管理　285
　　10.4.1　流通策略　286
　　10.4.2　流通模式　287
　　10.4.3　流通工具与技术支持　289
10.5　数据资产更新、维护与处置　291
　　10.5.1　数据资产更新与维护　291
　　10.5.2　数据资产处置　295
10.6　数据资产合规管理　301
　　10.6.1　个人数据处理要求　302
　　10.6.2　数据流通交易合规要求　305
　　10.6.3　数据经营合规要求　306
10.7　本章小结　306

第 11 章 数据资产安全管理

- 11.1 数据资产安全概述 308
  - 11.1.1 数据资产安全概念 308
  - 11.1.2 数据资产安全体系 312
- 11.2 数据资产安全管理机制 313
  - 11.2.1 分类分级保护 313
  - 11.2.2 数据加密与脱敏 314
  - 11.2.3 数据资产安全评估 316
  - 11.2.4 备份与应急响应 319
  - 11.2.5 安全合规运营 320
- 11.3 数据资产安全保护技术 321
  - 11.3.1 数据资产安全保护技术类别 321
  - 11.3.2 常用数据资产保护技术 323
- 11.4 本章小结 326

第四部分 数据资产变现

第 12 章 数据资产时代的商业模式

- 12.1 信息时代的传统商业模式 328
  - 12.1.1 互联网时代的商业模式 329
  - 12.1.2 移动互联网时代的商业模式 330
  - 12.1.3 云计算时代的商业模式 331
- 12.2 数据资产时代的主流商业模式 332
  - 12.2.1 数据授权运营 333
  - 12.2.2 数据流通交易 335
  - 12.2.3 数据生态系统 337
  - 12.2.4 数据跨境贸易 339
- 12.3 数据资产时代商业模式的构建要点 340

12.3.1 重要伙伴 340
12.3.2 关键业务 341
12.3.3 核心资源 344
12.3.4 客户关系 345
12.3.5 收入来源 347
12.4 本章小结 348

第 13 章 数据资产价值实现路径与模式

13.1 数据资产价值实现路径探索 349
13.1.1 数据资产价值实现的主体 349
13.1.2 数据要素价值链 351
13.1.3 相关企业价值创造核心逻辑借鉴 351
13.1.4 数据资产价值实现路径 355
13.2 数据资产价值实现模式 359
13.2.1 数据资产的直接变现模式 360
13.2.2 数据资产直接变现的难点及方法 365
13.2.3 数据资产的间接变现模式 366
13.2.4 数据资产间接变现的难点与方法 373
13.3 本章小结 374

第 14 章 数据资产开发利用的行业实践

14.1 金融行业的数据资产开发利用实践 376
14.1.1 金融行业数据资产的特点 376
14.1.2 金融行业数据资产的开发利用模式 377
14.1.3 实践案例 379
14.2 能源行业的数据资产开发利用实践 382
14.2.1 能源行业数据资产的特点 382
14.2.2 能源行业数据资产的开发利用模式 384

　　　　14.2.3　实践案例　　　　　　　　　　　　　386
　　14.3　交通行业的数据资产开发利用实践　　　　　389
　　　　14.3.1　交通行业数据资产的特点　　　　　　389
　　　　14.3.2　交通行业数据资产的开发利用模式　　390
　　　　14.3.3　实践案例　　　　　　　　　　　　　392
　　14.4　医疗健康行业的数据资产开发利用实践　　395
　　　　14.4.1　医疗健康行业数据资产的特点　　　　395
　　　　14.4.2　医疗健康行业数据资产的开发利用模式　396
　　　　14.4.3　实践案例　　　　　　　　　　　　　398
　　14.5　互联网行业的数据资产开发利用实践　　　401
　　　　14.5.1　互联网行业数据资产的特点　　　　　401
　　　　14.5.2　互联网行业数据资产的开发利用模式　403
　　　　14.5.3　实践案例　　　　　　　　　　　　　404
　　14.6　本章小结　　　　　　　　　　　　　　　406

|第 15 章| 数据资产化引领未来变革

　　15.1　经济关系变革　　　　　　　　　　　　　408
　　　　15.1.1　生产力的提升　　　　　　　　　　　408
　　　　15.1.2　生产关系的重构　　　　　　　　　　411
　　　　15.1.3　新经济形态的涌现　　　　　　　　　412
　　15.2　社会文化的变迁　　　　　　　　　　　　413
　　　　15.2.1　推动数字文化的兴起　　　　　　　　414
　　　　15.2.2　推动数据治理体系完善　　　　　　　415
　　　　15.2.3　加强数据权益保护　　　　　　　　　416
　　15.3　国际关系变局　　　　　　　　　　　　　418
　　　　15.3.1　数据主权与国际竞争　　　　　　　　418
　　　　15.3.2　国际数据合作与治理　　　　　　　　419
　　　　15.3.3　国际贸易与数字经济发展　　　　　　419
　　15.4　本章小结　　　　　　　　　　　　　　　420

| 第一部分 |
数据资产化的理论框架

第 1 章　全面认识数据资产与数据资产化
第 2 章　数据资产化的发展条件
第 3 章　数据资产化面临的挑战及其应对方案

第 1 章 | CHAPTER

全面认识数据资产与数据资产化

数字经济、数据要素、数据资产都是近年来备受关注的热门概念。如何梳理这些概念的重要内涵、把握它们之间的区别和联系是本章关注的问题。一方面，我们讨论数据资产化概念的起源，尝试回答为什么要将数据视为一种资产，并通过对数据资产化内涵的全面剖析，探讨企业需要采取哪些措施来应对这一趋势。另一方面，我们将辨析数据资产化过程中出现的不同概念，进一步讨论数据资产的基本特征、分类与历史演进，以突出数据资产的独特性和内在价值。本章还将重点分析数据资产与传统资产的异同、数据资产价值实现的重要特征，并从历史演进的视角探讨数据资产化的发展规律。总之，梳理和完善数据资产化的概念框架，有助于全面认识数据资产与数据资产化，在凝聚广泛共识的基础上推动数据资产价值的释放。

1.1 什么是数据资产化

随着互联网、5G、云计算、大数据、人工智能等新兴技术的快速发展，数字化正以不可逆转的趋势改变人类社会，深刻变革全球生产组织和贸易结构，重新定义生产力和生产关系，全面重塑城市治理模式和生活方式。与此同时，数据的资源属性和资产属性不断凸显，数据资产化对于壮大数据要素型企业队伍、发挥数字经济核心产业引擎作用、推动国民经济高质量转型具有重要意义。那么，到底什么是数据资产化？企业应该如何应对数据资产化的影响？为了回答这些问题，本节将从数据的价值与生产过程谈起，讨论数据资产化的发生背景及具体内涵，推导数据资产化的概念框架。这是我们理解数据资产和数据资产化的基础。

1.1.1　数据的价值

"数据"通常被定义为未经处理的原始形式的事实或数字。随着数字化浪潮的全面到来，数据的大量积累促进了人们对数据的重视与利用。技术、经济、社会层面涌现出一系列全面而深刻的变革，深刻影响着我们的生活方式、工作方式，乃至整个社会和经济的运行模式。数据越来越成为连接与服务国内大循环和国内国际双循环的引领性、功能性、关键性要素。在科学研究、商业决策、医疗健康、社会治理等领域，人们可以通过数据分析和挖掘，从数据中提取有价值的信息，并用其指导决策和行动。

2021 年 9 月 1 日，《中华人民共和国数据安全法》（简称《数据安全法》）正式实施，该法对数据的定义成为目前通用的论述。《数据安全法》第三条规定："本法所称数据，是指任何以电子或者其他方式对信息的记录。"从上述定义可以看出，对数据的理解离不开另一个概念——信息。按照 DIKW（数据 - 信息 - 知识 - 智慧）信息金字塔模型，信息是对数据进行加工和处理后得出的有意义的内容，能够为决策制定提供支持。继 DIKW 模型之后，有学者提出了包含"数据 - 信息 - 知识 - 决策"框架的数据金字塔模型，并将数据金字塔与数据价值链（即数据生产过程）联系起来。具体来说，数据价值链是指数据从生成到最终产生价值的整个过程，强调数据在不同环节的增值过程，通常包括数据生成和采集、数据存储和管理、数据分析、数据决策、数据应用等环节。

不少研究认为，数据金字塔与数据价值链都反映了数据的生产过程，即如何从非结构化的低价值数据形态转变为结构化的、可用于商业模式或其他明确用途的高价值数据形态○。由此，我们可以从数据的生产过程中看出数据与信息的联系：数据是可以被采集的原始素材，信息的获取则需要对数据进行加工处理。值得注意的是，在整个生产过程中，数据与信息是不可分割的一体两面，即数据是信息的表现形式和载体，信息是数据的内涵和本质。我们可以根据数据中的信息含量或显性化程度划分数据的高价值形态和低价值形态。

进一步来看，知识、信息是社会进程中的一系列结果。也就是说，数据向信息、知识价值升华，这个过程是数据作为一种资源在社会中逐步被开发利用的过程。这使得对数据价值的评价也需要置于社会化的视角下——人们在数据生产过程中主要关注的是数据能够为企业带来多少经济利益，而不仅仅关心数据本身蕴含的潜在价值。这种对数据价值的社会化评价引发了关于"数据价值实现"的思考，即数据价值如何转化为企业的经济利益。随着数据价值实现路径的逐步清晰，"数据是资产"的认识将在社会中广泛达成。

将数据生产过程嵌入更加宏大的社会生产中，凸显了数据要素化的意义。数据要素一方面可以作为经济资源，为企业直接带来经济利益；另一方面可以发挥其在连接创新、激活资金、培育人才等方面的倍增作用，培育数据驱动的产融合作、协同创新等新模式○，从而提高全要素生产率。数据要素化的进程既包含数据资源自身价值提升的维度，也包含将数据要素与其他要素结合创造新价值和效益的数据要素配置作用的维度，从而体现出数据要素对高质量经济发展的乘数效应。

在数据资源价值提升的维度上，人们意识到可以通过将数据视为一种资产，促进数据资源从低价值形态向高价值形态转变。这种转变的核心要求是数据资源的管理水平和开发利用程度能够满足资产的确认条件和价值目标。随着数据要素市场化配置改革的深入，那些能够在市场中不断实现价值增值的数据资源转变为数据资本，即表现为数据资本化。这要求在数据要素市场机制的保障下，在市场整体层面实现数据资源的优化配置和价值释放。根据图1-1所示的数据

○ 许宪春，张钟文，胡亚茹.数据资产统计与核算问题研究[J].管理世界，2022，38（02）：16-30.

○ 引自《"十四五"大数据产业发展规划》。

价值流转示意图，我们可以整体了解数据资产化相关概念之间的联系，下一节将对这些概念进行逐一辨析。

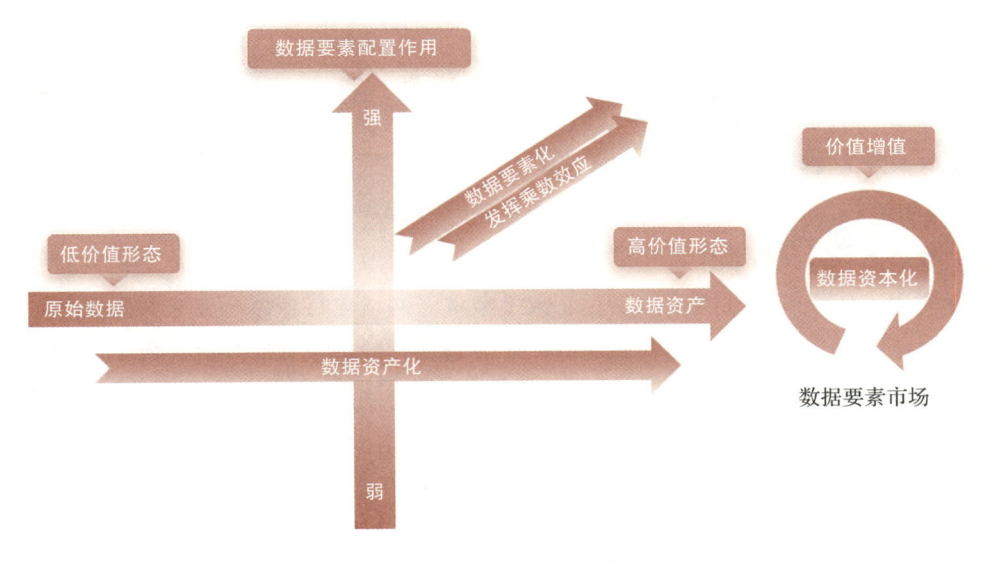

图 1-1　数据价值流转示意图

1.1.2　数据资产化的出现

　　随着数字技术的发展，数据的获取、存储、处理、分析和管理等数据生产过程变得越来越普遍。数据的传输和使用给社会生产、生活带来了极大的便利，逐渐发展为不可或缺的重要组成部分。数据量呈现爆发式增长，促使"大数据"的概念登上舞台。海量数据蕴含的价值受到广泛关注。数据开始作为价值创造的重要源泉，数据生产的社会化趋势愈发明显。也就是说，数据的生产过程、数据作为生产资料的使用、数据产品的供应都变得社会化。由此，数据成为新型生产要素已是顺理成章。

　　在这股数字化浪潮中，数字经济的发展可谓浓墨重彩的一笔。"数字经济"这一术语最早出现在 20 世纪 90 年代中期，当时主要用来关注互联网对商业行为的影响。当前，国际上广泛接受的"数字经济"定义来自 2016 年 9 月二十国集团领导人杭州峰会通过的《二十国集团数字经济发展与合作倡议》，其中提到：

数字经济是指使用数字化的知识和信息作为关键生产要素、以现代信息网络作为重要载体、以信息通信技术的有效应用作为效率提升和经济结构优化的重要推动力的一系列经济活动。2021年12月12日，国务院发布的《"十四五"数字经济发展规划》进一步明确，数字经济是继农业经济、工业经济之后的主要经济形态，是以数据资源为关键要素，以现代信息网络为主要载体，以信息通信技术融合应用、全要素数字化转型为重要推动力，促进公平与效率更加统一的新经济形态。

由上文可知，数字经济具备3个主要特点：数字化、网络化和智能化。数字经济的数字化特点体现在数字技术在生产、流通、分配和消费各个环节的广泛应用，使经济活动实现数字化。数字经济的网络化特点体现在互联网及其延伸网络构成了数字经济的基础设施，形成全球化的信息互联互通。数字经济的智能化特点体现在以大数据、人工智能等技术为基础，通过智能化手段提升经济运行效率和决策水平。在数字经济中，数据不仅是重要的生产要素，更是决策支持、商业模式创新和价值创造的核心。通过对数据的采集、存储、分析和应用，组织可以深度挖掘数据价值，推动数字化转型。例如：电商平台通过分析用户行为数据，可以实现精准营销，提高客户满意度；制造企业通过物联网设备采集生产数据，可以优化生产流程，提高生产效率。

在明确数据将产生价值后，如何持续优化数据价值的释放过程成为关键问题。通过发展价值评估技术，统计部门能够更精准地核算数据要素对经济发展的贡献，进一步推动有利于数据价值释放的政策出台。通过改进数据资源的管理方法，企业能够提升与数据相关决策行为的绩效，扩大数据资源对企业经营的贡献。随着数据交易日益频繁，企业也需要将数据相关的投入产出纳入日常经营活动范畴进行评估与管控。尤其是在数字化转型的大背景下，将数据视为"实现价值效益的重要资产"乃至"战略资产"进行规范化管理，已成为组织新型能力体系建设的重点之一[一]。由此可见，"数据资产化"的提出并不是简单的文字游戏，而是希望借助资产的形式，将数据要素价值体系相对完整地刻画出来，并为数据要素价值释放提供全面的保障机制。数据资产化既能拓展数据的信息

[一] 引自团体标准 T/AIITRE 20001—2021《数字化转型　新型能力体系建设指南》。

资源视角，突出数据要素价值体系的独特性，又能够将法律、经济、管理等领域的成果进行创新融合，更好地作用于数据资产价值实现。这意味着数据资产化可能成为撬动数字时代法律体系、市场制度、管理方法变革的支点，且它本身具有新旧动能切换的鲜明时代特征。

不论是对企业还是社会来说，数据资产化都是一项系统化工程，其出发点可以概括为以下几点。

首先，通过数据权属的明确化，实现对数据权益和责任的划分。数据资产与数据资源的主要区别之一在于是否经过数据权属的界定。数据资源更多地被视为社会资源，而数据资产是对这些资源相关权益进行划分的结果，由此可以明确不同主体的权利与义务，便于在社会层面协调和规范数据流通与利用行为。这种法律视角的转变将为数据价值的释放和高效利用提供内生动力，也能够压实数据治理责任，加强数据安全与合规保障。

其次，通过数据价值的显性化，明确数据要素战略发展目标。数据价值显性化对数据要素的发展意义重大。在数据要素价值体系的指引下，企业不仅需要关注数据的质量和可用性，还需要将数据与业务目标对接，着眼于数据要素对业务发展的战略价值。由此，企业可以明确数据要素的战略发展目标，从被动接受资源转变为主动管理和利用数据要素。这种变现思路上的调整将数据要素提升为企业核心资源，也指明了数据驱动业务发展的战略方向，从而推动数据资产化融入企业整体战略布局，助力数据要素实现长期可持续发展。

最后，通过数据运营一体化，拓展数据资产价值实现路径。数据资产化强调企业在数据资产全生命周期的管控与资源整合能力，鼓励企业将分散的数据资源、技术能力与业务需求有机整合，实现数据采集、加工、分析与应用的全流程贯通。这种管理模式上的突破有助于提升数据价值转化效率，拓展数据资产价值实现路径。在此过程中，企业可以进一步探索数据资产驱动业务创新的运营模式，同时推动数据资产在不同业务场景中的复用，充分挖掘其潜在价值。此外，企业还可以利用数据要素市场拓展外部的价值实现路径，探索数据资产的市场化流通模式。整体来看，数据运营一体化不仅提高了数据资源整合和利用效率，还帮助企业实现了数据资产从战略资源到核心竞争力的转化，从而构建关于数据资产的长期竞争优势。

随着数据资产化的重要性日益得到认可，与之相关的制度规范也在不断完善。其中，备受关注的问题包括：数据资产的权属如何在法律上确立，数据资产估值应采用何种方法，以及数据资产如何实现有效的流通与交易。在微观层面，人们开始探讨如何以资产化的视角更高效地管理和应用数据。因此，数据资产化需要一系列具体的管理活动来支撑，例如数据资产的确认、登记、入表和评估等。相应地，企业也需要构建数据资产管理制度，并采用科学的管理方法以适应这一趋势。对于大多数企业而言，这无疑是一场深刻的管理变革。在这一背景下，数据资产化正逐步发展为一种企业战略选择，需要与现有的战略体系深度融合，以更好地推进企业战略目标的实现。

1.1.3 数据资产化的内涵

对数据资产化的现实要求逐渐明朗，企业亟须系统梳理数据资产化的内涵，以全面应对这一重要趋势。本书认为，数据资产化的内涵可以用"一个核心"和"三条主线"来总结，如图 1-2 所示。

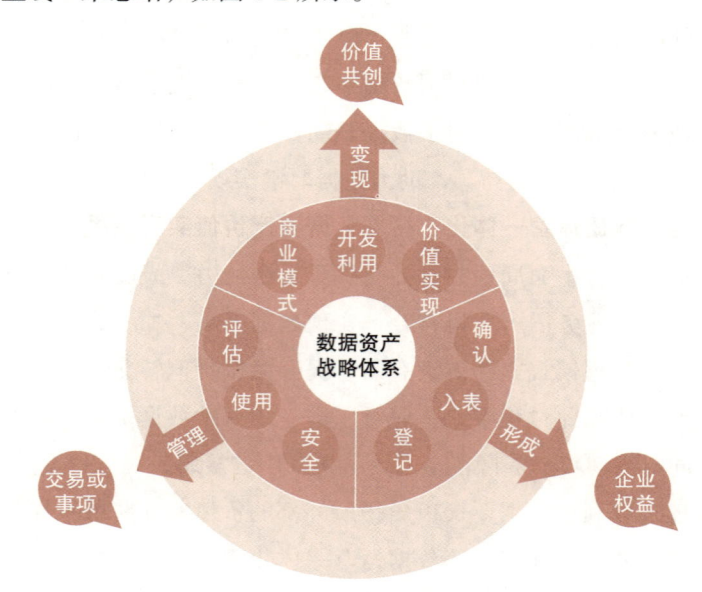

图 1-2 数据资产化的内涵

数据资产化的"一个核心"即数据资产战略体系。组织可以根据既定的总体战略和业务战略，具体阐述数据资产化的关键目标，并为该目标的实现进行全局规划，从而指导数据资产化的推进。结合组织现有的战略体系，我们提供了一个数据资产战略框架示例，主要围绕数据资产战略如何融入总体战略、如何实现业务战略以及如何获得战略支撑体系支持 3 方面展开，如图 1-3 所示。

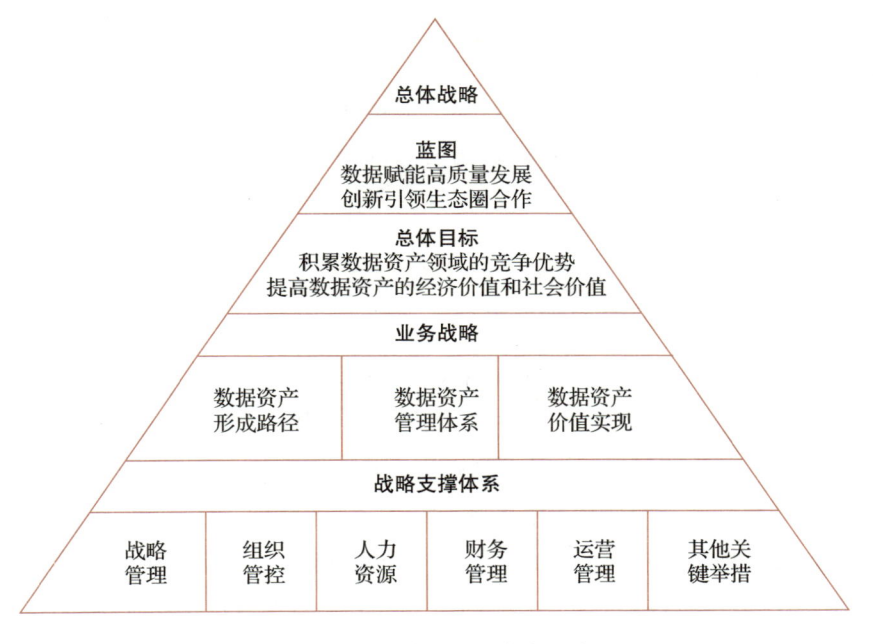

图 1-3　数据资产战略框架示例

在融入总体战略方面，数据资产化需要突出对企业使命、愿景和目标的贡献。数据资产化的蓝图可以概括为：数据赋能高质量发展，创新引领生态圈合作。数据资产化的总体目标可以总结为：积累数据资产领域的竞争优势，提高数据资产的经济价值和社会价值。组织可以根据自身情况明确 1 年、2 年、5 年的数据资产化规划及业务目标。在实现业务战略方面，我们将重点讨论数据资产形成路径、数据资产管理体系和数据资产价值实现等内容。在战略支撑体系方面，企业可以基于五大系统完善数据资产战略实施路径，着重根据数据资产化的要求对各项管理职能进行变革，推动数据资产战略在组织内部的顺利执行。

数据资产化的"三条主线"包括数据资产权益形成、数据资产事项管理、数据资产价值共创。数据资产权益形成是对数据资源进行确认并记录为企业资产的过程，涉及数据资产权属界定、数据资产登记以及数据资产入表。数据资产事项管理是企业对与数据资产相关的交易或事项进行全流程管理的过程，包括数据资产评估、使用管理、安全防护等一系列管理活动，旨在提高数据资产价值实现的可靠性和可持续性。数据资产价值共创是数据资产的变现思路，需要剖析数据资产化对企业商业模式的影响，以规划数据资产的变现路径，同时从生态运营的角度重视数据资产的价值共创，以促进数据资产的保值、增值。接下来，我们将围绕"三条主线"对数据资产化的内涵展开详细阐述。

1. 数据资产权益形成

"数据资产"概念成立的前提是数据相关权益能够满足资产的定义和确认条件。从"资产"的概念内涵来看，人们对资产的认识随着法律、社会、经济的发展经历了一系列演变，并且深刻影响了会计学的发展。在 16 世纪，一种观点认为资产是一个人或实体拥有的所有财产，可以用来偿还债务。这种资产－负债观体现在资产负债表的构成元素中，利润则是资产增加和负债减少带来的净效应⊖。另一种对资产的认识是收入－费用观，认为资产是递延（未分配）的成本，即未归属于当期的费用要体现在资产中。持有这种观点的学者更加重视利润表的构成，强调通过成本与收入在会计期间的匹配来决定利润，以有效反映付出的努力及获得的成就⊜。这两种观点在现有的财务报告体系中都有所体现，更重要的是，它们塑造了会计层面对资产的定义。

目前，会计上对资产的确认需要符合定义和确认条件的要求。从我国财政

⊖ EL-TAWY N. Asset-based recognition criteria: a comprehensive view[J]. Journal of Financial Reporting and Accounting, 2020, 18(2): 251-275.

⊜ WILLIAMS S J. Assets in accounting: reality lost[J]. The Accounting Historians Journal, 2003, 30(2): 133-174.

部现行的《企业会计准则——基本准则》（2014）来看，资产的定义是"企业过去的交易或者事项形成的、由企业拥有或者控制的、预期会给企业带来经济利益的资源"，资产的确认条件包括"与该资源有关的经济利益很可能流入企业"和"该资源的成本或者价值能够可靠地计量"。国际会计准则理事会（IASB）于 2018 年 3 月发布修订版《财务报告概念框架》，将资产定义为"由过去事项形成的、由主体控制的现时经济资源"，其中经济资源的定义是"有潜力产生经济利益的权利"，从原来定义中强调结果（经济利益预期会流入企业）转为强调存在（现时是一项经济资源即可）。确认条件的要求能够提供关于会计要素的相关性信息，并能如实反映这些要素。

根据资产的定义和确认条件，数据资产权益的形成需要处理好权属界定、经济价值判断和会计核算等问题。在**权属界定**方面，数据资源是否具有产生经济利益的潜力以及相关权利能否被企业拥有或控制是关键问题。2022 年 12 月，中共中央 国务院《关于构建数据基础制度更好发挥数据要素作用的意见》（以下简称"数据二十条"）发布，提出"建立数据资源持有权、数据加工使用权、数据产品经营权等分置的产权运行机制，推进非公共数据按市场化方式'共同使用、共享收益'的新模式"。数据产权制度的初步确立，既认可了数据在使用和流通中存在着一系列能够产生经济利益的权利，也通过产权分置机制、"共同使用、共享收益"的新模式明确了数据资产权利的独特性。不同市场主体可以通过市场化机制共同使用数据，同一份数据也可以在不同场景中被复用而充分发挥其使用价值。数据价值实现的新模式进一步弱化了数据所有权的概念，体现出重构数据资产权利的重要性。

数据资产权益形成的总体目标之一是促进数据合法使用，为社会持续创造价值。"数据二十条"提到，"保障数据来源者享有获取或复制转移由其促成产生数据的权益""合理保护数据处理者对依法依规持有的数据进行自主管控的权益""充分保障数据处理者使用数据和获得收益的权利，以及保护经加工、分析等形成数据或数据衍生产品的经营权"。这些权利的关注点从企业合法获取、控制数据资源，过渡到企业从数据资源及其衍生产品中合法取得经济利益，从而为数据资产权属界定提供了制度基础。而在认定是否"拥有或控制"数据资产时，需要考虑主体是否排他性地直接获得了全部数据资源，以回应数据共同使用模式下的权属界定问题，明确数据资产相关权利的生效范围。

在**经济价值判断**方面，资产的确认条件要求其为企业带来经济利益的可能性大于50%。为了证实这一点，企业需要建立明确的数据价值实现路径，并通过经济利益分析判断数据资源为企业带来经济利益的可能性。一般来说，企业需要梳理数据资源的业务模式，例如开发内部使用的数据产品以降本增效，或利用数据资源对外提供服务，或直接出售原始数据及加工后的数据，并结合具体的应用场景和技术条件等，综合考虑使用或出售数据资源在技术、市场层面的可行性，以及管理意图和配套资源的支持程度。因此，不少企业通过数据产品挂牌交易来证明数据资源很可能为企业带来销售收入，由此体现出数据要素市场及相关服务生态建设对数据资产化的重要性。数据要素市场的建设一方面可以显著提高数据资产价值实现的可能性，另一方面可以为数据资产的经济价值判断提供更为可靠的市场机制，帮助市场主体在实践中完善数据资产的经济价值判断方法。由数据商与第三方专业服务机构组成的数据要素流通交易服务生态可以为企业提供数据资产化服务，辅助完成数据资产的确认工作，加快数据资产市场价值的形成。

在**会计核算**方面，如何可靠地计量数据资源的成本或价值是关键问题，这将直接关系到数据资产计入资产负债表的科目与金额。2023年8月，财政部印发《企业数据资源相关会计处理暂行规定》（以下简称《暂行规定》），明确了数据资产入表的制度安排，打通了数据资产入表的"最后一公里"。根据《暂行规定》，数据资源会计处理将参照无形资产和存货会计准则进行，即采用历史成本作为数据资源的计量属性。这有助于实现不同会计信息间的可比性要求，并保持谨慎原则。同时，《暂行规定》对数据资源的列示和披露做出了具体要求，保证了对相关会计要素的如实反映。

为了做好数据资产入表，企业需要筛选出与数据资源获取、使用、变更、处置等相关的经济活动，对发生的成本、耗费的时间和劳动量、带来的收入等因素建立会计核算制度，将与数据资源相关的成本进行归集和分摊。由于成本归集和分摊涉及数据资产的业务模式和技术流程，财务部门需要与业务部门和技术部门共同开展工作，形成覆盖数据资产全生命周期的成本归集和分摊方法，继而建立针对数据资产确认、计量、记录和报告等环节的会计核算流程。可以看出，数据资产会计核算不仅要求企业更新财务制度，还意味着企业要明确与数据资产相关的业务财务一体化流程，从而如实反映数据资产对企业经营成果的影响。

需要特别指出的是，数据资产评估贯穿数据资产的全生命周期，是数据资产管理的重要环节，主要关注能否用货币度量衡将数据资产的价值清晰标识出来。2023年9月，在财政部指导下，中国资产评估协会制定了《数据资产评估指导意见》（自2023年10月1日起施行），明确了数据资产的属性定义、评估对象、操作要求、评估方法和披露要求。数据资产评估是数据价值化的重要进展，通过将数据资产的价值纳入货币度量体系，大大完善了数据资产管理体系。数据资产评估也有助于构建数据要素市场规则，由此发展数据资产评估、登记结算、交易撮合、争议仲裁等市场运营体系，并可以提高企业参与数据要素市场建设的效率。

2. 数据资产事项管理

随着数据资产成为经济社会数字化转型进程中的新兴资产类型，树立正确的数据资产管理观念、强化数据资产的全过程管理显得尤为重要。加强数据资产管理既需要企业和行政事业单位遵循财务管理、资产评估等共性要求，也需要结合数据资产特点构建特色管理体系。2023年12月，财政部发布《关于加强数据资产管理的指导意见》（以下简称《指导意见》），提出了规范和加强数据资产管理的总体要求、主要任务和实施保障，为数据资产管理提供了制度依据和路线指引。

从《指导意见》指出的总体目标来看，构建数据资产治理模式和建立完善的数据资产管理制度是规范数据资产管理的主要目标，提升和丰富数据资产的经济价值和社会价值是规范数据资产管理的愿景，数据资产全过程管理以及合规化、标准化、增值化是具体要求，公共数据资产管理和应用则是重点探索领域。文件特别提到了构建"市场主导、政府引导、多方共建"的数据资产治理模式，这是关系到如何在数据资产发展格局中协调约束多元主体行为的重要课题。此外，《指导意见》突出了公共数据资产管理和应用要以赋能实体经济数字化转型升级、加快推进共同富裕为目标，说明公共数据资产管理要充分考虑社会利益最大化的目标。由此可见，《指导意见》为组织和机构认识数据资产管理的意义、设定数据资产管理的目标提供了极具建设性的指导。

《指导意见》进一步明确了加强数据资产管理的主要任务，具体归纳为以下几点。首先，**梳理数据资产管理的相关依据**，包括依法合规管理数据资产、明晰数据资产权责关系、完善数据资产相关标准。法律法规、数据资产权责关系和数据资产相关标准共同构成数据资产管理的制度环境，使数据资产管理有法可依、有章可循。其次，**明确数据资产管理的核心环节**，包括数据资产使用管理、数据资产开发利用、数据资产价值评估、数据资产收益分配以及数据资产销毁处置。这些环节涵盖了数据资产管理制度的主要内容，是企业数据资产管理活动的重点环节。最后，**完善数据资产的风险防范机制**，包括强化数据资产过程监测、加强数据资产应急管理、完善数据资产信息披露和报告、严防数据资产应用风险。落实数据资产的全面风险管控要求，将在保障数据资产安全的同时，提高数据资产价值释放效能。

综合《指导意见》的相关要求，我们参考《企业内部控制应用指引第8号——资产管理》涉及的无形资产和存货管理流程，梳理了数据资产管理的具体事项。无形资产管理的基本流程包括无形资产的取得、验收、权属落实、自用或授权其他单位使用、安全防范、技术升级与更新换代、处置与转移等环节。无论是生产企业还是商品流通企业，存货的取得、验收入库、仓储保管、领用发出、盘点清查、销售处置等都是共有的业务环节⊖。由此，我们结合两类资产的业务流程，突出数据资产的管理要求，绘制了数据资产的基本业务流程，如图1-4所示。

⊖ 引自《保障企业资产安全 全面提升资产效能——财政部会计司解读〈企业内部控制应用指引第8号——资产管理〉》，访问链接为 https://kjs.mof.gov.cn/zhengcejiedu/201006/t20100610_322244.htm。

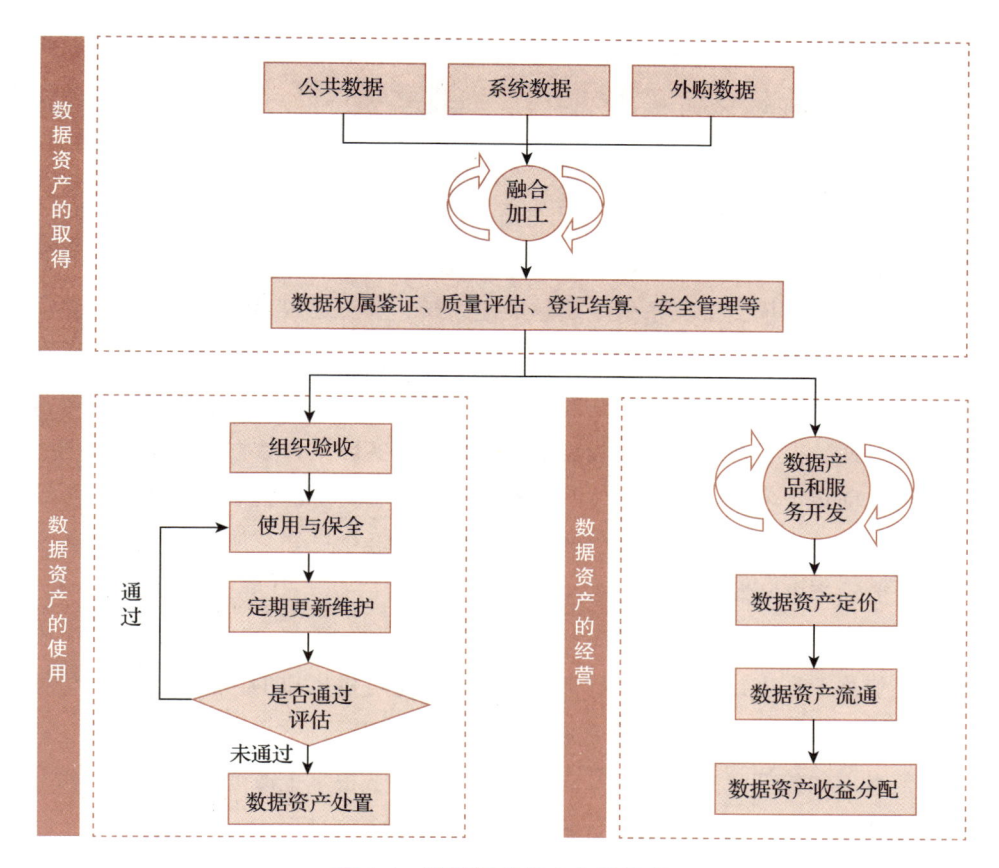

图 1-4　数据资产基本业务流程

从数据资产的取得来看，数据资产在达到预定用途或状态前需要经历较为漫长的加工过程，包括数据脱敏、清洗、标注、整合、分析、可视化等，还可能涉及数据权属鉴证、质量评估、登记结算、安全管理等环节。根据数据资产开发利用方案，企业可以进一步开展数据资产的使用与经营活动。数据资产的使用主要考虑将数据用于支持内部生产经营或管理活动，具体流程主要包括数据资产的验收、使用与保全、更新维护、评估与处置等环节。企业可以通过数据资产经营活动对外提供数据，一般涉及根据客户需求进行数据产品和服务开发，结合交易对象和应用场景等进行数据资产定价，借助市场化方式完成数据资产流通，实现数据资产收益分配等环节。充分掌握数据资产管理事项，有助

15

于企业构建数据资产管理体系，并在此基础上实现组织架构调整、业务流程改造和系统功能布局。

3. 数据资产价值共创

数据资产形成和管理的主要目的是促成数据资产的价值创造和价值传递，最终获取数据资产所能带来的经济利益。因此，我们常常关注数据资产以何种形式、价格在市场交换关系中变现是最佳选择。基于宏观视角，我们还需关注数据资产如何通过生产、分配、流通、消费等环节实现价值循环，从而明确数据资产价值不断产生的源泉，并构建有助于提升价值循环效能的数据资产运营机制，畅通数据资源的大循环和价值实现路径。实际上，数据资产是在数据要素化的大前提下实现价值的。生产要素指进行社会生产经营活动时所需的各种社会资源。数据被列为第五大生产要素，表明社会生产经营所需的资源投入和对应的劳动产出已发生显著变化。

在经济学中，关于到底是商品还是服务更有利于积累国民财富的争论由来已久。亚当·斯密认为，国民财富的主要来源是可供出口的、具有生产性特征的商品，而非生产性的服务则被视为次优产出。但到了20世纪末，随着互联网、信息通信等新兴技术的普及应用，信息革命从根本上改变了人们的工作习惯与生活方式。商品与服务之争的重要变化在于，信息经济时代的行业分工变得不再清晰，许多企业的产出既不是单纯的商品，也不是纯粹的服务，而是将两者整合在一起的"解决方案"。因此，要区分商品与服务已经变得非常困难。于是，营销领域的学者提出了一种全新的"服务主导逻辑"来重新审视商品和服务的关系，即将商品统一到服务的范畴下，进而重新思考市场交易、价值创造等基本问题[一]。

支撑服务主导逻辑不断发展壮大的价值创造视角是价值共创。信息时代的理论和大量实践表明，价值不再是由企业单独创造，而是由企业与顾客互动共同创造的，例如，自助结账的零售系统、产品开发流程中的顾客参与。随着

[一] 李雷，简兆权，张鲁艳. 服务主导逻辑产生原因、核心观点探析与未来研究展望[J]. 外国经济与管理，2013, 35（04）: 2-12.

网络经济的发展，价值创造的主体变得更加复杂，供应商、商业合作伙伴、顾客等不同主体都参与到价值的创造中。价值共创的研究开始广泛关注多个参与者共创价值的网络关系，服务主导逻辑不断拓展和升级，衍生出服务科学（Service Science）、服务生态系统（Service Ecosystem）等更宏观的视角○。

　　不论是服务主导逻辑，还是价值共创模式，都根植于核心竞争力理论。根据 Prahalad 和 Hamel 的定义，核心竞争力是指组织中的积累性知识，特别是关于如何协调不同的生产技能和有机结合多种技术流的学识。简单地说，核心竞争力主要是企业积累的知识和技能。在服务主导逻辑下，知识和技能成为提供服务的核心要素。Vargo 和 Lusch 将服务定义为"某实体为了实现自身或其他实体的利益，通过行动、流程和绩效对自身的知识、技能等专业化能力的应用"。这一点与数据金字塔所包含的"数据 – 信息 – 知识 – 决策"框架相契合，也就是说，数据价值来源于促进知识和技能的应用，对内可以提升决策效果，对外可以增强自身提供服务的能力和改善服务质量。此外，数据本身也可以作为一种服务，将知识与技能传递给数据使用者，进而影响社会经济的各个方面。

　　随着数据要素流通交易的普及，数据服务很可能成为数据要素市场的主要流通形态。我们平时提到的数据产品也被统一归入数据服务中。"数据二十条"针对数据要素流通交易，提出了"培育数据要素流通和交易服务生态"的举措，重点在于培育一批数据商和第三方专业服务机构。数据商的主要作用是"为数据交易双方提供数据产品开发、发布、承销以及数据资产的合规化、标准化、增值化服务"，第三方专业服务机构则可以提供数据流通和交易全流程服务。由此可见，数据要素流通交易服务生态的核心仍然是服务于数据交易双方的交易需求。那么，是什么因素决定了市场主体是否开展数据交易呢？我们认为，数据资源本身的质量和体量固然重要，但更关键的是数据使用者**能否通过数据交易获得所需的服务，以及是否有能力从服务中获取足够的价值**。针对不同的使用对象和使用场景，数据商需要推出不同的使用版本和定价规则，并持续优化服务体验。换句话说，对数据交易的理解需要回归到服务主导逻辑。数据要素

○ 简兆权，令狐克睿，李雷. 价值共创研究的演进与展望——从"顾客体验"到"服务生态系统"视角 [J]. 外国经济与管理，2016, 38（09）: 3-20.

进入流通环节后，其价值重心从单纯的数据质量转向了数据服务的质量。

接下来，我们讨论数据资产如何通过生产、分配、流通、消费等环节实现价值循环。由于数字经济更加注重产业数字化和数字产业化，社会生产经营活动日益依赖网络环境和数字技术，及时便捷的数据传输网络能够将更多市场主体纳入价值创造的过程。数据资产可以被视为在价值共创模式下对数据资源的一种价值标识，并将在基于价值共创的市场环境中释放价值潜能。如果我们能够构建数据资产价值共创网络，将有助于不同主体之间实现数据资产的资源整合、资源共享和价值共创，从而推动数据资产的价值循环。

这时，我们可以将数据要素市场与数据资产价值共创网络统一呈现在数据资产价值循环流向图中，如图1-5所示。我们将数据交易双方归为数据服务提供者和数据服务使用者。通常，数据服务提供者需在数据要素市场运营体系的指导下完成数据资产确权登记、评估入表等活动，以明确自身的数据资产权益。随后，数据服务提供者通过交易撮合、市场定价、登记结算等机制，与数据服务使用者完成数据交易。数据服务使用者将数据使用收益回馈至数据要素市场，由市场评估数据服务提供过程中各参与者的贡献，并根据贡献决定各参与者的报酬。

数据服务使用者通过自身的知识和技能享用并维护数据服务，并根据自身特征和应用场景决定数据资产的使用价值。一般而言，同样的数据服务对不同使用者产生的使用价值是不同的。那么，如何实现数据服务的定价呢？由于无法在数据使用前明确其使用价值，许多数据服务提供者通常先通过营销手段与使用者建立长期联系，再在长期服务过程中与使用者协商定价。在此过程中，可能会逐步衍生出不同的服务版本和定价规则。

接受数据服务后，数据服务使用者通常会将获得的数据资源投入数据资产价值共创网络，因为使用者需要该网络支撑其产品研发、服务提供等生产经营活动。可以看出，数据资产价值共创网络通常由分布在各地的大数据平台组成，这些平台可能因业务往来或信息传播而发生一些直接或间接的数据交换。在数据要素充分高效流通的情况下，这些平台中运行数据的来源可能相似，但在各自的业务场景下形成了不同的数据资产价值实现路径，因此被归入同一个数据资产价值共创网络。

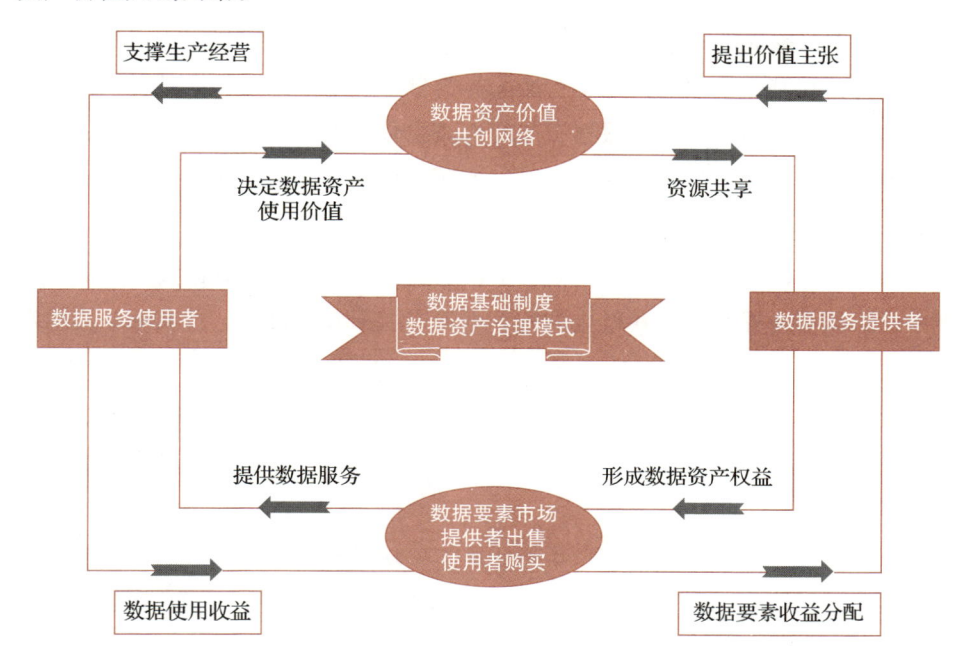

图 1-5　数据资产价值循环流向图

借鉴服务生态系统的研究成果[一]，我们具体讨论了数据资产价值共创网络的运行方式。数据资产价值共创网络包含一个个旨在汇聚资源的数据资产化服务系统，例如公共数据共享交换平台、企业内的数据中台、个人数据信托平台。数据资产化服务系统将行为主体掌握的有形资源或无形资源"溶解"于数据中，并调节资源被溶解后的密度，剔除低价值信息或敏感信息，实现资源密度的最优化。这一过程需要充分利用数据资产权益人的知识与技能。例如，如果要用业务系统中存储的数据来刻画企业经营绩效，就需要足够的业务知识和数据处理技能。

不同的数据资产化服务系统之间将不断开展资源整合和价值共创，以提高

⊖ 李雷，简兆权，张鲁艳.服务主导逻辑产生原因、核心观点探析与未来研究展望 [J]. 外国经济与管理，2013, 35（04）: 2-12.

数据资产价值共创网络的适应性和可持续性。同时，该网络也会共享一些必要资源给数据服务提供者。由于数据服务使用者希望数据服务更加符合自身需求，它们会将公司基本情况、行业基本情况等信息分享给数据服务提供者。数据服务提供者继而传达自身关于数据资产的价值主张，以帮助使用者更好地从数据资产中获益。由此可见，数据服务提供者和数据服务使用者共同完成了数据资产的价值创造过程。

通过不断重复上述循环，数据要素市场参与者可以巩固数据资产价值共创网络，数据服务提供者将获得更多的数据资产应用效果反馈，数据服务使用者也会更愿意进行资源共享，从而促进数据资产内容的丰富和价值的提升。因此，数据资产运营管理工作是对数据资产价值共创网络进行持续跟踪与分析，加强各方资源整合、资源共享与价值共创，以提升数据资产价值共创网络运行效能的过程。

数据资产价值共创网络的真正建成还需要通过一系列制度和制度安排来协调与约束参与者。目前，我国已经建立了数据基础制度，包括数据产权制度、数据要素流通交易制度、数据要素收益分配制度和数据要素治理制度。针对数据要素收益分配，"数据二十条"提出，健全数据要素由市场评价贡献、按贡献决定报酬机制，更好发挥政府在数据要素收益分配中的引导调节作用。可以看出，数据要素收益分配要求统筹数据资产价值共创网络中的各方利益：对于数据服务提供者进行收益倾斜，即"推动数据要素收益向数据价值和使用价值的创造者合理倾斜"；对于数据来源者、数据处理者等给予合理回报，即"确保在开发挖掘数据价值各环节的投入有相应回报"。数据服务的提供要具备公平性和公益性，即"更加关注公共利益和相对弱势群体"，特别是鼓励企业依托公共数据开展公益服务，强化对弱势群体的保障和帮扶。

最后，我们讨论数据要素治理制度。数据要素治理涉及的主体非常广泛，包括政府、企业和社会多方，更关注在数据要素市场建设中各方主体的责任和义务如何协同。数据资产治理模式则是在拥有数据资产权益的各方之间进行利益协调和行为约束，因此更强调"市场主导、政府引导、多方共建"的治理模式。当然，它们与传统的数据治理存在一些区别。国际数据管理协会（DAMA

对数据治理的定义是，对数据资产管理行使权力和控制的活动集合。这里的数据资产管理基本是在组织内部完成的，因此数据治理关注的是组织内部的权力和控制活动。而在数据资产价值共创网络中，我们还需要强调数据资产治理模式的重要性。

1.2 数据资产概念辨析

经过上一节的介绍，我们大致了解了数据为什么会被视为资产。接下来，我们会发现在数据资产化的过程中，数据资产往往伴随着数据资源、数据产品、数据资本等相关概念一同出现。这些概念之间存在何种联系和区别呢？我们尝试逐一辨析上述概念，以帮助读者全面了解数据资产化中的概念演变。

1.2.1 数据资产的基本定义

数据资产的概念随着数字技术的演变而不断变化。在大数据、人工智能等新技术的推动下，数据不仅可以支持业务运营和决策，还能用于预测分析、人工智能算法训练等更为先进的应用，因此企业逐渐将数据视为自身的一种资产。数据不再被看作一个独立的实体，而是被视为一种具有独特价值和潜力的资源。通过充分利用和管理数据资产，企业和组织能够获得更大的竞争优势和商业价值。数据资产的重要性和价值正不断被人们认识和重视，其概念也将随着时代的发展不断完善。

数据资产这一概念最早由 Richard E. Peterson（1974）提出，他将数据资产视为类似于政府债券一类的资产。但这仅仅是因为债券等金融资产常以数字形式被理解，其背后的价值运动规律与我们接下来讨论的数据资产截然不同。进入 21 世纪，互联网的普及使数据呈现爆发式增长，大数据时代逐步到来。Mayer-Schönberger 和 Cukier 在《大数据时代》中指出，"大数据"分析是指对所有数据进行整体分析处理，而不是采用随机分析法（如抽样调查）进行分析。这种数据处理思路极大地挖掘了数据资产的价值，也展现了数字技术的战略意义，即不仅在于掌握大量数据，更在于对数据进行专业化处理。数字技术的长足发展将助力数据资产在国民经济中发挥更为关键的作用。Mayer-Schönberger等预测，数据资产最终可能会像固定资产一样单独列示在资产负债表中。2019年，美国实施的《开放政府数据法》从法律角度将数据资产定义为可组合在一起的数据元素或数据集的集合。

近年来，国内学者和机构开始逐渐重视对数据资产的研究，从不同侧面刻画了数据资产的概念内涵。朱扬勇和叶雅珍（2018）结合数据属性，将数据资产定义为拥有数据权属（勘探权、使用权、所有权）、有价值、可计量、可读取的网络空间中的数据集[一]。秦荣生（2020）根据IASB（2018）对资产的定义，提出"数据资产是企业由于过去事项而控制的现时数据资源，并且有潜力为企业产生经济利益"[二]。《数据资产管理实践白皮书（6.0版）》从数据价值性视角出发，将数据资产定义为"由组织（政府机构、企事业单位等）合法拥有或控制的数据，以电子或其他方式记录，例如文本、图像、语音、视频、网页、数据库、传感信号等结构化或非结构化数据，可进行计量或交易，能直接或间接带来经济效益和社会效益"。

2023年9月，中国资产评估协会发布的《数据资产评估指导意见》对数据资产的定义做出了明确规定：数据资产是指特定主体合法拥有或控制的，能进行货币计量且能带来经济利益的数据资源。这一定义强调了数据资产的货币化计量属性，为数据资产的估值奠定了基础。2024年12月，国家数据局发布《数据领域常用名词解释（第一批）》，以推动社会各界对数据领域术语形成统一认识。该文件对数据资产的定义为"特定主体合法拥有或者控制的，能进行货币计量的，且能带来经济利益或社会效益的数据资源"。该定义从数据资产在权属界定、货币计量、价值实现三方面的关键特征入手，明确了"数据资产"概念的基本内涵。值得注意的是，该定义强调了数据资产除了能够为特定主体带来直接经济利益外，也可能对社会总体利益具有深远的影响，因此需要从经济、社会等维度加强对其价值潜力的评估。

在数据资产的定义中，"数据资源"是一个被反复提及的概念。根据《数

[一] 朱扬勇，叶雅珍. 从数据的属性看数据资产 [J]. 大数据，2018，4（06）：65-76.
[二] 秦荣生. 企业数据资产的确认、计量与报告研究 [J]. 会计与经济研究，2020，34（06）：3-10.

据领域常用名词解释（第一批）》，数据资源是具有价值创造潜力的数据的总称，通常指以电子化形式记录和保存、可机器读取、可供社会化再利用的数据集合。从这两者的区别与联系来看，数据资产的本质就是数据资源，数据资产的形成需要依赖于其作为资源所体现出的使用价值。当然，并非所有的数据资源都是数据资产，只有具有可控性、可计量、价值可实现等特点的数据资源才能变成数据资产。而在数据资产入表中，只有那些能满足《企业会计准则》中资产定义和确认条件的数据资源才可以被确认为数据资产，并按照对应的资产准则进行会计处理。

1.2.2 数据产品与数据资产的关系

作为数字经济的核心要素，数据资产化进程反映了数字经济时代业务与市场变革的趋势，推动了数据资产管理、数据流通交易、数据资产创新应用等新兴商业模式的发展。在这些商业模式中，"数据产品"是一个不可忽视的概念，且与数据资产的概念有着千丝万缕的联系。数据产品和服务是指基于数据加工形成的、可满足特定需求的数据加工品和数据服务。从数据价值链来看，数据化是数据资源经过分析应用后达到可使用状态的过程。因为数据产品和数据资产在数据价值实现上有着共同的目标，数据产品常常被认为是数据资产化的阶段性成果。

但需要明确，这种概念上的联系源于数据价值运动的视角。也就是说，我们实际上是通过"数据产品的价值"来推导"数据资产的价值"。由于数据产品贴近使用方和交易市场，我们可以通过收取的费用轻松度量数据产品的价值。相比之下，数据资产的价值度量则更为抽象和复杂，这本质上是因为数据资产具有独特的价值运动规律：数据资产具有可复制性，使得我们难以通过一次性交易确定其价值；数据资产具有价值易变性，使得我们难以准确预测其长期价值变化；数据资产还具有可加工性，因此其价值会因衍生出的不同形态而有所差异。然而，仅从估值的角度来看，我们可以将数据产品中归属于数据资产的收益视为数据资产带来的现金流，并借助现金流折现的方法推导数据资产的价值。由于估值是支撑"数据资产"概念构建的重要维度，因此从估值的角度来看,"数据产品的价值"和"数据资产的价值"是可以统一的。

如果我们明确比较的对象是"数据产品"和"数据资产",就会回到两者在数据资源上的比较。这时会发现,两者的第一个区别在于数据产品包含不属于数据资源的部分,而数据资产的内涵仅限于数据资源。因此,在数据治理的语境下,并未提及数据产品,而是采用数据资源和数据资产的提法,因为数据治理仅针对数据本身展开。从数据资源的范围来看,数据资产的确认需要设定明确的确认条件,而数据产品中的数据资源则需满足合规性要求和经济性考虑。因此,两者在数据资源的权属、经济利益流入的可能性以及计量属性的要求上存在差异。

这也直接导致两者在数据资源的范围上可能存在一些重叠,但不存在包含与被包含的关系。从数据生产的角度来看,数据资产是对符合条件的数据资源在某一时刻的静态描述,而数据产品更多是从流量的角度观察数据资源的使用过程。常常引发困惑的问题是数据资产化和数据产品化的先后顺序,这需要明确两者是基于什么样的出发点进行讨论的。如果是基于数据价值的运动规律来讨论,数据资产化和数据产品化可能是并列的;如果是基于数据的生产过程来讨论,数据资产化和数据产品化都可以在数据资源化之后实现,但它们之间并没有逻辑上的先后关系。

1.2.3 数据资本与数据资产的关系

数据资本是指经过处理、分析、转化后,能够为企业或社会带来长期增值效应的数据资产。它不仅具有数据资产的所有属性,还能够通过商业应用或技术手段实现增值效益,从而成为资本的一部分。数据资本的本质在于其生产力特征。与传统的实物资本和金融资本类似,数据资本能够创造附加价值和收益。例如:企业通过对客户数据的深入分析,可以优化营销策略,提升用户体验,进而增加销售收入;政府通过分析城市大数据,可以优化公共服务,提升社会治理能力。

数据资本不同于静态的数据资产,它通过动态的价值创造过程,成为企业或社会持续发展的核心要素。在这一过程中,数据的应用场景被广泛挖掘,包括人工智能训练、市场预测模型和智能制造等。结合应用场景，不同类型的数据资产形成了各具特色的价值循环方式，能够通过数据的采集、流通和利用等环节不断实现价值增值。也就是说，数据资本不局限于一次性使用或交易，而是能够通过广泛融合与持续利用，不断创造新的市场需求和经济价值。

从数据资产到数据资本的转化过程来看，数据资产是数据资本的基础。只有当数据资产被合理开发、深度分析并为实际业务创造价值时，才开始向数据资本转化。数据只有在产生具体效用时才能具备资本属性。这决定了组织必须有意识地对数据资产进行系统化管理和开发利用，涉及数据生命周期的各个环节。数据的全生命周期管理与资产管理理念类似，强调数据需要被有效管理和保护，在确保数据安全性和长期可用性的基础上，为企业积累更多的数据资本。

数据资产在企业内部虽然可以作为基础资源支持业务决策，但从资本的流动性和增值性来看，数据资本只有通过商业化运作，才能具备更高的增值效应，并在社会整体层面实现更优配置。因此，数据资本化的发展与数据要素市场建设密切相关。例如，一家企业可以通过整合不同的数据资产，开发出新的产品或服务，相应的数据资产还能获得收益分配，这样的数据便具备了资本的流动性和增值性。从价值评估的角度来看，数据资产的评估主要基于当前的数据规模、质量和潜在的应用场景，而数据资本的评估则更关注数据未来收益。随着数据要素市场的发展，数据资产的资本化路径愈发清晰，市场对数据资本的价值预期也更加一致，数据资本化将成为企业积累数据竞争优势的重要手段。

1.3 数据资产的基本特征

由于数据资产的本质是有价值的数据，因此数据的特性也深刻影响着数据资产的特性。根据中国资产评估协会 2023 年 9 月印发的《数据资产评估指导意见》对数据资产基本特征的总结，数据资产具备非实体性、依托性、多样性、价值易变性、可加工性五大特征，如图 1-6 所示。

1　非实体性　2　依托性　3　多样性　4　价值易变性　5　可加工性

图 1-6　数据资产的五大特征

1.3.1　非实体性

数据资产具有非实体性的特点，即没有物理形态，通常以 0 和 1 的形式存储在计算机、数据库或云服务中。与传统的有形资产如房地产、设备等不同，数据无法被直接感知。数据分析结果可以以报表、图表或结论的形式展现，数据本身通常存在于存储介质中，不易通过传统感官体验。这种特性使得数据的管理和评估更加复杂。

由于缺乏物理形态，数据资产具有非消耗性，这意味着它在使用过程中不会因频繁调用而磨损或消耗。机器设备等物理资产则不同，物理资产的使用往往伴随着磨损、故障或消耗，导致价值下降。而数据的使用不影响其原始价值，甚至可能在不断分析、应用和挖掘中创造新的价值。例如，通过对历史销售数据的反复分析，企业能够优化销售策略，识别市场趋势，从而提升决策效果。这种非实体性使对数据资产的后续计量变得格外谨慎，因为数据资产随着使用的增加，价值可能得到提升，而非减少。数据资产的价值更多取决于如何使用和挖掘它。

1.3.2　依托性

数据资产必须存储在一定的介质中，而这些介质种类繁多，包括纸张、磁盘、磁带、光盘、硬盘，甚至化学和生物介质。同一数据资产可以存在于多种介质中，这体现了数据资产的依托性。理解数据资产的依托性，可以以纸介质为例。从古至今，纸张都作为信息存储的主要载体，即使是在数字技术极为发达的今天，纸质介质仍在某些领域不可替代，例如法律文件和合同协议通常需要以纸质形式存档，以确保其法律效力和原始性。

现代电子存储介质包括磁盘、磁带、光盘和硬盘等。例如：光盘利用激光技术记录和读取数据，存储容量大、价格适中，广泛应用于数据保存；硬盘通过高速旋转的盘片和磁头读写数据，具备大容量和高速度，是现代计算机的主要存储介质。较少见的化学介质和生物介质利用化学反应和生物分子的特性来存储数据，具有高密度和稳定性，并展现出一定的潜力。

数据资产可以以不同形式存在于多种介质中。例如，一份报告可能以电子文档存储在计算机硬盘上，也可以以纸质形式存档。这样，多种存储方式确保数据资产的完整性和可访问性，即使一种介质发生故障或损坏，也能通过其他介质恢复数据。不同介质的物理特性和技术特点影响数据资产存储的容量、速度和稳定性。因此，在选择存储介质时，应根据数据资产的类型、用途和价值综合考虑，确保数据资产的安全和高效利用。随着技术的不断进步，数据资产存储的未来充满可能性。

1.3.3 多样性

数据资产的表现形式多种多样，可以是数字、表格、图像、声音、视频、文字、光电信号、化学反应，甚至生物信息等。数字数据是最基本的形式，广泛应用于数学计算、金融分析和科学研究。表格数据以行列形式组织信息，便于比较和汇总，常见于商务报告和财务报表。图像数据通过视觉呈现信息，应用于广告、传媒和医学领域。声音数据以声波传递信息，主要用于语音识别、音频处理等。视频数据结合图像和声音，应用于娱乐、教育和安防等领域。

除了传统数据形式，光电信号、化学反应和生物信息等新兴数据形式也在逐渐发展。光电信号通过光的变化传递信息，被广泛应用于光通信。化学反应数据记录化学变化，用于实验研究和环境监测。生物信息数据涉及基因组学和蛋白质组学，揭示生物体的遗传信息和生理状态。

数据资产的多样性不仅体现在表现形式上，还体现在与数据处理技术的结合上。数据库技术支持数据的高效存储、管理和查询，数字媒体和特效技术则为影视制作带来了创新的视觉效果。此外，数据之间可以互相转换，提升了数据应用的灵活性和多样性。不同类型的数据资产需要不同的处理技术，如结构化数据资产需要数据库技术，非结构化数据资产则可能需要自然语言处理或图像识别技术。

数据应用的不确定性导致其价值波动。数据资产的价值不仅与自身特性有关，还受到应用场景、市场需求和技术进步的影响。某些数据资产在特定经济或技术环境下增值，而在其他情况下可能贬值。因此，数据资产的管理者需要具备前瞻性和灵活性，以适应不断变化的环境。

1.3.4 价值易变性

数据资产的价值具有易变性，受多种因素的影响。首先，时代背景对数据的价值有重要影响。某些数据资产在特定历史时期可能未被重视，但随着社会发展和需求变化，其价值可能会发生显著变化。例如，历史环境和气象数据资产在气候变化研究中的应用，体现了数据资产随着时代需求的变化而增值。

其次，技术进步对数据价值的影响同样显著。技术发展不仅提升了数据资产的处理和分析能力，还改变了数据资产的采集和存储方式。例如，生成式人工智能大模型对训练数据的需求增加，从而使相关数据资产价值上升。而随着技术进步，某些数据资产可能贬值，例如，低分辨率图像数据在高分辨率技术面前的价值降低。技术更新可能导致老旧数据系统中的数据资产贬值，新的数据库系统和技术可能使原有数据资产失去竞争力。

此外，数据资产的管理和利用方式直接影响其价值。高效的管理和利用能够提升数据资产的价值，而管理不善则可能导致数据资产贬值。例如，数据资产的完整性、准确性和机密性对其价值至关重要，管理不当导致数据丢失、损坏或泄露将大幅降低其价值。

最后，市场需求和法律政策环境也对数据资产的价值产生影响。市场需求的变化会导致某些数据资产的价值波动，例如社交媒体数据资产的快速升值。在法律和政策方面，随着数据隐私保护法规的日益严格，数据的合法性和合规性变得至关重要，进而影响数据资产的使用和市场价值。

综上所述，数据资产的价值易变性源于多方面因素，包括时代背景、技术发展、管理方式、市场需求和政策法规等，这些因素共同作用决定了数据资产价值的波动性。

1.3.5 可加工性

数据资产具备可加工的特征，因为数据可以经过多种方式处理，包括维护、更新、删除、合并、归集、分析、提炼和挖掘等。这些操作能够提升数据资产的质量和价值，从而为各类应用提供更深层次的支持。

首先，数据管理过程中，删除、合并和归集操作有助于消除冗余，提高管理效率。随着数据的积累，重复和无关的数据会占用大量存储空间，并影响分析效率和准确性。通过合理的数据清理，可以精炼数据，减少冗余，提高存储利用率，为后续分析奠定基础。

其次，分析、提炼和挖掘是数据处理中的重要步骤，能够从大量原始数据中提取有价值的信息。数据分析帮助识别事物的发展规律和趋势，支持企业决策。数据提炼将冗余数据简化为关键信息，便于理解和应用。数据挖掘则通过统计学和机器学习方法揭示数据中隐藏的模式和关联，从而实现对数据的深层次理解。以医疗领域为例，数据分析和挖掘能够揭示疾病发生的规律，优化治疗方案，提升患者康复率。

然而，数据的深层加工并非简单任务，它需要专业技术和对领域的深入理解。数据处理过程必须确保数据的安全性和隐私性，以避免数据泄露带来的风险。此外，数据处理往往涉及多学科知识的融合，要求数据专家具备跨学科的背景，如统计学、社会学、经济学等，以保证数据分析的全面性和深度。总之，数据的可加工性决定了它在现代社会中的重要价值，合理的加工能够将原始数据转化为高价值的知识和信息，推动各行业的创新与发展。

1.4 数据资产的分类

数据资产分类是为了更好地管理和开发利用数据，提高数据资产的价值。依照不同的目的、标准和维度，数据资产可以划分为多种类别。数据资产的分类讨论主要集中在如何根据实际需要确定数据资产的分类维度，并据此处理不同类别数据资产。借鉴《数据资产评估指导意见》对数据资产三大属性的讨论，本节梳理了数据资产的不同分类维度，如图 1-7 所示。

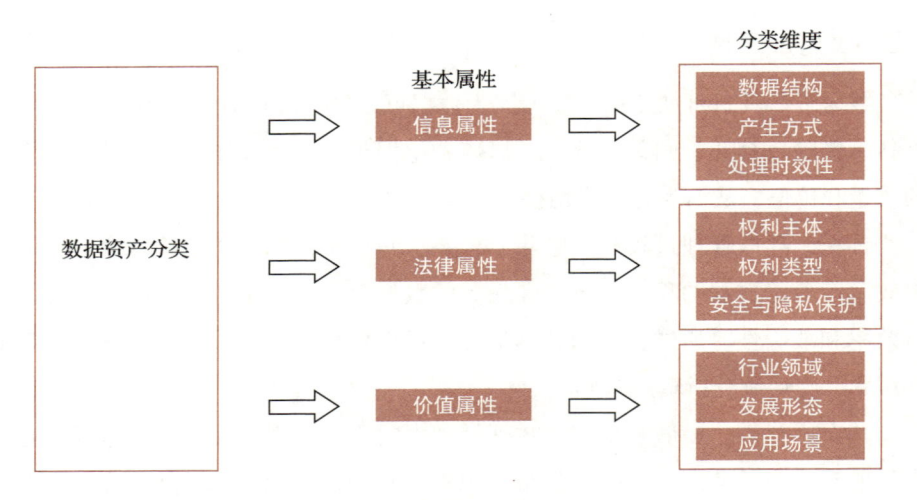

图 1-7 数据资产的分类维度

从数据资产的信息属性来看，数据资产可以根据数据结构、产生方式和处理时效性维度进行分类。首先，从结构来看，数据资产分为 3 类：结构化、非结构化和半结构化数据资产。结构化数据资产具有固定的格式，如数据库中的数据或 Excel 表格，便于存储和检索。非结构化数据资产缺乏明确的结构，通常以文本、图像、音频或视频等形式存在，难以通过表格表示。半结构化数据资产具有一定的结构，但不如结构化数据资产格式严格，常见的格式包括 XML 和 JSON，通常通过类 SQL 的方式进行处理。从产生方式来看，数据资产可分为内部采集类数据资产和外部获取类数据资产。内部采集类数据资产是企业生产经营过程中的衍生物，详细记录了业务发生过程中的相关信息。外部获取类数据资产是通过从外部数据厂商购买、交换或从外部网站爬取等方式获取的数据○。从时效性来看，数据资产可分为实时数据资产和历史数据资产。实时数据资产是产生后立即可用的数据，适用于需要即时决策的场景；历史数据资产是过去一段时间内积累的数据，主要用于趋势分析和预测。

从数据资产的法律属性来看，数据资产的权利主体、权利类型、安全与隐私保护维度可以作为分类的依据。根据"数据二十条"，数据可按权利主体分为

○ 瞭望智库，中国光大银行. 商业银行数据资产估值白皮书 [R]. 2021.

公共数据、企业数据和个人数据，并在满足相应条件后成为公共数据资产、企业数据资产和个人数据资产。公共数据是国家机关、事业单位及授权机构在履行公共职能过程中收集和产生的数据，旨在满足社会公众的需求。这些数据广泛涵盖人口、地理、经济、环境等领域，具有较高的可用性。企业数据是企业内部产生和管理的数据，具有商业性、保密性及定制化应用等特性，如客户数据、财务数据、员工数据等。个人数据是与个人身份相关的数据信息，基于个人资源形成。目前，公共数据资产和企业数据资产的讨论较多，个人数据资产化的路径仍在探索中。从权利类型来看，我国正在逐步建立数据资源持有权、数据加工使用权、数据产品经营权等分置的数据产权运行机制，由此可以根据不同权利类型对数据资产进行划分。从数据安全与隐私保护来看，数据资产可以划分为高敏感数据资产、低敏感数据资产和不敏感数据资产等。

　　从数据资产的价值属性来看，数据资产可按照行业领域、发展形态和应用场景维度进行分类。随着数字化转型的推进，不同行业产生的数据具有行业特性。根据《国民经济行业分类》，行业包括农、林、牧、渔业，制造业，交通运输业，金融业等，每个行业根据其特点形成相应的数据资产，如金融数据资产、医疗数据资产等。这些数据资产的价值依赖于所属行业的发展前景。数据资产的发展形态和应用场景对其价值影响较大，据此开展数据资产分类的实践也较为常见。例如，光大银行将数据资产按照发展形态分为原始类数据资产、过程类数据资产和应用类数据资产，并按照应用场景将应用类数据资产分为统计支持类和收益提升类数据资产。浦发银行则按照发展形态将数据资产分为基础型数据资产和服务型数据资产。数据资产分类体系的建立将为数据资产价值评估、合规流通、资产化运作提供坚实的支撑。

1.5　数据资产化的历史演进

　　数据资产化是指将数据转变为数据资产的整个过程。由于数据的产生以及数据资产化过程与数字技术的发展密切相关，因此按照技术演变的逻辑，数据资产化的历史演进可以从信息时代、大数据时代到数据资产时代进行整体概述。

每个阶段都有其不同的特征和重要事件，以推动数据从简单的记录和分析工具向企业核心资产的转变，如图 1-8 所示。

信息时代
20世纪80年代起
- 个人计算机和互联网的普及
- 信息的数字化和电子化
- 互联网与万维网的发展
- 社交媒体的兴起
- 大型搜索引擎和在线服务的发展
- 全球化和网络社会的形成
- 知识和信息成为重要资产

电子邮件、在线论坛和网站浏览数据、企业日常运营数据
简单的数字化存储和传输、支持操作决策和优化内部流程

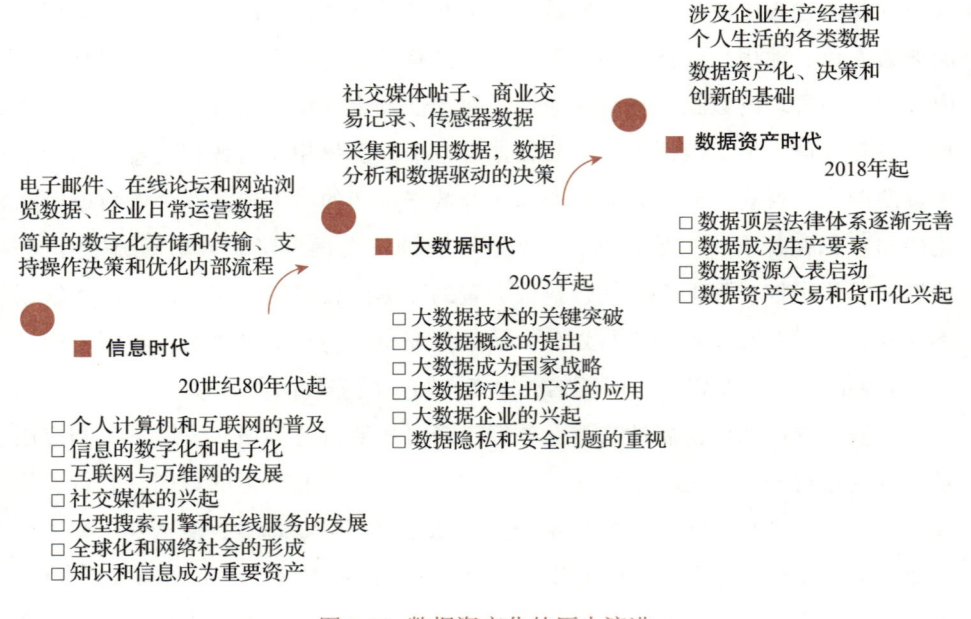

大数据时代
2005年起
- 大数据技术的关键突破
- 大数据概念的提出
- 大数据成为国家战略
- 大数据衍生出广泛的应用
- 大数据企业的兴起
- 数据隐私和安全问题的重视

社交媒体帖子、商业交易记录、传感器数据
采集和利用数据，数据分析和数据驱动的决策

数据资产时代
2018年起
- 数据顶层法律体系逐渐完善
- 数据成为生产要素
- 数据资源入表启动
- 数据资产交易和货币化兴起

涉及企业生产经营和个人生活的各类数据
数据资产化、决策和创新的基础

图 1-8　数据资产化的历史演进

1.5.1　信息时代

1. 发展历程

20 世纪 80 年代个人计算机的普及和 90 年代互联网的商业化，极大地促进了数据的生成、存储和传播。人们开始习惯通过电子邮件、在线论坛和网站分享和获取信息，标志着信息时代的真正到来。随之而来的是信息的数字化和电子化，信息和数据开始以数字形式存储，逐渐取代传统的纸质记录。互联网技术的创新推动了互联网商业化发展，接连出现了 Yahoo、Google 等早期互联网公司，这些公司受到投资者热捧，估值飙升，互联网泡沫随之形成。尽管在 20 世纪 90 年代末和 21 世纪初互联网泡沫破裂，许多科技公司倒闭，但这也为后来更为理性的互联网经济发展奠定了基础。

21世纪初，随着Facebook、Twitter（现名X）等社交媒体平台的出现和普及，个人成为信息和数据的重要生产者和消费者，社交媒体开始兴起。这些社交媒体平台不仅改变了人们的社交行为，也创造了海量数据，为数据分析和商业智能提供了丰富的资源。社交媒体数据成为了解公众意见、市场趋势和个人行为的重要手段，开启了基于数据驱动的决策制定时代。与此同时，Google、百度等大型搜索引擎的出现，使人们能够迅速从海量数据中找到所需信息。这些服务通过复杂的数据算法优化搜索结果，提高了信息检索的效率和准确性。此外，亚马逊、淘宝等在线购物平台通过分析用户数据个性化推荐商品，极大改善了消费者的购物体验，并推动了电子商务的快速发展。

2. 典型特征

信息时代加速了全球化进程，信息、资本、商品和人员的全球流动性显著增强。社会结构向网络化转变，个人和组织通过网络连接，形成了复杂的社会网络结构。知识和信息成为重要资产。在信息时代，知识和信息的价值被高度重视，知识产权的保护成为重要议题，企业竞争力越来越依赖于信息技术和知识产权。

那么在信息时代，数据的价值具体体现在哪里呢？在这一时期，数据主要用于存储和传输，信息技术的主要任务是处理和传播数据。信息时代的到来标志着数据生成和利用方式的根本变化，数据采集、存储、处理和传输的能力大幅提高。企业和组织开始利用信息技术处理日常运营中产生的数据，实现自动化和电子化。这些数据主要用于支持操作决策和优化内部流程。

随着互联网的快速发展，数据以文本、图片、视频等形式在全球迅速传播。社交媒体的兴起使个人成为信息的生产者和传播者，创造了一个全新的信息生态系统。数据生成的速度加快，并逐步应用于社会的各个领域，在在线购物、网络搜索和社交网络中表现得尤为突出。通过数据分析，平台能够个性化推荐商品或内容，提升用户体验。然而，数据的广泛应用带来了隐私保护和信息安全等挑战，这些挑战成为人们关注的热点问题。

通过对信息时代标志性事件和典型特征的分析，我们看到数据在推动社会进步、塑造日常生活以及促进经济发展中发挥着日益重要的作用。信息时代的数据革命为大数据时代的到来奠定了基础，并对后续时代的数据利用和管理产生了深远影响。

1.5.2 大数据时代

1. 发展历程

2005 年，Hadoop 项目诞生。该项目最初由 Yahoo 公司开发，用于解决网页搜索问题，后被 Apache 软件基金会引入并成为开源应用，为处理海量数据提供了强大的技术支持，大幅提升了数据分析与处理的速度和效率。该技术的发展是大数据时代技术进步的重要里程碑。2008 年末，计算社区联盟（Computing Community Consortium）发表了一份有影响力的白皮书，正式提出"大数据"概念，并强调大数据的真正重要性在于新用途和新见解，而非数据本身。2010 年 2 月，肯尼斯·库克尔在《经济学人》上发表了长达 14 页的大数据专题报告《数据，无所不在的数据》。2011 年 5 月，全球知名咨询机构麦肯锡全球研究院（MGI）发布了报告《大数据：创新、竞争和生产力的下一个新领域》，这是专业机构首次全方位地介绍和展望大数据。

随着大数据技术的不断演进，以及数据重要性和价值的持续提升，大数据逐渐成为全球主要国家的关键战略。2012 年，美国发布《大数据研究和发展倡议》，并宣布投资 2 亿美元于大数据领域，标志着大数据技术从商业行为上升为美国的国家科技战略。2015 年，中国正式印发《促进大数据发展行动纲要》，明确推动大数据发展和应用，标志着大数据正式上升为中国的国家战略。

在各国大数据战略的推动下，大量大数据企业兴起，代表性的有 Splunk 公司。2012 年 4 月，美国软件公司 Splunk 在纳斯达克成功上市，成为第一家上市的大数据处理公司。在美国经济持续低迷、股市震荡的大背景下，Splunk 上市首日的表现令人印象深刻，股价暴涨一倍多。同时，基于大数据技术衍生出了更多的服务和应用。Google、亚马逊、Facebook 等公司通过利用大数据技术，不仅优化了自身的产品和服务，还创造了新的商业模式。2011 年，IBM 的沃森超级计算机在电视节目《危险边缘》中击败人类选手，展示了大数据计算的强大能力。2012 年，阿里巴巴集团设立首席数据官职位，推出"聚石塔"数据分享平台，为企业数据化运营树立了标杆。

然而，随着数据量的激增和大数据技术的应用，数据隐私和安全问题逐渐成为公众、企业和政府关注的焦点。欧盟《通用数据保护条例》（GDPR）的实施正是对大数据时代这一挑战的回应，旨在加强对个人数据的保护并规范数据的处理和传输。

2. 典型特征

随着互联网和移动设备的普及，数据开始以前所未有的速度增长。每天产生的数据量达到了 EB 级，这些数据来源多样，包括社交媒体帖子、商业交易记录、传感器数据等。大数据时代的到来标志着数据量、数据流速度和数据类型的多样性（通常被称为大数据的"3V"特征）达到了新的高度。大数据技术的发展使我们能够处理和分析以前难以想象的数据量。数据挖掘、机器学习和人工智能等技术的应用，使企业和组织能够从大数据中提取有价值的信息，优化业务流程，创新产品和服务，甚至预测未来趋势。大数据分析成为驱动效率提升、创新和竞争力提升的关键方法。

大数据不仅在商业领域产生了深远影响，也在公共服务、医疗健康、城市管理等多个领域展现了其价值。例如，通过分析大量健康数据预测疾病流行趋势，或利用城市数据优化交通流量和公共资源分配。同时，大数据时代也带来了隐私、数据安全和伦理方面的新挑战，要求社会、法律和技术等多方面共同努力，以确保数据的合理与安全使用。

通过探讨大数据时代的标志性事件和典型特征，我们可以看到数据在现代社会中的核心地位进一步巩固。数据不仅是驱动决策、创新和发展的关键资源，还引发了对隐私、安全和伦理等重要议题的广泛讨论。接下来，我们将探讨数据资产时代在数据价值认知、管理和应用方面迎来的新变革和挑战。

1.5.3 数据资产时代

1. 发展历程

随着数据价值的提升，数据隐私和安全成为重要议题，各国政府出台相关政策和法规，以促进数据资产的合理利用。例如，2018 年，欧盟实施的 GDPR 体现了全球范围内对数据隐私和安全的重视，规定了数据主体的权利和企业对数据处理的责任，强调数据保护和隐私的重要性。日本的《个人信息保护法》以及美国的《加州消费者隐私法案》等均对个人隐私和个人数据安全做出了相关规定。我国也已形成《网络安全法》《数据安全法》《个人信息保护法》和《关键信息基础设施安全保护条例》"三法一条例"的数据法规体系。全球范围内数据法律的完善，为数据资产时代的开启奠定了安全、合规的基础。

在我国，数据被视为国家基础性战略资源和关键生产要素，是数字经济的核心，对经济增长有着重要影响。它可以提高资源配置效率，创造新产业新模式，培育发展新动能，实现对经济发展的倍增效应。数据与其他生产要素一起融入经济价值创造过程，对生产力发展具有广泛影响，是经济增长的重要动力。党的十九届四中全会将数据纳入生产要素参与分配。

数据作为生产要素地位的确立，为数据资产时代开启了大门，而数据资源的入表标志着数据资产时代的到来。2024 年 1 月 1 日，我国实施的《企业数据资源相关会计处理暂行规定》标志着数据作为一项资产被正式计入企业财务报表，这是数据资产化在政策层面的重要里程碑。上市公司开始将数据资源计入无形资产、存货或开发支出，这表明数据资产的价值开始在财务层面得到认可和体现。此外，数据资产交易和货币化的兴起也不断推动数据资产时代向前迈进。越来越多的数据交易平台和市场，如国外的 Snowflake 和 Dawex，国内的北京数据交易所、上海数据交易所、深圳数据交易所等，提供了数据交易和共享的基础设施，推动了数据资产化进程。同时，企业越来越多地投资于数据治理、数据管理和数据分析工具，以提高其数据资产的价值和利用率。

2. 典型特征

数据资产时代虽然当前尚处于发展过程中，但在初期阶段已展现出一些典型特征，如数据资产货币化和评估的兴起、数据治理和管理更受重视、以数据为核心的业务决策和运营等。

数据被认定为资产，传统会计准则开始考虑如何将数据作为资产进行报告和估值。一些企业在其财务报表中开始列出数据资产的价值，以反映其在商业模式中的重要性。同时，评估数据资产的价值成为一门新的学科。评估内容包括数据的潜在收益、替代成本和数据生成成本等。随着数据资产货币化和评估的兴起，企业对数据治理和管理的重视程度进一步提高。企业开始制定全面的数据治理制度，涵盖数据管理的各个环节，包括数据采集、存储、处理和销毁。许多公司设立了专门的数据治理团队，通常由首席数据官（CDO）领导，负责监督和执行数据治理策略。企业通过加强主数据管理（MDM），确保关键业务数据（如客户数据、产品数据等）的统一性和准确性，避免数据孤岛和重复现象。在数据质量管理（DQM）方面，企业监控并提升数据质量，确保数据的准确性、一致性、完整性和及时性，从而更好地支持业务决策和运营。

除数据治理和管理外，数据的应用是企业推进数据资产化进程的核心议题。企业广泛采用数据分析平台（如 Hadoop、Spark 等）处理大规模数据，并利用这些平台进行复杂的数据分析。机器学习和人工智能技术被广泛应用于预测分析、自然语言处理、图像识别等领域，帮助企业从数据中提取有价值的洞察。实时数据处理工具（如 Apache Kafka 和 Flink）使企业能够处理和分析实时数据流，及时响应市场变化和客户需求。企业开发并部署实时决策系统，根据最新数据快速反应，例如在电商平台上实时推荐产品，或在金融市场中进行高速交易。数据正逐渐成为驱动业务决策和运营的核心动力。

此外，数据融合应用的特点形成了数据资产时代的另一重要特征，那就是跨行业的数据共享和协作。随着全社会数字化转型的推进，企业信息系统的建设促成了数据生态系统的建立。不同行业的企业通过联盟和合作，构建数据共享生态系统，实现数据的协同利用。例如，汽车制造商与保险公司共享驾驶数据，以优化保险产品设计。数据共享平台的建立，使企业能够在安全和合规的环境下交换和利用数据，从而释放数据的潜在价值。行业数据标准化方面，行业协会和标准化组织制定数据格式和接口标准，促进数据在不同系统之间的无缝传输和集成。通过标准化和规范化，数据的互操作性得以增强，使跨行业和跨组织的数据共享与协作更加便捷高效。

总的来说，数据资产化的历史演进反映了数据的角色从辅助工具逐渐转变为核心资产，以及对数据价值认识的深化和数据应用范围的不断扩大。在此过程中，技术的进步和企业战略的调整都发挥了关键作用。

1.6 本章小结

　　随着经济社会数字化转型的全面展开，数字经济成为数字时代最重要的经济发展形式。数据是数字经济中的核心要素，与土地、劳动力、资本、技术等传统生产要素并列，成为第五大生产要素。由于数据的价值实现路径愈发清晰，数据逐渐被视为一种能为企业带来经济利益的资产，"数据资产化"的概念也因此产生。笔者认为，数据资产化围绕"一个核心"（数据资产战略体系）和"三条主线"（数据资产权益形成、数据资产事项管理、数据资产价值共创）展开。由此，我们可以梳理数据资产如何形成，如何被管理，以及如何实现价值。基于数据资产化的整体框架，本章进一步辨析了数据资产相关概念间的联系和区别。同时，数据的固有属性塑造了数据资产的基本特征，包括非实体性、依托性、多样性、价值易变性以及可加工性等。当前，一般基于数据资产信息属性、法律属性和价值属性对数据资产进行分类。基于对信息时代、大数据时代和数据资产时代的划分，本章分别阐述了每一时期的发展历程以及数据类型和使用方式上的典型特征。目前，数据资产和数据资产化的理论研究与实务探索仍处于快速发展阶段，希望本章能够在一定程度上弥合不同观点的分歧，为全面认识数据资产和数据资产化提供一些参考。

第 2 章 CHAPTER

数据资产化的发展条件

经过近 30 年的快速发展，我国在数字经济领域取得了令人瞩目的成就，成为全球数字化进程中的重要力量。面对新的发展机遇，我国开启了数据要素市场化配置改革的新篇章，数据资产化在这一背景下应运而生。新一轮技术革命和产业变革引领了数据资产化的发展浪潮，企业需要在多种发展条件中识别方向、把握机遇，积极整合资源，稳步推进数据资产化进程。为了深入分析数据资产化的发展条件，本章将从政策环境、经济形势、社会基础和技术背景 4 个维度展开讨论，如图 2-1 所示。通过系统分析这些发展条件，我们可以更加清晰地认识我国在数字经济领域积累的优势，准确把握数据资产化的发展前景，明确影响其发展速度与质量的关键因素，从而有针对性地制定数据资产化的发展策略。

2.1 政策环境

随着科技的飞速发展，数据以其独特的价值和作用，在全球范围内引发了各行各业的变革。数据的爆发式增长及广泛应用正推动国内外新兴产业的崛起和变革，对我国生产力和生产关系的发展也产生深远影响。在此过程中，我国政府充分认识到数据的重要性，将其纳入生产要素范畴，为我国经济的高质量发展注入新的动力。为了推动数据要素的发展，国家已推出一系列政策方针与战略部署，包括加大对数据科技创新的支持力度、加强数据安全与保护、推动数据资源开放共享、优化数据产业生态等方面的举措。这些政策的出台既表明了我国政府对数据要素领域的高度重视，也为数据要素市场的整体发展提出了更高要求。数据资产化面临的政策环境分析如图 2-2 所示。

图 2-1 数据资产化的发展条件

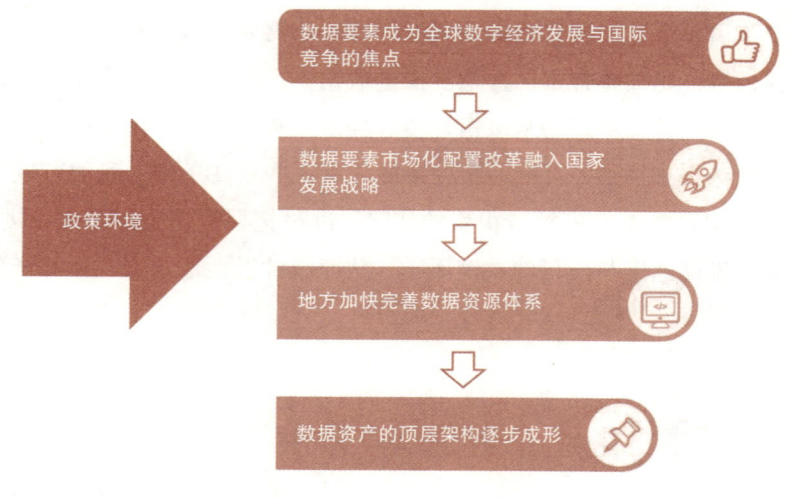

图 2-2 数据资产化面临的政策环境分析

2.1.1　数据要素成为全球数字经济发展与国际竞争的焦点

随着全球数字经济的迅猛发展，数据要素已逐渐成为各国竞争的核心领域。全球主要科技强国及地区对数据的关注度日益提升，纷纷制定相关标准、政策法规及措施，以期在数据领域占据优势地位。此外，诸多国际组织，如经济合作与发展组织（OECD）、世界贸易组织（WTO）、二十国集团（G20）、亚太经合组织（APEC）、世界经济论坛（WEF）、互联网治理论坛（IGF）、国际数据论坛（IDF）、国际电信联盟（ITU）等，在数字经济、大数据发展、数据安全、数据资产等领域发布政策和报告，并推动相关规定的制定，旨在为数据要素发展构建有利的政策环境。

美国作为全球数字经济的引领者，对数据资源的开发与应用给予了高度重视。美国就数据治理颁布了大量法律法规和行政命令。2019年，美国发布《联邦数据战略及2020年行动计划》，作为美国历史上第一个联邦层面的战略，旨在2030年前建立一致性行动框架。美国国内通过制定《加州消费者隐私法案》（CCPA）等法律法规，旨在保护个人隐私的同时，鼓励企业合理利用数据。此外，美国积极促进跨部门数据共享，提高政府数据开放度，推动数据资源在社会各领域的应用。

欧盟发布的《欧洲数据战略》旨在打造统一、互联且安全的欧洲数据空间，促进数据共享与利用。为实现这一目标，从数据保护和隐私的角度出发，欧盟制定了《非个人数据自由流动条例》（FFD）和《通用数据保护条例》（GDPR），以保障个人隐私和数据安全。然而，这些相对严格的法律在为企业带来合规压力的同时，也对企业的发展造成了一定限制。因此，欧盟后续推出的《数据治理法》和《数据法》旨在解决成员国间数据流通与使用的制度、技术及经济难题，被业内普遍视为对《通用数据保护条例》的补充与调整。同时，欧盟致力于推动数据跨境流动，与第三国签订数据传输协议，确保全球范围内的数据安全传输。

日本在数据政策方面，注重加强数据资源的建设与利用。日本政府制定了一系列政策，鼓励企业投资数据产业，推动数据技术研发，以提升日本在全球数据领域的竞争力。日本早期发布了《创建最尖端 IT 国家宣言》，全面阐述其 IT 新国家战略。该战略以开放数据及大数据技术为核心，目标是将日本建成具有一流信息产业技术的国家。2021 年 6 月，日本正式推出名为"综合数据战略"的国家数据战略，明确提出日本数据战略的目标和实施流程。此外，日本还积极参与国际数据合作，与各国共同探讨数据要素在国际竞争中的作用与发展趋势。

韩国已构建相对完备的数据法律体系，愈发重视隐私权益保障及数据资源的开发与应用。韩国相继通过了《个人信息保护法》《信息通信技术与安全法》以及《信用信息保护法》三部数据法律的相关修正案，并将数据保护条款纳入《网络法案》，随后制定的《数据产业振兴和利用促进基本法》，旨在为数据产业的发展及数据经济的复兴奠定基础。韩国率先颁布的《数据基本法》是全球首部针对数据产业进行基础立法的规范，其中对数据的开发利用进行了全面规划。

在全球竞争背景下，数据要素的重要性日益凸显，已成为新时代国际竞争的核心因素。展望未来，数据领域的竞争将不再局限于技术层面，而是更多体现在数据基础制度、数据治理、数据安全等方面的综合竞争力。

2.1.2　数据要素市场化配置改革融入国家发展战略

从国家层面来看，加快数据要素市场化配置改革和培育数据要素市场是推动数字经济高质量发展的必由之路。党的十九届四中全会正式将数据列为与劳动、资本、土地、知识、技术、管理并列的生产要素，加快培育数据要素市场上升为国家战略。党的十九届五中全会进一步强调，推进数据要素市场化改革、加快数字化发展。

随后，党中央、国务院出台了一系列数据要素政策文件，对推动数据要素市场化配置改革做出了明确的战略部署和顶层设计。部分政策文件如下。

- 《关于构建更加完善的要素市场化配置体制机制的意见》
- 《中华人民共和国国民经济和社会发展第十四个五年规划和 2035 年远景目标纲要》
- 《"十四五"数字经济发展规划》

■《中共中央 国务院关于加快建设全国统一大市场的意见》

这一系列文件的出台，标志着我国数据要素政策进入体系化构建阶段，数据要素的政策体系和战略发展方向逐步明晰。

在制度建设方面，我国积极构筑数据要素基础底座。2022年12月，中共中央 国务院发布《关于构建数据基础制度更好发挥数据要素作用的意见》（以下简称"数据二十条"）发布。它从数据产权制度、数据要素流通和交易制度、数据要素收益分配制度、数据要素治理制度4个方面，对构建我国数据基础制度进行了全面部署。以"数据二十条"为指导，各地各部门逐步制定数据要素相关细则规定，不断丰富和完善数据要素各方面制度体系及配套政策，打造数据基础制度体系，更好地指导数据要素市场发展。

在战略规划方面，数字中国建设激发了数据要素价值动能。建设数字中国被视为数字时代推动中国式现代化的重要力量，加快数字中国建设是一项庞大的系统工程。2023年2月，中共中央、国务院发布了《数字中国建设整体布局规划》（以下简称《规划》）。这是继"数据二十条"之后的又一重要顶层设计文件。《规划》明确提出，畅通数据资源大循环是数字中国建设的两大基础之一。为实现这一目标，需要构建国家数据管理体制，强化各级数据统筹管理，推动公共数据的汇聚和利用，释放商业数据的价值潜能。同时，该《规划》还强调要将数字技术与经济、政治、文化、社会、生态文明建设"五位一体"深度融合，加强数字技术创新体系和数字安全屏障"两大能力"的建设，优化数字化发展的国内和国际环境。

在管理机制方面，我国数据要素统筹管理体制进一步完善。2022年7月，国务院批准建立由国家发展改革委牵头，中央网信办、工业和信息化部等20个部委组成的数字经济发展部际联席会议制度，强化国家层面数字经济战略实施的统筹协调。2023年3月，中共中央、国务院印发《党和国家机构改革方案》。2023年10月25日，国家数据局正式挂牌，负责协调推进数据基础制度建设，统筹数据资源的整合共享和开发利用，统筹推进数字中国、数字经济、数字社会的规划和建设等。设立国家数据局，为数据要素基础制度建设提供了组织保障与机构支持，从而改变我国数据管理与治理的"九龙治水"局面，为提升数据资源价值创造能力提供统筹指导。通过国家层面的统一领导与协调，推动数据资源管理，促进信息资源跨行业、跨部门的互联互通，提高数据资源整合、共享及开发利用的效率与效果。

2.1.3 地方加快完善数据资源体系

1. 各地加快数据管理机构的改革步伐

国家数据局成立之后，各地纷纷加快数据管理机构的改革步伐。2024年1月，江苏省数据局率先正式挂牌，标志着新一轮省级数据局成立的序幕拉开。随后，四川省数据局、内蒙古自治区政务服务与数据管理局、上海市数据局、云南省数据局、青海省数据局等10余个省级数据局相继挂牌。地方数据局的成立既是对国家数据局组建的积极响应，也是各地顺应数字化转型趋势、加快政府职能转变、提升治理能力的具体举措。

新成立的地方数据局主要负责统筹推动各自区域内的数据资源管理和开发利用工作，将在数据资源整合共享、数据要素价值创造、数据安全保障等方面发挥重要作用。这一系列举措标志着我国在数据资源体系建设上迈入新阶段，也为数据资产治理体系的构建奠定基础，说明数据要素对经济社会发展的影响力不断扩大。

2. 数据资源运营管理进入发展快车道

"数据二十条"出台后，各地聚焦公共数据授权运营、数据产权登记、数据交易管理等领域，快速构建地方数据要素发展的基础制度与发展路径。截止到2023年底，已有近30个省市发布公共数据授权运营管理制度，公共数据运营正成为推动数据资源快速发展的重要力量。政府作为公共数据的主要持有者，通过运营和开发利用这些数据资源，可以释放显著的经济价值和社会价值。公共数据的全面运营不仅能够提高政府治理能力和效率，还能促进数字经济的繁荣发展，为社会公众提供更多优质的公共服务。

广东省、贵州省、深圳市等地出台了数据登记相关制度，数据产权登记是保障数据资源权益的重要手段。通过建立完善的数据产权登记制度，可以明确数据资源的权属关系，保护数据所有者的合法权益。同时，数据产权登记制度还为数据交易提供了法律保障，促进数据市场的健康有序发展。数据交易管理是规范数据市场行为、保障数据安全的关键环节。通过建立健全的数据交易管理制度和监管机制，可以规范数据交易行为，防止数据泄露和滥用等风险的发生。同时，数据交易管理还促进了数据资源的优化配置和高效利用，推动数字经济的持续健康发展。

3. 地方数据资产化探索初见成效

数据资产化在我国逐渐受到重视，对经济社会发展的作用日益凸显。2020年10月，中共中央办公厅、国务院办公厅发布了《深圳建设中国特色社会主义先行示范区综合改革试点实施方案（2020—2025 年）》，明确提出批准深圳开展数据生产要素统计核算试点工作。根据"三步走"的试点工作计划，深圳在2020年初步建立了数据生产要素统计核算的理论方法体系，并于2022年发布了全市数据生产要素统计核算试点工作方案，旨在将试点工作拓展到全市范围。在此期间，《深圳经济特区数据条例》和《深圳经济特区数字经济产业促进条例》分别对数据生产要素统计核算以及会计核算做出了明确规定。

深圳市的探索经验开创了我国科学测算数据要素经济活动成果的新局面。上海、广州、北京等地也相继对数据生产要素或数据资产统计核算进行了制度探索。随着联合国统计委员会启动对《2008年国民账户体系》（SNA2008）的全面修订，"数据资产"进入国民经济账户成为SNA2025的关注焦点。在理论体系和实践经验的双重推动下，数据生产要素纳入国民经济账户体系变得有据可循，数据资产化的探索将持续受到社会各界关注。

2.1.4 数据资产的顶层架构逐步成形

1. 数据资产入表落地实施

2023年8月，财政部印发了《企业数据资源相关会计处理暂行规定》，标志着我国在数据资产入表上的落地实施阶段正式启动，对于归集核算全社会的数据资源无疑是一个积极信号。数据资产入表将加快数据要素由资源状态向资产状态的转变，增强企业的数据资产管理意识与能力。企业可以通过资本化数据支出的方式提高经营利润。这意味着，数据资源在企业眼中不再仅仅是高额的成本支出，而是一项可以带来经济利益的宝贵财富。此外，数据资产入表有助于降低企业的资产负债率，改善企业融资效率，为企业提供更多的融资机会和更低的融资成本，进一步推动数据要素型企业的发展壮大。

2. 数据资产评估稳步推进

中国资产评估协会于 2023 年 9 月发布的《数据资产评估指导意见》（以下简称《意见》）为数据资产价值评估提供了科学、系统的指导。该《意见》对数据资产的定义、属性、特征、价值影响因素进行了全面阐述，总结了不同类型评估方法的操作要求、技术思路、适用场景和模型设计。常见的评估方法包括市场法、收益法和成本法。评估时需根据数据资产的特性、评估目的以及所处的市场环境等因素综合选择最适合的评估方法。同时，该《意见》清晰解释了数据质量评价在数据资产评估中的作用、来源和方法，并提供了基于质量要素的指标体系设计参考框架。该《意见》的出台对稳妥推进数据资产评估意义重大，有助于系统提升数据资产评估业务水平，加深社会各界对数据资产价值的理解。

3. 数据资产管理备受重视

随着数据资产化向纵深推进，对数据资产管理的重视已上升到国家政策层面。2023 年 12 月，财政部发布《关于加强数据资产管理的指导意见》，立足构建新发展格局的战略高度，明确提出构建共治共享的数据资产管理格局，构建市场主导、政府引导、多方共建的数据资产治理模式，以及建立完善数据资产管理制度等方向。该政策要求在数据资产管理中统筹安全与发展，平衡不同主体的权利与义务，充分发挥市场与政府的作用，协调顶层设计与基层探索，充分体现了全面推进数据资产管理的战略意义。此外，该政策强调了数据资产管理所涉及的主要任务，从数据资产全生命周期的角度描绘了数据资产管理的制度、目标和方法，对企业、政府、行业协会等各类主体探索数据资产管理具有重要的指导意义。对数据资产管理的高度重视和全局筹划，将保障数据资产化沿着促进经济社会高质量发展的轨道前行，并推动关于数据资产化的观念升级与模式创新。

2.2 经济形势

作为一种重要的生产要素，数据资产的发展状况与当前的经济形势密切相关。随着世界经济态势的变化，数据资产成为衡量国家或地区经济实力和竞争力的关键因素之一。新质生产力的提出，为未来的经济发展提供了广阔的畅想空间，数据资产在其中扮演的角色不可忽视。生产关系和经济结构从微观层面展现了数据资产的作用机理，其变化趋势揭示了数据资产化的未来发展方向。因此，经济形势分析将深刻反映数据资产化的发展条件，如图 2-3 所示。

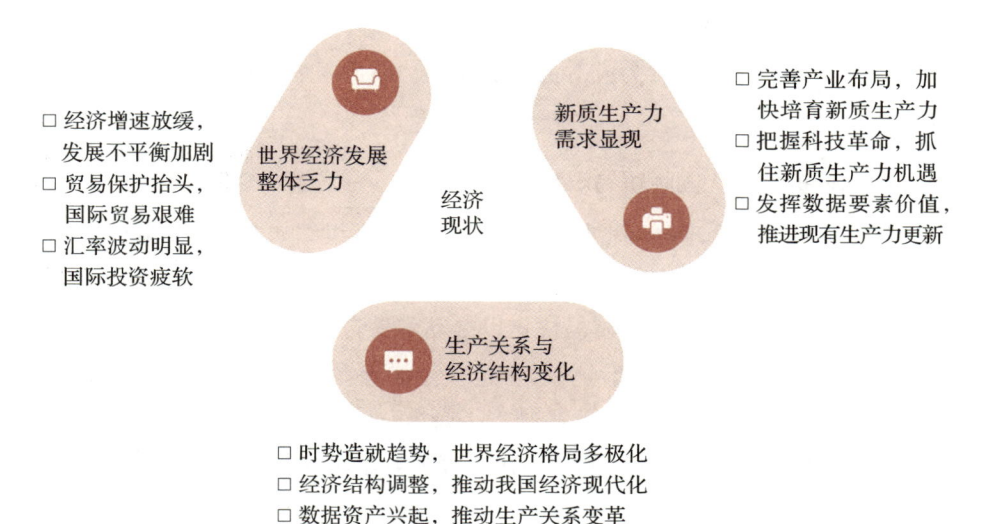

图 2-3 数据资产化所面临的经济形势分析

2.2.1 世界经济发展整体乏力

1. 经济增速放缓，发展不平衡进一步加剧

随着科技的不断进步和信息化的深入发展，各国之间经济的相互依存度逐渐增强，世界经济已成为一个有机联系的整体。疫情过后，世界经济形势呈现出周期性调整的态势，国际经济环境日益复杂多变。受地区冲突、供应链重塑、高通胀和高利率等多重因素影响，全球经济面临贸易紧张、地缘政治风险和政策不确定性等挑战。各国在经济发展水平、产业结构、资源禀赋等方面存在较大差异，导致经济发展不平衡的问题愈发突出。

过去几年，全球经济面临的挑战和不确定性不断增加。贸易战、疫情封锁等原因导致全球供应链紊乱，加之通货膨胀推高能源价格以及一些国家收紧货币和财政政策，全球经济仍未摆脱不利冲击，增长率有所放缓。2023年，受持续通货膨胀、进一步收紧的货币政策、投资减少以及地缘政治局势紧张的影响，全球经济增长进一步放缓，世界银行一度认为全球经济已接近危险边缘。

进入2024年，随着全球主要经济体持续收紧货币政策，国际货币基金组织预计全球通货膨胀率将在2024年下降至5.8%。然而，全球经济前景仍面临多种风险，包括各国中央银行为应对上升的通胀预期而采取超预期的货币政策紧缩等风险。

2. 贸易保护抬头，国际贸易艰难

国际贸易是推动全球经济增长的重要动力，国际组织如WTO、国际货币基金组织等在国际贸易中发挥着重要作用。近年来，为了绕开WTO多边协议缔结的困难，各国逐渐开辟自由贸易协定以推动贸易自由化，涵盖包括商品、服务和知识产权等在内的广泛领域。尽管这些协议旨在促进成员国之间的贸易，但它们往往加剧了保护主义和地缘政治紧张局势。

从全球数据跨境贸易来看，目前形成了以美国和欧盟为主的框架。美国通过美墨加三国协议（USMCA）、美日FTA、美韩FTA、美智FTA等协定强化对贸易伙伴的规则约束，借助APEC、G20和WTO等平台与盟友共同推行其数据流动主张，在数据自由流动原则下对数据出口加以限制；凭借自身强大的数字经济实力，通过区域贸易协定推广并开辟新的双边或多边规则，谋求"美国优先"。欧盟则将个人数据保护视为一项基本权利，坚持高标准保护个人数据，要求其他国家只有在提供与欧盟同等水平保护的情况下才允许个人数据跨境传输。非成员国可能会发现自己处于不利地位，因为未能享有相同的关税减免或市场

准入权利。

3. 汇率波动明显，国际投资疲软

汇率波动直接影响跨国公司的盈利能力和国际投资的成本。作为世界第一大经济体，美国的美联储货币政策对汇率市场产生了显著影响。近年来，美联储的一系列措施成为汇率波动的风向标。为应对新冠疫情对经济的冲击，美联储于 2020 年 3 月紧急降息，同时实施大规模资产购买计划，调整通胀目标，支持信贷市场和经济增长，并明确表示将在一段时间内维持低利率环境，导致人民币汇率整体呈现升值趋势。直到 2022 年 1 月，鉴于就业市场持续改善和通胀水平上升，美联储开始收紧货币政策以应对持续的高通胀压力，美元升值，加之全球通胀、货币政策收紧以及国内经济下行压力，人民币汇率呈现贬值趋势。

2023 年 4 月，美联储宣布逐步缩减购债计划，以退出量化宽松政策。受此影响，全球国际直接投资活动持续低迷，加之地缘政治风险加剧、金融市场波动等多重因素，跨国企业对外投资信心不足，投资意愿减弱，对全球产业链和供应链的稳定造成了一定影响。国际贸易与投资状况虽然面临挑战和不确定性，但同时也蕴含机遇和发展潜力。在此背景下，我国不断推进高水平对外开放，为跨国企业提供广阔的市场机遇和良好的投资环境，为促进全球经济稳定和可持续发展做出积极贡献。

2.2.2 新质生产力需求显现

随着世界百年未有之大变局加速演进，我国正处于新旧动能转换、产业转型升级的关键时期。2023 年，习近平总书记在黑龙江考察时指出，"整合科技创新资源，引领发展战略性新兴产业和未来产业，加快形成新质生产力。"新质生产力的提出对我国产业链供应链安全性提升、国际竞争新优势重塑具有重大意义。在此背景下，我国在经济领域开展了一系列产业布局，旨在抓住科技创新机遇，为数据资产的价值实现提供了重要契机。

1. 完善产业布局，加快培育新质生产力

科技创新处于国家发展的核心位置。党的十八大以来，党中央、国务院深刻洞察新科技革命和产业变革趋势，持续加大基础研究投入，支持关键核心技术突破。特别是在人工智能、5G通信、新能源汽车等领域，中国不仅实现了技术的重大突破，更在全球范围内展现了领先地位。随着战略性新兴产业布局的持续加强，新一代信息技术、高端装备、新材料、生物科技、新能源汽车等产业迎来了快速发展。这些产业的崛起不仅大幅提升了国家的科技实力和产业竞争力，也为新质生产力的发展提供了强大动能。

2. 把握科技革命，抓住新质生产力机遇

当前，信息技术革命正带来前所未有的变革。人工智能、大数据、云计算等技术的应用正在重塑产业结构，推动产业向数字化、智能化转型。例如，人工智能的应用不仅提升了制造业的自动化水平，还在金融、教育、医疗等领域提供了智能化解决方案。前沿技术与传统产业的结合给产品设计、生产效率以及成本控制带来了显著变化，大幅提升了全要素生产率，推动经济向质量、效率和动力三大变革迈进，有利于我国在全球制造业中实现深度转型和升级。通过这些技术革新，我国不仅能在新一轮科技革命和产业变革中保持竞争优势，还能在全球范围内推动经济发展的质量变革、效率变革和动力变革。

3. 发挥数据要素价值，推动现有生产力更新

在数字经济时代，数据已成为推动生产力提升和经济增长的关键要素之一。数据不仅本身是一种新型生产力，还能够通过数据要素的乘数效应促进现有生产力的更新。

首先，数据要素通过优化资源配置提高全要素生产率。从数据中挖掘出的有用信息可以作用于其他要素，有助于找到企业、行业、产业在要素资源约束下的最优解。例如，在供应链管理中，通过分析历史数据和市场趋势，企业可以优化库存水平，降低运营成本，提高响应效率。

其次，通过数据应用推动知识扩散和业态创新，扩展生产可能性边界。数据作为知识的载体，在不同场景和领域的复用，将推动各行业知识的相互碰撞，孕育出新产品、新服务，实现工具升级、知识扩散、价值倍增，突破现有高水平劳动者数量约束下的产能瓶颈，开辟经济增长新空间。

最后，通过数据应用推动科学范式的迁移，提升科技创新能力。当前，科学发现的基本范式正在经历从理论分析到计算模拟，再到数据探索的转变。多种来源、不同类型的数据的汇聚与融合正在极大提升科技创新的速度。

2.2.3 生产关系与经济结构变化

当前，世界经济正经历从全球化向区域化或本地化转变，供应链和产业链重组成为新常态，数字化转型和绿色经济成为全球发展的关键趋势。世界经济格局呈现出多极化特征，新兴市场和发展中经济体在其中发挥着越来越重要的作用。这些变化不仅塑造了我国与世界的经济发展轨迹，也对我国生产关系和经济结构的变化产生了深远影响。

1. 时势造就趋势，世界经济格局多极化

在过去几十年，全球化是推动世界经济增长的重要动力，但近年来呈现出向区域化或本地化转变的趋势。各国或地区更加注重加强内部市场的整合和提升自给自足能力，因而供应链的韧性和安全性受到重视。这导致全球产业链和供应链的重组，各方重新考虑供应链结构，寻求多元化以减少对单一市场或供应源的依赖，并更多地依赖地理上多样化的合作伙伴。新兴市场和发展中国家在这一过程中扮演了重要角色。

数字经济的发展不受地理空间限制，使得各个国家和地区都有机会成为该领域的重要玩家。互联网、大数据、人工智能、区块链等技术的应用推动了生产方式、商业模式和工作方式的根本变革。数字经济不仅改变了传统行业，也孕育了许多新的行业和商业形态。数字技术和数据资源成为推动经济增长的新动力，各国纷纷投资于数字基础设施以提升竞争力。

面对气候变化和环境退化的挑战，全球范围内对绿色经济和可持续发展的关注日益增强。清洁能源、循环经济、低碳技术等领域的发展受到各国政府和市场的重视。同时，环境保护和气候变化问题也越来越多地被纳入国际政治和经济议程。无论是发达国家还是发展中国家，都在努力减少碳排放和环境破坏，力求在经济发展与生态保护之间找到平衡。

2. 经济结构调整，推动我国经济现代化

我国经济结构在持续适应国内外发展趋势的动态调整，旨在实现经济的持续健康发展和国家的长远利益。我国经济结构经历了从以农业为主向以工业为主再到服务业占主导地位的转变。特别是近年来，服务业在 GDP 中的比重持续上升，成为经济增长的主要驱动力。制造业正从低端向中高端迈进，结构正在从劳动密集型向技术密集型和高附加值方向转型。同时，新能源、新材料、生物医药、高端装备制造等高新技术产业迅速发展。消费升级趋势明显，随着居民收入的增加和生活水平的提高，消费结构正在发生变化，消费者对高质量、个性化商品和服务的需求日益增长，推动了消费品市场的多元化和高端化，在线购物、智能家居、健康养生等新型消费模式和产品迅速普及。

中国的对外经济结构也在发生变化，从依赖出口驱动的经济增长模式转向更加均衡的内外需驱动模式。我国正通过"一带一路"倡议、自由贸易区、自由贸易港等开放平台深化与世界经济的融合。同时，外资政策持续优化，外资企业市场准入负面清单缩减，外资在高端制造业、现代服务业等领域的投资比重增加。科技创新成为推动经济高质量发展的核心动力。在人工智能、量子信息、集成电路等前沿科技领域，我国正加快从跟跑者向并跑者、领跑者转变。数字经济蓬勃发展，数字技术广泛应用于各行各业，促进了生产效率和服务质量的提升。随着绿色转型和可持续发展的推进，我国积极推进能源结构的清洁化、低碳化，发展新能源和可再生能源，加强生态环境保护，推动经济社会发展与环境保护协调共进。

这些变化反映了我国经济发展的新阶段和新特点，展示了中国从追求高速增长转向更加注重高质量发展的决心与行动。未来，随着这些结构性变化的深入，中国经济有望实现更加平衡、可持续和包容的发展。

3. 数据资产兴起，推动生产关系变革

数据资产正推动生产方式、企业组织结构、市场竞争格局和产业生态深刻变革。在生产方式方面，企业通过大数据分析和人工智能技术对生产流程进行

更深入的洞察，实现精准预测、智能决策和自动化生产，大幅提高生产效率和质量，减少资源浪费。同时，企业内部组织结构也在发生变化，数据驱动的决策模式要求打破部门壁垒，增强横向协作，推动组织结构向扁平化、网络化转型。数据科学家等新兴职业崭露头角，数据驱动的管理模式使企业更加灵活透明，信息流动更加畅通。

此外，数据资产的利用正在重塑市场竞争格局。企业间的竞争不仅限于产品和服务，更是对数据理解与分析能力的较量。拥有强大数据处理能力的企业能够迅速捕捉市场变化，占据先机。在产业层面，数据资产促进了跨界合作和产业融合，推动了供应链和价值链的重构。数据共享使供应链各环节的信息流、物流和资金流更加高效地协同运作，提升供应链的整体效率与灵活性。企业能够基于数据资产的开发与利用，把握产业价值链的关键环节，实现价值链的拓展与优化。

总体而言，数据资产作为新型战略资源，正在推动经济增长、产业升级和企业竞争力的提升。它不仅助力企业开展精准市场定位和业务创新，还成为推动数字经济发展和全球经济一体化的关键驱动力，并将在经济发展新格局中发挥更加核心的作用。

2.3 社会基础

随着科技的进步和数字化转型的加速，数据已成为推动社会向数字化、网络化、智能化转型的重要力量。数据所承载的信息量与技术水平推高了各行各业服务水平和创新能力，代表着先进生产力的发展方向。数据的应用场景涵盖了社会生活的方方面面，成为改善社会运行效率、构建现代化生活方式的必要条件。可以说，数据的大规模应用改变了传统的时空观念，丰富了人们看待事物的维度和解决问题的手段，激发了人们对连接、共享、平等、协作等美好体验的向往，逐步成为人类社会中不可或缺的存在。在新的社会发展阶段，数据的社会属性也在兴起，积蓄推动数字社会建设的关键动能。数据的社会属性（包括经济属性和法律属性）从本质上塑造了数据资产在社会中的面貌，使得数据资产化的发展与数字社会的建设紧密相连。数据资产化面临的社会基础分析如图 2-4 所示。

数字时代的社会变迁
数字技术改变知识结构和劳动者的特征
数字化转型重塑资源分配和价值共享的格局
数字化发展提升技术信任与公共治理水平

社会发展迎来新动能
数字基础设施不断完善
数字化消费需求旺盛
数字产品和服务应用场景广阔

数字社会建设凸显数据价值
数据生成和流通更加普遍
数据使用方式愈发丰富
数据价值目标日益明确

图 2-4　数据资产化面临的社会基础分析

2.3.1　社会发展迎来新动能

党的十九大以来，面对复杂的国际形势和国内改革发展任务，我国取得了全面建成小康社会的决定性成就，并迈上全面建设社会主义现代化国家的新征程。高质量发展被确定为首要任务，习近平总书记指出，"所谓高质量发展，就是能够很好满足人民日益增长的美好生活需要的发展，是体现新发展理念的发展，是创新成为第一动力、协调成为内生特点、绿色成为普遍形态、开放成为必由之路、共享成为根本目的的发展。"站在实现高质量发展、推进中国式现代化的历史节点，《数字中国建设整体布局规划》明确指出，建设数字中国是数字时代推进中国式现代化的重要引擎。这一整体布局为我国高质量发展提供了新动能，进一步巩固了数字经济的基础，并对社会发展产生了深远影响。

1. 数字基础设施不断完善

数字基础设施的建设完善为"数字中国"建设和数字社会发展提供了坚

实的支撑，推动我国在数字时代迈向全球领先地位。根据第52次《中国互联网络发展状况统计报告》，截至2023年上半年，我国数字基础设施建设进一步提速，数字资源应用日益丰富，上网环境持续优化。这些成就的取得离不开我国在宽带网络、5G网络、云计算、大数据和物联网等关键领域的持续投入。

就宽带网络建设来说，我国城市地区已普及高速宽带网络，并实施了光纤到户工程，大幅提升了网络的速度和稳定性；在农村地区，我国通过"光纤到乡村"和"宽带中国"等政策，显著提高了农村宽带网络覆盖率。移动通信技术的不断更新，尤其是5G网络的加速部署，使我国成为全球最大的5G市场，不仅推动了数字经济的发展，也为智能产业的创新提供了强劲动力。此外，云计算和大数据产业的快速发展，已成为全社会数字化转型的重要支柱。我国已建设了一批大数据中心和云计算平台，为企业和个人提供了强大的计算和存储支持。物联网技术也在各领域广泛应用，涵盖智慧城市、智能家居和智能交通等重要领域。通过连接设备、传感器和其他物理装置，物联网为提高工作效率、改善生活质量以及推动智能化发展创造了巨大的潜力和机遇。

2. 数字化消费需求旺盛

数据要素打造线上消费场景、满足数字化消费需求、提供全新消费体验，已成为牵引消费领域发展的支柱性力量。首先，移动支付已成为我国民众日常生活中的主要支付方式之一，人们通过手机轻松完成购物和支付，大大提升了消费便捷性。其次，电子商务在我国呈现高速增长态势。《中国电子商务报告（2022）》显示，我国连续10年保持全球规模最大网络零售市场地位。电子商务推动了消费增长，并催生了即时零售、直播电商、短视频电商、社区团购等新模式和新业态。《2023年前三季度中国电子商务发展报告》指出，我国的在线服务消费更是高速增长。在线餐饮、在线文旅、在线文娱蓬勃发展，成为后疫情时代保障民生、刺激消费的发力点。同时，数字时代的个性化消费需求也在不断增强。数字技术为企业提供个性化生产和服务的手段，为消费者带来独特的消费体验。展望未来，随着科技的进步和商业的创新，我国数字消费领域将迎来更多发展机遇。

3. 数字产品和服务应用场景广阔

数字产业化和产业数字化推动传统产业转型升级，促进新兴产业跨越发展，使数据要素成为供给侧结构性改革的重要驱动力。在此背景下，数字产品和服务得到广泛应用，充分展现了数据要素的蓬勃生命力。例如，智能家居通过互联网连接家居设备，用户可以通过手机或语音助手控制灯光、温度和安全系统，实现智能化居住体验。数字化技术同样为在线教育带来了新的可能性，用户可以不受时间与地域限制，通过在线教育平台获取丰富的学习资源。在医疗领域，数字技术使远程医疗成为现实，患者可以在线咨询、预约，享受更加高效便捷的医疗服务。金融科技的发展也使人们能够通过手机银行和支付平台进行转账和理财，随时随地享受金融服务。跨境电商平台的崛起为国际贸易提供了新机遇，用户可以轻松购买国外商品，实现跨越时空的交易。虚拟现实与增强现实技术则为游戏、娱乐、培训等领域创造了全新的沉浸式体验。物流配送系统通过数字技术提升了物流跟踪和快递配送的效率与准确性。未来，随着数字经济与实体经济的深度融合，数字产品和服务的应用场景将进一步拓展和丰富。

2.3.2 数字时代的社会变迁

随着数据要素对社会发展的影响力不断扩大，我们正处于一个充满挑战和机遇的数字时代。无论是在政治、经济、文化还是生活方面，数字化浪潮正在引发一场全方位的变革，我们的生产方式、生活方式和治理方式都在发生变化。数字时代的社会变迁体现在知识结构、资源配置、治理水平等多个方面。其中，知识结构和劳动者类型的转变影响了社会生产的组织方式，资源分配和价值共享格局的变革催生了新的社会财富创造与分配机制，技术信任和公共治理水平的提升则改变了人们对社会关系的认识。

1. 数字技术改变知识结构和劳动者的特征

数字技术的快速发展和广泛应用深刻改变了知识获取和传播的方式。通过互联网和在线学习平台，人们能够获取各类知识内容，实现自主学习和终身学习的目标。同时，在线协作工具促进了知识共享和跨界交流，改进了团队合作方式，提高了工作效率。随着数据成为关键生产要素，企业在内部生产管理以及对外沟通合作中广泛使用数据，并通过数据分析不断优化决策。数据驱动的决策和创新逐渐成为劳动者的重要竞争力。

如此种种深刻影响了劳动力市场。市场对人才的技术需求显著增加，算法编程、数据科学、人工智能等领域的专业人才获得了更高的议价能力。自动化和智能技术的普及减少了重复性工作岗位的需求，打破了劳动力市场的原有供需结构。数字技术还催生了远程办公和自由职业的新模式，灵活多样的工作方式改变了人们对工作的看法，使劳动者更注重工作与生活的平衡。未来，人机协作将更加普及，数字化人才的培养至关重要，教育和就业政策需要适应数字时代的需求。

2. 数字化转型重塑资源分配和价值共享的格局

数据作为生产要素的价值，在很大程度上体现为对资源分配方式和组织决策流程的变革与更新。通过对数据的分析应用，决策者可以更准确地洞察社会需求、优化生产流程、有效调配资源、提高管理效率，使组织决策方式从经验主导型转变为数据驱动型，从而推动社会资源更加科学、高效的配置。必须指出，数据驱动的决策方式不仅依赖于数据分析处理能力，还需要对变革与创新保持接纳的态度和敏锐的意识。因为数据本质上是信息的容器，人们能从中获取何种信息取决于自身的价值判断。因此，如果以创新性的视角看待数据，就能挖掘出更为丰富的数据价值。

信息技术的全方位发展使人们能够在虚拟环境中实现资源的共享和使用，影响了社会财富的创造方式和价值共享格局。区块链技术的不可篡改性和去中心化特性，使资源分配过程更加透明，并保障了资源交易和分配的安全性，促进了资源共享和价值流转。相关技术和信用价值甚至能够通过虚拟货币的形式参与社会财富的创造和分配。当然，这种起源于极客圈的价值转化方式并不在数据资产化的讨论范围之内。对于更为普遍的数字化创新，社交媒体、数字内容分发平台和平台经济的发展实现了社会资源的高效利用和互惠共享。以直播和短视频平台为例，数字化的文化内容共享推动了多元文化的交流与融合，同时鼓励了跨界合作与内容创新，并实现了价值的快速聚合与无界限流通。为实现价值的可持续流转，平台与创作者之间需建立公平透明的价值分享机制，确保数字社会中价值共创模式的健康发展。

3. 数字化发展提升技术信任与公共治理水平

随着社会数字化转型的加快，技术信任和公共治理成为促进社会稳定与进步的关键。数据的收集和使用已成常态，保护个人隐私和商业秘密是建立技术信任的基础。通过完善法律法规、部署隐私保护技术以及增强数据使用透明度，可以有效提升用户对数字技术的信任度。与此同时，网络安全面临的挑战愈发严峻。建立可信的网络安全机制，防范黑客攻击和数据泄露至关重要。通过加强网络安全技术研发、促进多方合作以及提升公众的数据安全意识，可以更有效地维护网络安全。

数字化的快速发展亟须加强公共治理，我国对此给予了高度关注。首先，构建多方参与的协同治理机制，推动政府、企业、学界等利益相关方共同制定规则与标准，加快建设数据要素市场，完善市场运行机制。其次，创新监管模式，压实治理责任。通过加强制度供给和行业自律提升治理效率，明确各方责任和义务，形成安全与合理利用并重的治理格局。最后，塑造开放包容的数字文化。通过提升社会整体数字素养，提高公共治理的质量和水平；通过营造创新与共享的环境，使数据驱动社会发展成为共识。

2.3.3　数字社会建设凸显数据价值

全球社会正经历深刻的数字化转型，数据已成为推动社会进步的重要引擎。数字社会不仅重塑了生活方式，还改变了社会结构和运行模式。国家"十四五"规划纲要提出加快数字社会建设步伐，从提供智慧便捷的公共服务、建设智慧城市和数字乡村、构建美好数字生活新图景等方面入手，适应数字技术全面融入社会交往和日常生活新趋势，促进公共服务和社会运行方式创新，构建全民共享的数字生活。数字社会的构建高度依赖数据的挖掘、利用和保护，数据价值的凸显不仅促进经济增长，还提高了社会福利。这使得数据不仅是信息的载体，更成为数字社会中的核心资产。

1. 数据生成和流通更加普遍

在数字化高速发展的时代，数据已成为无处不在的关键资源。从个人行为到企业交易，从城市交通到全球事务，数据生成的速度和规模不断扩张。国际数据公司（IDC）在《数据时代 2025》白皮书中指出，从数据创建类型来看，生产力数据，尤其是嵌入式数据的占比持续攀升，而娱乐数据的比例明显减少。生产力数据来自传统的计算平台，如计算机、手机和服务器；嵌入式数据则来源于极其广泛的设备类型，包括安防摄像头、智能手表、可穿戴设备等。随着物联网的发展，越来越多的对象将成为数据源，家电、汽车、公共设施等的每一次应用都可能产生新数据。数据的多样化和丰富性为社会提供了更全面准确的信息基础，有助于理解和应对社会变化。

随着大数据和云计算技术的发展，数据存储、分析和传输的成本大幅下降，数据的流通机制变得更加开放和灵活。政府和机构通过建设开放数据平台，推动数据流通共享，促进知识传播和资源利用。数据交易平台的出现，使数据成为可交易的商品，创造出新的商业模式和价值增长点。数据共享协议和接口的建立，使数据在不同组织和部门间的流通更加高效便捷，有助于推动创新与协作。

2. 数据使用方式愈发丰富

随着信息技术的进步和数字化的普及，数据在现代社会中的作用愈发重要。根据《数据时代 2025》白皮书，数据使用方式正在经历根本性转变：数据的创建场景从娱乐转向生产，使用目的从以商业为核心转向高度个性化，数据类型从结构化转向非结构化，数据来源从有选择性变为普遍性，数据时效性从可追溯性变为实时性，数据的作用从提升生活品质转变为对生活至关重要。

如今，数据应用创新为数字社会建设带来了广阔的前景。在政府层面，大数据分析使政府能够更好地预测社会问题，制定精准的城市规划和公共政策，提升治理效率和公共服务水平。从智慧城市建设到公共数据资源的开发利用，政府正在探索释放数据价值的新路径，推动治理和公共服务向智能化、高效化发展。在企业层面，数据分析成为获取竞争优势的战略工具，帮助企业洞察消费者需求、优化产品设计、降低成本并预测市场趋势。企业在营销中利用数据创建精准的客户画像，并通过数据优化供应链管理和提高物流效率。在个人层面，社交媒体使个人数据（如位置、兴趣和行为模式）成为互动和社交的重要基础，可穿戴设备和健康追踪应用则使个人运动、睡眠和饮食数据成为健康管理的重要工具。同时，个性化服务作为一种数据用途改善了用户体验，例如根据购物历史推送定制化广告。

3. 数据价值目标日益明确

数据要素的普及使得数据已经从辅助决策的背景信息转变为推动业务增长、促进创新和提高运营效率的关键资产。在数据作为一种资产的理念下，企业逐渐从单纯的数据采集与存储转向明确的数据开发利用目标，如提升客户满意度、优化运营、降低成本、提高产品质量以及预测市场动向。这种战略上的聚焦使数据赋能更具方向性，增强企业对数据价值的感知和认可，从而有效推动数据资产的价值转换，完成数据资产在企业端的价值闭环。

然而，数据资产化不仅是企业的问题，还涉及广泛的社会影响。数据资产的开发利用同样可以朝着提高社会福利的方向推进，社会效益也是数据资产化追求的价值目标之一。大数据的分析应用为社会问题的解决、公共服务的优化和社会管理效率的提升提供了新思路。例如，智慧城市建设能够提高城市治理水平，改善居民生活质量；数据驱动的公共卫生管理可以及时发现并干预疾病流行。可以说，公共服务领域在数据资源的获取、分析和应用等方面具有独特的优势。但由于公共数据的敏感性较高，其使用边界尚不清晰，开发利用的观念也不够统一。2024 年，中共中央办公厅 国务院办公厅《关于加快公共数据资源开发利用的意见》出台，这标志着公共数据资源的开发利用正引发前所未有的关注，并迈入全新的发展阶段。总之，数据价值目标的明确将指引数据资产化的发展方向。数据资产化不仅是追求经济效益的工具，也是数字社会中提高社会福利、推动可持续发展和社会公平的重要途径。

2.4 技术背景

科技创新是生产力进步和产业发展的核心驱动力。世界经济论坛创始人克劳斯·施瓦布（Klaus Schwab）在《第四次工业革命》中指出，自18世纪以来，人类经历了4次由技术创新引领的工业革命。

第一次工业革命以蒸汽机和铁路的发明及广泛应用为主要标志，使人类从手工生产跃升到机械化生产阶段；第二次工业革命以电力和内燃机的发明及广泛应用为主要标志，电力工业、化学工业以及电报、电话等技术迅速发展，实现了机械化向自动化的转变，使人类进入大规模工业化生产阶段；第三次工业革命以互联网、计算机和通信等信息技术为主要标志，人类进入了自动化、数字化生产阶段。

而当前正在发生的第四次工业革命是一场以物联网、大数据、人工智能等新一代信息技术为基础的全新技术革命，尤其是以深度学习为代表的人工智能技术的突破，推动人类逐渐从数字社会迈向智能社会，进入高度互联的智能化生产时代。

数据不是一切，但一切都在变成数据。数据作为连接物理世界、信息世界和人类世界三元世界的重要纽带，是智能时代的基础性战略资源和核心要素。事实上，当前涌现的种种新兴信息技术均以数据为改造对象，旨在解决数据领域的关键问题。以机器学习和大语言模型为代表的人工智能技术，本质上是通过发现数据特征，解决数据预测的问题。大数据技术通过分布式计算、图技术、流处理，解决海量数据的处理问题。云计算通过共享存储与计算资源，解决数据存储、计算和算力问题。物联网技术通过信息传感设备的互联互通，解决数据采集与感知问题。区块链技术通过可信数据账本，解决数据信任问题。5G技术依托低延时、高带宽等优势，解决数据高速传输的问题。

随着数据价值潜能逐渐被发掘，各种数字技术围绕数据要素合力凝聚，实现"链路贯通"，反过来也推动数据价值的更大释放，数据资产时代的车轮滚滚而来。数据资产化面临的技术背景分析如图2-5所示。

新型生产力快速普及
"算力底座"不断夯实
云计算的发展推动
算力资源快速普及

新技术牵引效应显著
大数据技术体系趋于成熟，
市场应用广泛
人工智能技术更加依赖数据，
也能更加高效地处理数据
物联网、5G、区块链等技术逐渐成熟

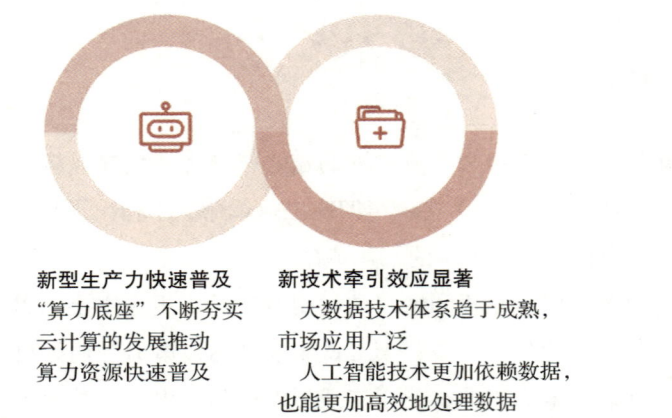

图2-5 数据资产化面临的技术背景分析

2.4.1 新型生产力快速普及

在2024年世界经济论坛期间，OpenAI首席执行官山姆·奥特曼（Sam Altman）强调，算力和能源将成为未来最重要的资源。简单来说，算力就是计算能力，通常用每秒浮点运算次数（FLOPS）来衡量。例如，英伟达的NVIDIA H200 GPU在运行双精度浮点数（FP64）时的理论峰值性能为34TFLOPS（每秒34万亿次浮点运算），而运行单精度浮点数（FP32）时为67TFLOPS。

现代社会的各个方面都离不开算力的支持。从智能手机的面部识别到天气预报，从地震勘探到卫星轨道计算，算力使海量数据得以高效运用，推动各行各业的发展。例如，自动驾驶技术需要强大的算力来实时处理来自激光雷达、摄像头等设备的海量数据，智能汽车因此被称为"轮子上的数据中心"。

随着算力重要性的日益增加，它已成为衡量国家综合实力和国际话语权的关键因素。美国凭借高端芯片设计、先进制程技术和电子设计自动化（EDA）软件，在全球算力产业中保持领先地位。而中国也在大力推动以算力为核心的新型数字基础设施建设。截至2023年6月，我国数据中心机架总规模已超过760万，总算力达197EFLOPS（每秒197百亿亿次浮点运算），年均增速近

30%。中国在算力资源规模上位居全球第二，并已建成 196 个国家级绿色数据中心，推动算力的绿色低碳发展。

云计算的崛起使算力格局发生了根本性变化。云计算通过将分散的算力资源整合为虚拟的、可扩展的资源池，能够按需动态分配算力，并提供按需付费服务。这种方式不仅提高了计算的安全性和可靠性，还降低了成本，使高性能计算变得更加普及，为数据资产时代的到来奠定了基础。

2.4.2 新技术牵引效应显著

近年来，大数据、人工智能等新一代信息技术的发展可谓日新月异，尤其是人工智能技术逐渐从幕后走到台前，令人印象深刻。

2016 年 3 月，Google 的 AlphaGo 以 4 比 1 的总比分战胜世界围棋冠军李世石，2017 年 5 月，又以 3 比 0 的总比分战胜世界排名第一的围棋冠军柯洁，自此，围棋界普遍认为 AlphaGo 的棋力已超过人类职业围棋顶尖水平，深度学习的威力令人印象深刻。2022 年 11 月，OpenAI 的 ChatGPT 发布，5 天内注册用户超过 100 万，仅用 2 个多月活跃用户突破 1 亿，被称为"史上用户增长最快的消费者应用"，由此引发了一场人工智能大模型的革命，甚至有人认为 ChatGPT 让人类看到了通用人工智能的希望。

随着技术的快速发展，大数据、人工智能等技术已经深刻改变了我们的日常工作和生活，重塑了数据要素的供需架构。人们对数据的使用需求越来越高，而高质量数据的存量却越来越"捉襟见肘"，对数据的旺盛需求与数据供给的不充分、不平衡之间的矛盾愈发突出。

1. 大数据技术体系趋于成熟，市场应用广泛

大数据技术是一种能够从各种类型的数据中快速获取有价值信息的数据处理技术，这些数据包括结构化数据（可以用二维表结构来逻辑表达的数据，如表格、数据库中的数字和标签）和非结构化数据（不便用数据库二维逻辑表来表现的数据，如办公文档、视频、音频等）。随着数字经济的快速发展，大数据技术体系逐渐趋于成熟。

大数据技术主要可分为 5 类。

- 数据存储技术。用于解决海量数据存储的问题，提高数据的可靠性和可用性，例如分布式文件系统、数据库等。
- 数据计算技术。用于解决海量数据的处理和分析问题，提高数据的价值和利用效率，包括批处理、流处理、并行计算、分布式计算等。
- 数据分析技术。用于从海量数据中挖掘有价值的信息，为决策和创新提供支撑，例如可视化、描述性分析等。
- 数据应用技术。用于个性化定制和利用大数据技术，实现业务创新和效率提升，例如在医疗、交通等领域的大数据平台研发。
- 数据管理技术。用于保证数据的有效性、可用性、安全性、正确性等，例如质量管理技术、安全管理技术等。

回到大数据技术和数据资产之间的关系，数据资产的形成需要大数据技术提供数据存储与运算能力、数据挖掘与分析能力、数据应用能力、多源数据融合与管理能力等。可以说，大数据技术是数据资产形成与积累的根本，没有大数据技术的发展，就没有当前海量庞大的数据资产。

目前，大数据领域每年都会涌现大量新技术，大数据的采集、存储、加工、分析、应用和管理手段日益丰富，并通过可视化操作、图形化交互等人性化方式，显著拉近了大数据技术与普通民众的距离。即使对 IT 技术了解不深的普通民众和非技术专业的决策者，也能够较为轻松地理解大数据技术的应用效果和价值。这无疑降低了数据资产的获取门槛，加快了数据资产时代的到来。

2. 人工智能技术更加依赖数据，也能更加高效地处理数据

数据和人工智能是硬币的两面。在人工智能的发展浪潮中，大数据起到了至关重要的作用。人工智能模型，尤其是大语言模型的训练，需要大量高质量、多模态的数据。这些训练数据可以是文本、图像、语音、视频等多种形式，通常涵盖各类网页、公共语料库、社交媒体、书籍、期刊等公开数据来源。

近年来，大语言模型训练所使用的数据集规模显著增长。举一个直观的例子，OpenAI 在 2018 年发布的 GPT-1 大语言模型训练所使用的数据集规模约

为 4.6GB；2019 年发布的 GPT-2 训练数据集规模约为 40GB；2020 年发布的 GPT-3 训练数据集规模达到了 753GB（也有一种说法是 GPT-3 的训练数据大小高达 45TB）；2023 年发布的 GPT-4 使用了 13 万亿个 Token 的训练数据，假设按照每个 Token 约 4 字节计算，GPT-4 的训练数据规模达到约 50TB（1TB 约为 1024GB），相当于自 1962 年开始收集书籍的牛津大学博德利图书馆存储的单词数量的 12.5 倍！

据估计，全球互联网的文本数据总量约为 7000TB，去除各种 HTML 标签，并按照二八法则剔除重复内容后，整个互联网的文本数据大约为 1000TB，其中，中文互联网的文本数据约为 5TB。此外，将全部互联网文本数据作为训练数据来训练大语言模型未必是最佳方案，因为其中包含大量违规、有害、重复或错误内容，因此真正高质量、适合大模型训练的数据实际上并不多。

对于越来越多的人工智能应用而言，数据增长的速度始终追不上模型训练的需求。尽管可以依靠半监督学习、迁移学习等新方法降低对数据的依赖，但依然很难彻底解决数据不足的问题。随着对数据需求的急剧增加，获取数据的成本和难度也在增加，许多内容创作者开始要求对被人工智能模型训练使用的数据给予补偿，围绕数据窃取、数据侵权的案件也日益增多。

除了数据侵权起诉外，一些社交媒体网站、论坛、问答网站等都提高了访问其数据的成本，限制机器人抓取网站信息的能力，并宣布对接口收费。此前，这些平台的内容可以被 Google、OpenAI 等公司免费爬取，用作大语言模型的训练库。可以看出，信息和数据的持有者在数字时代拥有巨大的议价能力。然而，现实中许多企业往往拥有大量有价值的数据而不自知，例如客户支出记录、客服通话记录、订单采购数据等。对于人工智能模型开发企业而言，这些数据可以用于微调特定商业目的的模型，如智能客服机器人、销售运营智能辅助决策算法等，具有很高的利用价值。在数字时代，任何一家企业都不应忽视自身的数据资产，应通过积累、保护和运用数据，找到适应新时代企业生存发展的新模式。

对于普通企业而言，利用人工智能技术自动生成数据的行为可能还较为遥远，但利用 AI 辅助数据标注、采集和处理，却是最直观且高效的降本增效方式。将人工智能技术运用于数据管理中，可以自动识别哪些数据涉及用户隐私、哪些数据可能存在异常、哪些数据有安全合规风险。一旦数据特征被确认，就能自动打标签进行标注，从而节省大量人工成本。将人工智能技术运用于数据治理中，可以自动探查数据质量，并对存在缺陷的数据按照既定规则进行智能修复，例如修正空值、错值、格式（如身份证号、日期、全/半角、精度类型）等问题，完成数据格式化操作，快速实现数据清洗。要知道，数据处理者通常需要花费大量时间在清洗任务上，而人工智能技术的引入将显著提升数据处理效率！

总而言之，人工智能技术的发展将更加依赖高质量数据，同时人工智能技术与大数据技术的结合也将降低数据采集和管理的门槛，使更多人有机会积累数据资产。当下，社会上的任何组织和个人，都应顺应时代发展趋势，不断积累和运用数据，因为数据是重要的资产和竞争优势，掌握数据者将在未来占据主动地位。

3. 物联网、5G 和区块链等技术逐渐成熟

如果说数据资产的价值可以简单理解为数据给个人或组织带来的收益，那么云计算、大数据、人工智能等技术的发展无疑极大地提升了数据资产价值的上限。云计算、大数据、人工智能通过对数据的运算、加工和应用，使数据本身具备了更多潜力，这些潜力自然提升了人们对未来收益的预期。而物联网、5G、区块链等技术的成熟与应用则进一步抬升了数据资产价值的下限。物联网、5G、区块链等技术的应用降低了数据采集、传输、交易的成本，同时提升了数据积累的速度和效率。即使我们不对数据进行干预，单凭海量数据本身也具有相当的价值。

物联网将各种设备通过互联网连接，整合不同分散设备产生的数字信息，在全面提升人们生产、生活质量的同时，也极大地扩展了数据的规模和多样性。据公开数据显示，截至 2023 年底，我国蜂窝物联网连接数已达 23.32 亿。可以想见，如此庞大的物联网每分每秒都在产生海量数据，推动数据资产的有效积累。

5G 是第五代移动通信技术的简称，也是新一代信息通信基础设施的核心。与 4G 相比，它具有更高速度、更低延时、更大容量等特点。5G 技术要在数据资产时代发挥作用，就不能孤立存在，必须与物联网、云计算、大数据等技术深度结合，才能满足对海量数据采集、传输、存储、处理等的需求。

以 5G 与云计算为例，5G 与云计算技术结合，可以显著提升云计算的可靠性、网络响应效率以及单位容量。在 5G 技术的支撑下，数据从云端下载到本地的速度可达每秒几百兆，虽然还比不上固态硬盘每秒上千兆的传输速度，但已经超过了绝大部分机械硬盘的读写速度。这意味着数据在云端上进行存储和计算的延时感知并不明显，有利于海量数据的处理和数据资产的形成。

区块链本质上是一种单向链式数据结构。在区块链上，数据以区块的形式存储，第一个区块称为创始区块，之后创建的每个区块都保留上一个区块的哈希值（区块的唯一标识），通过不断引用上一个区块的哈希值，各区块之间形成链式关系，从而构成区块链。区块链中的数据是分布式存储的，每个节点都有整个区块链上所有数据的副本，并通过共识机制对数据进行验证和同步。一旦某个区块的数据被篡改，该区块就与其他区块的数据不一致，最终被篡改的区块会通过共识机制被排除出区块链网络。

依靠区块链的防篡改机制，可以构建分布式账本，将数据资产的上传、更新、交易或其他使用行为记录并存储上链。这些记录一旦上链，就很难被篡改，相当于为数据资产提供了"身份证"和"交易凭证"，从而实现数据资产权属的明确和交易的可溯源。区块链技术还可以结合数据加密、隐私计算等技术，进一步强化链上数据的安全性。区块链技术将无形的数据资产具象化，保障了数据资产交易变现过程中买卖双方的合法权益，促进了数据资产价值的释放。

2.5 本章小结

随着数据融入社会经济的方方面面，数据资产化在政策环境、经济形势、社会基础、技术背景等多重因素的叠加影响下，成为数据时代适应新发展格局、落实新发展理念的战略性布局。从发展现状来看，数据资产化的政策导向明确，正成为数据要素市场化配置改革的关键环节；经济、社会高质量发展对数据资产化的需求显著，数据资产化前景广阔，现实基础扎实，将有力推动数字经济发展和数字社会建设；数据资产化的技术手段日益丰富，新一代信息技术拓展了数据资产的价值实现方式，提升了数据资产的价值空间，保障了数据资产化的安全开展。从不同维度的相互作用来看，政策环境构建了制度引领的蓝图，经济形势、社会基础承担着提供资源、引导示范的角色，技术背景则发挥了不可或缺的支撑作用。在这些因素的共同作用下，数据资产化的发展条件逐渐成熟。

| 第 3 章 | CHAPTER

数据资产化面临的挑战及其应对方案

数据资产化是一个涉及多维度和多学科的复杂过程，它不仅要求对数据资源的获取和整合有深入的理解，还涵盖数据资产的形成、管理以及最终的变现等多个环节。在数据资产化过程中，企业将面临多方面的挑战。本章简要梳理了数据资源获取、数据资产形成、数据资产管理、数据资产变现等主要环节所面临的挑战（见图3-1），分析了这些挑战的成因，并结合实际案例，提供了多种可行的解决方案。这些方案涵盖技术、管理、法律等多个层面，旨在帮助企业全面应对数据资产化过程中出现的各种难题。本章还强调了数据资产化的重要性和价值，指出数据已成为企业的重要资产，通过数据资产化，企业可以挖掘数据的潜在价值，提升业务效率和竞争力。

3.1 数据资源获取的挑战及其应对方案

数据资源的获取是数据资产化过程中的关键步骤。然而，在这一过程中，企业面临的问题包括信息化程度不足、数据积累不足、数据孤岛以及数据来源多样性等。为了实现数据的高效利用和价值转化，企业必须有效应对这些问题。图 3-2 展示了数据资源获取的挑战的原因与对策的示意图。

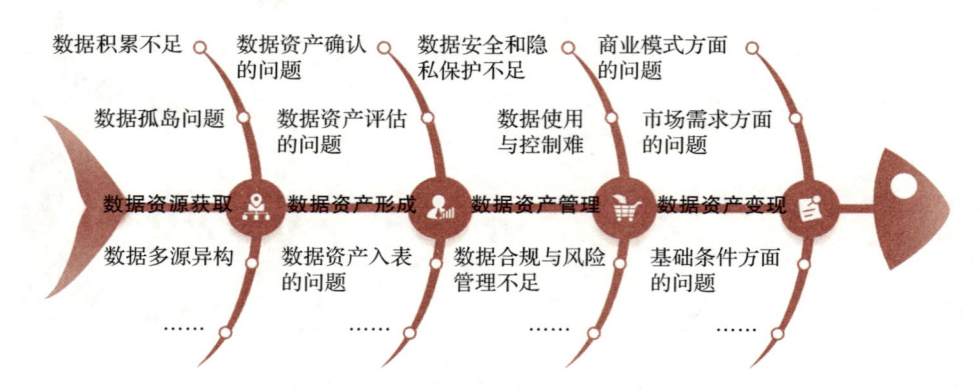

图 3-1　数据资产化挑战总览

图 3-2　数据资源获取的挑战的原因与对策

数据孤岛问题

原因
缺乏统一的数据战略
缺乏统一的数据管理平台
各系统数据标准不一致

对策
制定数据治理战略和机制
加强业务系统集成
建立统一的数据管理平台
开展数据标准化建设

数据多源异构

原因
数据格式标准不一致
数据质量存在差异
数据更新频率不一致
数据安全和隐私问题

对策
开展数据标准化工作
加强数据治理
引入先进的技术手段

数据积累不足

原因
公司发展历史较短
数据收集机制不完善
数据存储基础设施不足
数据管理策略不明确

对策
加强数据基础设施建设
明确数据管理策略
加强自有渠道建设
合作共享获取数据
购买第三方数据

3.1.1 数据积累不足

数据积累是一个长期的过程，需要持续进行数据收集和存储。企业数据积累不足的问题主要体现在数据的量和质两个方面。在数据量方面，许多企业缺乏足够的历史数据，数据积累不够丰富，难以为复杂的数据分析和预测提供充分支撑。在数据质量方面，数据收集和存储过程中往往存在缺陷，导致数据不完整、不准确，进而影响数据的可靠性和使用价值。

1. 原因

- **公司发展历史较短**。新企业由于成立时间短，尚未积累足够的历史数据，这限制了其在数据分析和预测方面的能力。例如，一家刚成立的电动汽车制造商，可能在初期缺乏足够的驾驶数据，从而影响智能驾驶系统的优化和改进。
- **数据收集机制不完善**。一些企业缺乏系统化的数据收集机制，数据积累不完整或不连续。例如，企业可能缺乏自动化数据采集工具，依赖手动记录和输入，这不仅效率低下，还容易产生错误或遗漏。此外，企业内部各部门的数据收集和存储标准不统一，导致数据整合困难，进一步影响数据积累的完整性和连续性。
- **数据存储基础设施不足**。许多企业缺乏适当的数据存储设施和技术，无法有效保存和管理大量历史数据。传统的存储方式往往无法满足大数据存储的需求。例如，某些企业仍然依赖纸质记录或简单的电子表格，难以应对海量数据的存储和管理需求。
- **数据管理策略不明确**。部分企业没有明确的数据管理策略，数据收集和存储过程缺乏规范性和系统性，最终影响数据的完整性和可用性。例如，一些企业在数据管理方面未制定统一的标准和流程，导致不同部门和系统的数据无法有效整合和利用。

2. 对策

解决数据积累不足的问题，需要从多个方面入手。

- **加强数据基础设施建设。** 企业需要投资建设大数据存储和处理平台，确保数据能够得到有效存储和管理。例如，通过采用云存储和分布式存储技术，企业可以灵活应对海量数据的存储需求，保障数据的安全性和可用性。
- **明确数据管理策略。** 企业需要建立规范的数据管理制度，明确数据收集、存储、处理和利用的标准与流程，确保数据积累的完整性和连续性。例如，通过制定数据管理手册并实施数据治理，企业可以有效提升数据管理水平，确保数据积累的高质量与高效性。
- **加强自有渠道建设。** 企业通过对产品和服务使用数据的持续收集，可以逐步积累大量有价值的数据。例如，企业可以通过安装传感器和物联网设备，实时采集生产和运营数据，逐步积累数据。
- **合作共享获取数据。** 企业可以与其他企业、科研机构和数据提供商合作，共享数据资源。例如，汽车制造商通过自有车辆的大规模路测，持续收集驾驶数据，并与其他汽车制造商和科技公司合作，分享自动驾驶数据，从而显著提高数据的积累量和质量。
- **购买第三方数据。** 企业可以购买专业数据提供商的数据，补充自有数据资源。例如，企业通过购买市场研究数据、消费者行为数据和行业报告，丰富数据积累，提高数据分析的全面性和准确性。

通过系统性的措施，企业不仅能够解决数据积累不足的问题，还能提升竞争力和市场响应能力。通过数据积累和分析，企业能够更好地了解市场和客户需求，优化产品和服务，实现业务创新和增长。

3.1.2 数据孤岛问题

数据孤岛指企业内部不同部门和系统之间的数据分散和独立，难以整合和共享的现象。在实际操作中，由于每个部门都有各自的数据管理系统和流程，导致数据难以集中和统一管理。例如，采购部门可能使用供应链管理系统，而销售部门使用客户关系管理（CRM）系统，这些系统之间缺乏数据共享机制，导致数据分散在不同系统中，无法形成综合的业务视图。《2019中国企业数字化转型及数据应用调研报告》显示，中国企业的数字化转型整体尚处于起步阶段，超过 90% 的企业内部存在数据孤岛。数据孤岛不仅限制了数据的充分利用，还增加了数据管理的复杂性和成本。

1. 原因

- **缺乏统一的数据战略**。部分企业在数据管理方面缺乏明确的战略规划和治理机制，数据管理缺乏系统性和规范性，导致数据分散和孤立。许多大型企业在数据管理上缺乏统一的战略，各部门各自为政，导致数据孤岛现象严重。
- **缺乏统一的数据管理平台**。企业内部不同部门和系统各自为政，缺乏统一的数据管理平台来整合和共享数据，导致数据分散在不同系统中，难以实现集中管理和统一整合。例如，金融机构内部的各个业务部门使用不同的数据管理系统，客户数据分散在多个系统中，无法形成综合的客户视图，影响客户服务和营销效果。
- **各系统数据标准不一致**。企业各系统建设服务主体往往不同，不同部门和系统的数据格式和标准各不相同，导致数据难以整合和共享。例如，零售企业的库存管理系统和销售管理系统可能使用不同的数据格式，库存数据与销售数据无法整合分析，影响库存管理和销售预测。

2. 对策

解决数据孤岛问题，需要从系统集成、数据标准化、数据管理平台建设和数据治理等多个方面着手，采取系统化和多样化的措施。

- **制定数据治理战略和机制**。企业需要设立数据治理委员会，制定明确的数据治理战略和机制，协调各部门的数据管理工作，确保数据管理的统一性和规范性。通过数据治理，企业可以明确数据管理的职责与流程，提升数据管理的效率和质量。
- **加强业务系统集成**。企业需要对各部门的业务系统进行集成，打通数据流通的渠道，确保各业务线之间的数据能够无缝衔接，消除数据孤岛现象。例如，通过将企业资源计划（ERP）系统与 CRM 系统集成，企业可以实现两个系统的数据共享，提升业务决策的科学性和准确性。
- **建设统一的数据管理平台**。企业需要投入资金建设统一的数据管理平台，实现数据的集中存储和管理。该平台能够整合企业内外部数据资源，提供统一的数据访问接口，提升数据管理的效率和质量。通过统一的平台，各部门的数据可以实现互通共享，形成综合的业务视图，提高业务决策的科学性和准确性。例如，通过引入云计算和大数据技术，企业可以构建灵活且可扩展的数据管理平台，实现数据的集中管理和共享。
- **开展数据标准化建设**。企业需要制定统一的数据标准和格式规范，确保不同部门和系统的数据在进入统一的数据管理平台时能够进行标准化处理，从而提升数据整合和共享的效率，消除数据孤立现象。例如，通过制定数据标准化手册，企业可以确保各部门在数据收集和存储过程中遵循统一的标准和格式，提升数据管理的规范性和系统性。

企业解决数据孤岛问题，能够更好地了解市场和客户需求，优化产品和服务，实现业务创新和增长，改善数据管理与利用效率，提升企业竞争力和市场响应能力。

3.1.3 数据多源异构

数据多源异构是企业在数据资产化过程中面临的另一重大挑战。企业需要从多种来源（包括内部系统、社交媒体、传感器和第三方平台等）获取数据。不同来源的数据在格式、质量和更新频率上各不相同，这增加了数据整合与分析的复杂性。在实际操作中，数据来源多样性的问题尤为突出，例如，社交媒体数据通常是非结构化数据，内部系统数据则通常是结构化数据。数据的质量和更新频率也存在显著差异，有些数据为实时更新，而有些数据则为批量更新。这些差异使数据整合与分析变得更加复杂。

1. 原因

数据多源异构问题的原因可以归结为以下几个方面。

- **数据格式标准不一致**。内部系统中的数据通常是结构化的，有明确的字段和格式，而社交媒体数据和传感器数据通常是非结构化或半结构化的，缺乏统一的格式和标准。例如，企业 ERP 系统中的订单数据是结构化的，而来自社交媒体的客户评价数据则是非结构化的文本数据。这种数据格式的差异增加了数据整合的难度。
- **数据质量存在差异**。内部系统的数据通常较为准确和完整，而外部数据（例如来自第三方平台的数据）可能存在缺失、不准确或不及时的情况。例如，企业从第三方数据提供商处购买的市场数据，可能因数据更新不及时或数据采集不全面，而出现数据质量较低的情况，影响数据分析的准确性。
- **数据更新频率不一致**。有些数据来源能够提供实时更新的数据，例如传感器数据可以实时采集和传输，有些数据来源则是批量更新的，例如市场研究报告通常按月或按季度更新。这种数据更新频率的差异使得数据整合和实时分析变得更加复杂。例如，企业在进行市场趋势分析时，需要整合实时更新的销售数据和按月更新的市场研究数据，这种不同频率的数据整合增加了数据处理的难度。
- **数据安全和隐私问题**。从外部来源获取的数据需要遵守数据隐私法规，并确保数据安全，避免数据泄露或滥用。例如，企业在整合来自不同国家和地区的数据时，需要遵守各地的隐私法规和数据保护要求，这增加了数据整合的复杂度。

2. 对策

要解决数据多源异构问题，需要采取系统化和多样化的措施，从数据标准化、数据治理、技术手段和安全管理等方面入手。

- **开展数据标准化工作**。企业需要制定统一的数据标准和格式规范，确保不同来源的数据在进入统一的数据管理平台时能够进行标准化处理。通过数据标准化，企业可以提升数据整合和共享的效率，降低数据格式差异带来的整合难度。例如，企业可以制定数据标准化手册，规范各类数据的收集、存储和处理流程，确保不同来源的数据在统一标准下进行管理。

- **加强数据治理**。企业需要制定明确的数据治理战略和机制，确保数据管理的系统性和规范性。通过数据治理，企业可以明确数据管理的职责和流程，提升数据管理的效率和质量。例如，通过设立数据治理委员会，企业能够协调各部门的数据管理工作，确保数据管理的统一性和规范性，提高数据整合和分析的效率。
- **引入先进的技术手段**。企业可以通过采用大数据分析、人工智能和机器学习等技术，实现对多源数据的高效处理和分析。例如，通过运用机器学习技术，企业能够对非结构化数据进行自动处理和分析，提升数据整合与分析的效率和准确性。

在很大程度上，数据多源异构既是企业面临的重大挑战，也蕴含着巨大的机遇。这种现象在一定程度上反映了企业自身数据资源的丰富性和多样性。如果企业能够有效解决数据多源异构问题，将在数据管理和利用方面取得显著优势。这不仅能够提升企业的数据处理能力，还可以为企业建立一道独特的门槛，使其在激烈的市场竞争中脱颖而出。通过整合和优化这些多源异构的数据，企业能够更好地挖掘数据中的潜在价值，从而在决策支持、业务流程优化和创新应用等方面获得竞争优势。

3.2 数据资产形成的挑战及其应对方案

在数据资产形成过程中，企业需要将大量原始数据转化为有价值的信息和知识。然而，这一过程充满了挑战，需要解决数据资产的确认、评估和入表等一系列问题，如图 3-3 所示。

3.2.1 数据资产确认方面的问题

数据资产确认是企业数据资源确认和管理的基础，旨在确定对企业有价值的数据并加以利用。识别过程面临挑战，包括数据分散、类型多样以及数据质

量参差不齐，这些因素增加了确认的难度。

图 3-3 数据资产形成的挑战的原因及对策示意图

数据资产入表的问题
原因：数据价值不确定 / 会计处理复杂 / 法律合规性不足 / 缺乏行业标准
对策：规范会计处理流程 / 参与行业标准制定 / 加强培训和教育

数据资产评估的问题
原因：评估标准不一致 / 评估方法不科学 / 评估数据不完整 / 缺乏专业人才
对策：制定统一的评估标准 / 采用科学的评估方法和工具 / 完善待评估数据 / 培养评估人才

数据资产确认的问题
原因：数据权属不明确 / 数据资源分散 / 分类不明确
对策：制定统一的数据治理框架和标准 / 建设统一的数据管理平台 / 明晰数据权属

1. 原因

- **数据权属不明确**。企业内部和外部数据的产权关系复杂，导致确权登记困难。例如，不同部门和合作伙伴可能对同一数据资源拥有不同的使用权或所有权，增加了确权登记的复杂度。一个跨国企业可能在不同国家和地区积累了大量客户数据，这些数据的所有权可能涉及多个法律实体和合作伙伴，进一步加剧了确权登记的复杂性和不确定性。

- **数据资源分散**。企业的数据往往分散在不同部门和系统中，缺乏统一的管理，导致数据资产难以全面识别。例如，大型跨国企业可能在各个分支机构和业务部门中使用不同的数据管理系统，数据因此分散在多个系统中，难以整合和统一管理。这种分散现象严重阻碍了企业全面识别和利用其数据资产的能力。

- **分类不明确**。企业数据包括结构化数据、半结构化数据和非结构化数据，不同类型的数据处理方式各不相同，增加了数据确认的复杂度。例如，企业的 ERP 系统可能存储大量结构化数据，如订单和库存数据，客户反馈和社交媒体评论则属于非结构化数据，这些数据需要采用不同的技术和方法进行处理和识别。数据类型的多样性要求企业具备多种数据处理能力，但许多企业在这方面能力不足，导致数据资产确认效率低下。

2. 对策

在数据资产确认方面，企业面临数据分散、分类不明确、质量参差不齐等问题。

- **制定统一的数据治理框架和标准**。企业应制定清晰的数据治理政策和标准，明确数据管理的职责和流程，确保数据资产确认过程有序进行。例如，数据治理框架可以包括数据管理政策、标准操作程序和数据资产确认详细流程，确保各部门在数据管理和确认过程中遵循统一的标准。

- **建设统一的数据管理平台**。通过建立集中化的数据管理平台，企业可以实现数据的集中存储和管理，从而全面掌握各类数据资产。通过对数据进行分类和标签化处理，企业可以明确数据的类型和属性，提高数据资产的确认效率。通过实施严格的数据质量管理措施，如数据清洗和质量监控，企业可以确保数据的准确性和完整性，提升数据资产确认的精确性。例如，企业可以采用云计算和大数据技术，构建灵活且可扩展的数据管理平台，整合来自不同部门和系统的数据，提供全面的数据视图，便于数据资产的确认和管理。

- **明晰数据权属**。通过法律咨询和内部审查，企业可以在现有法理框架下明确数据持有权、使用权以及经营权，确保数据确权登记的合法性。例如，通过合同和协议明确数据的归属和使用权限，减少产权纠纷和不确定性。企业还可以与合作伙伴和第三方数据提供商签订明确的数据使用协议，确保各方的权利和义务清晰明确。

企业需要不断总结经验，优化数据管理策略，确保数据资产识别的持续改进与提升，为企业的长远发展提供有力支持。通过这些措施，企业不仅能够解决数据资产确认中的问题，还能提升竞争力和市场响应能力，推动数据资产化的实现与应用，创造更大的商业价值。

3.2.2　数据资产评估方面的问题

数据资产评估是指对数据资产的价值进行评估和定量分析，是数据资产管理中至关重要的一环。数据资产评估的目的是确定数据资产的经济价值及其对业务的贡献,从而指导企业的投资和管理决策。然而,企业在数据资产评估过程中常常面临评估标准不统一、评估方法不科学、评估数据不完整、缺乏专业人才等问题。

1. 原因

- **评估标准不一致**。不同企业和部门在评估数据资产时采用不同的标准和指标,导致评估结果难以比较和整合。例如,某些企业可能基于数据的直接经济效益评估其价值,而其他企业则可能考虑数据对运营效率和客户满意度的间接影响。评估标准的不一致使企业难以形成统一的评估框架,影响评估结果的可靠性。
- **评估方法不科学**。现有的评估方法和工具难以准确反映数据资产的真实价值。传统财务评估方法往往侧重于有形资产,对无形资产,特别是数据资产的评估缺乏有效手段。例如,许多评估方法未能充分考虑数据的动态特性和多维价值,导致评估结果出现较大偏差。此外,数据资产的评估还需要综合考虑数据的质量、使用频率以及对业务的具体影响,这些复杂因素常常在传统评估方法中被忽视或低估。
- **评估数据不完整**。企业在数据资产评估过程中,往往面临评估数据不完整或不准确的情况,这严重影响评估结果的可靠性。例如,某些历史数据可能缺失,实时数据可能存在错误,这些问题都可能导致评估结果的偏差和不准确。数据不完整不仅增加了评估的难度,还可能导致企业基于评估结果的管理和投资决策出现失误。
- **缺乏专业人才**。数据资产评估需要专业的知识和技能,包括数据分析、财务评估和业务洞察。然而,许多企业在这方面的人才储备不足,缺乏具备相关经验和能力的评估人员。专业人才的不足使企业难以进行科学、系统的数据资产评估,影响评估结果的准确性和可靠性。

2. 对策

为了解决数据资产评估中的问题,企业需要采取系统化、多样化的措施。

☐ **制定统一的评估标准**。企业可以与专业机构合作，制定统一的数据资产评估标准，确保评估结果的可靠性和一致性。例如，企业可以建立一个全面的评估框架，涵盖数据资产的多维价值，如经济效益、运营效率、客户满意度和风险管理等。通过制定统一的评估标准，企业能够规范评估过程，提高结果的可靠性和一致性。

☐ **采用科学的评估方法和工具**。企业可以引入先进的数据分析技术和评估工具，如引入机器学习算法、大数据分析平台和数据挖掘技术，提高评估的科学性和准确性。例如，通过利用机器学习算法，企业能够对大量历史数据进行分析和建模，更准确地评估数据资产的价值。此外，企业还可以采用综合评估方法，考虑数据资产的动态特性和多维价值，以确保评估结果的全面性和准确性。

☐ **完善待评估数据**。企业应建立全面的数据采集和管理机制，确保评估数据的完整性和准确性。例如，通过采集市场实际成交价格等数据，完善评估数据，不断修正评估数据中的谬误和误差。企业可以采用自动化的数据采集工具和技术，实时收集和更新评估数据，确保数据的及时性和准确性。此外，企业还应定期进行数据审计和质量检查，确保评估数据的可靠性和完整性。

☐ **培养评估人才**。企业应重视数据资产评估人才的培养，开展专业培训并引进高端人才，提升评估团队的能力和水平。例如，通过与高校和研究机构合作，企业可以建立数据资产评估的专业培训项目，提高员工的专业技能水平。此外，企业还可以引进具备丰富经验的评估专家，组建专业的评估团队，确保数据资产评估的科学性和专业性。

通过制定统一的评估标准、引入科学的评估方法和工具、完善待评估数据以及培养评估人才，企业不仅可以提升数据资产评估的效率和准确性，还能提高整体数据管理水平，增强市场竞争力和决策能力。

3.2.3 数据资产入表方面的问题

数据资产入表是指将数据资产纳入企业的资产负债表中，实现数据资产的财务化和规范化。数据资产入表的目的是将数据作为一种资产进行管理和报告，以便反映企业的真实财务状况。然而，企业在数据资产入表过程中常常面临数据价值不确定、会计处理复杂以及法律合规性不足等问题。

1. 原因

- **数据价值不确定**。数据资产的价值评估复杂，难以准确确定其市场价值。数据的无形性和动态特性增加了评估的难度。不同类型的数据资产可能具有不同的价值特征，导致评估结果不一致。例如，一些数据资产可能具有长期的战略价值，而另一些则可能具有短期的经济效益。如何准确衡量这些价值是一个复杂的问题。
- **会计处理复杂**。将数据资产纳入财务报表涉及复杂的会计处理，企业需要遵循严格的会计准则和规定，这增加了财务工作的复杂度。例如，如何在财务报表中准确反映数据资产的价值和变动，是企业在会计处理中面临的一大难题。数据资产的无形性和动态性使得传统会计处理方法难以适用，需要新的会计处理方法和工具。
- **法律合规性不足**。现有法律法规对数据资产入表的规范不明确，缺乏统一的法律框架和标准，增加了合规风险。例如，不同国家和地区对数据资产的财务处理规定可能存在差异，跨国企业在进行数据资产入表时需遵守不同的法律法规，增加了操作的复杂度和合规风险。法律法规的不完善使企业在数据资产入表过程中面临许多不确定性和风险。
- **缺乏行业标准**。数据资产入表的行业标准尚未完善，不同企业的实践差异较大，难以形成统一的操作规范。例如，不同企业可能采用不同的方法和标准进行数据资产入表，导致操作不一致和结果不可比。行业标准的缺乏使企业在数据资产入表过程中缺乏参考和指导，增加了操作难度和风险。

2. 对策

为了解决数据资产入表问题，企业需要采取系统化、多样化的措施。

- **规范会计处理流程**。企业应优化和规范数据资产入表的会计处理流程，确保符合会计准则和规定。例如，通过制定标准化的会计处理流程，提升数据资产入表的效率和规范性。企业可以采用专门的数据资产会计处理工具和软件，实现数据资产会计处理的自动化和规范化，提高操作的便捷性和准确性。
- **参与行业标准制定**。企业应参与制定行业标准，推动数据资产入表的规范化和标准化。例如，通过行业协会和标准化组织，建立统一的数据资产入表标准，确保不同企业的数据资产入表操作的一致性和可靠性。企业可以与同行业企业合作，分享数据资产入表的最佳实践和经验，推动行业标准的制定与完善。
- **加强培训和教育**。企业应构建分层次数据资产入表培训体系，面向高管、财务、业务和 IT 人员，重点讲解数据资产的管理流程及合规要求。采用案例分析、学习研讨等多种方式，鼓励不同部门就数据资产入表展开讨论，实现业财融合的数据资产管理。推动企业数据资产文化建设，将数据资产相关指标纳入考核体系，设立提升企业数据价值的激励机制，增强全员对数据资产入表的理解与执行力。定期复盘、优化培训，确保培训内容更新与教育成果落地。

3.3 数据资产管理的挑战及其应对方案

在数据资产管理过程中，企业需要对已形成的数据资产进行有效管理和利用，以最大化实现其价值。然而，这一过程仍然面临不少挑战，包括数据安全和隐私保护不足、数据合规与风险管理不足、数据使用与控制难，如图 3-4 所示。

3.3.1 数据安全和隐私保护方面的问题

数据安全和隐私保护是数据资产管理中的重要问题，涉及保护数据免受未经授权的访问、泄露和篡改。随着数据量的增加和数据资产价值的提升，数据安全和隐私保护面临的威胁和挑战也日益加剧。IBM 发布的《2020 年数据泄露成本报告》显示，2020年全球数据泄露事件造成的平均损失达386万美元。数据泄露和隐私问题已成为企业面临的主要挑战之一。数据安全和隐私保护是数据资产管理中的头等大事，并存在显著风险和挑战。数据泄露事件不仅会导致企业经济损失，还会严重损害企业声誉，降低客户和合作伙伴的信任度。

原因
网络安全形势严峻
内控机制不完善
合规要求复杂
技术手段不足

对策
强化网络安全防护
完善内部管理机制
严格遵循相关的数据保护法律法规
加强安全培训和教育

数据安全和隐私保护不足

原因
合规要求不统一
潜在安全风险多样化
风险管理手段不足

对策
遵循法律法规
建立系统的风险评估和管理框架
建立全面的合规管理框架
技术升级

数据合规与风险管理不足

原因
权限管理复杂
访问控制策略不完善
内部人员违规操作
技术手段不足

对策
精细化权限管理
完善访问控制策略
加强内部审计和监控

数据使用与控制难

数据资产管理

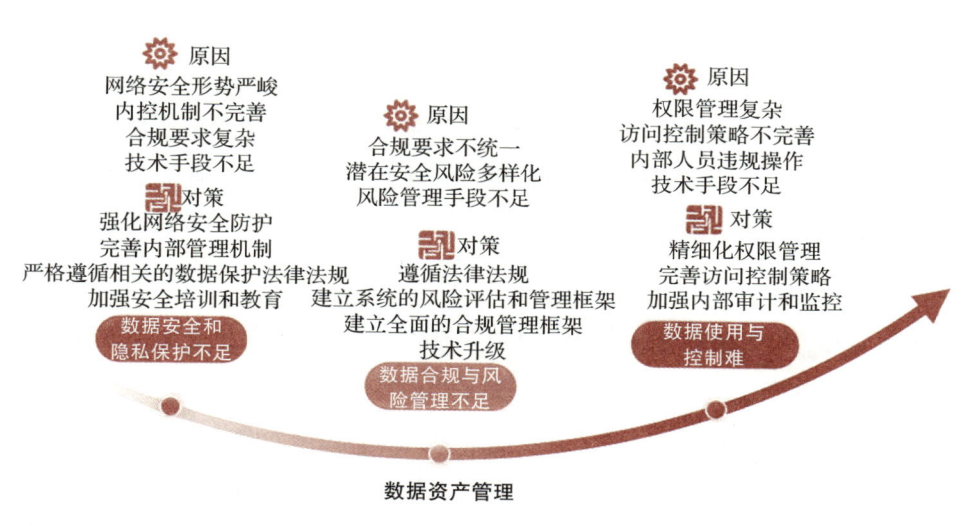

图3-4　数据资产管理的挑战的原因及对策示意图

1. 原因

在当前数字化时代，数据资产的安全与保护是企业面临的重大挑战。

- **网络安全形势严峻**。随着网络攻击手段的不断演进，数据资产已成为黑客攻击的主要目标。企业经常面临复杂的网络攻击，包括分布式拒绝服务（DDoS）攻击、钓鱼攻击和恶意软件攻击，这些攻击可能导致数据泄露和损失。攻击者不断"创新"手段，利用企业系统中的漏洞及安全防护的薄弱环节进行攻击，给企业带来严重的安全威胁。
- **内控机制不完善**。企业内部数据管理措施的不足增加了数据泄露和篡改的风险。内部员工的无意失误或恶意行为可能导致严重的数据泄露事件。许多企业缺乏完善的内部数据管理机制，未能有效控制和监控数据的访问与使用，从而进一步增加了数据泄露的风险。

- **合规要求复杂**。不同国家和地区的数据保护法律法规存在差异，这使企业在全面合规方面面临挑战。全球各地的法规要求差异显著，企业需要在多个司法管辖区内遵守不同的合规要求，这增加了管理的复杂度。企业在面对多重合规要求时，往往难以全面了解和遵循，从而增加了合规性风险。

- **技术手段不足**。现有的数据安全和隐私保护技术手段在应对复杂安全威胁方面存在不足。传统的安全措施往往无法有效应对新型且复杂的攻击手段。企业在技术手段上的不足，使其难以全面防护和检测潜在的安全威胁，这进一步增加了数据泄露和滥用的风险。

2. 对策

为了有效应对数据安全与隐私保护方面的挑战，企业可以采取一系列系统化、多样化的措施。

- **强化网络安全防护**。企业应积极引入先进的网络安全技术和工具，以加强数据防护。例如，采用加密技术保护数据在传输和存储过程中的安全性，部署入侵检测系统（IDS）和防火墙等安全措施，以实时监控和阻止未经授权的访问和攻击。此外，企业还应定期进行安全审计和漏洞扫描，及时发现并修补安全漏洞，从而提升网络整体安全防护水平。

- **完善内部管理机制**。企业需要建立一套完善的数据管理机制，加强对内部数据访问和使用的控制，实施严格的访问控制和审计机制，确保只有授权人员才能访问和使用数据。通过权限分级和角色管理，控制不同用户对数据的访问权限，从而降低内部人员违规操作的风险。同时，定期进行内部审计和检查，以确保数据管理措施得到有效执行。

- **严格遵循相关的数据保护法律法规**。企业应全面了解并遵循所在国家和地区的数据保护法律法规，以确保数据处理和管理的合规性。例如，我国的"三法两条例"，涉及跨境时应遵守 GDPR 等国际数据保护法规，确保跨国数据传输和处理的合法性。企业可以聘请法律顾问，帮助其了解和遵循最新的法律法规，从而降低合规风险。
- **加强安全培训和教育**。企业应定期开展数据安全和隐私保护的培训与教育，提高员工的安全意识和操作规范。通过培训与教育，使员工充分了解数据安全的重要性，并掌握基本的安全防护技能，以防范内部安全风险。此外，企业还可以组织模拟攻击和应急演练，提升员工应对安全事件的能力。

通过强化网络安全防护、完善内部管理机制、严格遵循相关的数据保护法律法规、加强安全培训和教育，将帮助企业在数字化时代保持领先地位，确保数据资产的安全与价值。

3.3.2 数据使用与控制方面的问题

数据使用与控制是指限制和管理对数据资产的访问和操作权限，确保数据的安全性、完整性和可用性。在数据使用控制过程中，企业需要确保只有授权人员能够访问和操作数据，防止数据被滥用或泄露。然而，企业在数据使用控制过程中常常面临权限管理复杂、访问控制策略不完善以及内部人员违规操作等问题。

1. 原因

在数据使用与控制方面，企业面临一系列挑战。
- **权限管理复杂**。企业的数据资产数量庞大，涉及多个业务部门和系统，这使得权限管理变得极为复杂。不同的员工角色和职能需要不同的访问权限，这些权限需根据业务需求进行精细化管理。然而，许多企业在权限管理方面缺乏系统化的策略和工具，导致权限分配不合理或权限过度，增加了数据泄露和滥用的风险。
- **访问控制策略不完善**。许多企业缺乏系统化、全面的访问控制策略，导致数据访问权限不明确。一些企业依赖传统的手动权限分配方式，缺乏自动化和动态管理手段，无法及时调整权限设置以应对变化的业务需求和安全威胁。

- **内部人员违规操作**。内部人员的无意失误或恶意行为都可能导致数据泄露或篡改。企业在内部数据使用控制方面通常缺乏有效的监控和审计机制，难以及时发现和应对违规操作。
- **技术手段不足**。在当今的数据使用与控制技术领域，仍然存在一些难以克服的瓶颈。这些技术在应对复杂的权限管理需求以及多样化的业务场景时显得力不从心，难以适应复杂多变的管理需求，无法提供细颗粒度和实时的控制与监控能力。这导致在数据安全和隐私保护方面存在诸多挑战，难以满足现代企业对数据管理的高标准和高要求。

2. 对策

为了有效解决数据使用与控制问题，企业可以采取以下措施。

- **精细化权限管理**。企业应引入先进的权限管理系统，实施基于角色的访问控制（RBAC）策略，根据员工的职位和职责设置不同的访问权限。通过动态和自动化的权限管理工具，企业可以实时调整和优化权限设置，确保权限分配的合理性和安全性。例如，金融机构可以采用细粒度的权限管理系统，根据不同职能部门的需求精确分配访问权限，确保数据使用的安全性和合规性。
- **完善访问控制策略**。企业应制定并实施系统化的访问控制策略，确保数据访问权限明确且可控。访问控制策略应包括数据分类分级、访问权限定义、审批流程和监控机制等方面，确保每个数据访问请求都经过严格审核和控制。例如，医疗机构可以制定详细的数据访问控制策略，对患者数据进行分类分级管理，确保只有经过授权的医务人员才能访问敏感数据，从而保障患者隐私和数据安全。
- **加强内部审计和监控**。企业应建立内部审计和监控机制，定期检查和评估数据访问情况，及时发现并处理违规操作。通过日志记录和行为分析，企业可以监控和审计员工的操作行为，识别异常访问和潜在的安全威胁。对敏感操作进行实时监控和预警，确保数据使用的安全性和合规性。例如，电子商务公司可以引入行为分析技术，监控和分析员工的操作行为，及时发现并处理异常操作，防止数据泄露和滥用。

通过精细化权限管理、完善访问控制策略以及加强内部审计与监控，企业能够有效提升市场竞争力和法律合规能力。

3.3.3 数据合规与风险管理方面的问题

数据合规与风险管理是指在数据资产管理过程中，确保数据资产的合法性和安全性，防范潜在风险。随着数据保护法律法规日益严格，企业在数据资产管理过程中面临的合规压力和风险防范需求不断增加。企业必须在管理和利用数据资产时，确保遵守相关法律法规，防范数据泄露、滥用和丢失等风险。

1. 原因

在全球化的商业环境中，企业在数据保护和合规性方面面临一系列挑战。

- **合规要求不统一**。全球各地的法规要求差异较大，企业需要在多个司法管辖区内遵守不同的合规要求，这无疑增加了管理的复杂度。企业在面对多重合规要求时，往往难以全面了解和遵循，导致合规风险增加。例如，我国目前已经形成了"三法两条例"的整体框架，欧盟的 GDPR、《数据法》对数据保护提出了严格要求，而美国的《加州消费者隐私法案》（CCPA）等也对数据隐私保护做出了详细规定。企业在不同地区运营时需要同时满足多种法律要求，这要求企业必须具备高度的法律意识和灵活的合规策略。

- **潜在安全风险多样化**。数据资产管理中的潜在风险种类繁多，企业难以全面识别和评估这些风险。数据泄露、数据滥用、数据丢失等问题都需要进行全面识别和管理。随着数据量的增加和数据类型的多样化，企业面临的安全威胁也在不断升级。例如，网络攻击、内部人员泄密和技术故障等都可能导致数据资产的损失或泄露。这要求企业建立强有力的风险识别和管理机制，以应对不断变化的安全威胁。

- **风险管理手段不足**。企业在数据合规与风险管理方面的措施存在不足，缺乏系统的管理框架和工具。许多企业尚未建立完整的合规与风险管理体系，难以全面应对复杂的合规要求和风险防范需求。这要求企业投入资源，开发并实施有效的合规与风险管理框架，以提高管理效率和安全性。

2. 对策

为了解决数据合规和风险管理问题，企业可以采取以下参考措施。

☐ **遵循法律法规**。企业应严格遵守全球各地的数据保护法律法规，确保数据处理和管理的合规性。例如，在跨国数据传输和处理方面，企业应遵守 GDPR 等国际法规，确保数据合规。企业可以聘请法律顾问，帮助其了解并遵循最新的法律法规，降低合规风险。通过遵循全球法规，建立系统的风险评估和管理框架，强化管理措施并引入先进技术，企业不仅可以提升数据资产合规与风险管理的效率和准确性，还能提高数据管理整体水平，增强市场竞争力和法律合规能力。

☐ **建立系统的风险评估和管理框架**。企业应定期进行风险识别和评估，全面分析数据资产管理中的潜在风险，并采取相应的防范措施。通过引入风险管理工具，企业可以有效识别和管理数据资产管理中的潜在风险。例如，企业可以使用风险评估模型，对数据泄露、数据滥用和数据丢失等风险进行量化评估，制定相应的防范措施。

☐ **建立全面的合规管理框架**。企业可以制定详细的数据保护政策和操作规范，确保所有数据处理活动符合法律法规的要求。定期进行数据审计和监控，及时发现并处理潜在的合规和安全问题。例如，金融机构可以建立完善的数据审计和监控机制，定期检查和评估数据处理活动的合规性和安全性，确保数据资产的安全性与合法性。

☐ **技术升级**。企业可以引入先进的合规和风险管理技术，提升管理的自动化和智能化水平，例如，使用合规管理平台和风险管理系统，提高合规和风险管理的效率。通过引入人工智能和大数据分析技术，企业可以实时监控和分析数据处理活动，及时发现并处理潜在的合规和安全问题。例如，零售企业可以使用智能监控系统，实时监控数据流动和使用情况，确保数据处理活动的合规性和安全性。

3.4 数据资产变现的挑战及其应对方案

在当今数据驱动的商业环境中,数据资产变现已成为企业获取竞争优势和实现盈利的关键途径。这一过程主要需要克服商业模式、市场需求和基础条件等方面的挑战,如图 3-5 所示。

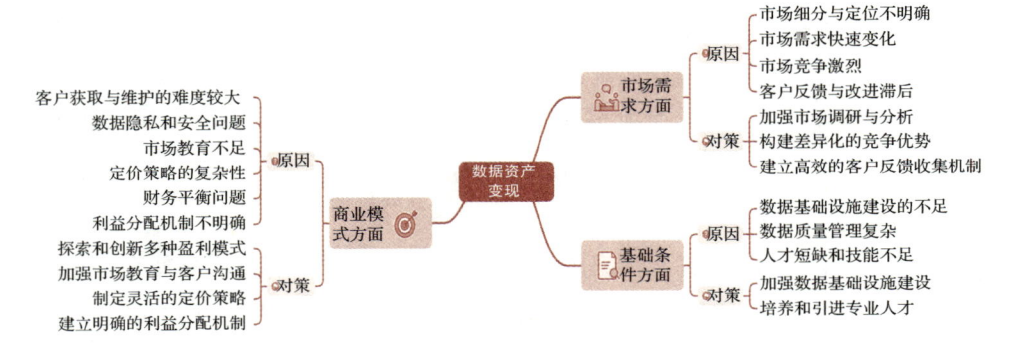

图 3-5 数据资产变现的挑战的原因及对策示意图

3.4.1 商业模式方面的问题

数据资产变现是一个充满挑战的过程,企业需要在综合考虑各种因素的基础上,选择并实施合适的商业模式。无论是数据订阅服务、数据交易平台还是增值服务,每种模式都有其优势和挑战。企业应根据自身的资源和能力,以及市场的需求和特点,制定合适的数据变现策略,以实现数据资产的最大价值。同时,企业还需不断优化和创新,以应对不断变化的市场环境和客户需求,确保数据资产的持续变现与盈利。

1. 原因

在数据资产变现过程中,企业面临以下一系列挑战。

- **客户获取与维护的难度较大。** 数据产品的客户基础通常较为狭窄,特别是对于那些新兴的数据服务企业而言,如何吸引和保持客户成为一个重大挑战。由于数据产品的技术性和专业性,市场对其认知和接受度有限。因此,企业需要投入大量资源进行市场教育和推广活动,帮助潜在客户理解数据产品的价值和使用方法。
- ❏ **数据隐私和安全问题**。为了建立和维护客户信任，确保他们愿意使用并为数据产品付费，企业需要在数据隐私保护和安全性方面投入大量资源。这不仅涉及技术层面的保障，还包括对客户进行教育，让他们了解企业在保护其数据安全方面所做的努力。
- ❏ **市场教育不足**。客户可能对数据的潜在价值持怀疑态度，尤其是在数据服务的效果不易量化或难以立即显现的情况下。例如，电商平台尝试通过数据订阅服务来实现变现，提供用户购买行为数据和市场趋势分析服务。然而，由于市场教育不足，订阅用户的数量远低于预期，导致收入无法覆盖成本，最终不得不暂停该服务。
- ❏ **定价策略的复杂性**。数据产品的定价往往缺乏统一标准，这使企业在制定定价策略时面临诸多挑战。不同类型的数据、不同质量的数据，其价值常常难以量化。企业在定价时需要综合考虑多个因素，包括数据的独特性、质量、市场需求和竞争状况。此外，不同客户对同一数据集的需求和支付能力也各不相同，企业需要制定灵活的动态定价策略，以满足不同客户群体的需求，同时确保自身利润。
- ❏ **财务平衡问题**。企业需要在利润最大化和客户满意度之间找到平衡点。例如，某数据分析公司在推出数据交易平台后，数据定价问题导致交易量低迷。许多数据提供者认为平台定价过低，而数据购买者则认为数据价格过高，最终平台因交易量不足而关闭。
- ❏ **利益分配机制不明确**。在数据变现过程中，不同部门和参与方之间的利益分配机制往往不清晰，这可能导致内部矛盾和效率低下。数据的收集、处理、分析和销售通常涉及多个部门，如 IT 部门、业务部门和营销部门。这些部门在数据变现过程中各有利益诉求，如果缺乏明确的利益分配机制，容易引发矛盾和冲突，影响项目推进。

2. 对策

在面对商业模式的挑战时，企业必须采取一系列系统性措施，以确保综合考虑市场需求、客户偏好、竞争态势、自身的技术能力和数据质量。

- **探索和创新多种盈利模式**。为了找到最适合自身业务的模式，企业应积极尝试不同的方法，并在全公司范围推广之前，先进行小规模试验，以验证不同盈利模式的可行性和效果。例如，某金融科技公司在试验多种数据变现模式后，最终选择提供基于人工智能的风险评估增值服务，成功实现了数据资产的有效变现。

- **加强市场培育与客户沟通**。企业需要加大市场培育的力度，帮助潜在客户理解数据产品的价值，并提升客户信任度。企业可以通过举办行业研讨会、网络研讨会、发布白皮书等方式，向潜在客户介绍数据产品的价值和使用方法。同时，建立有效的客户沟通渠道，及时回答客户疑问，解决客户顾虑，增强客户信任感。通过提供优质的客户服务和技术支持，企业可以提升客户满意度，促进客户长期订阅和使用数据产品。例如，数据企业通过大规模市场教育和客户培训，成功吸引了大量中小企业客户，稳定了订阅服务的收入来源，并通过网络研讨会和行业白皮书，向潜在客户介绍数据产品的价值和使用等方法，逐步建立了客户信任，最终实现了数据资产的成功变现。

- **制定灵活的定价策略**。在制定定价策略时，企业应考虑市场需求和客户价值，灵活调整定价。采用动态定价模型，根据市场需求、客户需求和数据的实际价值调整价格。对不同客户群体进行细分，制定差异化的定价策略，以满足不同客户群体的需求。例如，企业可以根据数据质量、数据使用频率和客户规模，制定多层次的定价策略，确保价格合理，满足不同客户的支付能力和需求。

- **建立明确的利益分配机制**。在数据变现过程中，企业需要建立明确的利益分配机制，确保各方利益平衡。制定部门间的利益分配规则，确保各部门在数据资产变现过程中各尽其责，利益共享。例如，企业在数据资产变现过程中，采用明确的部门间利益分配机制，根据不同部门在项目中的贡献度，制定合理的利益分配方案，确保各部门积极参与和配合，最终实现数据资产的成功变现。

综上所述，通过探索和创新多种盈利模式、加强市场教育与客户沟通、制定灵活的定价策略以及建立明确的利益分配机制，企业将能够有效应对数据变现的挑战，实现数据资产的最大价值。这些措施不仅有助于企业在竞争激烈的市场中取得成功，也能够促进企业的长期发展与创新。

3.4.2　市场需求方面的问题

理解和满足市场需求是数据变现的关键。然而，企业在进入数据变现市场时，往往难以准确把握不同行业和不同规模客户的需求，导致产品定位模糊。且由于市场竞争激烈，企业很难找到差异化的竞争优势。此外，客户反馈滞后和改进不足的问题也常常导致企业无法及时优化数据产品和服务。

1. 原因

市场需求方面的挑战主要源于以下几个原因。

- **市场细分与定位不明确**。不同类型和规模的企业对数据的需求存在显著差异，企业往往难以准确识别，这导致产品定位模糊不清。例如，制造企业可能倾向于获取供应链优化数据，零售企业则更关注客户购买行为数据。
- **市场需求快速变化**。市场的快速变化和复杂性给企业在需求预测和产品调整上带来了巨大压力。要求企业能够实时监控并迅速响应，以确保其数据产品和服务能够满足需求。
- **市场竞争激烈**。市场上已经存在许多数据服务提供商，新进入者很难在激烈的市场竞争中找到自己的立足点。
- **客户反馈与改进滞后**。企业在收集和响应客户反馈方面往往存在滞后，这导致产品和服务无法及时调整和优化。

2. 对策

为了有效应对市场需求的挑战，企业必须采取一系列系统化、多样化的措施。

- **加强市场调研与分析**。深入了解不同行业和不同规模企业的具体需求是确保产品定位准确的关键。企业可以通过问卷调查、市场访谈等方法，收集关于客户需求和市场趋势的详细信息，确保其数据产品和服务能够满足市场的实际需求。基于这些市场调研结果，企业应精准定位目标市场，并推出定制化的数据产品和服务，以满足特定行业和客户群体的需求。例如，数据分析公司通过深入调研制造企业的需求，推出了定制化的数据分析解决方案，成功开拓市场。

- **构建差异化的竞争优势**。通过技术创新和服务创新，企业可以打造独特的市场竞争优势，提升市场竞争力。例如，采用人工智能和机器学习技术，可以提供更智能化和精准的数据分析服务。在数据产品的基础上，提供增值服务，如行业咨询、个性化数据解决方案等，可以增强客户黏性和满意度。企业通过持续的技术研发和创新，推出差异化的高价值数据产品，吸引客户，提升市场竞争力。
- **建立高效的客户反馈收集机制**。企业可以通过多种渠道（如客户调研、在线反馈、社交媒体等）收集客户反馈，确保及时了解客户需求和问题。企业还可以通过建立客户服务和支持团队，提供及时、专业的客户服务，解决客户问题，增强客户满意度和忠诚度。

总结来说，通过加强市场调研与分析，精准定位目标市场，推出定制化的数据产品和服务；构建差异化的竞争优势，通过技术创新和服务创新，打造独特的市场竞争力；建立高效的客户反馈收集机制，快速响应和改进产品，提升市场反应速度，企业可以准确把握市场需求，提升市场竞争力，实现数据资产的有效变现。

3.4.3 基础条件方面的问题

数据变现的成功依赖于多个基础条件，包括数据基础设施、数据质量管理和人才储备等关键要素。这些条件的建立和维护是一个长期且持续的过程，需要企业不断投入资源和努力。然而，在这一过程中，企业可能会面临一系列挑战。

1. 原因

在数据资产变现过程中，企业可能面临一系列基础条件方面的挑战。

❏ **数据基础设施建设的不足**。数据存储和处理能力的限制直接影响企业应对大规模数据需求的能力。为了应对这一挑战，企业需要构建强大的数据基础设施，包括分布式计算和云存储系统。然而，许多企业在这方面的投入不足，导致其数据处理能力有限，难以满足大规模数据的需求。此外，数据安全保护措施的不足可能导致数据在传输和存储过程中面临泄露和篡改的风险，这不仅影响客户信任，也削弱数据变现的可行性。实时数据处理能力的不足同样影响数据的时效性和价值，尤其是在需要实时分析和决策的场景中。例如，一些小型或传统行业的企业在尝试数据变现时，由于数据基础设施不足，无法处理大规模实时数据，数据变现无从开展。

❏ **数据质量管理复杂**。数据质量是数据变现的基础，但许多企业在数据质量管理方面面临挑战。数据来源的复杂性导致数据质量参差不齐，不同来源的数据质量和格式往往不一致，这影响了数据的整合和使用。此外，数据清洗和质量控制的不足也是问题之一，许多企业在这方面的投入不足，导致数据中存在大量错误和冗余，影响数据分析和决策的准确性。

❏ **人才短缺和技能不足**。数据变现需要专业人才，如数据科学家、数据工程师和数据分析师等。然而，许多企业在这方面面临短缺问题。数据变现通常涉及多个部门（如IT部门、业务部门和营销部门）的协作，但许多企业在跨部门协作方面存在障碍，影响变现的顺利推进和实施。持续培训和技能提升的不足同样值得关注。数据技术和市场需求不断发展变化，企业需要持续培训和提升团队的技能水平，但许多企业在这方面的投入不足，导致团队的能力难以跟上技术和市场的发展。

2. 对策

为了有效应对基础条件方面的挑战，企业必须采取一系列系统化、多样化的措施。

❏ **加强数据基础设施建设**。企业需要在基础设施方面加大投入，以增强数据存储、处理和安全保护的能力。通过建设大规模数据存储和处理平台，采用云计算和分布式系统，企业可以提升数据存储和处理能力，确保满足大规模数据的需求。同时，加强数据安全保护措施，采用先进的加密和安全防护技术，以确保数据在传输和存储过程中的安全性，防止数据泄露和篡改。此外，提升实时处理能力也至关重要。引入实时数据处理技术和工具，提高数据的时效性和价值，确保企业能够满足实时分析和决策的需求。例如，金融机构通过建设大规模云计算平台，提升了数据存储和处理能力，实现了数据资产的有效变现。

❑ **培养和引进专业人才**。企业应加大对数据专业人才的培养和引进力度，提升团队的技能水平。通过招聘和培养数据科学家、数据工程师和数据分析师等专业人才，并通过内部培训和职业发展规划，提升现有员工的数据技能水平。促进跨部门协作，建立有效的跨部门协作机制，确保 IT 部门、业务部门和营销部门能够紧密合作，共同推进数据变现工作的实施。随着技术和市场的发展，企业应持续培训，提升团队的技能水平，确保能够应对不断变化的数据变现需求。例如，大型制造企业在数据变现过程中，通过引进数据专业人才和持续培训，提升了团队的技能水平，实现了数据资产的成功变现。

总之，企业需要全面提升其基础条件，确保数据变现过程中的每个环节都能顺利进行，实现数据资产价值的最大化。通过提升数据基础设施、加强数据质量管理、培养和引进专业人才，企业可以克服基础条件方面的挑战，实现数据资产的有效变现和价值最大化。

3.5　本章小结

本章从数据资源的获取、数据资产的形成、数据资产的管理以及数据资产的变现等角度对企业面临的挑战进行了详细讨论。在当今数字化时代，数据资产化已成为企业战略发展的关键。尽管数据资产化的挑战十分严峻，但随着政策支持、技术创新以及相关体系的逐步完善，许多难题将得到有效解决。企业在面对数据资产化时，应保持坚定信心，并积极进行战略布局。

| 第二部分 |

数据资产形成

第 4 章　数据资产战略管理模型
第 5 章　数据资产确认
第 6 章　数据资产登记
第 7 章　数据资产入表

第 4 章 CHAPTER

数据资产战略管理模型

随着数据成为第五大生产要素，数据是资产的观念得到了普及。从数据资产化的发展阶段来看，我们正处于一个关键的战略规划时期。越来越多的企业已认识到数据资产化的重要性，但对数据资产战略及其管理模式的实践探索仍处于起步阶段。战略管理是指组织对长远发展方向、目标、任务、政策以及相关资源调度所做出的决策和管理。从数据资产化的全局视角来看，数据资产战略不仅在实践中起到引领方向、配置资源、凝聚共识的重要作用，而且将成为企业战略的重要组成部分。为了清晰阐明数据资产战略的内涵及其管理模式，本章将从使能层、执行层和支撑层 3 个维度出发，构建三位一体的数据资产战略管理模型（见图 4-1）。该模型旨在为企业开展数据资产战略管理提供系统性参考，帮助企业更好地规划、执行和管理数据资产战略，推动数据资产战略目标的实现。

4.1 使能层：如何制定战略规划

使能层是将数据资产化纳入企业战略规划的关键环节，凸显数据资产战略与企业各层次战略之间的相互影响。在推动数据资产化的过程中，企业不得不面对的问题是如何维持数据资产化的长期性与灵活性，这突出了数据资产战略管理的重要性。我们既要确保数据资产化的工作方针顺应国家政策导向、抓住市场发展机遇，也要充分调动企业内部的积极性，将数据资产战略融入企业现有战略体系，确保数据资产战略长期有效实施。

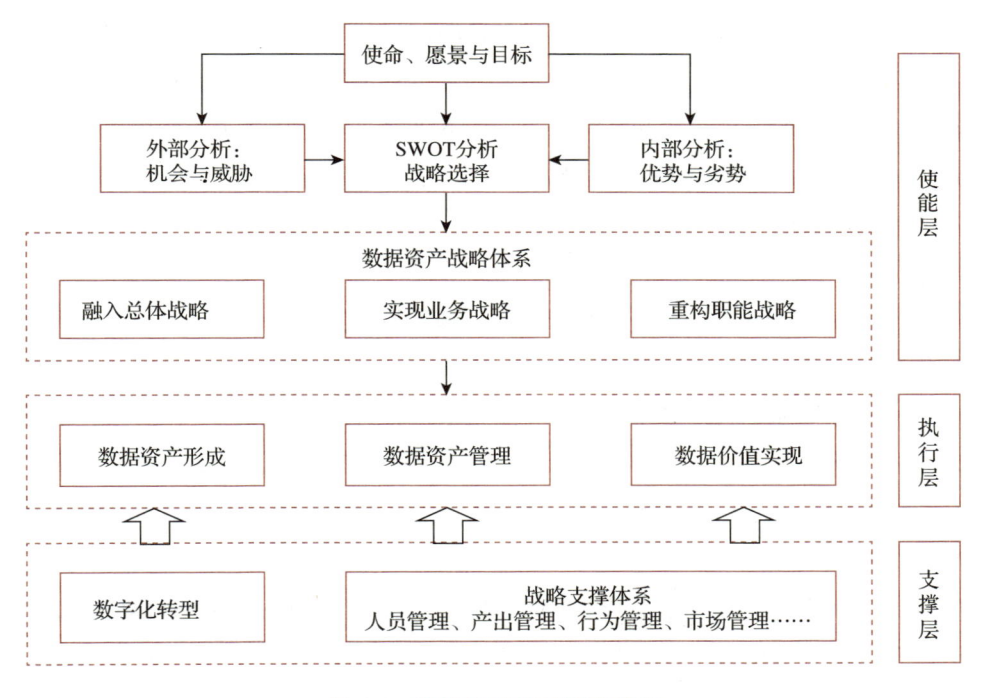

图 4-1　数据资产战略管理模型

使命、愿景与目标阐明了企业的根本性质和存在理由，是企业发展方向的指引灯塔，清晰回答了企业"为何存在""未来要成为什么"以及"如何实现"等问题。它们不仅定义了企业的长期发展路径，还构成了价值观的核心来源和企业文化的基石，对企业内外部的行为和决策产生深远影响。在数据资产战略规划过程中，明确数据资产如何支撑企业使命，助力愿景实现，并服务于企业总体战略目标显得尤为重要，同时能够从根本上提升数据资产的战略定位。由此，企业可以制定清晰、可操作的数据资产战略方案，使数据资产

99

战略与企业现有战略体系协同，为企业在数据资产领域积累长期竞争优势奠定坚实基础。

战略本质上是决策者为达成特定目标所规划并执行的一系列行动，对企业在竞争中的表现具有决定性作用。对于大多数企业而言，它的核心目标是获取并巩固竞争优势。在数据驱动的时代背景下，数据资产已成为提升竞争力的重要因素。因此，本书将数据资产战略的核心目标归纳为：通过制定并实施一系列具体且可操作的行动方案，帮助企业在数据资产领域持续积累竞争优势，从而实现更显著的经济价值和社会效益。接下来，我们结合企业战略规划的制定过程，讨论如何开展数据资产战略规划分析与数据资产战略体系搭建工作。

4.1.1 数据资产战略规划分析

在企业战略规划中，**SWOT 分析**是一种常见的分析工具，指通过企业内部的优势与劣势以及外部的机会与威胁，分析影响战略选择的关键因素。SWOT 分析的核心目标是制定更加适应和匹配组织资源与能力的战略，以满足环境需求。具体来说，**内部分析**旨在找出企业内部的优势与劣势，包括专有的竞争力核心、产品和服务品质指标等，帮助企业识别在哪些领域存在突破机会或上升空间。

外部分析的主要目的是在外部环境中识别可能影响使命的战略机会和威胁。这一阶段主要考察 3 种相互关联的环境：行业发展态势、宏观经济环境以及国家政策。行业发展态势主要评估组织所在产业的市场竞争结构，包括竞争地位和竞争对手等；宏观经济环境主要分析经济周期、国际环境等广泛的社会经济因素；国家政策主要研究国家和行业层面对产业发展的规划和导向。

接下来，针对企业在数据资产方面的 SWOT 分析进行举例说明。

1. 优势（Strength）

- **数据资源储备**：企业拥有大量高质量的独特数据资产，为业务创新和决策优化提供了坚实基础。
- **技术能力**：企业在数据采集、清洗、存储和分析等方面拥有领先技术和专业团队。
- **品牌与市场地位**：企业在所属行业领域中具有良好的品牌声誉，能够吸引更多合作伙伴与客户。

2. 劣势（Weakness）

- **数据资产管理不足**：企业数据资产管理的制度化和规范化程度较低，导致数据价值难以充分挖掘。
- **人才缺乏**：企业缺少能够将技术与业务战略紧密结合的数据管理与应用人才。
- **数据资产确权困难**：企业规模较大，数据变动频繁，不同部门之间的数据资产归属划分困难。

3. 机会（Opportunitiy）

- **政策支持**：国家对数字经济发展和数据要素市场的重视，为企业提供了政策红利和方向指导。
- **行业增长潜力**：数据资产在各自行业领域的应用场景不断拓展，市场空间巨大。
- **技术驱动**：人工智能、大数据分析等前沿技术的成熟，为深入挖掘数据资产提供了技术保障。

4. 威胁（Threat）

- **数据安全与合规风险**：数据隐私保护法规日益严格，企业在数据资产的开发和利用中面临更大的合规压力。
- **竞争态势**：随着越来越多竞争对手布局数据资产化，企业在数据应用上的竞争压力加大。
- **宏观经济不确定性**：经济波动和国际贸易环境的变化可能对企业效益产生不利影响，从而限制数据资产相关投入。

基于SWOT分析，可以构建数据资产战略优先级矩阵。

- **SO 战略（优势+机会）**：利用企业在数据资源和品牌声誉上的优势，抓住政策支持和市场需求增长的机会，积极开发数据资产应用场景，打造具有行业影响力的数据产品和服务。
- **WO 战略（劣势＋机会）**：借助外部政策和技术发展的机会，提升数据资产管理水平，培养企业数据文化，促使员工理解数据的价值并积极使用数据，加强跨部门协作，优化内部数据管理机制。
- **ST 战略（优势＋威胁）**：加强数据安全技术研发，利用技术和品牌优势应对竞争压力，与数据生态伙伴建立战略联盟，积极探索数据资产运营创新模式。
- **WT 战略（劣势＋威胁）**：建立合规运营体系，全面排查数据资产安全与合规风险，在资源有限的情况下聚焦核心领域，避免过度扩张导致风险暴露。

通过数据资产战略规划分析，企业能够系统地识别影响战略选择的关键因素，并据此构建协调一致的战略体系。

4.1.2 数据资产战略体系

数据资产战略是指企业对数据资产进行全面规划、管理和使用的一系列策略和行动，旨在确保数据资产的有效利用和价值释放，以支持业务增长、优化运营效率、提升客户体验和创造新的收入来源。数据资产战略目标的达成需要与企业现有战略体系实现高度整合，从而明确战略聚焦方向，理清战略实施路径，获得企业资源支持。由此，企业更容易形成内部协同效应，并吸引外部资源投入，以提升数据资产战略的可行性和实际成效。

由于数据资产战略与企业现有战略体系的整合程度决定了数据资产战略的实施效果，我们需要从战略协同的视角进一步阐述数据资产的战略体系。通常，企业战略可分为3个层次：总体战略、业务战略和职能战略。**总体战略**是企业最高层次的战略，负责从全局出发制定方向性决策。它需要围绕企业的总体目标，选择具有竞争力的经营领域，合理配置关键资源，确保各业务之间相互支持与协调，以提升整体竞争力。**业务战略**聚焦于企业内部各业务单元的具体实施层面，其目标是明确各业务单元的核心任务与市场定位，设计符合企业总体战略的行动方案，从而在特定领域中占据优势地位。**职能战略**则面向企业内部业务单元的各项职能模块（如人力资源、研发、营销、数据管理等），提供针对性的策略支持，以保障业务战略的高效执行和总体战略的实现。

1. 融入总体战略

根据战略规划分析的结果，企业可以选择不同类型的总体战略。处于主动态势的企业会采用发展战略，进一步扩大自身的竞争优势；处于被动态势的企业则可能采用稳定战略甚至收缩战略，以最大限度保障自身利益。针对不同的战略类型，数据资产战略的重心也有所不同。

（1）发展战略

发展战略是指保持积极进取态度的战略形态，主要适合行业龙头企业、有发展潜力的企业以及处于新兴行业中的企业选择。发展战略具体的形式包括市场渗透型战略和多元化经营战略等。

市场渗透型战略是指实现市场逐步扩展的拓展战略，包括采取扩大生产规模、提高生产能力、提升产品质量和功能等具体措施。该战略的核心体现在两个方面：一是利用现有产品开辟新兴市场以实现渗透，二是向现有市场提供新产品以实现渗透。**多元化经营战略**是指企业同时经营两个或两个以上行业的发展战略，又称"多行业经营战略"。多元化经营战略主要有3种形式：同心多元化、水平多元化和综合多元化。多元化经营战略适合大中型企业，能够充分利用经营资源，提高闲置资产的使用率，同时分散经营风险，增强综合竞争优势。

基于发展战略，企业数据资产化可以着眼于以下方面。

- **推动市场渗透**：利用数据分析技术洞察消费者需求，优化产品定位与营销策略，开拓新市场或提升现有市场渗透率。
- **支持多元化经营**：借助数据资产，分析新行业的市场前景、竞争态势和资源匹配性，为同心、水平或综合多元化决策提供支持。
- **提升运营效率**：应用数据驱动的自动化和智能化技术，优化供应链管理、生产调度和客户服务，为业务扩展提供资源保障。

（2）稳定战略

稳定战略是指保持稳定发展态度的战略形态，主要追求在过去经营状况基础上的常规性增长。它的具体形式包括无增长战略（维持产量、品牌、形象、地位等相对不变）和微增长战略（竞争水平在原有基础上略有增长）两种。稳定战略强调将企业的有限资源集中于优势细分市场，能够有效控制经营风险，但发展速度相对较慢，竞争力偏弱。

基于稳定战略，企业数据资产化可以着眼于以下方面。

- **优化资源配置**：利用数据资产评估各业务单元的绩效，确保资源分配到优势细分市场，以实现收益最大化。
- **提升客户黏性**：通过数据资产洞察客户偏好，制定个性化服务或产品策略，巩固核心客户群体。
- **强化内部管理**：利用数据治理与分析工具，提高组织内部流程效率，降低成本，实现精细化管理。

（3）收缩战略

收缩战略是指保持保守经营态度的战略形态，主要适合处于市场疲软、通货紧缩、产品进入衰退期、经营亏损、发展方向模糊等情况下的企业选择。它的具体形式包括转移战略、撤退战略和清算战略3种。收缩战略的优点是通过整合资源、优化结构，保存有生力量，能够减少企业亏损，延续企业生命，并有机会集中资源优势，加强内部改革，为未来"涅槃重生"积蓄力量。它的缺点是容易荒废企业部分有效资源，影响企业声誉，导致人才流失。因此，执行收缩战略时，企业需要重点关注调整经营思路、推行系统管理、精简组织机构、优化产业结构、盘活积压资金、压缩不必要开支等措施。

基于收缩战略，企业数据资产化可以着眼于以下方面。

- **明确核心资产**：利用数据资产评估各业务单元的盈利能力和战略价值，优先保留并强化高价值业务。
- **剥离低效业务**：借助数据分析技术识别不盈利或成长潜力较低的领域，为剥离低效业务决策提供数据支持。
- **降低运营成本**：通过数据驱动的自动化流程提升核心业务的运营效率，

维持非核心但必要业务的自行运转，避免冗余开支，增强企业的财务稳定性。

2. 实现业务战略

业务战略是企业内部各个业务单元实施的战略，也是企业的一种局部战略。大型企业一般经营多种业务或生产多种不同的产品，由若干相对独立的业务单元组成。由于各业务部门的产品和服务不同，所面对的内外部环境也有所差异，因此采取的战略也各有不同。对于业务相对单一的企业，其业务层战略与企业战略高度重合。数据资产能够显著助力企业业务单元战略的实现，主要体现在以下4个方面。

- **优化资源配置**：通过对业务单元运营状况的全面分析，揭示资源利用的薄弱环节和潜在优化空间。例如，通过分析生产数据，企业可以识别出高成本环节并优化生产流程，从而提高资源分配的精准性。
- **驱动决策精确化**：数据资产为业务单元提供数据驱动的决策支持，帮助识别市场趋势、客户需求和竞争态势。例如，基于客户行为数据，市场部门可以优化营销策略，定位高潜力客户，提高市场拓展成效。
- **提升运营效率**：数据资产的应用能够优化内部流程并自动化重复性任务。例如，通过供应链数据分析，企业可以实现更高效的库存管理与物流调度，降低运营成本并提升响应速度。
- **促进创新**：数据资产为业务单元提供新的洞察力，支持产品和服务创新。例如，通过挖掘客户反馈数据，研发团队可以设计更符合市场需求的产品和服务，实现差异化竞争。

通过系统性地管理和开发利用数据资产，业务单元能够更好地实现其战略目标，并在资源有限的情况下最大化业务价值。

3. 重构职能战略

职能战略是针对研发、生产、品控、营销、财务、人力资源等职能部门的战略规划，是为贯彻、实施和支持企业战略而在特定职能管理领域制定的战略。职能战略主要回答某具体职能部门如何更加有效地开展工作，提高资源的使用效率。职能战略的内容比总体战略和业务战略更加详细和具体，只有这样才能使企业战略得到具体落实，并使不同职能部门之间工作协调一致。

数据资产战略需要与企业职能战略相衔接。虽然职能战略涉及的职能部门在企业中扮演着不同的角色，但它们都需要数据来支持决策和运营。例如，人力资源部门需要员工绩效数据以优化人才管理，财务部门需要财务数据以进行预算和成本控制，研发部门需要市场数据以指导产品开发。数据资产战略应为这些职能部门提供准确、及时的数据支持，以确保职能战略的顺利执行。

具体来说，企业可以从以下几方面重构职能战略，使其与数据资产战略深度融合。

❏ **数据驱动的决策支持**：职能战略的核心是制定与执行部门目标，而数据资产战略通过提供高质量的数据资源，帮助职能部门在执行决策时更加科学、高效。例如，人力资源部门可以利用数据分析实现精准招聘、智能绩效管理和员工流失预测；营销部门可以通过大数据洞察市场趋势，优化广告投放策略。

❏ **职能流程的数字化与自动化**：数据资产战略推动职能部门流程再造，实现从传统流程向数字化和智能化流程的转变。例如，财务部门可以通过引入数据分析工具，实现自动预算编制和实时成本监控；供应链部门则通过数据优化库存管理来提升物流效率。

❏ **数据协同与共享机制**：各职能部门的数据孤岛问题制约了战略协同效应。数据资产战略需要构建跨部门的数据共享机制，使不同职能部门能够在统一的数据平台上协同工作。例如，销售数据与研发数据的共享可以加速新品开发并提高新产品市场匹配度。

❏ **培养数据文化与能力**：数据资产战略的落实需要职能部门具备较强的数据分析与应用能力。这要求企业在职能层面推动数据文化建设，通过培训提升员工的数据思维和技术素养，确保战略目标实现。

通过与数据资产战略的深度结合，职能战略能够实现从传统执行型向数据驱动型转变，从而提升企业的竞争力和运营效率。

4.2 执行层：如何组织战略实施

执行层是企业实施数据资产战略的核心过程，主要包括数据资产形成、数据资产管理与数据价值实现，如图 4-2 所示。以上三者环环相扣、相辅相成，共同服务于数据资产战略的实现。数据资产形成是数据资产管理与价值实现的基础；数据资产管理是数据价值实现的保障，同时也是数据资产化的内生需求；数据价值实现是数据资产形成与管理的最终目的。

图 4-2 数据资产战略管理的执行层

4.2.1 明确数据资产形成路径

要实现数据资产战略，首先要形成数据资产，而足够大的数据量是高价值数据资产的前提。当数据规模不够大时，数据只是离散的"碎片"，只有当数据积累到一定程度，达到并超过某个阈值后，量变才能引发质变，这些数据"碎片"才会在整体上呈现出一定的规律性，折射出隐藏在其背后的事物本质。除非掌握足够"一锤定音"的关键核心数据，否则尽可能多地获取和积累数据，是提升数据资产价值、推动价值最大化利用的重要手段。当然，数据量的大小是相对的，通常与所关注的问题相关。当分析和解决的问题越宏观时，所需的数据量越大；当研究的问题越具体时，所需的数据量相对较小。

1. 数据资源获取方法

（1）自建数据集

通过自建数据集开展数据资源积累是一个系统化的过程，需要进行长期的资源投入。通过自建数据集，企业可以进一步打造差异化的数据资源池，从而在当下日益激烈的数据领域商业竞争中赢得主动权。自建数据集的资源获取方法通常涉及数据的收集、整理、标注和存储等多个步骤。

❏ **数据收集**。数据收集是自建数据集的第一步。根据开展数据积累的需求和目的，企业相关法律法规，尤其是隐私保护和版权保护要求的前提下，选取最适合自身的方式，有针对性地从多个渠道收集数据。通过不断收集各方数据，可以使数据集更加完整、准确。

❏ **数据整理**。严格来说，数据整理是一系列操作和手段的统称。本书中，数据整理主要指数据整合、数据清洗和数据预处理等。通过数据整合，将多渠道、多来源的数据整合到一起，而非简单的拼凑，从而提升数据的易用性。通过数据清洗，去除重复、错误和异常数据，排除无效信息，提高数据质量。通过必要的数据预处理，如图像尺寸调整、图像旋转、缩放裁剪、文本分词处理等，使数据集更加标准化。

❏ **数据标注**。数据标注分为图像标注、文本标注等形式，通常被认为是一项"劳动密集型"产业。大部分数据标注工作几乎没有技术门槛，需要依赖大量劳动力来完成，在人工智能监督学习等任务中需求较大。当前，随着大模型的日益成熟，AI辅助标注和自动标注已成为数据标注的重要手段。

❏ **数据存储**。将收集到的数据资源存储在本地服务器或云平台，是开展自建数据集建设不可或缺的重要环节。如果数据量不大或资金相对充裕，可以考虑将数据存储在本地服务器中，这种方式的好处是方便数据的实时调用。数据上云也是目前常用的数据存储方式，在减少服务器支出的同时，也能降低运维开支。

（2）公开数据集

公开数据集是进行数据资源积累的重要途径，也是一种高效且成本较低的方法，尤其适用于初创企业、学术研究机构和个人开发者。公开数据集主要指政府、学术机构、企业等以公开形式供大众使用的数据，也包括互联网公开数据。

❏ **政府公开数据**是指政府部门在提供社会公共服务过程中掌握的数据资

源，以公开形式向社会开放的数据集。据统计，截至2023年8月，我国已有226个地方政府上线数据开放平台，其中省级平台22个（不含直辖市和港澳台），城市平台204个（含直辖市、副省级与地级行政区）。

- **学术公开数据**是指由学术研究机构、大型企业等开放的科研数据集。这类数据集往往针对特定垂直领域，具有较强的专业性，在科学研究、工程设计等方面有较多的应用。在学术数据公开方面，美国一直做得比较出色，在生物医学、地学、空间物理学等领域，构建了免费公开的数据资源库。

- **平台开放数据**其实是一个比较笼统的概念，泛指所有公开在互联网上、没有明确归属或已被声明可供所有人无偿使用的数据。当前大火的ChatGPT、文心一言等大语言模型，训练所使用的数据大多来源于互联网公开语料。

（3）协议获取数据

协议获取数据是公开数据集之外的重要补充，通常需要支付一定资金或申请额外授权，包括通过付费数据库、数据交易平台、个人数据授权采集等多种途径。

- **付费数据库**。付费数据库是指用户通过付费订阅、采购等途径，从数据资源持有者处获取的高质量数据集。这类付费数据集一般涵盖的行业领域非常广泛，通常具有长时间的数据积累，数据集质量较高等特点，主要适用于对数据质量有较高需求的行业和机构。常见的付费数据库有万得、知网等。

- **数据交易平台**。数据交易平台主要是指提供数据交易撮合服务的中介平台，可以分为政府主导和民间资本主导两种类型，是近年来非常热门的概念。通过数据交易平台，用户可以发布数据需求，等待数据提供者对接，也可以直接采购上架数据。当前，较为知名的数据交易平台有上海数据交易所、北京国际大数据交易所、深圳数据交易所等。

- **个人数据授权采集**。个人数据的用途非常广泛，广泛应用于精准营销、医药研发、金融信贷等领域，但通常需要达到一定数量才能实现价值涌现，少量的个人数据往往价值有限。对个体而言，个人数据是一种资产，尽管目前尚无法律法规明确保障个人数据的财产权，但《个人隐私保护法》对个人数据的隐私权提供了详尽保护。政府或企业在采集个人数据时，应当充分取得个人的明确授权同意，有时甚至需要为个人支付一定的费用。

（4）网络爬虫获取数据

网络爬虫技术是利用爬虫软件或计算机程序自动抓取目标网站上数据的一种技术。设计好爬取规则后，利用爬虫技术可以自动化扫描目标网站，获取各类信息。前文提到的各类公开数据集，就是经常被爬取的对象。爬虫技术的实施流程一般分为确定抓取目标、编写爬虫程序、运行爬虫程序三步。

- **确定抓取目标**。运行爬虫技术首先需要确定要爬取数据所在的网站或页面，并针对不同页面布局采取不同的爬取策略。我们可以先使用搜索引擎查找所需数据所在的网页，然后编写爬虫规则或运行特定的爬虫软件。
- **编写爬虫程序**。爬虫程序是整个数据爬取过程的关键。一个好的爬虫程序可以高效、准确地从目标网站自动爬取数据。目前，主流的爬虫编程语言是 Python，其在爬虫领域有着广泛的应用和社区支持。当然，市面上也有许多数据爬取软件，通过简单的拖曳操作即可实现网页数据的爬取，适用于较小的项目。
- **运行爬虫程序**。爬虫程序编写完成后，运行即可自动从目标网站爬取数据。需要特别注意的是，当前许多网页和网站都采取了反爬虫措施，或者通过声明的方式反对爬取自身数据。在运行爬虫程序时，一定要遵守法律法规和网络道德，不得侵犯他人的隐私和知识产权等合法权益，否则可能面临法律制裁。

不同的数据资源获取方法各有优缺点，适用场景也有所不同，如表 4-1 所示。企业在开展数据资产战略管理时，应当基于自身战略目标和现实情况进行方法选择。

表 4-1　数据资源获取方法比较

数据资源获取方法	优点	缺点	适用场景
自建数据集	数据高度定制化，精确匹配业务需求；专有性强，数据不可复制；数据质量高，经过严格处理	成本高，需投入大量资源和时间；采集和使用周期长	适用于需要专有、精准的数据来支持核心业务的场景
公开数据集	获取成本低，甚至免费；方便快速获取，可直接用于分析	无专有性，竞争对手也可使用；数据可能不完全匹配业务需求，需做进一步处理	适用于市场分析、行业趋势研究等外部数据需求场景；适用于中小企业或预算有限的业务部门
协议获取数据	数据经过供应方处理，质量相对更高；可根据需求获取定制化数据；可促进合作伙伴关系，推动行业协同发展	获取成本较高，需支付协议费用；数据更新频率和使用范围受限于协议条款	适用于需要高质量外部数据来提升现有业务或产品的场景
网络爬虫获取数据	可获取海量网络公开数据；灵活性强，能抓取多样化数据	存在法律风险，涉及隐私和知识产权问题；数据质量不稳定，需做大量清洗和处理	适用于需要广泛的数据进行舆情分析、市场监测等场景

2. 数据清洗、归集与聚合

在数字化转型背景下，企业需要面对海量数据的治理挑战。数据治理的核心目标是提升数据的完整性、准确性、完备性和一致性，从而确保数据满足实际应用的需求。高质量的数据治理要求对数据进行全面的清洗和归集，通过剔除冗余信息、修复错误数据、填补缺失值，确保数据的准确性和可靠性。随后，通过科学的归集与整合，统一分散的数据资源，形成集中化、标准化的数据资产体系。由此形成的数据资产不仅能够提高企业内部的数据利用效率，还能成为外部数据交易和变现的优质标的。

数据清洗是提升数据质量的关键步骤。伴随着各项业务的开展，企业需要持续甚至实时进行数据清洗操作，以保证数据始终处于可用状态。大部分数据清洗工作并不复杂，尤其是面对成熟业务、固定场景时，产生的数据具有较强的规律性。数据清洗的主要工作包括删除重复记录、剔除异常值、更新最新数据等，可以通过自动化手段批量或实时完成。数据清洗方法大致分为3类，分别是错误数据清洗、缺失数据清洗以及重复数据清洗。

（1）错误数据清洗

错误数据清洗分为基于定量的错误数据检测清洗和基于定性的错误数据检测清洗两类。基于定量的错误数据检测清洗方法通常需要采用统计方法识别和检测离群点数据，以此为基础确定异常值和误差值并进行修正或剔除处理。离群点检测的目的是找出与其他记录结果偏离超过一定阈值的值。常见的检测方法包括6种类型：极值分析、聚类模型、基于距离的模型、基于密度的模型、概率模型和信息理论模型。有兴趣的读者可以自行进一步了解。

基于定性的错误数据检测清洗一般依赖于描述性方法，指定一个正常的数据实例或约束条件，明显偏离该正常数据实例或违反相关约束条件的数据即为错误数据，可按照既定规则进行修正或剔除。

（2）缺失数据清洗

数据相关业务开展过程中，所采集的数据并不一定是完整的。数据缺失是一种难以避免且非常常见的现象。有许多因素会导致数据缺失，其中既有主观原因，也有客观因素。

主观原因即人为主动导致数据缺失的情况。例如，在填写某些信息采集表时，有一些内容可能本身无法填写，如曾用名、配偶信息、奖惩记录等。很多人可能无法填写此类内容，因此这些数据字段就会缺失。客观因素主要由各类错误或意外导致，例如设备损毁或故障导致的数据采集失败、数据传输过程中丢失或错误删除等。

（3）重复数据清洗

对重复数据进行清洗，首先要识别两个数据集中相同的数据是否指向同一个标识。此处包含的概念是，相同的数据并不一定是重复数据，值不同的数据也不一定不是重复数据。这很好理解，不同的实体可能拥有相同的数值，例如，不同的人可能有相同的身高；同一个人的身高和体重可能数值相同。同样地，同一个实体由于检测方法或检测时间不同，可能会有不同的数值，例如个人的家庭住址可能发生变动等。

因此，识别重复数据的过程也称为实体对齐或实体匹配。识别重复数据最基础的方法是文本相似度度量，大致分为 4 种：基于字符的、基于单词的、混合型和基于语义的。关于重复数据的识别，有许多经典算法，此处不再赘述，仅罗列一些重复数据检测工具，方便读者筛选，如 Febrl 系统、TAILOR 工具、WHIRL 系统、BigMatch 等。

重复数据的清洗一般采取先排序再合并的思路，筛选时效性最强、准确度最高的数据，将时效性差、精度低的数据剔除。代表算法有优先队列算法、近邻排序算法、多趟近邻排序算法等。

此外，数据归集与聚合是数据资产形成的必要条件之一，也是降低数据使用成本、提升数据价值的重要手段。如果没有统一的数据归集与聚合平台，不同的业务需求会导致不同的数据提取、整合、清理需求，不仅造成严重的数据冗余，还会导致效率降低、沟通成本和治理成本上升、数据使用意愿下降等后果。统一的数据归集与聚合平台建设，意味着企业内部构建统一的数据资源池，不同业务单元和部门使用相同的数据库和统一的数据标准规则。这样，企业只需针对统一的数据资源池开展加工处理，从而极大地降低相关成本。

3. 数据资产合规评估

数据成为"资产"的前提是，确立数据明确的产权或实际控制权边界。与其他财产一样，非法获取或使用他人的数据资产可能引发严重的法律后果。目前，数据资产的权属在法律明文规定中仍然模糊，因此在实际操作中，通常依赖知识产权、商业秘密和个人信息等法律框架进行合规评估。

（1）涉及知识产权的数据

所谓知识产权，是指一系列基于创造成果和工商标记依法产生的权利的统称。根据《民法典》第一百二十三条的规定，知识产权的权利客体主要包括作品，发明、实用新型、外观设计，商标，地理标志，商业秘密，集成电路布图设计，植物新品种，法律规定的其他客体。其中，商业秘密等知识产权类型具有一定特殊性，我们将其单独进行讨论。

判断数据是否需要符合知识产权相关规定时，主要关注数据是否属于创造性成果。自然形成的数据，或者对客观现状的机械记录，不享有知识产权，亦不受相关法律保护。例如，付出智力劳动形成的数据库受到知识产权保护；而档案和个人信息数据不属于创造性成果，不受知识产权相关法律法规的保护。

（2）涉及商业秘密的数据

所谓商业秘密，是指不为公众所知悉、具有商业价值，并经权利人采取相应保密措施的技术信息和经营信息。凡是我们不希望被他人知悉，同时又不愿或无法认定为知识产权的数据，都可以归为商业秘密进行保护，并受到《反不正当竞争法》等法律法规的保护。

对涉及商业秘密的数据资产，需注意"一个要点、一个风险"。**一个要点**，就是要对商业秘密数据采取相应的保护措施。例如，在官方网站或平台上公开的项目信息、供应商信息等，如果因自身审核不严导致泄露所谓的"秘密"，法律不会予以支持和保护。**一个风险**，就是商业秘密可能会被善意第三人合法取得。商业秘密与一般知识产权相比，有其特殊性。著作权、专利权、商标权等一般知识产权具有排他性、独占性和专有性，具有对抗第三人的效力。也就是说，假如我们拥有某专利权，他人在未经我们许可的情况下不得使用此专利。然而，商业秘密不具有对抗"善意"第三人的效力。所谓善意，是指不知道也不应当知道自己获得的是商业秘密。简单来说，就是第三人不知情且无恶意。第三人可以通过正当手段善意地获得商业秘密，如自行研发和反向工程等。

在充分考虑"一个要点、一个风险"的基础上，机构和组织可以根据实际需求，将自身数据确认为商业秘密，并采取保护措施，如防火墙、加密、反爬虫等手段。

（3）涉及个人信息的数据

个人信息数据，是指各种与已识别或者可识别的自然人有关的数据，不包括经过匿名化处理的信息。个人信息数据的概念范围较广，且界定相对主观，基本上涉及自然人的数据都可以被认为是个人信息数据。

现实中，个人信息数据的应用场景极为成熟和丰富，包括信贷、精准营销、医疗健康等。因此，个人信息数据通常被认为是最重要、最具应用价值和流通价值的数据要素之一，许多大型平台企业以个人信息数据为核心开展相关业务。

依据法律法规要求，企业在采集和使用个人信息数据时，必须遵守合法正当、知情同意和必要性三大原则。

个人信息数据的巨大利用价值与个人信息数据所受的严格法律保护之间形成矛盾，使得从技术角度实现合法合规利用个人信息数据的需求愈发迫切。依照现行法律，匿名化处理后的信息不再属于个人信息。所谓匿名化，是指采取一系列措施，使经过处理后的个人信息无法识别特定自然人且无法复原。然而，完全匿名化的信息将不适用于大部分使用场景，也基本失去了使用价值。

当前使用最广的技术是去标识化。去标识化旨在通过对个人信息的技术处理，使其在不借助额外信息的情况下无法识别特定自然人。这种技术处理包括但不限于去除或加密个人敏感信息、采用随机化技术、限制数据访问权限等。随着我国法律法规的逐步完善，去标识化将成为个人信息数据开发和使用的重要前提。

4.2.2 构建数据资产管理体系

随着数据资产化实践路径的逐步完善，数据资产管理成为数据资产时代的现实要求，其内涵和要点日益明确。依托数据资产管理，企业可以对现有资源进行重新配置，对数据资产的管理观念与模式进行重构，以确保数据资产相关工作沿着既定目标有序开展。在国家层面，一系列推进数据资产管理的政策已陆续出台，数据资产管理体系的实践探索也在紧锣密鼓地进行。企业可以在国家政策和地方实践的指引下，做好数据资产管理的规范化工作，形成完善的数据资产管理体系，不断提升数据资产管理能力，有效推动数据资产保值增值。

1. 数据资产合规管理

随着近年来数据安全法律、规章、制度的逐步健全，我国数据安全保护进入了高效监管时期。企业在构建数据资产管理体系的过程中，需要从战略层面重视数据资产全生命周期的安全合规问题。在开展数据资产管理过程中，企业要确保满足数据合规要求，主要包括数据主体合规、内容合规、来源合规等方面。

☐ **数据主体合规**。相关主体具备开展数据采集和积累活动的资质与合规能力，是实现数据合规的第一步。合规的数据主体一般应办理相关备案和证书，如通用的工商营业执照、税务登记证。医疗、教育、娱乐等特殊行业还需根据具体情况办理其他相关证件。此外，从事经营性互联网信息服务的企业、电商等交易类平台型企业还需办理电信与信息服务业务经营许可证（ICP 许可证）及增值电信业务经营许可证（EDI 许可证）等。涉及人工智能、区块链等新兴技术的企业还需进行相关备案。对于政府部门而言，开展数据采集和积累应符合"三定"㊀方案的要求。

☐ **数据内容合规**。所采集和积累的数据不得包含网络诈骗、谣言、黄暴、赌博等法律法规禁止的内容，需严格遵守《网络安全法》的要求。此外，还需确保数据内容不涉及国家秘密，不侵犯个人隐私和商业秘密。企业，尤其是平台型企业，应在保障数据内容合规方面下功夫，通过技术审核、人工复审、用户投诉等多种形式，对用户发布的内容进行严格管理。敏感词识别是一种有效保障数据内容合规的技术手段，企业在进行数据采集和积累时应提前准备好敏感词库，以降低数据内容合规风险。

☐ **数据来源合规**。确保数据来源合规可能是整个数据合规过程中耗时较长的环节，同时也是当前法律法规考量和审查的重点。数据来源的合规性基本上决定了后续环节的数据合规风险。数据来源合规的基本原则包括：合法正当，即要通过合法正当的方式采集数据；知情同意，即在开展数据采集时，被采集方应充分知情并同意，采集方尽可能取得被采集方的正式授权；最小必要，即数据采集应遵循越少越好的原则，非必要数据不要采集。

2. 数据资产全生命周期管理

数据资源管理和数据开发利用管理不仅是对数据进行归集、存储、备份和

㊀ "三定"方案是各级机构编制部门在党政机关、群团机关、事业单位等体制内机构初设或重大变更时颁布的纲领性文件，核心内容包括定职能、定机构、定编制，以规范部门（单位）职能配置、内设机构和人员编制。

开发利用，更重要的是确保这些数据在整个生命周期内被安全地处理和管理。因此，企业需要建立一套完善的数据生命周期管理制度，从数据的采集、传输、存储、使用到最终的封存和销毁，各个环节都必须符合安全合规标准。这种管理不仅能保护数据安全，还能帮助企业更高效地使用数据。在企业开展数据资产管理的过程中，针对数据全生命周期的安全合规，需要重点关注以下合规管理要点。

（1）数据采集

企业应明确数据采集的范围、频率、类型、用途等，并根据不同级别的数据采用相应的方法进行采集。例如，以金融数据为例，在采集 3 级及以上金融数据时，应对设备和系统的真实性进行增强认证。涉及个人金融信息采集的，应按照《个人信息保护法》《个人金融信息保护技术规范》等要求进行操作，如取得用户同意、遵循最小必要原则等，同时应避免违反《刑法》第二百五十三条之一及法释〔2017〕10 号文件的相关规定。

（2）数据传输

企业应区分内部传输与外部传输，根据内外传输范围的不同以及传输数据等级的不同，采取相应的传输方式并遵守相应的传输要求。涉及向第三方传输个人信息的，应满足《个人信息保护法》第 23 条的要求，告知个人接收方的名称或姓名、联系方式、处理目的、处理方式和个人信息的种类，并取得个人的单独同意。

（3）数据存储

企业应根据安全级别、重要性、量级、使用频率等因素，将数据分域分级存储。涉及个人信息的，应尽量缩短个人信息的存储时间。需要注意的是，不同业务对个人信息存储时限有不同要求。例如，在金融业务中，《反洗钱法》第 193 条规定，客户交易信息在交易结束后应至少保存 5 年，而《证券法》第 147 条规定，证券公司应妥善保存客户开户资料、委托记录、交易记录以及与内部管理和业务经营相关的各项资料，上述资料的保存期限不得少于 20 年。

（4）数据使用

企业应明确原始数据加工过程中的获取方式、访问接口、授权机制、逻辑安全、处理结果安全等内容。除必要情况外，不应对敏感层级较高的数据进行加工，如金融领域的 5 级数据、医疗领域的 5 级数据等。涉及个人信息使用时，应进行事前影响评估。如若存在自动化决策情形，则应按照《个人信息保护法》第 24 条的规定进行设置，并保障个人信息主体的拒绝权利。

（5）数据处置

企业应依据国家及行业主管部门有关规定，对超过规定保存期限的数据执行删除操作。个人信息主体要求删除个人信息时，企业应依据国家及行业主管部门有关规定，以及与个人信息主体的约定予以响应，保障个人信息主体的删除权利。企业应制定数据存储介质销毁操作规程，明确数据存储介质销毁场景、销毁技术措施及销毁过程的安全管理要求，并提出针对性的数据存储介质销毁管控措施。涉及个人信息的，应在个人信息主体注销账户后，及时删除其个人信息或进行匿名化处理。因法律规定需要留存个人信息的，不得再次将其用于日常业务活动中。

3. 数据资产管理制度建设

随着《网络安全法》《数据安全法》《个人信息保护法》的实施，企业为开展数据资产管理而进行内部的数据安全制度建设日益重要，主要的数据安全合规制度包括分类分级、风险评估、应急处置、教育培训等。

（1）分类分级制度

《数据安全技术 数据分类分级规则》已经明确了相应的分类、分级要求，以便企业建立数据分类分级管控标准和管控要求。对于关系国家安全、国民经济命脉、重要民生、重大公共利益等核心数据和重要数据，需要实施更加严格的管理制度。

（2）风险评估制度

《网络安全法》第 17 条规定"鼓励有关企业、机构开展网络安全认证、检测和风险评估等安全服务"，《数据安全法》第 21 条提出"国家建立集中统一、高效权威的数据安全风险评估等机制"。为落实相关要求，企业可建立风险评估机制，定期或不定期对整体数据使用情况、数据业务流程的安全及合规性、基础安全等情况进行评估。

（3）应急处置制度

《网络数据安全管理条例》第 11 条要求，数据处理者应当建立数据安全应急处置机制，发生数据安全事件时及时启动应急响应机制。企业应制定各类数据安全事故的处置流程及应急预案，对各类安全事件进行及时响应和处置，降低因数据安全事故引发的损失。

（4）教育培训制度

《网络安全法》第 20 条、《数据安全法》第 21 条以及《个人信息保护法》第 51 条做出了教育培训相应规定。企业可制定数据安全管理相关岗位人员培训计划，培训内容可包括数据安全制度要求和实操规范，如法律法规、政策标准、技术防护、知识技能、安全意识等。

4.2.3 推动数据资产价值实现

数据资产的价值不是天然就能释放的。很多企业手握大量高价值数据，却不知如何变现，或者因为疏忽大意而造成大量数据资产流失或浪费。要解决这一问题，一是要改变观念，二是要找好方法。

1. 树立数据资产价值观念

身处数字时代，数据资产蕴含的巨大价值不言而喻。无论是国家政策还是地方实践，都在积极构建以数据为核心要素的数字经济。随着数据作为基础性战略资源的概念日益深入人心，围绕数据资产的顶层规划和管理办法纷纷出台。然而，关于数据资产价值的概念仍存在模糊之处。更重要的是，如何在实践中真正获取数据资产价值，正是企业在推进数据资产化过程中面临的"关键一跃"。

目前，由于缺乏对数据资产价值实现规律的准确把握，容易产生两种极端观念。其一，期望在数据方面的投资能够迅速获取直接、可量化的回报。其二，认为数据建设是一项长期战略，短期内没有盈利或变现的能力。这两种观点颇具代表性，我们以此为线索，对数据资产价值实现规律进行一些厘清，以促进数据资产价值观念的形成。

1）数据资产价值变现往往需要时间积淀，投资应追求长期可持续回报。

数据资产化旨在最大化释放数据的经济价值，本质上是一种投资与获取回报的金融行为。拥有数据只是拥有了利用其价值的潜在可能性，人们无法直接从二进制符号中获取蕴含的信息，数据资产中蕴藏的价值也需要找到合适的场景才能实现。因此，数据必须经过处理、分析和场景应用，才能真正释放价值。这个过程需要时间来积累和转化。

首先，数据治理本身需要技术积累和时间验证。数据治理是一个长期的过程，它涉及数据的采集、清洗、整合、分析等多个步骤，每一步都需要时间和专业知识的积累，以确保数据的质量和价值。同时，作为检验数据治理成功与否的标志之一，数据治理成本和投资回报率的验证需要时间积淀。机构和组织开展数据治理时，都需要考虑短期业绩和长期战略之间的平衡，只有通过持续的努力和优化才能实现成本降低和收益增加。

其次，目前数据资产价值变现还存在一些障碍。产权问题、估值问题、安全问题等尚未完全解决，这些问题的解决需要时间和持续努力。当然，数据估值和数据安全等问题已有一些解决方案，可以在一定程度上满足现实需求，但在数据产权方面，距离数据流通交易的需求仍有一定差距。在数据产权问题解决之前，大规模的数据交易、数据投资、数据入股等金融行为仍存在较大的法律风险，必须谨慎、稳妥地开展。

最后，数据应用场景的培育和挖掘需要时间投入。数据应用场景的培育不能一蹴而就，需要基于业务需求和市场变化不断探索和验证。许多数据在一个行业领域内可能没有价值，但对其他行业来说可能非常重要，例如气象数据对农业生产、旅游等行业具有重要意义，但对其他许多行业可能价值有限。这意味着数据的应用场景培育需要与垂直行业紧密合作，理解业务痛点和需求，设计并测试不同的数据应用方案。这些领域的数据应用探索和实践是一个长期任务。

2）数据资产价值可以在某些阶段迅速体现，拉动投资、降本增效均是价值实现的形式。

数据资产作为新型资产在行业内已逐步达成共识。2016年，微软以262亿美元收购领英，让市场认识到数据不仅是企业内部可用的资源，还是可以变现的潜在资产。

可见，作为一种资产，数据除了传统上用于降本增效以外，还可以通过直接交易、质押融资、作价入股等多种方式实现其价值，也可以通过增加企业整体市值或提升行业竞争力等途径间接释放价值。这些方式和途径正被越来越多的企业和金融机构认可和利用，数据资产价值的快速变现并非遥不可及。

❏ **数据直接交易方面**。2023年，尤其是进入2024年以来，数据资产价值化已进入"快车道"，数据资产正加速"活"起来。据上海市经济和信息化委员会（简称"上海经信委"）统计，截至2023年底，上海数据交易所挂牌的数据产品已超过1700个，上海数据核心企业已突破1200家，数据核心产业规模超过3800亿元。

❏ **数据质押融资方面**。2023年11月，数库（上海）科技有限公司获得北京银行上海分行2000万元数据资产质押授信，当时创下全国数据资产质押融资最高额度纪录。2024年2月，中国建设银行上海分行向上海寰动机器人有限公司发放数据资产质押贷款，金额达数百万元。2024年5月，芯化和云依托"数易贷"，以数据资产质押方式获得上海银行150万元授信。

❏ **数据作价入股方面**。2023年8月，青岛华通智能科技研究院有限公司（简称"华通智研院"）、青岛北岸控股集团有限责任公司、翼方健数（山东）信息科技有限公司在"2023智能要素流通论坛暨第三届DataX大会"上举行了全国首例数据资产作价入股签约仪式，华通智研院将基于医疗数据开发的数据保险箱（医疗）产品，以100万元实现数据资产作价入股。

相信随着数据资产化案例的增多，将逐渐探索出一套标准化的规范和流程，未来数据资产快速变现将逐步实现。

2. 促进数据资产价值转化

面对获取和积累的数据资产，企业迫切需要建立将数据资产价值转化为组织发展新动能的机制。犹如生物体内的酶催化反应，数据资产价值需要经过"消化吸收"，才能真正作用于企业发展。这不仅要求企业在技术上具备数据使用的能力，还需接纳数据带来的观念、流程、模式上的变革，从而逐步在内部形成对数据资产价值实现的共识，并发展促成数据价值转化的机制。

一般而言，数据资产价值不仅体现在其本身的数量和质量上，更重要的是其背后的信息和洞见。也就是说，数据资产价值往往来源于数据能够解决的经济问题。比如，数据包含关于特定资产价值、使用、风险的信息，或者关于整体市场、资产表现、客户行为的信息，都能为资产所有者和市场参与者提供有价值的经济认知，从而体现出重要的商业价值。那么，如何才能将数据资产转换为有经济价值的认知呢？这就需要企业不断优化内部流程和方法，通过识别和提炼数据背后有价值的信息，实现数据资产价值的转化。

推进数据价值转化的方法通常包括数据产品开发、市场化流通、赋能新技术新业态等。在推动数据资产价值转化过程中，常常需要克服原有决策模式的束缚以及难以找到有价值使用场景等不利因素，可以尝试从多个层面推进数据资产价值转化，例如在积极挖掘对内赋能场景的同时，考虑通过数据要素流通交易拓展对外数据资产的变现途径。

（1）数据产品开发释放使用价值

数据资产价值转化的主要途径之一是不同类型数据产品的开发。关于数据产品的定义和类型，国家标准《信息安全技术 数据交易服务安全要求》（征求意见稿）提出：数据产品是数据资源经过实质性处理后，形成依法可交易、满足用户特定需求的产品。数据产品通常涉及接口、数据集、数据报告等。

也就是说，数据产品的首要目标是提供数据，帮助用户通过使用数据获取价值。这构成了数据产品与其他产品的主要区别。数据产品的开发是围绕对数据资源的实质性处理展开的。接下来，我们将讨论这种实质性处理包含哪些步骤。除了之前提到的数据治理相关流程，本节主要从数据价值转化的角度进行进一步阐述。

1）转变数据分析的视角。

数据产品开发的第一步是数据产品规划。这是对数据产品面向的目标用户以及如何满足用户需求的总体设计，涉及对数据资产价值的认识和客户需求的分析。为了从数据资产的潜在价值中挖掘出与用户需求的契合点，企业可以通过转变对数据的理解视角来获取数据产品开发的思路。在数据治理技术的帮助下，企业可以归集和聚合来自不同信息系统的数据资源，从而掌握关于客户或产品的一系列信息。但对于价值转化而言，关键在于找到这些信息能够解决哪些关于组织或市场发展的悬而未决的问题。因此，企业需要从数据产生时所形成的解释框架中跳脱出来，站在业务、消费者、市场机会等角度，重新审视数据之间的逻辑关系，积极转变对数据的理解视角。

例如，根据消费者的购买数据统计出不同产品在不同地区、不同人群中的受欢迎程度，将关于客户的数据转化为关于产品的数据。由此，企业能够构建客户画像、产品排名等数据产品，从而制定产品的销售策略，还可以开发客户推荐算法。这种产品开发思路可以拓展到不同的分析对象，包括公司经营情况、疾病分布情况、路面交通情况等。企业可以将不同来源的数据根据涉及的有价值分析对象重新整合，对其趋势和特征进行统计，并通过模型部署挖掘更多信息，以数据产品的形式将这些有价值的信息和洞察提供给内部或外部用户。

2）构建满足用户需求的指标体系。

除了关注数据能够解决的问题以外，企业还需要根据自身对业务的理解，构建相应的指标体系。一方面，这可以将自身知识转化为数据指标体系，为数据赋予统一的经济或社会意义，使数据能够被人类和计算机系统共同理解，成为人机之间信息交换的载体。另一方面，这有助于在机器学习、数据挖掘等技术的支持下，通过模型部署，将更高周转率、更高精确度、更大规模的数据转化为关于市场、客户或资产的分析、预测或决策。这些新信息不仅对数据使用者具有重要的价值，还能够反哺原有指标体系，促进知识的创新积累与自我进化。此外，数据指标体系还能更便捷地实现数据的可视化展示，从而更好地支持用户理解和业务发展。因此，数据指标体系的设计是数据产品开发中至关重要的环节，并且可以通过对现有数据资源的再挖掘实现指标的更新，这也是数据产品开发的常见实践。

3）打通多维连接数据网络。

在数字时代，多行业、海量数据的融合应用情形十分常见，在不同数据之间构建多维连接网络将显著提升数据的使用价值。例如，围绕某一工业产品构建价格、成本、供应、需求、库存等多维数据指标，并将不同产品按照产业链上下游的逻辑进行关联，可以找到两款产品具体指标之间的关联路径，便于开展建模分析工作。进一步地，还可以从原材料或地域等维度将不同产业链相互打通，实现更大维度上的数据串联。通过围绕同一分析对象采集不同指标，可以降低数据收集成本；通过构建多维连接的数据网络，可以有效消除数据孤岛，便于发现影响决策的关键因素。因此，构建多维连接数据网络需要首先梳理分析对象的关联逻辑，这来源于对主要分析对象的深入拓展。接下来，应开展数据编织，将不同来源的数据对接到相应的产品节点，从而形成统一的数据底座，大幅提高数据分析效率。

4）针对不同应用场景打造产品集群。

数据资产价值转化来源于与具体应用场景的充分适配，体现数据要素的使用价值。企业一方面需根据不同应用场景对数据产品的需求，开发适配特定场景的数据产品；另一方面需意识到，若能形成统一的数据底座，则可更方便地基于不同应用场景打造产品集群，从而获得数据产品开发的规模效应。针对多元场景的数据产品开发，企业需综合考虑场景需求、技术特点和业务目标，通过区分普遍需求与特定需求，制定有层次的数据产品开发策略。例如，在物流和运输领域，通过 GPS 和传感器数据跟踪货物位置，可开发实时物流跟踪数据产品；进一步通过数据优化送货路径和运输方式，可减少成本、节约时间，形成路径优化数据产品；还可通过发货数据预测产品需求，优化企业库存管理，形成需求预测数据产品。在项目管理方面，可采用分阶段的开发模式，例如前期通过自研方式快速推进，后期与外部厂商合作，将数据产品对外推广，从而拓展内部数据资产价值转化的渠道。

（2）数据流通交易激活流通价值

通过将数据资产价值转化的作用范围从企业内部拓展到外部市场，市场化流通正成为数据资产价值转化的重要途径和主要发展趋势。更重要的是，市场化流通使数据能够在市场上独立存在,也使得作为商品的数据在交换过程中体现出自身价值。当前,我国数据要素市场化流通的两种主要模式包括政府数据授权运营和数据交易。数据交易是指数据供需双方通过合法的市场或平台进行数据买卖或交换的过程。交易数据可以包括原始数据、数据产品、数据分析结果等多种形式。数据交易不仅限于企业之间,也可以在政府、科研机构和个人之间进行。当前,典型的数据交易模式主要有两种:一种是场外交易,即企业与企业之间的点对点交易,或者通过第三方经纪商促成的买卖双方数据交易;另一种是场内交易,即通过数据交易所实现供需双方的交易。

此前,国家"数据二十条"强调"构建多层次市场交易体系",明确了国家级数据交易场所、区域性数据交易场所与行业性数据交易平台等不同层次的交易机构。其中,国家级数据交易场所提供合规监管和基础服务功能,在数据流通交易市场中起到"定规建制"的作用;区域性数据交易场所与行业性数据交易平台的建立则旨在推动区域性、行业性数据的流通与使用,最终实现与国家级数据交易场所的互联互通,打破区域和行业间数据要素流通交易的壁垒,加快我国数据要素统一市场的建设。

同时,"数据二十条"提出建立"场内场外相结合的交易制度体系",支持数据处理者依法依规在场内和场外采取开放、共享、交换、交易等方式流通数据,坚持场内与场外两种数据流通范式并举。场内与场外两种数据流通范式相辅相成,功能互补,有利于健全我国数据要素市场。"数据二十条"旨在通过优化交易市场体系,整顿数据要素市场的交易乱象,畅通交易机制,在一定程度上提高数据处理者进入数据要素市场的效率,降低交易成本,从而增强数据处理者进入数据要素市场的意愿,为其带来新的发展机遇。

无论是外部市场因素还是内部需求,未来数据对外交易将成为企业实现数据价值转化的重要方式之一。然而,数据对外交易存在一定的前置门槛,包括数据治理、数据开发和数据合规等问题需要解决。数据治理主要涉及数据质量问题,数据的准确性、完整性、一致性和时效性直接影响其交易价值。因此,企业需要对数据进行清洗和预处理,去除噪音和错误数据,并制定和遵循统一的数据全生命周期内部技术操作指南,确保数据的一致性和可用性。在完成高质量的数据治理后，企业才能开始数据开发，即进行相关的数据产品开发操作，最终实现数据对外交易。

（3）数据赋能作用实现潜在价值

随着信息技术的迅猛发展和大数据时代的到来，数据已成为推动新技术和新业态发展的重要引擎。从价值转化的视角来看，数据的价值创造过程不仅占用、消耗电力、存储设备等生产资料的使用价值，还推动新技术与新业态的快速发展，从而通过强大的创新能力激发出新的"劳动潜能"。

举例来说，AI 的发展高度依赖于数据。海量数据为机器学习算法提供了训练基础，使 AI 在图像识别、语音识别、自然语言处理等领域取得了显著进展。数据的积累和分析能力的提升，使 AI 在医疗、金融、交通等行业得到了广泛应用。区块链技术依托数据的去中心化和不可篡改特性，在金融、供应链、版权保护等领域展现出巨大潜力。

数据赋能不仅在技术层面带来了深刻的变革，更在商业模式和社会经济发展方面开辟了新的路径。共享经济模式的兴起，离不开数据的赋能作用。通过对用户数据的分析，共享经济平台可以优化资源配置，提高服务效率。新零售融合了线上和线下的优势，通过数据分析为用户提供个性化的购物体验。大数据技术使新零售企业能够精准掌握消费者需求，优化库存管理，提升供应链效率。

总体来说，数据对新技术与新业态的赋能作用正在深刻改变原有的生产方式与生产关系，创造培育新质生产力的重要契机。企业可以加大对数据应用力度，拥抱数据驱动型的管理变革，加快数据与新技术、新业态的融合发展，实现创新牵引、生态合作的新局面，全面提升数据资产价值转化的效能。

4.3 支撑层：如何保障战略落地

支撑层能够为数据资产战略的顺利实施提供技术和机制保障。在数字化条件下，企业需要将技术、人员、管理等多种要素重新整合，打造适应数据资产战略的生产力和生产关系。这既是数据资产战略实施的基础，也是保证战略长期执行的关键。

4.3.1 夯实数字化转型基础

数据资产作为数字经济时代的产物，离不开数字化转型的支撑。所谓数字化转型，是指利用新一代信息技术，通过整合物理空间和数字空间构成数据采集、传输、存储、处理和销毁闭环，形成从业务到数据，再从数据回到业务的能力，实现不同层级、不同领域间的数据共享与交换，提高组织运转效率。开展数字化转型，对实现数据资产战略具有基础性的支撑作用。

数字化转型不能简单理解为信息化建设，更应视为一种能力建设，即提升应用数字技术的能力。近年来，人工智能、大数据、云计算等新一代信息技术的迅猛发展，深刻改变了各行各业的传统商业模式。单纯依赖线下和人力的业务模式正在逐渐失去竞争力，而数字化能力、灵活的组织结构、移动互联网、数据共享等新模式和新业态则逐步成为主流。为了抓住全新发展机遇，企业可以通过制定数字化战略、建设数字基础设施、积极运用数字技术等方式，不断夯实数字化转型的基础。

1. 制定数字化战略

数字化战略是指机构和组织利用数字技术和数字化手段，改变既有的商业模式、业务、流程、产品、服务、文化和价值创造方式，以实现战略目标的一种计划和方法。制定数字化战略的目标是实现数字技术与业务的紧密融合，达到提质增效、优化体验并打造竞争优势的目的。

制定数字化战略需要从机构或组织的整体战略出发，将数字技术和数字应用融入长期战略规划和决策中，确保数字技术与业务需求紧密衔接。

数字化战略的制定需要采用系统化的方法，包括战略目标和阶段性目标的确定、现状分析、市场调研、资源配置、评估与调整等，建议遵循以下步骤。

1）**明确愿景与目标**。首先，机构和组织需要明确数字化转型的愿景和目标，包括预期实现的转型成果、提升的能力以及未来的发展方向。愿景和目标应该明确、可衡量、可操作，通常还应具有一定的时效性。例如，企业希望通过数字化转型提高组织灵活性、提升生产经营效率、增加收入来源等。

2）**排查现状**。对机构和组织的现有业务流程、组织架构、人力资源和技术能力等进行深入排查和分析，识别数字化转型的潜力与瓶颈，分析当前经营情况及面临的挑战。通过现状分析，为数字化战略制定提供基础。

3）**市场调研**。研究行业市场趋势、竞争对手现状和目标客户需求，以更好地了解数字化转型对机构和组织的影响以及自身在整个市场中的定位。通过详尽的市场调研，机构和组织可以明确与行业标杆的差距，找准数字化转型的发展方向。

4）**明确关键业务领域**。在全面了解市场需求、竞争对手现状、自身优劣势等内外部形势后，机构和组织需要确定自身开展数字化转型的关键业务领域。这些领域通常与自身核心业务及要达成的战略目标紧密相关。

5）**制定具体策略**。根据愿景、现状和市场分析，明确关键业务领域后，机构和组织需要制定适合自身发展需求的数字化转型策略，包括商业模式、业务流程、技术路径等操作策略，还包括信息化平台建设、数字化工具选择、数字化系统部署与运维等数字基础设施建设策略。

6）**制订行动计划**。制定数字化转型策略后，机构和组织还需将策略细化为具体可操作的行动计划，包括项目实施周期、时间表、责任人等，确保数字化转型的可操作性。此外，机构和组织还需确保实施计划与整体战略目标保持一致，并支持自身的长期发展。

7）**资源配置**。根据行动计划的要求，分析资源总需求，按照时间节点合理配置人力、物力和财力等资源，及时关注资源动态变化情况，既要确保资源合理利用，又要保障数字化转型的顺利进行，实现最大效益和价值。

8）**监控与调整**。在按照资源配置计划实施的过程中，要持续监控数字化转型的总体进程，关注转型进度、经济效益等指标，及时发现问题并进行调整。有条件的情况下，还可以设定一系列转型里程碑事件，确保数字化转型的顺利推进。

9）**培训与沟通**。数字化转型不仅是技术和基础设施的升级迭代，还需要对组织和人才结构进行优化。对员工进行数字化转型相关的培训与沟通，提高员工对数字化转型的认识和参与度，是一种有效调整组织和人才结构的方式，有助于促进转型的顺利进行。

10）评估与风险应对。数字化转型过程并不总是一帆风顺的，可能会面临种种突发风险和挑战。因此，有必要对技术风险、组织风险、市场风险、经营风险等潜在风险进行评估，并提前制定应对措施，建立风险管理机制。

11）总结与改进。数字化转型是一个持续不断、长期投入的过程。机构和组织应经常关注市场和技术发展态势，制定持续改进策略，以保证数字化转型的活力和效果。同时，应定期评估转型的效果和成果，总结经验教训，为未来的数字化发展提供借鉴。

2. 建设数字基础设施

数字基础设施是指支撑机构和组织数字化转型的一系列技术和平台，包括但不限于网络设施、数据中心、云计算平台、数据挖掘分析工具、人工智能系统、物联网设备等。这些数字基础设施为机构和组织提供了数据采集、存储、传输、共享、处理和分析的能力，可有效推动业务创新和效率提升，同时增强决策的精准性和科学性。机构和组织在"采数"和"用数"的过程中，数据资产作为一种附属品，在无形中获得并积累。可以说，数字基础设施是数据资产的载体。

数字基础设施作为数字化转型的基石，对于提升机构和组织在数字时代的核心竞争力和适应能力具有重要意义。机构和组织应该根据自身的业务特点和发展目标，有序推进数字基础设施的建设和优化，以实现可持续发展。

通常，机构和组织可以通过以下步骤进行数字基础设施建设。

1）明确建设目标。机构和组织首先需要明确建设数字基础设施的业务需求、要达成的目标以及预期取得的成效，并针对性地制定指导数字基础设施建设的总体战略。必要时，可以寻求专业化数字基础设施解决方案提供商提供一体化咨询与建设服务。

2）现状评估与技术选择。根据具体需求，对现有数字基础设施、数据资源、人才队伍等进行全面评估，确定优势与不足，查缺补漏，选取合适的技术平台和工具，例如网络设施、云计算平台、服务器、数据分析平台等。

3）制定建设规划。基于建设目标和现状评估，制定科学、详细的数字基础设施建设实施方案和时间表，包括技术选型、人才培养、预算分配等。

4）**基础设施建设**。按照建设规划安排，投资建设光纤、5G通信、云计算平台、服务器等硬件设施，以及数据挖掘分析平台、业务管理平台、人工智能系统、防火墙等软件设施，确保基础设施的稳定性和安全性。此外，机构和组织可根据实际情况投资建设或租赁数据中心，提升数据存储和处理能力。

5）**持续优化与迭代**。数字基础设施建设是一个持续的过程，机构和组织应持续监控数字基础设施的性能，跟踪最新的技术趋势，根据技术发展和市场变化不断优化和升级数字基础设施。此外，机构和组织还可与技术供应商、行业组织、高校等建立合作关系，共同推动数字基础设施建设和升级。

3. 积极运用数字技术

制定数字化战略、建设数字基础设施后，机构和组织还应该尽可能多地使用数字技术。这不仅是因为数字技术的应用可以为业务发展带来一系列优势和机遇，还因为它能够帮助我们应对数字时代日益激烈的市场竞争和瞬息万变的经营环境。此外，数据资产的积累和价值变现也离不开数字技术的支持。

数字技术的应用至少可以帮助企业提升以下五大能力。

- **提高工作效率**。当前，许多日常任务和流程包含大量重复性工作，非常适合使用数字技术帮我们减轻负担，用自动化手段完成各种重复劳动，以减少人力成本，提高工作效率。

- **增强决策能力**。通过大数据分析和人工智能，可以帮助我们获得更深入的洞察，发现以往难以识别或判断的信息，从而做出更明智的决策。

- **优化客户体验**。运用自动化数据采集、推荐算法等数字技术，可以帮助我们更好地理解客户需求，提供个性化的产品和服务，提升客户满意度和忠诚度。

- **创新商业模式**。积极运用区别于人力的数字技术后，必然会使商业模式和服务手段产生深刻变革，带来基于订阅的服务、平台经济等大量新型业务，显著提升整体竞争力。

- **扩大市场范围**。互联网和移动技术使服务能够突破地理限制，提高供需对接的效率和准确性，拓展服务范围。

能否积极运用数字技术是判断数字化转型成功与否的关键。如果不能培养主动运用数字技术的习惯，那么数字化转型战略就是空谈，所建设的数字基础设施也将成为摆设。机构和组织可以从技术选择、文化氛围、人才培养、生态建设等角度提升运用数字技术的能力，并不断创新和改进，以实现数字化转型的战略目标。

- **技术整合与协同**。根据自身业务需求，选择合适的数字技术和软件平台，例如选择 Windows 或 Linux 系统、使用 Office 或 WPS 办公等。值得注意的是，应尽量选择统一的平台或系统，以便整合各种数字技术，同时确保不同系统和平台之间的协同工作，避免形成信息孤岛。
- **建立数据驱动的文化**。建立数据驱动的文化氛围意味着在内部形成一种以数据为基础进行决策和服务的文化和习惯，通过文化和习惯的力量鼓励职工利用数据分析优化工作流程、提高效率、创新产品和服务，更好地积累数据资产，最终提升整个组织的决策质量和运营效率。
- **人才培养与引进**。在内部，对现有职工进行数字技能培训，提升其数字化素养；在外部，吸引和招聘具有数字技术背景的专业人才。建设跨部门的专业化、数字化团队，推动数字技术在全系统的应用。
- **合作与生态系统建设**。与技术供应商、行业合作伙伴和相关研究机构建立合作关系，及时发现并了解最新且实用的数字技术，利用外部力量提升自身数字技术运用能力，共同推动技术创新和生态系统建设，使数字技术最终服务于自身业务。

4.3.2 强化战略支撑体系

在数据资产战略管理中，战略支撑体系需要根据数据资产的特性和运营模式进行适当调整。除了传统的对人员、产出和行为的管理外，战略支撑体系还必须充分考虑数据要素市场的发展动态，灵活调整战略实施的方向和方法，以确保组织能够迅速推出具有市场竞争力的价值主张，形成引领市场的产品或标准。因此，本书从人员、产出、行为和市场 4 个方面出发，系统阐述机构和组织如何在职能管理领域为数据资产战略提供支撑。通过这一过程，机构和组织能够更有效地整合内外部资源，加速实现数据资产战略目标。

1. 落实人员管理，提升战略执行效率

人员管理是指为了实现战略目标，通过塑造和影响个人或业务部门的行为来达成目的，通常是执行数据资产战略的前沿环节。最常见的人员管理方式是在层级结构中设置上级领导或部门，直接进行监督和管理。对于数据资产战略的执行，可以在最高层设置数据资产战略决策委员会，负责数据资产的战略决策与监督管理。在下一级，通过设立专职的数据资产部门或人员，对数据资产相关业务进行直接管理，并督促员工理解当前形势，切实落实和执行组织的战略。此外，机构和组织还可以定期调查和发现战略执行过程中存在的问题，并及时进行调整。

人员管理不仅限于上级领导或部门对下级的管理，也包括组织内部人员之间的相互管理，这就要求在组织内部形成一种类似的文化氛围，鼓励和引导职工进行相互管理，养成数据思维。群体与团队内部的个人管理，不仅可以促进整个组织快速形成数据资产能力，也可以最大限度防止"搭便车"和逃避责任的现象。

2. 落实产出管理，凝聚内部战略共识

产出管理是一项相对系统化的工程，上级领导或部门据此估计和预测每个业务单元及个人的绩效与目标。通常而言，机构和组织的奖励系统与产出管理系统紧密相关，因此，通过对产出进行管理，可以有效激励组织各个层级的职工主动执行数据资产战略。

开展产出管理，首先要制定目标。具体到数据资产战略的产出目标，无非是围绕各业务单元在数据质量提升、数据使用、数据场景创新、数据市场开拓、客户响应等方面的期望，制定差异化目标。例如，一个以提供数据模型服务的公司，其市场部应致力于拓展客户资源、维持客户关系，而产品部应将主要精力集中于数据资源收集、数据质量提升以及数据产品创新等方向。

个人层面的产出管理是业务单元或部门层面的延伸。具体业务单元在执行任务、完成目标的过程中，必须明确期望职工个人达到的具体目标。具体业绩

完成情况需根据是否达成目标来判断。个人目标的实现与否关系到组织整体战略能否有效推进，因此在制定目标时，一定要慎重考虑实际需求，力求具有可操作性。

3. 落实行为管理，规范战略决策流程

行为管理是指通过建立全面的规章制度体系来指导部门、业务单元和个人的行为。行为管理的主要目的不仅是设定具体的目标，更在于使实现目标的途径更加规范化和标准化。通过执行规范化、标准化的规章制度，可以使结果可预期，避免失控。只要职工严格遵守规章制度，行动的执行和决策的处理便能以相同的方式重复进行，从而使机构和组织的收益可衡量、可预测。

作为数据资产战略行为管理的基础，制定全面、规范且具有可操作性的数据管理制度至关重要。数据管理制度通常需要明确数据管理组织机构、数据管理职责分工、数据管理流程规范以及监督与考核等内容。一般而言，机构和组织可以进行标准化管理的行为主要有 3 类：投入、加工以及产出。因此，在数据管理制度设计中，针对投入活动的"数据管理职责分工"、加工活动的"数据管理流程规范"、产出活动的"监督与考核"，均应预先设定基准。例如，规定相关人员必须具备哪些素质和技能、数据处理必须遵循何种流程、最终产出必须具备哪些性能和特点等。在制度制定过程中，应注重标准化方法，确保数据战略能够落地执行。

4. 落实市场管理，抢占市场先机

对于数据资产战略，一个核心的问题是：战略的制定和执行如何通过市场的检验？如果在市场竞争中失败，或者未达到既定目标，那么数据资产战略就是失败的。

对于政府和企业，市场管理的概念和侧重点并不相同。对政府而言，市场管理侧重于数据要素市场标准和规范的制定是否合理，对市场主体的培育是否有效，以及数据流通交易额是否达到目标等。对企业而言，市场管理主要关注自身的数据资产能否在市场中占有一席之地，能否为组织带来更多的利润等。

本书只讨论企业如何落实市场管理，以下介绍几个关键点。

一是确保数据资产的互补性和配套性产品供应。除了保证自身数据资产的质量以外，与之互补、配套的产品供应也应该予以保障。例如，机构和组织如果没有足够的数据安全、数据合规和数据治理能力，市场很难对其持有的数据资产产生较大需求；一个售卖垂直行业数据的组织，如果缺乏深入的行业理解，其数据的权威性也会大打折扣。

二是精心打造一款"杀手级"数据产品。"杀手级"数据产品对于市场而言极具吸引力，往往能起到"一炮而红"的效果。此类数据产品通常应具备市场关注的几个重要卖点，如采用新技术或新标准、独占性较强、应用场景广阔等。例如，中国电子以数据元件为核心构建了一套数据产业体系。所谓数据元件，其实是一套采用新标准的数据产品。

三是制定灵活的定价与营销策略。数据资产的定价可以非常灵活。机构和组织应根据市场需求与变化，灵活调整定价策略。有时，机构和组织可以低价甚至免费提供数据资产，以期在短时间内扩大市场占有率，然后通过销售定价较高的互补或配套产品提高总利润。例如，司法大数据研究院提供的司法数据售价很低甚至免费，但通过售卖司法助手服务获取了可观的利润。

4.4 本章小结

数据资产战略管理是指组织基于内外部环境确定数据资产化使命，设定战略目标，并通过战略规划和组织内部能力将规划和决策付诸实施，同时在实施过程中进行控制的动态管理过程。数据资产战略规划是在实践中逐步发展和完善的，本章将数据资产战略管理模型划分为3个层级：使能层、执行层和支撑层，并归纳出每个层级的核心任务，包括制定战略规划、组织战略实施和保障战略落地。结合每个层级的主要目标，本章提出相应的战略管理思路和操作步骤，由此构建三位一体的数据资产战略管理模型，为数据资产战略管理提供全景视图。我们希望这一模型的提出能够更清晰地梳理数据资产战略管理思路，帮助企业有序推进数据资产战略规划，提升数据资产战略管理效能，更好地服务于数据资产战略蓝图实现。

第 5 章 CHAPTER

数据资产确认

随着数据资产重要性的日益增加,企业必须明确数据资产的管理范围,全面了解内部数据资产的现状,清晰界定相关权利与义务,并做好数据资产的分类和记录工作。由此,数据资产确认成为数据资产化的前置环节,是数据资产入表、管理和开发利用的基础。在实际操作层面,数据资产确认需要以数据产权的法律规定为依据。因此,本章将首先讨论与数据产权相关的理论和法律依据,阐释数据资产权属的产生背景及基本概念。随后,基于数据资产确认的主要原则与关键环节,本章将梳理数据资产确认的实践流程,构建数据资产确认的实践路径,包括数据资源识别、数据资产的会计确认与盘点 3 个方面。通过执行完整的确认流程,企业能够更系统地掌握其数据资产状况,为数据资产价值的释放提供有力保障。

5.1 数据产权的相关理论

5.1.1 新型权利论

北京航空航天大学法学院教授龙卫球认为可以为初始数据的主体配置基于个人数据的人格权和财产权,并应当赋予数据从业者排他性和绝对性的数据经营权与数据资产权。其中,数据经营权是指数据的经营地位或经营资格,数据资产权是指对数据集合或加工产品的归属财产权。这些权利应当采用近似于物权的设计:数据经营者可依据数据经营权,以经营为目的对他人数据进行收集、分析、加工,该经营权具有专项性和排他性;而依据数据资产权,数据经营者可以对自己合法数据活动形成的数据集合或其他产品进行占有、使用、收益和处分,这是对数据资产化经营利益的一种绝对化赋权。

清华大学法学院教授申卫星提出"所有权 + 用益权"二元权利结构模式,认为可以借鉴自物权与他物权的权利分割模式,根据不同主体对数据形成的贡献来源和程度,设定数据原发者拥有数据所有权,数据处理者拥有数据用益权的二元权利结构,形成"所有权 + 用益权"的协同格局,实现用户与企业之间财产权益的均衡设置。就企业数据权利而言,数据企业可以通过法定方式或约定方式取得数据用益权,而该权利包括数据控制权、数据开发权、数据许可权、数据转让权等多种权能。

清华大学法学院教授崔国斌从知识产权视角提出"公开传播权",认为诞生于"小数据"时代的《知识产权法》虽然满足了数据产业的基本需求,但仍然存在一些空白。处于公开状态且不具独创性的大数据集合缺乏具体的法律保护手段。为避免这一领域的市场失灵,同时保障公共领域的行动自由,应为耗费实质投入并达到一定规模的大数据集合设立有限排他权,即公开传播权。这一保护机制既能满足数据行业的需求,又能兼顾后续数据利用者的利益,并且不会损害《著作权法》等法律所维护的公共政策。数据公开传播权的核心在于通过法律构建一种具体权利,承认并保护对数据创造有实质投入的市场主体的正当利益。

5.1.2 权利束理论

不少学者和机构从权利束视角探究数据权利，例如中国信通院发布的《数据价值化与数据要素市场发展报告（2021年）》以及德勤与阿里研究院发布的《数据资产化之路 数据资产的估值与行业实践》对此均有论述。该理论认为，数据产权由多种权利构成的权利束组成，权利束明确哪些利益应受到保护。设置权利束的目的是在合理保护消费者隐私的同时，激励企业进行数据采集并充分开发利用数据要素。总体思路是对公共数据强调集体权益不受侵犯并实现共享收益最大化，对原始数据强调个人信息的隐私保护，而对企业加工后的衍生数据则突出利益保护。

基于此，构建数据独有的权利束如下。

对于公共数据，集体对其拥有管理、监督、制约和保护的权利，数据公有产权的客体是集体共有的数据。具体而言，数据公有产权主要包括3个方面：一是控制权，即对集体内部数据的安全性、真实性和完整性采取有效措施进行保护，以免数据遭受篡改、伪造、泄露等风险；二是管理权，即对集体内部数据进行生产、加工、流通等全生命周期管理；三是开放权，即集体根据需要将掌握的数据资源在集体内部公开、共享。

私有数据对应数据的私有产权，包括基于原始数据的基础数据产权及经添附后的衍生数据产权。其中，原始数据指未加工处理的数据，衍生数据是在原始数据基础上经过算法加工、计算、聚合而成的系统化、可读取且具有使用价值的数据，添附包括混合、加工等多种类型。具体来看，基础数据产权包含管理权、安全权、转让权、修改更正权、被遗忘权、知情同意权、可携带权、收益权和控制权。

- 管理权是决定如何以及由谁来使用数据的权利。
- 安全权即免于被剥夺的权利，是指数据不被他人非法侵扰、知悉、收集、利用和公开等的一种权利。
- 转让权是指将自己的原始数据的合法利益或权利转让给他人的权利。
- 修改更正权是指数据主体要求数据控制者或管理者对其错误、过时的个人数据进行修改、更正或补充的权利。
- 被遗忘权是指数据主体要求数据控制者或管理者及时删除其个人数据，并通知相关第三方停止使用和传播的权利。
- 知情同意权是指在采集或处理个人数据前，使用主体须先告知数据主体并征得其同意的权利。告知和同意的内容包括采集数据的目的和用途、数据处理方式和处理程度，以及数据后续的变化。
- 可携带权是指数据主体有权以结构化、通用和机器可读的格式获得其提供给控制者的个人数据，或有权无障碍地将此类数据从其提供给的控制者处传输给另一个控制者的权利。
- 收益权是指通过生产的原始数据产品获取经济利益的权利。
- 控制权是指根据自己的意志实施对数据未被法律或其他合约明确约束的权利。

但是，权利束理论仍存在一定的缺陷。综合适用既有规范的缺陷在于，仍无法全面覆盖数据权利的诉求。同一个数据行为涉嫌侵权时，难以综合适用类型不同的法律规范。权利束理论一般用于解释财产权，从数据权利束中分离人格权甚至公权力的尝试，不仅缺乏充分的理论依据，而且可能成为规避数据属性问题的一种选择。既有制度在一定程度上可以回应公共数据管理、数据服务合同、汇编数据保护、秘密数据保护、数据库保护、数据分析竞争法保护以及数据利用中的个人信息保护等问题，但仍无法解决数据私益保护、数据交易的客体属性、非竞争关系的数据使用等问题，且未能以权利的形式对数据进行保护，数据新型权利的构建仍然存在可能性与空间。

5.1.3 数据三权分置

我国最早关注数据产权问题的制度文件是 2020 年 3 月发布的《关于构建更加完善的要素市场化配置体制机制的意见》，文件提出"根据数据性质完善数据产权制度"。由于"数据所有权"概念一直存在争议，国家发展和改革委员会于 2022 年 3 月发布《数据基础制度若干观点》，将"所有权"替换为"数据持有权"。传统的"所有权–使用权"二分法在数据领域逐渐式微。

2022年6月，中央全面深化改革委员会第二十六次会议召开，审议通过了《关于构建数据基础制度更好发挥数据要素作用的意见》。文件提出建立"数据资源持有权、数据加工使用权、数据产品经营权"等分置的产权运行机制，为数据要素的权属界定提供了开创性的路径。数据的三权分置制度是数据产权方面的重大创新，搁置了对"所有权"概念的争议，强调数据要素的充分流动，聚焦数据使用权和经营权的流通与转让。对于数据三权的理解如图5-1所示。

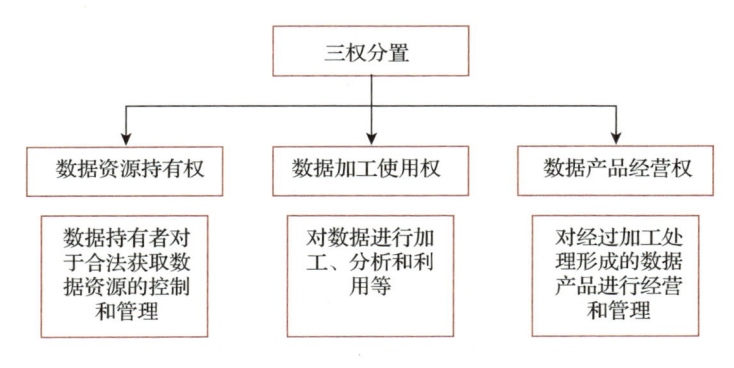

图 5-1 数据三权及其含义

- 数据资源持有权明确了数据的归属，为数据流转、数据处理和其他数据权利的构建奠定了基础。这有助于确定谁有权对数据进行管理、使用和收益，并依法进行处分。
- 数据加工使用权赋予数据加工者在授权范围内以各种方式和技术手段使用、分析、加工数据的权利。这有助于激发数据利用的活力和创造力，同时确保数据加工活动的合法性与安全性。
- 数据产品经营权主要是指网络运营商对其研发的数据产品拥有开发、使用、交易和支配的权利，体现了"谁投入、谁贡献、谁受益"的原则。

通过将数据产权划分为3种不同的权利，并分别赋予不同主体行使，数据三权分置有助于促进数据资源的合理利用和健康发展。这种分置的产权运行机制能够激发各参与方的积极性和创造性，推动数据资源的有效开发和利用。此外，数据三权分置制度有助于建立健全的数据要素市场体系。通过明确各类主体的权利和义务，加强监管，可以保障数据安全和合法利用，进而促进数字经济的繁荣与发展。

5.1.4 数据产权争议来源

数据作为新型生产要素，具有不同于以往任何生产要素的特性：一是数据本身具有多维属性，如权能多样性、价值不确定性、非竞争性和非排他性；二是数据的价值在流动中释放，而传统的静态赋权模式难以完全覆盖数据在不同处理环节的权益变动；三是数据蕴含多元主体的权益，需要综合考量以平衡各方利益。以上因素使得数据要素权益配置体系的构建存在诸多困难。

1. 数据的多维属性导致数据权益体系的构建尚未形成共识

一是数据所涉及的利益广泛且复杂，难以进行整体性制度安排。 数据本身作为多种权利的客体对象，包含人格权、财产权等多种权益属性，承载了多种权利义务关系，是个人、企业和组织之间复杂社会关系的映射，因此，有学者形象地称之为"权利束"，无法简单纳入现有的权利义务体系。

二是数据要素权益配置是一个集合性概念，难以明确界定。 数据要素权益配置属于跨学科问题，涉及法律、经济等学科的底层结构调整，还包括数字伦理等深层问题。由于传统产权制度主要解决资源的稀缺性和排他性等问题，而数据具有海量化、非排他性等特点，与现有产权制度的核心功能不相兼容，再加上数据主体多元、权利内容多样、场景丰富多变，使得数据权属的界定尤为复杂。

三是数据本身的属性也直接影响数据要素权益的配置。 一方面，数据价值因主体不同而不同。数据作为新型生产要素，其能够创造价值已成为共识，但数据本身的价值如何计量缺乏相应的机制；针对不同主体，数据的价值也存在差异，即使完全公开，数据的价值仍难以被准确衡量，从而难以进一步流转。另一方面，数据具有非竞争性、复用性和流动性等特征。即使被复制或获取，原始数据仍然存在；且在不同主体之间，后者获取数据并不会直接影响前者继续保存数据。因此，投入成本收集数据的主体可能会采取措施阻碍其他主体获取数据，而在一定限度内的阻碍是合理的，在不同时期也会有不同的价值取向。

以往的生产要素并不存在这些问题，因此数据要素权益配置体系一直难以形成共识，需要针对数据的独特属性设计配套制度。

2. 静态化的赋权模式无法匹配数据动态化的流通特性

数据作为一种独特的资源，其特质与传统"物"存在显著差异。若赋予数据相关主体静态排他性权利，将导致数据流转与增值成本显著提升，进而制约数据流通效率并限制数据价值的充分释放。因此，在构建动态、立体的数据要素权益配置体系时，传统法律逻辑下对数据主体赋权的静态模式难以有效满足当前的数据治理需求。

在数据要素流通的实践中，构建动态权益配置体系尤为重要，此举将充分发挥数据要素的规模效应和流动价值。

首先，我们应重点关注不同数据处理环节和应用场景，尤其是发生在不同主体之间的收集、交易、共享等环节，以及医疗、金融、交通等涉及国家安全、社会公共利益和个人隐私等的敏感领域，需要加强安全保障。将数据权益与不同数据处理环节和场景紧密结合，以提升要素配置体系的可操作性和实效性。

其次，我们需关注不同处理环节中的数据权益问题。数据在流动过程中，其性质和内容可能随时发生变化，因此需根据数据特性进行针对性的制度设计。例如，个人信息在经过匿名化处理后可能转变为企业数据，此时个人与企业对该部分匿名化数据的权益将发生相应变化。

最后，我们需关注不同处理环节中各主体的权责分配问题。随着数据处理过程中数据权益的变动，权利义务关系也需进行动态设计，以确保各方权益得到保障，同时促进数据的合理流通和有效利用。

3. 数据之上多主体的诉求交织，导致难以平衡各方利益

数据涉及政府、企业、个人等多方主体，不同主体的利益诉求存在差异，由此难免引发冲突。例如，在用户、在先平台和在后平台这三类主体之间，如果对在先平台给予较强的保护力度，维护其对平台上所有数据的控制权，虽然可能激励平台加大对数据的投入，但也可能损害其他市场主体的利益，并且不符合数据共享与促进数据价值开发的理念。但如果过度强调数据流通共享的理

念，则可能削弱在先平台的数据控制利益，导致市场陷入无序状态。

在实现促进数据要素价值释放与保障数据安全目标的过程中，需要综合考虑国家、企业和个人的数据权益。在国家层面，政府部门基于监管职能或公共服务需求使用企业数据存在一定困难，需要构建政府部门之间、政企之间的数据要素权益配置体系，维护数据开放共享的治理链条。在企业层面，法律仅确立了依法保护数据的原则，但缺乏对数据权利内容和权益配置规则的进一步制度设计，需要构建企业之间的数据要素权益配置体系，解决数据集中、无序竞争等问题。在个人层面，个人信息蕴含着巨大的商业价值和人身属性，因此侵害个人信息权益的行为仍然层出不穷，需要在数据要素权益配置体系中细化相关法律法规对个人权利的规定，明晰个人信息流通的具体要求，为其他主体合法获取个人信息提供合规路径，在促进个人信息流通的同时，保障个人信息权益。

5.2 数据产权的法律依据

从当前全球范围内的数据法律视角来看，众多国家正积极推进数据立法进程，已有接近三分之一的国家通过了数据保护专门法律。然而，在这些法律条文中，关于数据确权、数据的财产属性及其归属的表述尚未得到充分体现。在现行数据立法框架下，我们可以观察到以下几种立法规则。

5.2.1 欧盟立法的权属规则

各国个人数据立法保护趋势加强，但尚未确立个人数据主体的所有权规则。欧盟长期致力于个人隐私和数据安全的保护，并逐步向数据流通和再利用的方向发展，如图 5-2 所示。

欧盟 GDPR 被誉为全球个人信息保护立法的典范，引领法律体系朝着强化数据主体权利、确保对个人数据使用控制的方向发展。GDPR 在进一步确认和完善个人既有权利的基础上，通过第 17 条增加了清除权（被遗忘权），通过第 20 条增加了持续控制权（可携带权）等，以实现数据主体对其个人数据的更有效控制。然而，条文本身并未对个人数据的所有权和财产权益分配做出法律规则上的安排。换句话说，即便对个人数据的控制权不断强化，GDPR 也未赋予数据主体对数据完全的所有权。

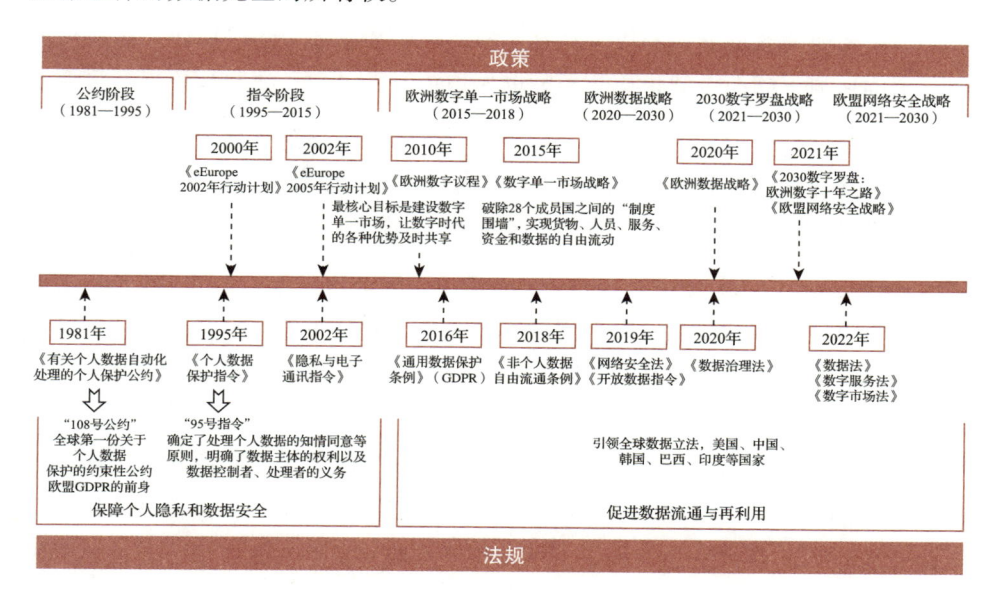

图 5-2 欧盟数据政策法规演进

为了落实 GDPR，欧洲数据保护委员会（EDPB）及欧盟各成员国相继发布了一系列配套指南和报告。例如，《新版权法》提出了对链接税和平台侵权的审查要求；《车联网个人数据保护指南》处理与数据当事人非专业使用联网车辆相关的个人数据问题；《关于通过视频设备处理个人数据的指南》旨在指导如何根据 GDPR 相关规定通过视频设备处理个人数据；《面部识别技术：执法中的基本权利考虑》报告指出面部识别技术主要用于执法和边境管理；《欧盟数据战略》强调当前在数据基础设施、技术及网络安全方面面临的挑战。

5.2.2 美国立法的权属规则

在美国的数据立法中，数据保护主要涉及数据隐私领域和数据安全领域。美国的立法模式是对数据隐私和数据安全领域分别进行立法。而且，美国联邦层面没有制定统一的数据保护基本法典，而是针对健康医疗数据、金融数据、政府数据、消费者数据、教育数据及儿童数据进行了分散立法，制定专门的数据保护法律，进行分类管理。

美国各州的数据立法形成了具有各州特色的数据保护法律框架。与联邦不同，美国各州更倾向于制定成文的数据保护法案。目前，美国各州均已制定了有关数据泄露保护的相关法案。一些州还出台了针对消费者权益保护的消费者数据保护法。例如，具有代表性的《加州消费者隐私法案》（CCPA）对消费者的个人数据进行了全面保护。内华达州和缅因州的《数据保护法》已正式成为州法律。

从最近的立法趋势看，美国国会呈现出在数据隐私和数据安全领域进行统一立法的趋势。2020年2月13日，美国纽约州参议员 Kirsten Gillibrand 提议制定《数据保护法》，并设立专门的联邦数据保护局（DPA）。美国联邦层面制定统一《数据保护法》的需求日益增长。美国在处理数据权益纠纷时，通常援引现有判例法中关于隐私侵权的规定，以规范互联网上用户个人信息的使用和解决相关法律问题，从而保护用户个人信息并明确数据经营者的行为边界。同时，根据市场对数据流动的实际需求进行一定的灵活变通，以更务实的方式调整用户与数据经营者之间基于个人信息的利益关系，努力在数据保护与利用之间实现平衡。

5.2.3　日本立法的权属规则

2003年通过的《个人信息保护法》是日本关于个人信息保护的基础性法律。2014年通过的《网络安全基本法》主要规定网络安全战略的部署及网络安全基本政策。2020年，日本通过了《个人信息保护法》的最新修正案，主要内容包括增加数据主体权利、扩大企业关于数据泄露报告通知的责任、促进企业自我完善和合规、对数据使用的推广及相关法规做出新规定、加大罚款力度，并对数据的域外适用及数据传输进行了调整。日本《个人信息保护法》对个人数据的保护并未通过赋予个人对数据的"所有权"等法定权利来实现，而是通过新设"匿名加工信息"制度，兼顾保护与开发利用、投资激励之间的平衡。

5.3 数据资产确认原则

充分了解数据产权的相关理论和法律依据后，本节从实践出发，讨论数据资产确认时需要遵循哪些原则，以构成数据资产确认的判断标准。也就是说，数据资产确认本质上是识别并筛选出符合数据资产确认条件的数据资源，将其确认为数据资产，并通过资产盘点掌握其规模、价值、质量等一系列情况的整体过程。由此，本节提出包含数据资产确认原则和确认环节的参考框架，如图 5-3 所示。

图 5-3　数据资产确认原则和确认环节的参考框架

5.3.1　确保数据来源合法合规

数据来源合法合规是指企业获取数据的途径和方式必须符合相关法律法规及行业规范。在确认数据资产时，企业必须确保数据来源合法、正当，避免涉及侵犯他人隐私、商业秘密、知识产权等法律风险。这一原则不仅体现企业对法律法规的尊重，也是数据资产获得法律保障并实现商业应用的前提条件。

首先，企业务必确保数据获取符合相关法律法规的要求。以个人信息收集为例，企业应严格遵循《个人信息保护法》等相关法律，确保在收集、使用、存储个人信息时，事先征得信息主体的明确同意，并遵循最小必要原则，不得过度收集或滥用。同时，企业还需审慎处理数据的跨境传输问题，确保在涉及跨境数据流动时，符合相关国家和地区的法律要求。

其次，企业还需关注行业规范的要求。鉴于不同行业对数据使用和管理的要求存在差异，企业应确保数据获取符合所在行业的标准和规范。以金融行业为例，企业需遵循《反洗钱法》等相关法律，对涉及资金流转的数据进行严格审查和监管，以防洗钱等违法行为的发生。而在医疗领域，企业应遵循《医疗信息管理办法》等相关法规，确保医疗数据的合规使用。

因此，企业在确认数据资产时，需要对数据来源进行深入分析和评估。一方面，企业应确保数据来源的可靠性，避免使用虚假或错误的数据；另一方面，企业还需关注数据来源的合法性。例如，在使用公开数据时，企业应确保数据来源的权威性和准确性，避免使用来源不明或存在争议的数据。在使用第三方数据服务时，企业应与第三方服务商签订合法有效的合同，明确双方的权利和义务，以规避可能产生的法律纠纷。

5.3.2　确保数据可价值化

数据资产价值化是指在特定的应用场景下，数据资产能够转化为实际商业价值，为企业带来经济利益。在现代商业环境中，数据已成为企业运营不可或缺的一部分，其潜在价值不容忽视。因此，在确认数据资产时，企业应深入评估数据的潜在价值，并积极探索其在市场分析、产品研发、客户管理等方面的应用前景。

首先，企业需明确数据如何转化为商业价值。数据本身仅是一系列信息，其真正价值在于如何指导决策和行动。以市场分析为例，企业可利用收集到的数据深入分析市场趋势、消费者偏好以及竞争对手状况，从而为产品定价、制定营销策略等提供有力支持。在产品研发阶段，数据能够帮助企业更深入地了解用户需求，优化产品设计，提升产品质量与竞争力。在客户管理方面，数据可以助力企业实现精准营销，提高客户满意度与忠诚度，从而增强客户黏性，扩大市场份额。

其次，为评估数据的潜在价值，企业应建立一套科学的数据评估体系。这包括对数据来源、质量、规模及结构等方面的全面考量。同时，企业需根据自身业务特点和市场需求，明确哪些数据具有更高的商业价值。例如，对于电商企业而言，用户行为数据、交易数据等可能具有较高的商业价值；而对于制造企业而言，生产数据、供应链数据等则可能更为重要。在评估数据潜在价值时，企业可借鉴成功案例和实证研究。例如，部分企业通过深入分析用户行为数据，成功预测市场趋势，从而制定有效的营销策略；部分企业则利用大数据分析技术优化生产流程，提高生产效率。这些成功案例充分证明数据具有转化为商业价值的巨大潜力。

由此一来，只有当企业判断数据资源具有较高的价值转化可能性时，方可视为有效的数据资产。因此，企业在数据资产确认时，应始终以价值为导向，关注数据的实际应用效果，识别具有足够价值潜力的数据资源。

5.3.3　确保数据的可用性

在现代企业运营中，数据的可应用性和可开发性显得尤为重要。它关乎数据能否高效、精准地应用于业务运营、决策支持、产品创新等多个层面，从而充分展现数据资源的潜在价值，凸显其作为企业战略资源的核心地位。

在数据资产确认时，企业必须对数据的质量与可用性进行严格把关。数据的质量直接关系到其应用效果，任何数据的错误、重复或缺失都可能削弱其应用价值。因此，企业需采取一系列先进的技术手段和管理措施，确保数据的准确性、完整性以及可用性，以便数据能够被高效获取、处理和分析，从而快速响应业务需求。在实际应用中，数据的可用性或可开发性尤为重要。在业务运营方面，企业可借助数据优化和改进业务流程，提升运营效率与质量。在决策支持方面，数据有助于企业深入分析市场趋势、竞争对手情况等关键信息，为制定科学、合理的战略决策提供有力支撑。而在产品创新方面，数据能够揭示消费者需求与行为模式，为产品开发提供创新灵感和方向。

综上所述，来源合法合规、具备价值化潜力、具有可用性是判断数据资源能否确认为数据资产的重要原则。

5.4　数据资源识别

5.4.1　数据资源识别要素分析

数据资源识别是数据资产确认的起点。此环节旨在确定组织内的所有数据资源，并为后续数据资产的管理和利用打下基础。图 5-4 列出了数据资源识别的关键要素，下文将对部分数据资源识别要素进行分析。

```
                    数据资源识别的关键要素

    数据来源          数据责任主体        数据使用场景        数据访问控制

    数据类型          数据内容            数据分类分级        数据安全

    数据存储位置      数据状态            数据脱敏            数据管理

    数据存储方式      数据关系            数据加密            ……
```

图 5-4　数据资源识别的关键要素

1. 数据来源

企业可以先识别内部产生的数据资源。首先，企业应用系统作为组织运作的核心，通常积累了大量的业务数据。这些系统包括但不限于 ERP 系统、CRM 系统、供应链管理（SCM）系统等，涵盖了从采购、生产、销售到客户服务等各个环节的数据。

其次，数据库和文件系统也是企业内部数据的重要来源。数据库通常用于存储结构化数据，如员工信息、订单数据等；文件系统则可能包含各种格式的文档、图片、视频等非结构化数据。

此外，电子邮件和员工创建的文档也是不容忽视的内部数据源。电子邮件作为企业内部沟通的主要方式之一，通常包含大量的业务信息和决策过程。员工创建的文档可能记录项目进展、研究报告、市场分析等重要内容。

除了内部数据外，企业还需要关注外部数据。外部数据是指来自企业外部环境的数据，包括供应商数据、社交媒体数据以及公开数据等。

❏ 供应商数据是企业了解供应链状况和合作伙伴情况的重要数据。通过分析供应商数据，企业可以评估供应商的可靠性、交货能力等方面，从而优化采购计划和库存管理策略。
- 社交媒体数据是近年来兴起的一种重要外部数据，承载了公众对产品和服务的看法和意见。
- 公开数据也是企业外部数据的重要组成部分。这些数据可能来源于政府机构、行业协会、研究机构等渠道，涵盖宏观经济数据、行业统计数据、政策法规等。

综上所述，识别和提取内外部数据资源是数据资产确认的关键步骤。企业应建立完善的数据管理和分析体系，不断优化数据识别与提取方法，以适应日益复杂的商业环境。

2. 数据类型

在信息化快速发展的今天，企业数据呈现出多样化和复杂化的特点。根据数据的组织形式，可以将其分为结构化数据、半结构化数据和非结构化数据3类。

首先，结构化数据通常存在于关系数据库中，呈现为表格形式。在数据库中，每张表格对应一个数据实体，表中的每一行记录代表该实体的一个具体实例。例如，在员工信息表中，每一行记录可能包含员工的姓名、性别、年龄、部门、职位等字段。这种数据结构清晰、规范，便于进行数据的查询、统计和分析。

其次，半结构化数据，如 XML、JSON 等格式的数据，在企业数据中也占据一定比重。这类数据具有一定结构，但不如结构化数据那样严格。它们通常用于描述复杂的数据关系，如树形结构数据、嵌套结构数据等。

除此之外，企业还面临大量非结构化数据，如文档、图像、音频、视频等类型数据。这些数据形式多样、内容丰富，是企业运营和决策的重要依据。然而，由于非结构化数据缺乏固定格式和结构，其处理和分析难度相对较大。因此，企业需要借助先进技术手段，如自然语言处理、图像识别等，对非结构化数据进行有效提取、整理和利用。

通过探寻不同的数据类型，企业能够识别出更多有价值的数据资源。这也要求企业不断提升数据处理能力，以满足数据资产化时代的需求。

3. 数据责任主体

企业需要明确数据资产的责任归属。数据资产管理通常涉及多个部门和人员，这使明晰的责任归属变得重要。一方面，需要确定数据资产的责任主体，即负责数据资产安全、完整性和准确性的部门或个人。另一方面，需要明确管理责任人，即负责数据的日常管理、维护和优化的部门或个人。通过明确责任归属，可以确保数据的合理利用和管理，以防数据丢失、泄露等事件发生。

在具体实践中，企业可以通过以下方式明确数据责任归属。建立数据资产管理台账，详细记录每项数据资产的来源、用途、所有者和管理责任人等信息；建立数据管理责任书制度，明确各部门和人员在数据管理方面的职责和义务；借助数据管理工具和技术手段，提高数据管理的效率和准确性。

4. 数据内容和数据使用场景

首先，企业需要识别数据内容，包括销售数据、财务数据、人力资源数据、市场数据等。销售数据反映企业的销售情况，包括销售额、销售量、销售渠道等；财务数据展示企业的财务状况，如收入、支出、利润等；人力资源数据涉及员工的招聘、培训、绩效等方面；市场数据可以帮助企业了解市场动态，为产品研发和市场推广提供依据，包括竞争数据和行业数据。

其次，企业需要识别数据使用场景。在内部管理方面，数据可以用于绩效考核、流程优化等；在市场营销方面，数据可以用于客户分析、产品定位等；在研发创新方面，数据可以用于产品测试、用户反馈等。

在识别数据字段及其含义时，企业需要关注每个字段的具体意义和重要性，特别是关键数据字段和敏感信息，如客户资料、财务数据等，需要特别加强保护和管理。企业可以建立数据字典，对每个字段进行详细描述和定义，以便员工能够准确理解和使用数据。

5. 数据关系

在日益复杂且数据驱动的商业环境中，识别企业数据的关联关系和数据依赖性变得至关重要。关联关系是指数据集中各个数据项之间存在的某种联系或依赖。这种关系可以是直接的,也可以是间接的,如主键-外键关系、引用关系等。

- 主键-外键关系是一种典型的数据关联关系,描述了一个数据集中的主键字段与另一个数据集中的外键字段之间的对应关系。这种关系不仅有助于维护数据的完整性和一致性,还能方便进行跨数据集的数据查询和分析。
- 引用关系也很常见,描述了一个数据项对另一个数据项的引用,例如,一个订单数据项可能引用一个客户信息数据项。这种关系有助于在数据之间建立联系,使企业能够更全面地了解业务情况。

在识别数据关联关系时,企业可以利用数据库管理系统、数据可视化工具等。这些工具能够帮助企业快速发现数据之间的关联,并以直观的方式呈现,便于企业进行分析和决策。

数据依赖是指数据对其他系统、应用或业务流程的依赖性。这种依赖关系反映了数据在企业运营中的重要性以及数据与其他要素之间的紧密联系。识别数据依赖性有助于企业了解数据在整个业务生态系统中的位置和作用。企业可以通过分析数据的来源、流向和使用情况,确定哪些系统、应用或业务流程依赖特定的数据集。这种分析有助于企业评估数据的重要性和价值,并为数据管理和保护提供支持。在识别数据依赖性时,企业可以采用数据流分析、业务过程建模等方法。这些方法可以帮助企业系统地梳理数据的流动和使用情况,发现潜在的数据依赖关系。

5.4.2 数据资源识别流程

企业数据资源识别是一个系统化的流程,旨在全面、准确地识别和梳理组织内部的数据资源。该流程不仅能帮助企业更高效地管理和利用数据,还为企业的战略决策提供了有力支持。依据《数据资产确认工作指南》中的相关描述,本节对数据资源识别的整体流程进行了归纳总结,如图 5-5 所示。

第一步,识别数据资源信息环境。企业需要准备相应的识别工具,并确定需要开放的端口和权限。这些工具可以帮助企业全面了解数据资源的分布情况,包括数据的存储位置和访问方式等。同时，开放端口和权限的设置也是确保数据资源能够被有效识别和利用的关键。企业需选择并配置适当的工具（例如数据库管理工具、文件系统扫描工具和数据发现工具等）来扫描和识别数据资源。

```
识别数据资源          梳理企业拥有或控        结果核查
信息环境       →     制的数据资源载体   →   和查缺补漏
                           ↓
梳理文件和      →     对数据进行        →   形成初步可能作为
数据字段             多维度标识            资产的数据资源清单
```

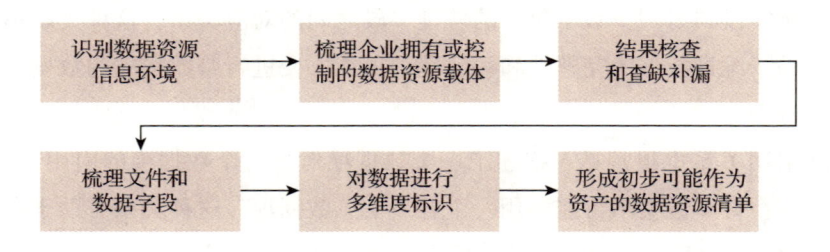

图 5-5　数据资源识别的整体流程

第二步，**梳理企业拥有或控制的数据资源载体**。企业需要对数据库、文件系统、对象存储系统等数据资源载体进行全面摸排，以明确现有数据资源的种类、数量以及分布情况等。梳理数据库内数据资源时，应列出所有数据库管理系统及其实例，包括主机名、端口、数据库名等信息。对文件系统进行梳理时，应记录所有文件服务器及其存储路径，了解目录结构和文件类型。针对对象存储系统，应列出所有对象存储服务及其存储桶信息，确保记录存储桶名称、访问权限等。

第三步，**结果核查和查缺补漏**。这一步骤旨在确保梳理出的数据资源信息准确无误且完整无缺，通过工具或手动方式检查数据库和文件系统的可访问性，验证已收集信息的完整性和准确性。企业还应通过与其他部门或团队的沟通与协作，及时发现并纠正数据资源信息中的遗漏或错误，补充缺失的信息，并再次核查以确保完整性，从而保障后续的数据资源识别和利用工作顺利开展。

第四步，**梳理文件和数据字段**。企业需要对文件系统及数据库中的每个文件和数据字段等内容进行详细了解和分析。例如，对于文件系统，应扫描识别文件类型、大小、创建和修改日期等元数据，并对重要文件进行分类和标记。对于数据库，应识别每个数据库中的表结构、字段名称、数据类型等信息，获取字段的元数据（如字段长度、是否允许为空等）。这是数据资源识别的核心环节，企业由此可以更深入地了解数据资源的具体内容和特点。

第五步，**对数据进行多维度标识**。企业需要对识别出的数据内容进行标识，包括数据的来源、类型、用途、重要性等，以便更好地管理和利用这些数据资源。例如，根据数据的敏感性、重要性和保密等级进行分类，标识数据的用途、所有者、来源等信息。再如，为每个数据字段和文件添加适当的标签和元数据描述，使用标准化的数据分类方法（如个人信息、财务数据、业务数据等）。通过多维度标识，企业可以更清晰地了解数据资源的属性和特点。

第六步，**形成初步可能作为资产的数据资源清单**。企业需要整理并汇总所有识别出的数据资源，形成详细清单。该清单应包含企业识别出的所有数据资源的信息，包括名称、类型、存储位置、访问方式等。同时，应审查数据资源清单，确保其准确性和完整性，并与相关利益者沟通确认清单内容。通过该清单，企业可以全面了解自身数据资源状况，为后续的数据资源管理和利用提供有力支持。

5.5　数据资产的会计确认与盘点

5.5.1　数据资产的会计确认条件

数据资产的会计确认需同时满足 4 个条件，如图 5-6 所示。一是该资产必须是企业过去的交易或事项所形成的；二是该资产必须为企业所拥有或控制；三是预期给企业带来经济利益；四是获取成本能够可靠计量。关于数据资产是否由企业过去的交易或事项形成，这一点相对容易判断。对于数据资产获取成本的可靠计量，若企业通过外购方式获取数据资产，其取得成本通常较易掌握。然而，当企业自行对数据进行加工或开展内部数据资产研发时，其相关成本的可靠计量可能会受到数据伴生性特征的影响。接下来，我们将对这些确认条件进行详细分析。

```
                        ┌──────────────────┐
                        │ 数据资产确认条件 │
                        └──────────────────┘
       ┌──────────────┬──────┴───────┬──────────────┐
┌─────────────┐ ┌─────────────┐ ┌─────────────┐ ┌─────────────┐
│ 由企业过去的│ │ 由企业拥有  │ │ 预期给企业  │ │ 获取成本能够│
│ 交易或者事项│ │ 或控制      │ │ 带来经济利益│ │ 可靠计量    │
│ 形成        │ │             │ │             │ │             │
└─────────────┘ └─────────────┘ └─────────────┘ └─────────────┘
```

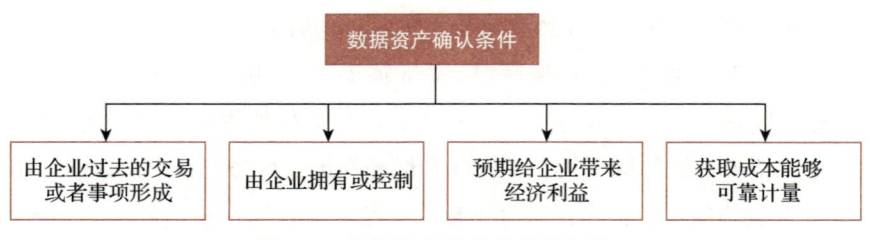

图 5-6　数据资产的会计确认条件

1. 由过去交易或者事项形成

数据资产确认的首要条件在于其形成于已发生的经济行为，这一属性实质上界定了数据资产的历史成因。企业在日常经营活动中产生的各类经济行为，涵盖产品生产、契约签订、资源配置等各方面。数据记录这些经济活动的轨迹，通过结构化存储与整合加工，最终转化为支撑企业决策的数字化资产。

从会计确认的边界来看，强调数据资产的历史成因属性，排除了未发生的交易或事项。未发生交易或事项因其结果存在显著不确定性，无法纳入资产确认的范畴。这种界定方式不仅遵循了会计信息可靠性原则，更通过构建清晰的确认标准，避免主观预测干扰导致资产虚增，从而强化数据资产确认的客观性与可验证性。

此外，这一条件也体现了数据资产会计处理上的延续性与价值积累上的连续性，能够映射企业在不同经营周期中的管理效能。这种历史累积效应使得数据资产具备纵向比较价值，既能客观反映企业阶段性的发展质量，又能够通过发展趋势分析为企业战略规划提供量化支持。

2. 由企业拥有或控制

数据资产因其非实体性、依托性、可复制性、可加工及形态多元性等特点，使得确认企业对其享有完整法定产权存在实践上的困难。在当前国家逐步推行的"持有权-使用权-经营权"三权分置的数据产权运行机制下，传统意义上的完整所有权界定被弱化，核心转向对数据资产实际控制能力的评估。具体而言，判定企业是否拥有数据资产控制权，需要重点关注以下两点。

一是评估企业是否真正掌握了数据资产的控制权，这涉及几个关键的方面。

企业必须拥有数据持有权、使用权以及经营权等核心权益。在当前的数据要素三权分置的制度框架下，这三种权利被看作从数据所有权中派生出来的权益形式。它们的确认不再以传统的所有权登记作为唯一的决定性条件。目前，在全国范围内推广公共数据资源登记和数据资产全过程管理试点，部分省市自行开展了相关数据产权登记工作。登记结果显示了各地登记体系之间存在明显的差异性。登记的对象不仅包括公共数据，也涵盖了企业数据。审查的标准则包括数据来源的合法性、加工过程的创新性等多个方面。值得注意的是，一些地区颁发的登记凭证仅仅具有权利宣示的功能，因此，必须再结合数据获取路径的合规性来进行综合判断。特别需要指出的是，如果数据是通过非法手段获取的，或者通过非法交易获得他人非法持有的数据，即使完成了形式上的数据登记，也不能产生合法的控制效力。

二是判断企业对数据资产的控制能力，需关注是否实现排他性控制。数据资产的经济价值实现依赖于企业通过投入形成的竞争优势壁垒，若缺乏排他性控制，竞争对手可凭借数据可复制性零成本获取同等资源，导致数据价值被稀释甚至剥夺核心利益。这种排他性体现为通过技术措施或法律限制形成的实质性控制。通过开放渠道获取的公共数据因无法形成独占性使用优势，因而不构成能被企业控制的资产。

3. 预期给企业带来经济利益

判断企业能否通过数据资源实现经济效益，主要取决于以下两个关键点。

一是企业是否对数据资源实施有效开发利用与价值转化。数据资产价值实现的核心在于其应用场景的落地。作为一种新型生产要素，它与其他生产要素最大的区别在于，数据要素往往无法单独发挥作用，必须与其他生产要素形成协同效应才能释放价值。若企业仅静态存储数据而未能通过内部运营整合、外部商业化授权或数据产品化等方式激活其价值，这些数据资源将难以转化为实际经济收益，因此不符合数据资产的确认标准。

二是数据资源的开发必须遵循成本收益平衡的原则。数据的价值实现具有显著的规模效应特征。如果数据是单一维度或离散的，那么这些数据往往存在信息密度不足的问题，这会导致其应用价值处于沉睡状态，难以被直接利用。只有当数据在体量积累、多源异构整合、时间维度延伸等方面达到特定的阈值时，数据的应用才能产生可量化的经济价值，进而成为数据资产。

4. 获取成本能够可靠计量

根据《企业数据资源相关会计处理暂行规定》（财会〔2023〕11号）的规定，企业的数据资产将体现在无形资产和存货这两个科目中，并按照无形资产或存货准则进行会计处理，如图5-7所示。根据现行会计准则的规定，无形资产和存货均采用历史成本计量模式，应当按照成本进行初始计量。

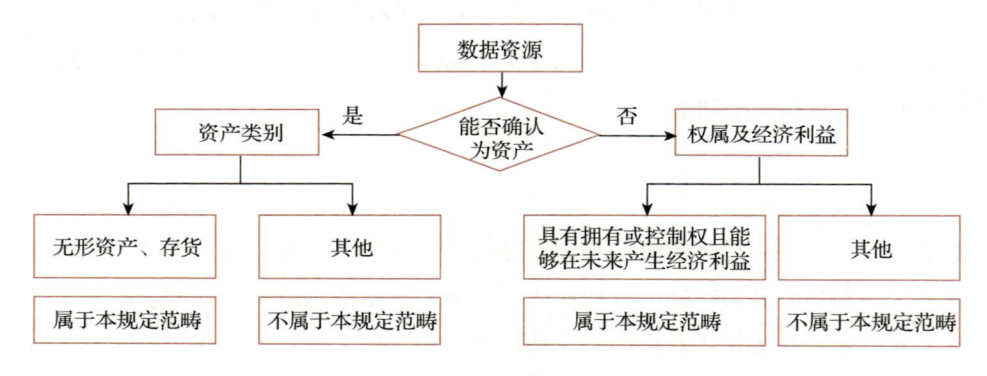

图5-7 数据资源确认为数据资产的简易流程

企业通过外购方式获得的数据资源，通常具备清晰的价格依据、合同文本及付款记录，其初始成本易于核实与确认。然而，当数据资产来自自主开展数据生产加工活动或内部研发活动，由于数据具有非实体性和高度伴生性，其形成过程往往与企业的日常业务深度耦合，相关支出缺乏直接归属路径，成本识别与归集难度显著提升。这种复杂性直接影响了"成本可靠计量"确认要件的满足程度。

数据资产的形成通常涉及采集、清洗、脱敏、标注、集成、分析、可视化等多个环节，若企业未能针对这些环节建立清晰的数据治理流程记录和成本核算规则，相关支出将难以从企业日常经营成本或费用中剥离。此外，对于通过研发活动形成的数据成果，企业还需在制度上划分研究阶段与开发阶段支出，并依据会计准则，仅将符合条件的开发支出资本化为数据资产。若上述阶段界限不清，或归集路径缺失，即便数据具有潜在价值，也难以满足资产确认中的计量要求。

若企业设有专职的数据治理岗位，建立了数据资产台账，并实现数据处理流程的实时监控和量化标准，则对数据资产取得成本的剥离将更为有效。相反，若企业缺乏数据治理能力和管理制度，则成本归集的准确性会受到影响，也可能导致数据资产入表风险（如被用于盈余管理）上升。

5.5.2 数据资产盘点流程

1. 准备阶段

经过对数据资产确认条件的判断，企业可以初步确定数据资产的范围。接下来，通过数据资产盘点掌握数据资产的基本情况，包括明确数据资产的类型、来源、存储位置、使用范围以及涉及的部门等。为了制订详细的盘点计划，数据资产管理人员需要深入了解企业的业务运作和数据资产使用情况，明确盘点的目标、内容，以及参与人员和时间安排。在此阶段，还需确认操作权限，向各系统运维支持人员申请查询权限，并完成身份验证。

2. 盘点阶段

- 对业务系统进行调研和业务流程梳理，包括收集企业内所有系统的信息，如系统名称、建设目标、系统类型等。同时，对业务流程进行梳理，理解业务之间的流程关系以及业务流程的输入输出情况。在此过程中，企业可以运用流程图、数据字典等工具，将数据资产的信息以更加直观、清晰的方式呈现出来。
- 建立数据资产盘点模板，这是企业有效管理数据资产的基础。盘点模板应涵盖数据资产的基本信息，并规定定义数据资产的标准项。同时，应对企业相关人员进行数据盘点工作的培训与宣贯，使其了解数据资产盘点的重要性、方法流程、模板使用及标准项的含义，进一步提升数据资产盘点的效率。
- 在数据资产标准梳理阶段，企业需要对业务数据按照主体、参考、交易、统计等进行分类，并梳理数据的技术标准和业务标准。这有助于企业更好地理解和利用数据，提高数据的可用性和可靠性。此外，企业还需要补充和整理完整的数据字典，确保数据的准确性和一致性。

- **建立数据资产清单**。通过记录数据资产的名称、属性、价值、风险等信息，企业可以建立一份全面、系统、精细的数据资产清单。这有助于企业更好地管理和利用数据资产，提高数据资产的使用效率和价值。在建立清单的过程中，企业还可以根据行业标准对数据资产进行分级分类，如根据数据的敏感性、重要性等将数据资产分为公开、内部、敏感等级。

3. 分析与评估阶段

- **初步确定数据资产的价值**。完成盘点后，企业需要对数据资产进行汇总与分析。在这个阶段，企业通过分析数据的现状、趋势以及行业标准等，确定数据资产的价值，包括直接价值、潜在价值和战略价值。同时分析数据资产存在的风险，包括数据的敏感性、保密性、合规性等方面面临的风险，以便及时发现和解决潜在问题。
- **数据资产管理策略制定**。基于数据资产价值和风险的分析结果，企业可以制定数据资产保护和利用策略。数据资产保护策略旨在确保数据的安全性和保密性，包括数据备份与恢复、访问控制、数据安全培训、监测与审计、处理合规等安全保障措施。数据资产利用策略则关注如何有效地利用数据资产，以支持企业的业务发展和创新。例如，企业可以制定数据开放和共享策略，促进数据的流通和共享；或者制定数据交换策略，实现与其他企业或组织的数据互通和合作。
- **盘点流程评估**。企业需要对数据资产盘点流程进行评估，发现问题并不断完善流程，这有助于提高数据资产管理的效率和水平，确保数据的安全与有效利用。企业还需关注数据资产管理的最新技术趋势，以便及时更新和优化自身的数据资产管理策略与方法。

5.5.3 数据资产确认的整体流程

数据资产确认是一个系统化的过程，涉及对组织内数据资产的全面识别、分类和管理。接下来结合资源识别、会计确认和资产盘点 3 个环节，整体阐述数据资产确认流程，如图 5-8 所示。

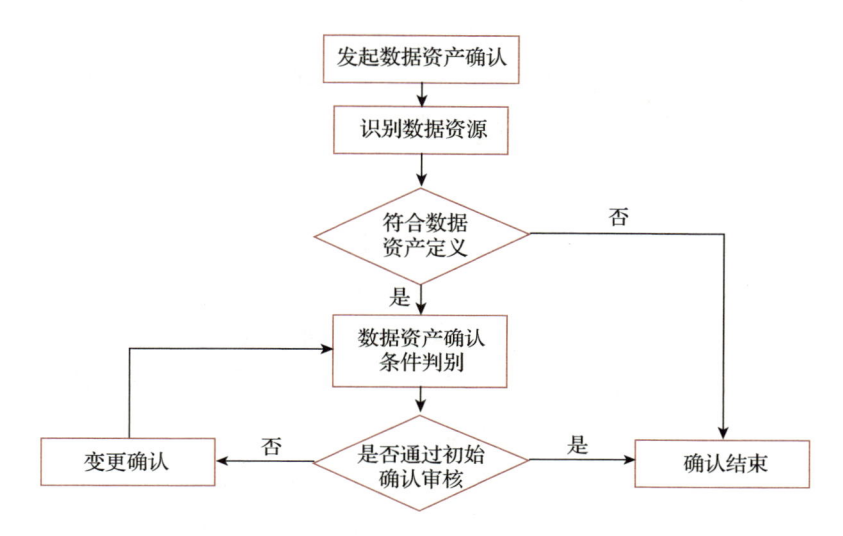

图 5-8　数据资产确认流程示意图

1. 收集数据资源，形成相关交易或事项的证明材料

企业内部的采购、生产等相关部门整理并提供与数据交易或事项相关的证明材料。这些材料可能包括合同、发票、交易记录、生产记录和使用记录等。各部门将整理好的证明材料提交至数据资产管理部门，以便进行后续的核实和确认工作。

2. 核实合法拥有或控制的数据资源

数据资产确认时，首先需由法务部门对各部门提交的证明材料进行审核，确保这些数据资源是企业合法拥有或控制的。这一环节可能需要检查合同条款、权属文件以及相关法律文件。企业需要记录每一项数据资源的合法性核实结果，确保所有数据资源具备合法的来源和使用权。

3. 核实满足预期价值流入和可靠计量条件后，确定数据资产成本

数据资产管理部门需要评估每一项数据资源的预期价值流入，判断其在未

来是否能够为企业带来经济利益。这一评估可能基于市场价格、使用价值、数据分析结果等。在确认数据资产的预期经济利益很可能流入企业后，财务部门需要确定其成本。此过程应采用合理的计量方法，并建立成本归集分摊体系，以确保数据资产的成本被准确记录和反映。根据评估和计量结果，确定每项数据资产的成本，并将其记录在企业的资产管理系统中。

4. 确认数据资产

数据资产管理部门将所有经过核实和评估的数据资产信息整理成报告，提交给企业的内部决策机构。内部决策机构（如董事会、管理委员会）对数据资产管理部门提交的报告进行审查，确认数据资产的合法性、价值评估和成本计量的准确性。审核通过后，内部决策机构初步确认数据资产，相关信息进入企业的财务和资产管理系统，成为企业正式认可的资产。

通过以上步骤，企业可以确保数据资产初始确认过程的合法性、准确性和完整性，提高数据资产管理的规范化水平，确保数据资源为企业创造实际价值。

5.6 本章小结

数据资产确认是一个系统化的过程，旨在通过数据资源识别、数据资产会计确认、数据资产盘点等环节，全面动态地掌握数据资产的基本情况，涉及流程设计、指标构建和策略执行等内容。这是将数据资源纳入企业资产管理体系的第一步，为后续的数据资产管理与应用打下了基础。数据资源要被确认为资产，必须符合资产的确认条件，并经历环环相扣的确认流程。合理高效的数据资产确认有助于优化数据资产管理和资源配置，帮助企业更好地挖掘和发挥数据价值，同时促使企业加强数据的安全防护，确保数据在合规框架内被使用和存储。这不仅能够防止数据泄露和滥用，还能通过合规使用创造更多经济效益。总之，数据资产确认为企业提供了一种将数据纳入资产管理体系的有效途径，打开了数据资产管理的广阔前景，有利于进一步推动数字经济的可持续发展。这一过程对现代企业在数字化转型中的竞争力提升具有重要意义。

第 6 章 CHAPTER

数据资产登记

"数据二十条"在探索数据产权结构性分置制度中明确提出要"研究数据产权登记新方式""建立健全数据要素登记及披露机制"等。为规范数据登记活动、保护数据要素权益,促进数据要素高效流通和充分利用,国家知识产权局以数据处理者为保护主体,以经过一定规则处理且处于未公开状态的数据合集为保护对象,通过登记方式赋予数据处理者一定权利。各地也开展了对数据资产、数据产权、数据要素、数据产品等产权内容进行登记的尝试。本章重点分析数据资产登记的意义和各地实践的进展,明确数据资产登记的内容,梳理数据资产登记的流程,并通过综合分析现有实践中的挑战与不足,针对性地提出改进数据资产登记工作的建议,为相关数据资产工作的开展提供参考。

6.1 数据资产登记的概念与意义

6.1.1 数据资产登记的概念

数据资产登记是指对企业或组织所拥有的数据资源进行系统化、标准化的记录和管理的过程。该过程包括对数据的分类、评估、权属确认以及流转情况的记录，旨在提供全面、准确的数据资产信息。数据资产登记不仅有助于企业了解其数据资源的状况，也为数据的合法使用、交易和保护奠定了基础。

从各地的政策文件来看，针对数据资产登记的具体类型主要集中在数据知识产权、数据资源以及数据产品（或服务）等方面。具体而言，数据知识产权主要涉及对数据生成、处理和应用过程中产生的知识成果的保护，确保数据的合法使用与收益；数据资源则强调数据本身作为一种可交易资产的价值，涵盖其收集、存储和管理等环节；数据产品（或服务）则指基于数据的具体应用场景和商业模式，如数据分析报告、预测模型等。通过对这三种概念的具体表述进行梳理和总结（见表6-1），本书旨在为读者提供清晰的理解框架，助力企业在数据资产登记过程中把握政策方向和实施细节。

接下来，我们将传统产权登记按照登记类型、登记依据、登记机构、登记目的、登记主体、登记对象、登记载体等方面进行归纳，如表6-2所示。

可以发现，数据资产登记与传统产权登记在以下几方面存在差异。

1. 资产类型的差异

传统产权登记主要涉及有形资产，如土地、房产、车辆等，其产权清晰且可见。数据资产登记则侧重于无形资产，即数据、信息和知识产权。这类资产的特性使得数据的权属确认和管理更加复杂，因为数据可以被复制、修改和共享，且其价值常常与使用场景密切相关。

2. 管理方式的差异

传统产权登记通常依赖政府或相关机构进行登记、管理和监督，过程较为固定且规范。数据资产登记则更倾向于由企业自主进行，强调灵活性和动态管理。企业需要根据业务需求和市场变化，及时更新数据资产信息。这一过程要求企业建立更高效、更敏捷的数据管理体系。

表 6-1 数据资产相关登记类型概念辨析

登记类型	广东省	江苏省	北京市	浙江省	山东省	天津市
数据知识产权	依法依规获取的，经过一定规则处理形成的，具有商业价值的数据集合	数据资源持有者或处理者对其依法取得的数据进行实质性加工和创造性劳动获得的具有实用价值和智力成果属性的数据集合享有的权益	数据持有者或者数据处理者依据法律法规规定或者合同约定规则收集，经过法处理或者通过算法处理的，具有商业价值及智力成果属性的处于未公开状态的数据集合	依法收集、经过一定算法加工，具有实用价值和智力成果属性的数据	权利主体对于依法规获取、经过一定规则处理形成的，具有实用价值及非公开性的数据集合，享有使用、加工、许可经营和获得收益等权益	数据持有者或者数据处理者依据法律法规定或者合同约定规则收集，经过一定规则处理的，具有商业价值及智力成果属性的处于未公开状态的数据集合

登记类型	厦门市	南京市	长春市	深圳市	大理州	安徽省
数据资源	自然人、法人或非法人组织在依法履职或经营活动中制作或获取的，以电子方式或其他方式记录、保存的原始数据集合	以数据为载体和表现形式，能进行计量的，并能为组织带来直接或间接经济利益的数据资源	自然人、法人组织基于数据来源方授权，在生产经营活动中采集加工形成的数据	自然人、法人组织或非法人组织在依法履职或经营活动中制作或获取的，以电子方式或其他方式记录、保存的原始数据集合	由原始数据积累到一定规模，经过必要的加工清洗处理，具有潜在使用价值的数据	自然人、法人或者非法人组织在依法履职、生产经营活动中合法合规获取的，以机器可读形式化记录和保存的具备原始性，可供社会合规再利用的数据集，以及依法合规对原始数据集投入实质性劳动形成的新数据集或数据产品，包括但不限于数据集、API数据、模型、数据分析报告、数据可视化产品、数据画像等

163

（续）

登记类型	广东省	深圳市	厦门市	贵州省	大理州	海南省
数据产品（或服务）	经过加工处理后可计量的，具有经济社会价值的数据服务、数据集、数据接口、数据指标、数据报告、数据模型、数据算法、数据应用等可流通的标的物	自然人、法人或非法人组织通过对数据资源投入实质性劳动所形成的数据产品，包括但不限于数据集、数据分析报告、数据可视化产品、数据指数、数据接口、应用程序编程接口（API数据）、加密数据等	自然人、法人或非法人组织通过对数据资源投入实质性劳动及其衍生的数据产品，包括但不限于数据集、数据分析报告、数据分析接口、应用程序编程接口（API数据）、算法模型等	数据资源、算法模型、算力资源以及综合形成的产品等	利用数据中间态进行分析研究、加工处理所形成的，能发挥数据要素价值的产品	经过加工处理后可计量的，具有经济社会价值的数据集、数据指标、数据报告、数据模型、数据应用、数据服务等可流通的标的物

表 6-2 相关领域传统产权登记

序号	登记类型	登记依据	登记机构	登记目的	登记主体	登记对象	登记载体
1	不动产统一登记	《不动产登记暂行条例》	各级不动产登记机构	权属界定、汇总统计	当事人或者其代理人	土地、海城、房屋、林木等定着物	不动产登记簿（电子介质）、不动产登记信息管理基础平台
2	自然资源统一确权登记	《自然资源统一确权登记暂行办法》	自然资源主管部门	权属界定汇总统计	省级及省级以下登记机构	水流、森林、山岭、草原、荒地、滩涂、海城，无居民海岛以及探明储量的矿产资源等自然资源的所有权和所有自然生态空间	自然资源登记簿（电子介质）、自然资源登记信息系统

164

第 6 章 数据资产登记

(续)

序号	登记类型	登记依据	登记机构	登记目的	登记主体	登记对象	登记载体
3	动产融资统一登记公示	《动产和权利担保统一登记办法》	人民银行征信中心	公开公示、监督管理、市场效率	担保权人或委托人	生产设备、原材料、应收账款、存款单、融资租赁、保理等	动产融资统一登记公示系统
4	证券登记结算	《证券结算管理办法》	中国证券登记结算有限公司	市场监管、防范风险、汇总统计	上市证券的发行人	股票、债券、证券投资基金份额等证券及证券衍生品种	证券持有人名册
5	信托登记	《信托登记管理办法》	中国信托登记有限责任公司	监督管理、市场效率、汇总统计	信托机构	信托产品及其受益权信息和变动情况	信托登记系统
6	软件著作权登记	《计算机软件保护条例》《计算机软件著作权登记办法》	中国版权保护中心	权属界定、统计汇总	著作权人以及其他相关人	软件著作权、软件著作权专有许可合同、转让合同	中国版权保护中心著作权登记系统
7	软件产品登记	《软件产品管理办法》	软件产业主管部门授权软件产品登记机构	市场准入、市场监管、落实政策、公开公示	软件著作权人	国产软件产品、进口软件产品	软件产品登记系统
8	专利质押登记	《专利权质押登记办法》	国家知识产权局	市场效率、权属界定、汇总统计	单位、个人、专利代理机构	专利权	专利登记簿
9	碳排放权登记	《碳排放权登记管理规则（试行）》	中国碳排放权登记结算（武汉）有限责任公司（中碳登）	市场监管、统计汇总	企业	碳排放权	全国碳排放权注册登记系统

165

3. 交易与流转机制的差异

在传统产权登记中，资产的交易和转让通常需要法律文书、合同等形式的证明，过程相对复杂。而在数据资产登记中，数据的流转和交易则依赖数字化平台和智能合约等技术手段，这些技术能够自动验证数据的真实性和合法性，提高交易的效率和安全性。

尽管数据资产登记与传统产权登记在资产类型、管理方式、交易与流转机制上存在显著差异，但二者也存在内在联系。首先，数据资产登记同样追求明确的权属关系，以确保数据的合法使用和保护。其次，两者都旨在维护资产持有者的合法权益，防止资产被非法占用或滥用。此外，随着数字经济的发展，传统产权登记也在逐步吸收数据资产登记的理念，尝试将数字资产的管理纳入传统产权体系。

6.1.2 数据资产登记的意义

数据资产登记在当前数字经济环境中发挥着越来越重要的作用，尤其在全面掌握数据资源状况、保护数据持有人和产权人合法权益、保障数据要素流通与交易等方面，具有深远意义。

1. 全面掌握数据资源状况

通过鼓励企业参与数据资产登记，可以帮助企业全面了解自身持有的数据资源情况。这有助于企业掌握自身数据的种类、数量、质量，以及数据的实际使用情况和潜在价值。企业能够通过系统化的登记，有效识别哪些数据资产是高价值的，哪些数据需要进一步开发或整合。这一过程有助于企业制定更具针对性的战略，提高数据的利用效率。

同时，政府部门也能够通过数据资产登记，获取关于全国数据生产要素的总体情况、分布及价值评估的真实信息。这种信息的透明化为政策制定、市场监管和产业规划提供了重要依据，有助于构建健全的数字经济生态系统。在掌握数据资源的基础上，政府可以制定更有效的扶持政策和引导措施，推动各行业的数字化转型和数据驱动的发展。

2. 保护数据持有人和产权人的合法权益

数据资产登记制度是保护数据持有人和产权人合法权益的重要手段。通过系统化的登记，可以明晰数据的权属和流转情况，确保每一项数据资产都有清晰的归属。这种透明性不仅有助于维护数据所有者的合法权益，也能增强数据使用者对数据来源和合法性的信任。

此外，数据资产登记可以防止数据被非法复制、篡改或盗用。随着数据价值的提升，数据安全问题日益突出。通过明确登记，企业能够制定有效的数据管理政策，建立数据使用规范，降低数据泄露和滥用的风险。这种保护措施不仅能维护数据产权人的合法权益，也能为数据的安全使用提供保障，从而推动整个市场的健康发展。

3. 保障数据要素流通与交易

数据资产登记是保障数据要素流通与交易的关键基础。通过数据资产登记，企业可以证明数据的可靠性、合规性和权属。这种证明为数据交易的可信度和安全性提供支持，增加了市场参与者之间的信任。

在当前的数据经济环境中，数据交易已经成为推动创新和业务发展的重要手段。然而，数据交易的成功与否往往取决于数据的质量和合规性。通过登记制度，企业可以确保交易数据的真实性和合法性，从而有效降低交易风险。这不仅有助于推动数据市场的繁荣发展，也为数据的流通与交易提供了有力支持。

此外，数据资产登记还可以帮助企业识别数据资源的潜在价值，发现数据之间的关联性及其应用场景。这种洞察能力将促使企业开发新的业务模式，提升数据资源的利用效率和经济价值。在数字经济日益发展的背景下，数据资产的有效管理将直接影响企业的竞争力。

6.2 数据资产登记的实践现状

6.2.1 数据资产登记制度

关于数据资产登记的研究和实践处于起步阶段，数据资产登记的法律法规、制度规范、标准体系等建设正在推进当中，数据资产登记的具体类别仍在探索中。厘清数据资产登记的政策发展脉络，有助于了解政策规定的要求。

1. 国家政策要求

2016年，国务院出台的《"十三五"国家信息化规划》首次提出要"强化数据资源管理。建立健全国家数据资源管理体制机制，制定数据开放、产权保护、隐私保护相关政策法规和标准体系。制定政府数据资源管理办法，推动数据资源分类分级管理，建立数据采集、管理、交换、体系架构、评估认证等标准制度。加强数据资源目录管理、整合管理、质量管理、安全管理，提高数据准确性、可用性、可靠性。完善数据资产登记、定价、交易和知识产权保护等制度，探索培育数据交易市场。"该规划正式发布后，我国关于数据资产的探索陆续展开。

2021年，工业和信息化部印发《"十四五"大数据产业发展规划》，提出"健全数据要素市场规则。推动建立市场定价、政府监管的数据要素市场机制，发展数据资产评估、登记结算、交易撮合、争议仲裁等市场运营体系。培育大数据交易市场，鼓励各类所有制企业参与要素交易平台建设，探索多种形式的数据交易模式。强化市场监管，健全风险防范处置机制。建立数据要素应急配置机制，提高在应急管理、疫情防控、资源调配等紧急状态下的数据要素高效协同配置能力。"

2022年，国务院办公厅发布的《要素市场化配置综合改革试点总体方案》指出"建立健全数据流通交易规则。探索'原始数据不出域、数据可用不可见'的交易范式，在保护个人隐私和确保数据安全的前提下，分级分类、分步有序推动部分领域数据流通应用。探索建立数据用途和用量控制制度，实现数据使用'可控、可计量'。规范培育数据交易市场主体，发展数据资产评估、登记结算、交易撮合、争议仲裁等市场运营体系，稳妥探索开展数据资产化服务。"

2022年，"数据二十条"发布，明确提出"研究数据产权登记新方式。建立健全数据要素登记及披露机制，增强企业社会责任，打破数据垄断，促进公平竞争"。2023年，中共中央、国务院印发的《数字中国建设整体布局规划》强调"加快建立数据产权制度"，并且《党和国家机构改革方案》中提出由国家数据局负责协调推进数据基础制度建设。这些重磅文件的出台为数据资产登记的发展提供了顶层设计和明确方向。

2. 地方政策规定

近年来，全国各地落实国家数据资产登记的要求，积极探索数据资产登记工作，同时出台相关指导意见和实施方案。北京市发布的《关于更好发挥数据要素作用进一步加快发展数字经济的实施意见》(以下简称《意见》)旨在建立一个供需双方高效对接的多元化数据交易平台，深度发掘数据资产的价值，并致力于将北京建设成为数据要素配置的核心区域。

《意见》对开展数据资产登记工作作出规定"市大数据主管部门会同财政、国资等部门研究出台并组织实施数据资产登记管理制度。市大数据中心开展公共数据资产登记工作，持续完善和更新公共数据目录，依托市大数据平台和可信可控的区块链底层技术体系，建立公共数据资产基础台账，做到'一数一源'、动态更新和上链存证，推动公共数据资产化全流程管理。在社会数据来源合法、内容合规、授权明晰的原则下，支持依法设立的数据交易机构为社会主体提供社会数据资产登记服务，发放数据资产登记证书，详细载明权利类型和数据状况，形成数据目录，并提供核验服务；组织建设行业数据资产登记节点，推进工业、交通、金融等行业数据登记，激活行业数据要素市场；支持市属国有企业以及有条件的企业率先在数据交易机构开展数据资产登记。"

上海市在《立足数字经济新赛道推动数据要素产业创新发展行动方案（2023—2025年）》中提出"面向全国布局数据交易链等枢纽型平台设施，利用区块链技术推动交易机构互联、数商主体互认、场内场外交易链接，建设数据资源、产品和资产统一登记与存证服务体系。"同时，加强数链融合创新，深化区块链技术在数据资源开发、数据产品研制、数据资产登记等环节的应用，构建链接流通交易、收益分配、安全治理的可信架构，为数据资产登记提供可信技术支撑。

广东、浙江、江苏等省份也制定并实施了数据资产登记的相关政策，积极探索如何更好地管理和保护数据资产，以确保这些重要资源能够得到合理利用和有效维护，从而促进数据资源的合规流通和价值最大化。

3. 标准规范指引

截至目前，尚未有国家层面的数据资产登记标准正式发布，部分社会团体已积极开展团体标准的编制，其中包括浙江省总会计师协会、天津市互联网金融协会、广州市南沙区粤港澳标准化与质量发展促进会等。

全国首个有关数据资产管理的国家级标准《信息技术服务 数据资产 管理要求》发布，明确了数据资产的管理总则、管理对象、管理过程和管理保障要求，其中包括数据资产目录管理的规范。山东数据交易流通协会发布了《数据产品登记信息描述规范》和《数据产品登记业务流程规范》两项数据产品相关登记规范。浙江省财政厅联合省总会计师协会、省标准化研究院、浙江金投数字产业发展有限公司等单位研究制定了《资产管理 数据资产登记导则》。此外，天津市互联网金融协会组织编写了《数据资产登记、存证、确权业务标准》，广州市南沙区粤港澳标准化和质量发展促进会编写了《资产管理 数据资产确权登记导则》。

这些标准的出台不仅深入探讨了数据产权的界定问题，还系统规范了数据确权、登记及授权等关键环节的操作流程，为各类团体组织在数据确权与登记业务上提供了权威而科学的参考依据。

6.2.2 数据资产登记业务

在实践探索方面，各地知识产权局、数据局、财政局、司法厅、数据交易所以及企业级数据平台纷纷发力，陆续开展了丰富的数据产权登记探索。本节针对数据产权登记业务的开展情况进行阐述，主要从数据产权登记的组织情况、登记流程环节以及登记结果应用等角度进行说明。

1. 登记组织情况

数据产权登记的二元架构逐步形成，各地围绕登记工作建立了相应的组织机构体系，主要包括登记主管部门、登记机构以及其他登记服务机构。其中，登记主管部门负责数据产权登记的统筹管理与监督，登记机构负责具体的登记工作，其他登记服务机构则提供登记过程中的专业服务。针对不同登记内容，大致形成了两套登记体系，相应的组织体系也存在一定差异。数据知识产权的登记主要由省级市场监管局（知识产权局）统筹管理与监督，负责登记平台的建设工作，其下辖的知识产权服务中心承担具体登记业务；数据产权登记则主要由省级数据主管部门或发展改革部门负责统筹管理与监督、建立数据产权登记平台工作，并通过授权数据交易等机构开展数据产权登记业务。第三方服务机构通常强调独立性，负责合规、存证、审查等相关专业服务，以支撑登记工作的正常开展。

2. 登记流程环节

登记审查内容差异较大，但各地区做法相对一致，大致均采用登记申请、登记初审、登记审查、登记公示、异议处理、核准发证的流程。北京、天津等地还明确要求数据在登记前需进行存证公证，以提升数据的可信赖性、可追溯性和价值可衡量性。在登记申请环节，明确了数据产权登记的要素，主要包括数据名称、行业、场景、来源、规模、时间空间跨度、更新频率、存证信息等。安徽省明确将登记要素划分为自然属性、法律属性、价值属性及许可属性等，具有较强的系统性。在登记初审环节，由登记机构进行形式审查，审查通过后申请被受理。在登记审查环节，大部分地区未对审查内容做具体规定，但广东、安徽等地明确由第三方服务机构进行实质性审查，审查内容包括数据真实性、合规性等。大理白族自治州对实质性审查要点做了具体描述，在真实性和合规性基础上进一步明确了权属争议、禁止流通及许可范围等内容。在登记公示和异议处理环节，均采用平台公示的方式，确保登记数据无争议。关于核准发证环节，各地流程基本一致。

3. 登记结果应用

登记证书的效力聚焦于权利和资产的确认，江苏、浙江、广东、山东、安徽等地明确了登记证书的效力，大致可以分为两个层次。一方面，作为权利人依法对数据行使权利的凭证，证书明确数据相关权利的归属、权益边界和权属状态，持有人享有依法依规进行加工使用、流通交易、收益分配等权利。广东、安徽等地明确，登记证书在行政执法、司法审判、争议仲裁、法律监督中具有初步证明效力，从而加强数据权益保护。另一方面，作为数据资产性权利的凭证。如表6-3所示，各地区（省、市）明确，可以通过质押、交易、许可、数据交易、融资抵押、资产入表、会计核算、数据信托、数据企业认证等多种方式强化登记证书的使用，为证书持有主体带来资产性收益。

表 6-3 各地数据产权登记证书效力

地区（省、市）	登记证书效力
北京市	是登记主体依法持有数据并对数据行使权利的凭证，享有依法依规加工使用、获取收益等权益。涉及授权运营的公共数据及以协议获取的企业、个人数据，其协议期限不超过 3 年的，以相关协议截止日期为有效期
江苏省	是权利人依法持有数据并对数据行使权利的合法凭证
浙江省	作为持有相应数据的初步证明，用于数据流通交易、收益分配和权益保护。鼓励数据处理者及时登记数据知识产权，通过质押、交易、许可等多种方式加强登记证书的使用，保护自身合法权益，促进数据创新开发、传播利用和价值实现
深圳市	可作为数据交易、融资抵押、数据资产入表、会计核算、争议仲裁的依据
天津市	是登记主体依法持有数据并对数据行使权益的初步凭证，享有依法依规加工使用、流通交易、收益分配等权益。通过质押、交易、许可等多种方式加强登记证书的使用，保护自身合法权益，促进数据创新开发、传播利用和价值实现。涉及授权运营的公共数据及以协议获取的企业、个人数据，其协议期限不超过两年的，以相关协议截止日期为有效期
广东省	相关部门应当加大数据知识产权登记证书的推广应用，发挥登记证书在促进数据流通交易、创新利用和价值实现中的积极作用，明确并提升登记证书在行政执法、司法审判、法律监督中的初步证明效力，加强数据知识产权权益保护。登记机构应积极推动数据知识产权流通、利用、保护、服务等相关工作。鼓励登记主体通过依法成立的数据交易机构对数据知识产权进行交易利用
山东省	是登记主体持有数据知识产权并对数据知识产权行使权利的凭证，用以明确数据产权归属、权益边界、权属状态，及服务数据权益司法保护和行政保护实践。登记主体通过质押、许可等方式运用数据知识产权的，应当自合同生效后 10 个工作日内通过登记平台进行备案登记

6.2.3　数据资产登记模式

1. 政府主导模式

该模式通过政府部门开展数据登记工作，以政府的公信力为数据资源确权提供背书，包括由数据主管部门直接开展登记和由事业单位负责登记两种模式。

例如，2020 年 12 月，新乡市政务服务和大数据管理局携手中国科学院计算所成果转化平台，试点上线了"数据要素确权与可信流通平台"（即河南根中心）。该平台率先推出了数据要素计量单位与定价方法，并发布了全国首张数据要素登记证书。新乡市政务服务和大数据管理局通过政务信息资源的有效汇聚，实现了首批包含 14 448 523 条数据资源的监管数据正式登记。

2. 政企协同模式

政府部门与企业协同开展数据资产登记，其中政府负责公共数据登记，企业负责社会数据登记。例如，广东省在公共数据资产登记上采用了政企协同模式。《广东省数据流通交易管理办法（试行）》（征求意见稿）明确规定"省数据流通交易主管部门根据工作需要，可授权政府有关部门或者其他机构开展数据资产登记工作。其中，广东省公共数据运营管理机构根据授权重点开展公共数据产品和服务的资产登记；数据交易所根据授权重点开展社会数据产品和服务的资产登记"。

3. 企业主导模式

企业主导模式主要包括数据交易机构主导和第三方公司（平台）主导两种模式。以数据交易机构主导为例，北京国际大数据交易所数据资产登记中心于 2022 年 7 月在全球数字经济大会数据要素峰会上正式揭牌，将针对数据入场确权、定价等一系列难题，通过登记评估等流程，推动社会数据、商业数据、行业数据等数据资源有序进入数据要素市场进行交易。北京国际大数据交易所数据资产登记中心的治理结构和主要职能如图 6-1 所示。

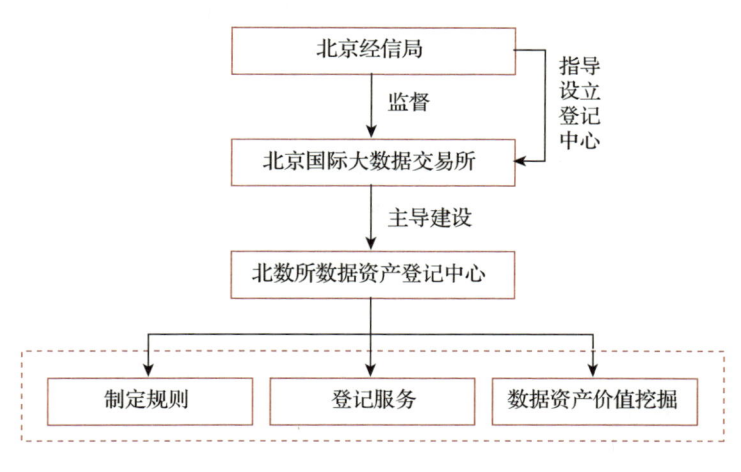

图 6-1 北京国际大数据交易所数据资产登记中心

2021 年 11 月，上海数据交易所正式揭开其运营序幕。当天，该交易所成功完成了首批共计 20 个数据产品的挂牌登记，并颁发了相应的登记凭证。通过实施数据产品登记凭证与数据交易凭证的发放机制，确保了每一份数据均拥有独一无二的编码，实现了数据的可登记、可统计以及可普查的严谨管理体系。值得注意的是，在数据产品正式进入交易所挂牌交易之前，必须严格遵循流程，取得产品登记证书以及详尽的产品说明书，以确保交易的合规性和透明度。

2022 年 5 月，贵阳大数据交易所正式颁布了流通交易规则体系，并据此为数据商及数据中介机构颁发了相应的登记凭证。同年 8 月，贵州电网公司推出的数据交易产品"贵州省企业用电信息查询"，经过贵州省数据流通交易服务中心的严格合规审查与安全评估后，成功在贵阳大数据交易所上架，并获得了贵州省首张"数据要素登记凭证"。

6.3 数据资产登记的实践内容

6.3.1 数据资产登记对象

按照登记对象的不同，数据资产登记一般可分为数据资产登记、数据产品登记、数据资源登记和数据要素登记等，如图 6-2 所示。

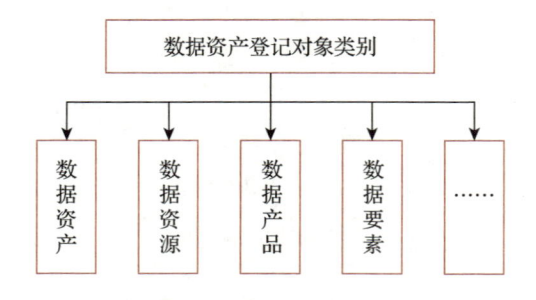

图 6-2 数据资产登记对象类别

1. 数据资产登记

在多个地区，包括北京市、温州市、天津市以及青岛市，已经积极开展了相关实践探索。具体而言，2021 年 10 月，广东省率先在全国范围内颁发了首张公共数据资产凭证。该凭证由省级数据管理部门监制，并依据供需双方协议由数据提供方申领。在这一过程中，数据主体赋予需求方使用其数据的权利，需求方基于这一授权向提供方申请数据资产凭证，并加盖具有法律效力的电子签章，最终形成了实体化的公共数据资产凭证。

2023年10月，温州市财政局依托市大数据运营有限公司的"信贷数据宝"数据资源，积极推动数据资产管理试点工作的深入实施，并成功完成了数据资产确认登记的首单业务。这一成就标志着数据资产化管理在地方层面的重要进展。

2024年1月，天津市首单数据资产入表登记评估工作顺利完成，河北区供热公司获得了数据资产登记证书，成为全国范围内首个达到数据资产入表标准的国有企业。这一里程碑式的事件不仅彰显了数据资产化管理在国有企业中的实践成果，也为后续的数据资产化进程树立了典范。

2. 数据产品登记

数据产品登记是针对数据产品进行明确权属登记的流程，是推动数据产品交易的有效途径。当前，上海市等地在此领域已取得显著实践成效。具体而言，2024年3月，上海数据交易所正式推出数据产品登记大厅，并启动试运行工作，该大厅为各类主体提供了便捷的数据产品登记通道。

数据产品登记系统具备多重功能，包括但不限于信息存证、产品溯源、权益保护、集中展示以及场景探索。这些功能的实现不仅有助于提升数据产品的透明度和可信度，还为数据产品的合法交易和权益保障提供了有力支持。

此外，海南省在数据产品登记方面也取得了重要进展。2023年12月，海南省数据产品超市成功发放了海南省"001号"数据产品所有权确权登记凭证，标志着海南省在数据产品确权登记领域迈出了坚实的一步。

3. 数据资源登记

数据资源登记是指通过国家公证机构对数据进行登记确认，并颁发具有法律效力的公证证书，以明确数据资源的权属，进而有效降低数据确权成本。然而，当前公证效力与法律效力的衔接尚需加强，以确保数据资源公证制度能够更好地适应并促进数据经济的稳健发展。

江西省司法厅积极履行指导职责，引领其直属的赣江公证处成功构建江西省数据资源登记平台。该平台自 2023 年 8 月起正式投入运营，并完成了全国首例数据资源公证登记实践。此次登记明确了数据资源的持有权、加工使用权及产品经营权等权属，为数据资源的合法持有者提供了坚实的法律保障，有力维护了其合法权益。

4. 数据要素登记

数据要素登记是指登记服务机构将数据要素内容及其相关法定事项正式记录在登记凭证中的行为。这一机制特别适用于数据要素市场化流通需求迫切的场景。鉴于当前相关制度体系尚处于不断完善的阶段，我们需在实践过程中持续探索与优化，以确保数据要素登记能够有效支撑并促进数据市场的稳健发展。

值得一提的是，贵阳大数据交易所在 2023 年 1 月被确立为数据要素登记 OID 行业的关键节点，这标志着其在推动数据要素登记标准化、规范化方面迈出了重要一步。随后，在 2023 年 11 月，贵州省发布了《贵州省数据要素登记服务管理办法（试行）》（以下简称《办法》）。该《办法》明确界定了登记对象，包括数据资源、算法模型、算力资源及其综合形成的产品等核心数据要素，同时规定了初始登记、交易登记、信托登记、变更登记、注销登记、撤销登记、续证登记等多种登记类型，为数据要素登记工作提供了全面、系统的指导。

6.3.2　数据资产登记内容

数据资产登记内容主要分为三大类。

- 申请数据资产主体的基础信息包括但不限于申请主体的详细名称、单位的注册地点以及统一社会信用代码等。这些基础信息有助于对数据资产进行初步识别和分类。
- 数据资产的具体情况，包括数据资产的名称、大小、结构化程度以及应用场景等。这些信息有助于我们了解数据资产的特点，以便更好地利用和保护数据资产。
- 数据资产的合规性和安全性情况，包括数据资产的来源、第三方服务机构出具的合规报告、数据资产保护的相关制度以及数据资产的安全等级保护情况等。这些信息有助于确保数据资产的合法性和安全性，防止数据资产被滥用或泄露。

以上三大类信息都是数据资产登记中不可或缺的部分，它们共同构成了数据资产的画像，有助于提升数据资产的管理和利用效率，并保障数据资产的安全合规。

6.3.3 数据资产登记主体

数据资产登记主体是指依法获取或掌握数据资产的控制权，并负责执行数据资产登记相关业务的企业实体或个人。这些主体可能包括各类企业组织，比如跨国公司、国内大型企业、中小型企业等，以及个人用户，例如数据科学家、数据分析师等。

数据资产登记主体应根据相关法律法规和行业标准，对其所拥有或控制的数据资产进行详细记录和申报，确保数据资产的合法合规使用和管理，同时为数据资产的价值评估、交易、共享和安全保护提供必要的法律依据和操作便利。在登记过程中，这些主体需按照规定的程序和标准提交相关资料，并对数据资产的来源、性质、规模和使用情况做出明确说明，以保证数据资产的透明度和可追溯性。

依据我国法律法规的明确规定，数据资产登记主体有权依法依规享有数据资产相关权益，并有责任对数据资产的产权归属情况进行详细登记。相关情形总结如下。

- 数据资产登记主体在生产经营活动中，通过自身的努力和智慧，自主生产、采集并持有数据资源。在这种情况下，数据资源成为该主体的重要资产，应当得到合法保护。
- 数据资产登记主体在相关法律法规的规定下持有数据资源。这意味着，在特定的法律法规框架内，数据资源得到了合法认可，数据登记主体有权对数据资源进行管理和使用。
- 数据资产登记主体需在原始数据持有主体授权同意的情况下持有数据资源。在此情况下，数据资产的转让或使用都需获得原始数据持有主体的明确授权，以确保数据资源的合法性和合规性。

❏ 数据资产登记主体通过数据资源的转让获取数据资源。在这种情况下，数据资产的转让应当遵循我国法律法规的规定，确保合法性和有效持有。

除上述情况外，还有法律法规等规定的其他情形。这些情形可能涉及数据资产的特殊处理和保护，需要根据具体的法律法规进行操作。

总体来说，数据资产登记主体应全面了解法律法规并依法依规享有数据资产相关权益，并严格按照我国法律法规的要求，对数据资产的产权归属情况进行详细登记，以确保数据资产的合法性和合规性。

6.3.4　数据资产登记凭证

数据资产登记凭证在数据资产化过程中发挥着重要作用，涵盖了数据产品交易、数据资产增信、数据资产质押融资、数据资产保理以及数据资产信托等多个领域。具体而言，在数据产品交易环节，该凭证扮演着合规证明、权属证明及流转记载等多重角色，确保了交易的合法性与透明性。而在数据资产入表、质押融资及抵押贷款等金融活动中，数据资产登记凭证作为数据资源价值证明及权属证明的核心依据，为金融机构及相关方提供权威、可靠的数据资产评估与风险管理基础。

6.3.5　数据资产登记效力

数据资产登记可以按照登记效力的不同进行划分，如图 6-3 所示。初始登记旨在确立数据资产的初始权属状况；许可登记用于记录数据资产使用权的授权情况；转让登记涉及数据资产权益的转移记录；变更登记是在数据资产的某些关键信息发生变化时进行的登记；注销登记标志着数据资产在法律或管理层面处于终止状态。这些登记类型覆盖了数据资产管理的各个重要环节，确保了数据资产权属的清晰性和管理的规范性。

1. 初始登记

初始登记是指数据资产首次登记，旨在确定数据资产的持有权及合法性。这是数据资产进入正式管理体系的第一步，确保数据资产在法律上受到保护。

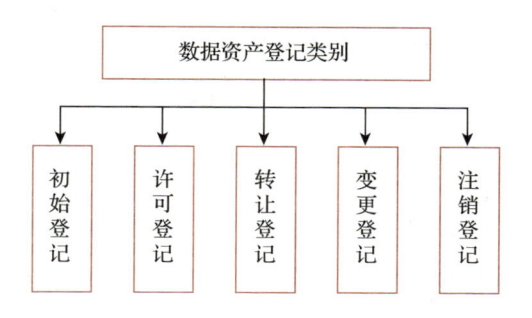

图 6-3　数据资产登记分类

初始登记包括数据资源初始登记和数据产品初始登记。通过初始登记，登记主体可获得登记证书。数据资源初始登记是指登记申请人对数据资源的首次登记，记录数据资源持有、加工使用等权益归属及相关情况。数据产品初始登记是指登记申请人对数据产品的首次登记。

在申请初始登记时，登记申请人通常需要准备一系列必要材料，以确保登记过程顺利。这些材料包括但不限于以下几类。

- 对于数据资源的初始登记，申请人需要提供一份详细的数据资源基本信息表。该表格中包含的数据信息非常关键，例如数据的来源、数据的总量规模、数据所涉及的行业领域、数据的覆盖区域以及数据所跨越的时间范围等。这些信息对于数据资源的管理与后续使用都具有重要的指导意义。
- 若所申请的是数据产品的初始登记，则应提交数据产品基本信息表。该表格应重点说明数据产品所属的行业、影响的地理范围、来源以及获取方式等信息。此外，对于数据产品的初始登记，我们还应提供数据产品的类型、数据的加工处理方式等相关信息，以便更明确地了解数据产品的性质和用途。
- 登记申请人需要提供数据来源的佐证材料，以及证明数据真实性和合法性的相关材料。这些材料是确保数据登记准确性和合规性的关键，也是数据产权保护的重要依据。
- 登记申请人需提供身份证明材料，以验证身份信息，确保登记行为的有效性和申请人的合法权益得到保障。

❑ 登记申请人还需根据数据产权登记机构的具体要求，提供其他可能需要的材料。这些材料因不同机构的具体规定有所不同，目的是全面而准确地记录和保护数据产权。

综上所述，初始登记的申请人应在充分了解和把握所需材料的基础上，严格按照相关规定准备并提交材料，确保数据资产的合法合规登记。

2. 许可登记

各类市场主体为了开展合法的经营活动，常常需要获取对已登记数据的加工和使用权限。这些权限可以通过交易、签订协议授权等多种方式获得。一旦市场主体依照法律法规，通过这些方式获得了数据的合法使用权，它们就可以向负责数据产权登记的官方机构提出许可登记申请。

许可登记的目的是确认和保护数据加工和使用权的合法性，确保数据资源在授权范围内被合理利用。通过这一过程，登记主体能够获得一份官方许可凭证，这份凭证不仅是其权益受法律保护的标志，也为数据的合法使用提供了明确依据。

为了完成一次有效的许可登记申请，登记主体需要向数据产权登记机构提交一系列必要材料。这些材料包括但不限于以下内容。

❑ 一份详尽的许可信息表应明确包含以下内容：许可人的基本信息、被许可人的详细资料、许可使用的具体权益、加工和使用的许可方式、数据保密要求、使用数据时需遵守的限制条件，以及许可的有效期限等。

❑ 流通记录的相关文件，以及证明这些记录真实性和合法性的材料。这些材料需要证明数据流通的每一个环节都符合国家法律法规，未侵犯任何法律。

❑ 登记主体的身份证明材料，以证明其申请资格，确保申请行为合法有效。

❑ 数据产权登记机构根据实际情况，可能还会要求提供一些补充材料，以确保申请材料的完整性，便于对申请情况进行全面审查。

总之，许可登记是保障数据产权、促进数据资源合法利用的重要环节。市场主体应当依法依规进行登记申请，确保数据加工和使用的正当权益得到充分的法律保护。

3. 转让登记

当数据资产的登记主体发生变更时，新的权益主体有权向负责数据资产登记的机构提出转让登记申请。通过这一转让登记过程，新的登记主体能够获得相应的登记证书。在申请转让登记时，登记申请人需要提供以下材料。

- ❏ 转让信息表。该表格需详细列出转让人的信息、接受转让的一方（即被转让人）、转让的具体权益内容、转让方式、相关的保密要求等信息。
- ❏ 原始登记证书。该证书作为数据资产持有或转移的法律凭证。
- ❏ 被转让人的身份证明材料。该材料用于证明其身份的合法性。
- ❏ 转让合同及证明其真实性和合法性的相关材料。
- ❏ 根据数据资产登记机构的具体要求，提供其他可能需要的相关资料。

以上各项材料都需要详尽完备，以确保数据资产转让登记的合法性和有效性。新的数据资产登记主体在获得登记证书后，便拥有该数据资产的合法持有权或所有权，可以合法地使用和处置该数据资产。这一过程也是保护数据资产持有者或所有者权益，维护数据资产交易秩序的重要手段。

4. 变更登记

当已注册的信息发生变动或需对原登记内容进行更正时，相关登记主体有责任及时以书面形式向数据资产登记机构提出变更申请。通过这一正式变更程序，登记主体能够更新其注册证书或许可证。

为了完成变更登记流程，登记主体需要提供以下文件和材料。

- ❏ 详细说明变更具体内容的证明文件，以确保变更的合法性和准确性。
- ❏ 原先获取的注册证书或许可证的副本，以便数据资产登记机构对照原证进行更新。

除上述材料之外，数据资产登记机构可能会根据具体情况要求提供其他补充材料，以确保登记信息的完整性和准确性。

这一系列要求旨在维护数据资产登记的权威性和可靠性，确保每一项数据资产都能被准确无误地记录和认证。登记主体需要积极配合，确保所有信息及时更新，以反映最新的资产状态。这不仅有助于数据资产的有效管理，也为相关权益的保护提供法律依据。

5. 注销登记

在数据资产的管理过程中，登记主体（即数据的拥有者或管理者）拥有向专业的数据资产登记机构提出注销登记的权利。这种权利的行使通常是在一些特定情形下进行的。这些情形要求登记主体必须主动提出注销登记的申请。具体来说，这些情形包括以下几种。

首先，如果数据本身因某些因素不复存在，例如数据被彻底删除或损坏，无法恢复到可用状态，那么登记主体就需要申请注销登记。数据的灭失可能是由于技术问题，如硬件故障，或人为原因，如故意删除。这种情况都意味着数据不再存在，因此需要注销登记。

其次，如果登记主体决定放弃某项数据资产所拥有的相关权益，那么也需要进行注销登记。这可能是因为登记主体不再关注这些数据，或者认为这些数据不再具有价值，因此选择放弃。放弃的权益可以是完全的，也可以是部分的，但无论哪种情况，都需要进行注销登记。

最后，法律法规可能会规定一些其他情形，要求登记主体进行注销登记。这些情形可能是新出台的法律规定，也可能是原有法律规定的更新或变化。

在某些特殊情况下，例如人民法院或仲裁委员会发布的生效法律文书，可能导致原权利主体对某些数据资产的权利消失。在这种情况下，新的权利主体需要办理注销或转让登记，以确保权益的合法转移。如果没有新的权利主体取代原权利主体，数据资产登记机构有责任对相关数据资产的登记进行注销，以确保数据资产的权属关系清晰，避免因权属不明确而引发法律风险。此类机制有助于维护数据资产交易市场的秩序，保护数据资产持有者的合法权益。

6.3.6　数据资产登记流程

数据资产登记流程可概括为：数据资产登记机构受理登记主体的登记申请后，依据登记主体提供的数据描述、数据样例与其他相关支撑材料，开展数据资产审核，在审核后给出审核意见，对通过审核的数据资产颁发数据资产凭证，如图6-4所示。

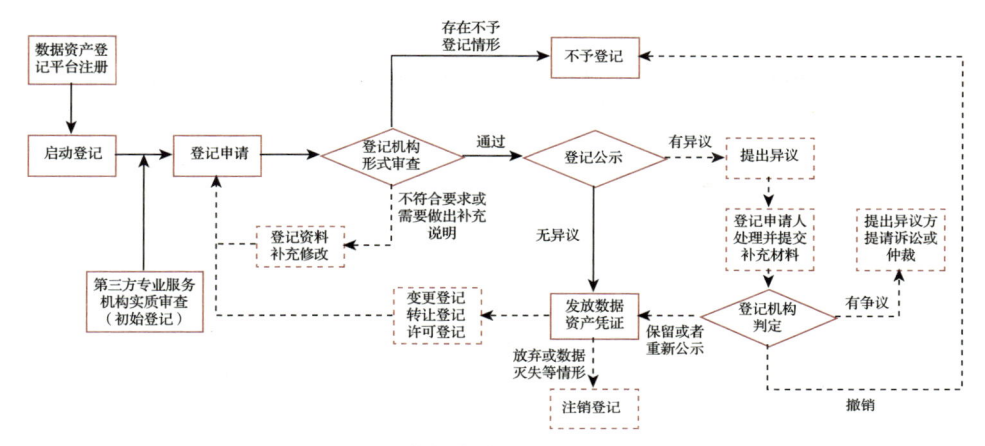

图 6-4　数据资产登记流程示意图

1. 登记申请

登记申请是数据资产登记流程的起点。在这一阶段，登记主体需要准备并提交相关材料，以证明其数据资产的合法性及持有权益。登记主体通常包括个人、企业、研究机构或政府部门等。

登记主体的基本信息包括姓名（单位名称）、联系方式及地址等。数据资产相关描述文件用于详细说明数据资产的种类、来源、用途、存储方式等。所有权证明材料是指提供能够证明数据资产所有权的文件，如合同、协议、购买发票、权属证明等。其他相关支持文件包括数据采集过程记录、数据处理和分析报告、相关法律法规的合规证明等。

登记主体应将准备好的材料提交至指定的登记机构，提交方式可以是线上提交、线下邮寄或当面递交，登记主体应保留好提交凭证，以备后续查询和跟进。

2. 登记受理

在申请提交后，登记机构将对申请进行初步审查，以确认是否符合受理条件。此阶段的目的是确保申请材料齐全、基本信息真实有效，从而为后续的形式审查和实质审查做好准备。登记机构收到申请材料后，将对材料进行接收登记，通常会向登记主体出具材料接收凭证，注明接收日期和受理编号。

登记机构对申请材料进行初步审核，主要检查以下内容：材料齐全性，即核查申请材料是否齐全，是否包括所有必要的文件和证明；基本信息有效性，即核对登记主体的基本信息，确保信息真实有效；材料形式，即核查提交材料的形式是否符合要求。

初步审核通过后，登记机构将向登记主体发出受理通知，告知申请已进入正式受理流程。如果材料不齐全或信息不准确，登记机构将通知登记主体补充或修改，并告知具体的补正期限。

3. 形式审查

数据资产登记机构依据制定的相关规定，对登记主体的数据资产登记申请事项进行形式审查。首先，对材料的规范性进行检查，确认提交材料的格式符合要求，并确保信息在逻辑上无矛盾，各项内容相互匹配。其次，进行信息核对，包括核对数据资产的详细描述，确保其内容与实际情况一致；核对数据资产权属证明材料，确保所提供的文件能够真实反映数据资产的归属情况；核对相关支持文件，确保这些文件能够有效补充和佐证数据资产的描述及权属证明。最后，在形式审查完成后，登记机构将出具形式审查意见。形式审查通过的，将进入下一步的实质审查；如果未通过，登记机构将向登记主体说明理由，并要求登记主体进行补正或重新提交。

4. 实质审查

实质审查是数据资产登记过程中最关键的阶段，由第三方专业服务机构进行，旨在全面审查数据资产的合法性、真实性及使用合规性。这一阶段需要登记主体提供更为详细的信息和证明材料，以确保数据资产登记的合法性和可靠性。

- ❏ 数据资产合法性审查。数据资产来源合法性：审查数据资产的来源是否合法。权属合法性：审核数据资产的权属是否有合法依据，持有的证明文件是否真实有效。
- ❏ 数据资产真实性审查。数据真实性：审查登记主体提供的能够证明数据资产真实性的文件和材料，如数据采集过程记录、原始数据文件等。数据质量：审查数据资产的质量，包括数据的完整性、准确性和一致性。
- ❏ 数据资产使用合规性审查：审查数据资产的使用目的，确保数据资产的使用符合申请者所述的用途。审查数据资产的使用权限，确保数据资产的使用不侵犯他人的合法权益。审查数据资产的使用是否符合法律法规要求，特别是涉及个人隐私保护和数据安全的相关规定。

实质审查完成后，登记机构将出具实质审查结果报告。如果审查通过，登记机构将进入下一步的登记公示；如果审查未通过，登记机构将向登记主体说明理由，并要求登记主体补正或重新提交。

5. 登记公示

实质审查通过后，登记信息将在规定媒介上公示，公开接受社会监督。公示的目的是确保数据资产登记的透明度，并接受社会各界的监督和反馈。登记机构将选择适当的公示媒介进行信息公示，通常包括官方网站、政府公告栏、相关行业协会网站等。公示时间一般为7至30天，具体时间由登记机构确定。

在公示期间，任何个人或单位如果对公示内容有异议，可向登记机构提出。登记机构将对异议进行审核，并在规定时间内给出处理结果。如果异议成立，登记机构将暂停登记流程，并要求登记主体进行进一步补正或说明。公示期满且无异议，或异议处理完毕，登记机构将进入登记凭证发放阶段。公示结束的结果将通过官方网站或其他适当的方式通知登记主体。

6. 发放凭证

公示期满且无异议后，登记机构将正式发放数据资产登记凭证。登记凭证是数据资产权属的法律证明，具有法律效力。

凭证内容可以包括：登记编号，由登记机构颁发的唯一编号，作为数据资产的唯一标识；登记主体基本信息，包括登记主体的姓名（单位名称）及联系方式等；数据资产基本信息，包括数据资产的名称、种类、来源、用途等；登记日期，即登记凭证的发放日期。

在数据资产的交易、转让或使用过程中，登记凭证将作为重要的法律依据。在数据资产发生重大变更时，如权属转让、用途变更等，登记主体需及时向登记机构申请凭证更新。登记机构将根据实际情况进行审查，并发放更新后的登记凭证。

6.4 数据资产登记面临的问题

目前，关于数据产权登记的内涵尚未形成一致理解。从登记的目标导向、产权对象的界定以及登记的强制性要求来看，各种探索和实践存在明显差异。这种差异反映了不同地区和行业对数据产权的不同看法和需求，在一定程度上使数据资产登记的实施面临挑战。为推动数据产权登记的有效实施，我们需要进一步制定统一的标准和框架，从而为数据资产的保护和管理提供坚实的基础。

6.4.1 过度登记现象较为突出

数据产权登记的目标导向多样化。各地数据资产登记的业务范畴以产权确认为主（即围绕一宗数据的相关权益进行确认），还包含少量许可登记的业务内容。北京市、天津市、深圳市设立了许可登记，安徽省明确许可登记旨在帮助已登记的数据资产持有人开展授权许可，即赋予被许可人数据加工使用、数据产品经营等权利。

登记一般具有行政登记的含义，指行政机关为实现一定的行政管理目的，根据法律、法规、规章的有关规定，依相对人申请，对符合法定条件的、涉及相对人人身权、财产权等方面的法律事实予以书面记载的行为，包含行政许可（特许、许可、认可、核准与登记）和行政确认（事实行为确认、法律行为确认）。各地在探索过程中存在以下 3 方面问题。

一是登记对象不明确，各地政策明确要求对数据资产、数据产权、数据要素、数据产品、数据知识产权等多种形式的数据进行登记。除了对知识产权的概念认知相对比较统一外，对其他类型登记对象的认知尚未统一。

二是登记过度现象突出，大部分地区开展数据登记属于行政确认的范畴，部分地区在登记中明确了数据加工使用以及数据产品经营等许可活动，均属于登记的范畴。但是，个别地区将算力资源也纳入行政登记范畴，明显超出了行政登记的范围，严重浪费行政资源。

三是登记目的的体系性不强，数据的确认性登记与数据许可性登记之间的关联性不足。例如，在实际操作中，确认性登记是否包含许可性登记的权利尚不明确，在未进行确认性登记的情况下是否可以进行许可性登记也不明确，即在面对无确认、无许可情形下的登记，其可操作性存疑。

6.4.2 数据产权登记的权威性有待提升

传统产权登记发展相对成熟，而数据资产登记起步较晚，现阶段以自愿登记为主要方式。由于数据产权登记缺乏上位法律支撑，强制登记的依据不足，大部分地区明确了"自愿"原则，鼓励开展数据产权登记。部分地区则对特定场景下的数据产权登记提出要求，例如，广东省明确规定在进场交易前应当开展数据资产登记，海南省则要求利用海南省数据产品超市所提供的数据资源形成的数据产品需进行登记。综上所述，数据产权登记的概念目前尚未形成共识，各领域仍处于探索阶段。

数据产权登记对各类市场主体具有深远影响。它明确界定了数据权利的法律关系，在特定权利类别与产权主体、客体之间建立了清晰的权属界限，并确立了数据权利保护模式。这一举措能够标注数据资源和数据产品的基本信息及其权利归属，为市场流通提供具备法律效力的凭据，有效降低信息获取成本，增强交易双方的互信。同时，它有助于推动数据要素统计、会计核算等工作的有序进行，为构建全国统一的数据要素大市场奠定坚实基础。

然而，在当前的登记活动中，存在一系列问题。首先，非正式数据产权登记乱象频发，部分不具备行政职能的企业和组织开展登记活动，其登记效力存疑，给市场活动带来一定风险。若不及时监管和治理，此类行为可能对正式登记活动造成不良影响。其次，多口径登记导致的效力不一致问题亟待解决。当前，数据产权登记活动涉及多个部门，各部门之间的登记口径和审核标准存在差异，交叉登记现象严重，这不仅增加了登记权证使用的复杂性，还可能引发冲突，增加社会成本，损害公信力。最后，数据登记上位法的缺失也是一大障碍。作为行政职能的一部分，数据产权登记应有明确的法律依据。然而，目前上位文件的欠缺导致数据产权登记的内涵、效力等方面仍不完善，不利于产业的健康发展。

综上所述，数据产权登记是一项复杂而系统的工程，需要从法律、经济、效率、必要性、效力等多个维度综合考虑。我们应聚焦数据产权登记的目标和愿景，从数据的基本属性出发，围绕其特点、权益及衍生权益推进相关工作。只有这样，才能确保数据产权登记工作的顺利开展，为数据要素市场的繁荣发展提供有力保障。

6.5 数据资产登记的发展建议

6.5.1 加强相关法律法规建设

充分借鉴土地、金融、人力资源等要素领域的体制机制，将焦点定位于数据资源的关键环节。在此基础上，推动数据资源法规制度建设，建立健全数据资源的基本制度体系。同时，推进数据领域权责的统筹规划与明确界定，为数据资产登记工作的开展奠定坚实的法规制度基础。

一是明确数据产权运行机制。在现有法律、政策的基础上，探索明确数据资源持有权、数据加工使用权、数据产品经营权等相关权利内涵，做到数据要素运行各环节权益平衡，以主要数据资源产权运行逻辑不断完善数据资源产权运行机制。

二是加强数据资源利用规划。建立数据资源普查制度，在国家层面定期对各领域数据资源进行普查，并开展数据资源登记建档；探索数据用途管理制度，将数据用途划分为政务用数、公益用数及商业用数等，严格限制政务用数和公益用数转为商业用数，对商业用数实行登记制度，确保商业用数合规流通与利用。

三是加强数据领域体制建设。明确国家数据局作为数据行业主管部门的地位，统筹数据资源管理与数据开发利用监督工作，加强网信、市场监管等行业主管部门间的协同与分工，推进数据资源管理。

6.5.2 完善数据治理社会保障服务体系

为不断深化企业信息化进程，推进上云、用数、赋智，营造数据发展的优质环境，将强化数据治理工作的指导力度，促进企业应用系统数据的有效转化，使其成为宝贵的数据资源。在此基础上，以标准为引领，推动数据资源的标准化进程，确保数据的规范性和可用性。

一是深化上云用数赋智行动。进一步降低政企上云用数赋智成本，推动数字技术普惠化发展；加强全民数字素养，通过培训、科普等多种途径提升企业用数、御数能力；加大财政扶持力度，支持困难企业主体利用数字技术降本增效。

二是加强数据治理工作指导。加强数据治理相关标准的研制以及贯标力度，打造全国一体化的数据治理标准化体系，推动数据资源标准化；制定数据治理工作准则，深化数据治理，开展体系化的数据治理辅导工作；提升企事业单位的数据治理意识，鼓励企事业单位对业务数据、模型等数据要素进行回收和积累。

三是加强数据治理社会服务。打造数据治理社会服务体系，择机组建数据治理协会，强化治理咨询、治理服务、治理评价等全链条的数据治理服务体系；支持数据治理第三方服务机构规范发展，探索建立普遍认可的数据治理服务标准，为数据资源的形成创造条件。

6.5.3 推进数据产权登记统筹建设

遵循"统一、自愿、必要、高效"等核心原则，数据资产登记体系的设计方案旨在构建一个既系统化又层次分明的数据资产登记体系，并在此基础上规范现有地区的数据资产登记。

一是探索层次化的数据产权登记体系。面向各类数据产权形式，根据现有产权保护体系，开展数据产权登记体系建设；推进数据资源登记，针对商用领域的数据资源，明确数据资源主体授权、持有权利、加工使用权利等，为数据资源开发利用创造条件；推进数据产品登记，衔接数据资源与知识产权等登记活动，将数据资源及其凝结的智力与劳动成果合并保护，明确数据产品的各类要素投入情况；推动商业数据及产品流通交易合同备案，开展合同要件形式审查，完善数据资源授权使用的监管闭环。

二是建立一体化的产权运行体系。围绕全国统一大市场构建的愿景，搭建体系化的数据产权登记体系，明确各类数据产权登记、各级产权登记服务中心、产权登记公示网络的物理及逻辑关系；理清数据流通体系与数据产权登记体系间的联动关系，处理好监管体系与登记、流通体系的联动关系，明确各类场景下数据活动与产权运行机制的映射关系，实现一体化的数据产权运行。

三是开展有指导的分类试点工作。加强数据产权登记试点工作的指导，在方向尚不明朗的情况下，加强组织研判，明确数据产权登记试点活动的主要原则与方向，在监管前提下推动试点工作；汇聚社会力量，尊重数据领域发展的客观规律，分类分期开展数据产权登记品类试点工作，逐步推动数据产权登记工作走向成熟。

6.6 本章小结

传统产权登记是指登记机关依法对登记人所涉财产权的取得、变更、转让、消灭等核心事实进行详尽记载，旨在明确并保障产权的法律行为。相比之下，数据资产登记所面向的对象显著区别于传统不动产或动产财产权，这是由于数据产权制度与传统产权制度存在本质差异，且前者尚处于不断探索与完善之中。现阶段，数据资产登记是一种重要的管理手段，能够确保数据在使用过程中的合规性，避免数据滥用和泄露等风险。通过对数据资产进行详细登记，可以确保数据的使用符合相关法律法规和内部规定，从而保护企业和个人的利益。数据资产登记在确保数据合规性、提升数据价值认知以及促进企业管理升级等方面发挥着重要作用。企业应高度重视数据资产登记工作，不断完善相关制度和技术手段，以实现对数据资产的有效管理和利用。在此基础上，企业可以更好地发挥数据的价值，为其持续发展提供有力支持。

第7章 数据资产入表

随着数据要素的流通和使用不断发展，数据能否作为资产计入资产负债表成为影响数据资产化进程的关键问题。2023年8月1日，财政部印发了《企业数据资源相关会计处理暂行规定》（以下简称《暂行规定》），并已于2024年1月1日施行，这标志着我国正式进入"数据资产入表元年"。结合最新政策文件和实践进展，本章将深入剖析数据资产入表的概念、意义、框架、步骤和现状，力求完整、详细地介绍数据资产入表的相关知识。通过对入表条件、步骤与影响的梳理，可以看出数据资产入表在数据资产化背景下所体现的丰富内涵及其在企业数字化转型中的重要作用。诚然，目前关于数据资产入表仍存在一系列不同的观点。我们希望借助入表的整体性框架，阐明这一体系的现实背景与实际意义，重点探讨如何做好数据资产入表，推动数据资产化向纵深发展。

7.1 数据资产入表的概念

数据资产入表是对与数据资源相关的经济活动进行会计处理，使相关会计信息恰当反映在财务报表中的行为。从字面含义来看，数据资产入表主要指"将企业的数据资产在资产负债表中列报"这一结果，但企业无法孤立地完成资产列报，实际上需要针对数据资源相关交易与事项开展包括确认、计量、记录和报告在内的一系列会计处理，并在数据资产存续期间持续核算。在此过程中，企业不仅需要处理能被确认为资产的数据资源，还需应对数据资源不能被确认为资产的情形，同时考虑如何处理除资产以外的其他会计要素，如收入、费用等。因此，数据资产入表面临的一个误区是"只需在报表中列示数据资产的金额即可"。

鉴于此，财政部在制度性文件中采用了"企业数据资源相关会计处理"的严谨表述，并指明《暂行规定》的适用范围不仅包括"企业按照《企业会计准则》相关规定确认为无形资产或存货等资产类别的数据资源"，还包括"企业合法拥有或控制的、预期会给企业带来经济利益但因不满足《企业会计准则》相关资产确认条件而未确认为资产的数据资源的相关会计处理"。由此可见，《暂行规定》构建了数据资源相关会计处理的完整框架，相关会计处理关注的是数据资源相关交易和事项在会计上的处理方法，正确认识这些交易和事项成为入表实践的起点。

数据资源相关交易和事项本质上是在数据资产化的大背景下形成的新型经济活动，或是对相关经济活动的新认识。"数据资产入表"这一表述侧重于在数据资产化的大背景下，对数据资产化的成果进行会计核算，从而在财务报表中反映数据资产管理和运营的财务成果。因此，数据资产入表常常被视为数据资产价值化的闭环之举。而在会计处理的框架下，"数据资产"专指按照《企业会计准则》相关规定能够确认为资产的数据资源，通常被认为是入表所导致的结果，因此不少学术观点认为采用"数据资源入表"的表述更为恰当。

关于入表对象的不同表述，要求我们进一步对"数据资产化""数据资产价值化""数据资产入表"等概念进行辨析，如表7-1所示。可以看出，将"数据资产入表"理解为**数据资产化引发的入表**更为合适，既能体现这一问题的来源，又能反映实际操作中涉及的多重情境。经过语义上的扩展，"数据资产入表"更容易与"数据资源会计处理"在内涵上达成统一，即都考虑到入表所涉及的不同情形和会计要素。由此也说明适当扩展"数据资产入表"含义的必要性。

表 7-1 数据资产化、数据资产价值化、数据资产入表的概念比较

概念	数据资产化	数据资产价值化	数据资产入表
定义	将数据作为重要资产进行管理和运营，以实现其价值的过程	通过分析和应用数据，转化为经济价值和社会价值的过程	将数据资产化相关经济活动按照《企业会计准则》呈现在财务报表中的过程
侧重点	数据的管理和规范化处理	数据的利用和价值实现	相关经济活动的会计处理
目标	确保数据的可管理性、可控性和可计量性	提升数据对企业的经济贡献和战略支持	提高财务报表的准确性和透明度，满足报表使用者需求
关系	数据资产化包含数据资产价值化 数据资产入表是对数据资产化所涉及经济活动的记录		

为了厘清数据资产入表的整体框架，本章将在下一节的分析中突出数据资产化的视角，勾勒数据资产入表的现实意义，进一步讨论数据资产入表的规范要求和完整链路。为梳理数据资产入表的具体步骤，本章将在后续的讨论中强调会计处理的思路，阐述数据资源在财务报表中列报为资产的具体步骤，以尽量实现概念使用上的前后统一。

7.2 数据资产入表的意义

数据资产入表引发了广泛关注，深入剖析其现实意义有助于掌握入表的核心意图，推动其取得关键成效。首先，数据资产入表能够统筹数据资产化全过程的资源分配与业务流程，明确数据资产化的经济目标与财务影响，为相关经济活动提供统一规范的会计处理方式，从而推动数据资产管理体系的完善。其次，通过数据资产入表，企业能够更加精准地掌握数据资源的经济价值，进一步支持数据产业链的规模化、专业化发展，并借助数据资产化推动服务转型升级，助力数字经济的发展壮大。此外，数据资产入表为优化数据资产价值版图提供了基础。针对数据资产的会计核算，有助于进一步厘清其纳入国民经济核

算的原则与方法，展现数据资产在经济体系中如何被生成、分配、整合和优化的全貌。因此，数据资产入表不仅是数据资产化的重要里程碑，更是构建数据要素价值体系的重要支撑点，为经济社会的数字化转型注入强大动力。

7.2.1 统筹数据资产化进程

数据资产入表的核心意义在于为数据资产化提供系统性支持和全流程管理规范。首先，数据资产入表需要准确把握数据资产化的关键节点，包括数据资产入表的时间点与确认条件，以及更新处置的时间点与处理方法，还需对数据资产全生命周期的价值变动进行计量，以确定初始计量金额、后续计量的摊销与减值金额等。通过设定数据资产化的会计程序，企业能够有效统筹数据资产化中的业务流程和资源分配，全面掌握数据资源从采集、清洗、存储到应用的经济意图和财务影响。这种全局视角为数据资产化提供清晰的财务导向和系统性支持。通过入表，企业可以更全面地识别和评估数据资产，优化资源配置并提高数据使用效率。因此，数据资产入表对完善数据资产管理体系具有重要推动作用。

其次，数据资产入表为数据资产化各项经济活动提供了统一的会计处理规范，从而降低了数据资产估值和交易中的随意性与不确定性。经过《企业会计准则》的明确指引，企业可以更科学地进行数据资产的信息披露。这不仅提升了数据资产化的透明度，也为外部利益相关者（如投资者、监管机构）提供了可靠的参考依据，有助于降低数据要素市场中的信息不对称。统一的入表框架还为行业间的数据流通提供了更加明确的价值基础，促进了数据资源的高效流通与配置，推动数据要素市场的健康发展。

总体来看，数据资产入表不仅是会计领域的技术创新，更是推动企业战略升级的重要抓手，体现了企业对数据资产化全流程的把控与统筹能力。

7.2.2 支持数据产业做强做大

数据资产入表进一步推动了数据产业链的规模化与专业化发展。在入表过程中，数据资源需要经过确认、登记、合规评估、经济利益分析、成本归集与分摊等多个环节，促进了上下游企业在数据治理、分析工具、管理方法等方面的协同创新。数据资产入表的顺利开展，离不开数据资产化服务领域的标准化、专业化和规范化。随着入表实践的普及，数据资产化服务领域将涌现出更多细分市场，包括数据资产合规评估、数据资产入表咨询、数据资产审计服务、信息系统鉴证服务等。这些新服务的发展为传统服务业转型升级带来重要契机，不仅直接支持数据资产化的技术需求，还为数据的交易、管理和保护提供了更专业的解决方案。

此外，数据资产入表有助于提升企业的资本吸引力，特别是在数据密集型产业中，数据资产入表将直接影响企业的估值和融资能力。数据资产入表能够扩大企业的资产规模，提升盈利水平，从而改善企业在资本市场中的估值。数据资产入表还能够向资本市场传递企业在数据资产管理和利用方面的能力。对于数据要素型企业来说，数据资产的有效管理和利用往往是其核心竞争力所在，数据资产入表为其提供了一个全新的估值标准，有助于吸引更多投资者的关注。对于数据初创型企业来说，数据资产入表能够为风险投资者和私募股权投资者提供更加清晰的投资参考依据，同时为数据初创型企业争取政策和资金支持提供便利。

综上所述，数据资产入表对于支持数据产业做强做大具有重要意义。从激活数据要素市场、提升服务创新能力、吸引资本投资到争取政策支持，各个方面相辅相成，共同推动数据产业的蓬勃发展。随着数据资产化进程的深入，数据产业必将在全球数字经济中扮演更加重要的角色，并为各行各业的转型升级提供有力支撑。

7.2.3 优化数据资产价值版图

数据资产入表为优化数据资产价值版图提供了坚实基础。数据资产入表不仅帮助企业系统记录和跟踪数据资产的价值变动规律，还促使企业更加关注数据资产的保值增值问题。一方面，企业可以借助会计处理的流程方法，掌握自身在数据资产形成、管理、变现过程中的投入产出情况；另一方面，通过在财务报表中直接呈现数据资产的变动情况，激励企业在技术创新、产品创新和商业模式创新方面取得更大进展，不断扩展数据资产的价值版图。

数据资产入表的实践有助于明确数据资产纳入国民经济核算的原则与方法，对科学呈现数据资产对经济增长的贡献、推动数据资产在社会层面的有效配置具有重要意义。通过规范的会计核算流程，数据资产的流动性和可交易性得以提升，各行业的数据流通交易具备更明确的法律基础和会计保障，有助于数据资产在国民经济体系中形成系统化、可持续的优化机制。随着数据成为经济活动中不可或缺的重要要素，数据资产入表有助于全面展示数据在经济体系中的生成、分配、整合和优化的全貌。它为数据驱动的创新与决策提供了量化支撑，同时增强了数据资产在资本市场中的可见度，从而推动企业、行业乃至国家在数据经济中占据更加有利的地位。

总体而言，数据资产入表在优化数据资产价值版图的过程中具有深远意义。它通过揭示数据资源相关交易或事项所带来的财务影响，承担了数据要素价值体系的毛细血管作用，既有效刻画了数据资产化在微观层面的价值流动，又搭建起数据资产化微观操作与数据要素宏观发展之间的价值桥梁。

7.3 数据资产入表的前提条件

7.3.1 明确数据资产入表的规范要求

为了引导有关各方增进对数据资产入表的理解、更好地推动《暂行规定》的贯彻实施，财政部会计司于 2023 年 11 月 27 日至 12 月 3 日举办了《暂行规定》专题线上培训，详细介绍了《暂行规定》的制订背景、主要内容以及实施《暂行规定》需要注意的事项等。2024 年 10 月 31 日，财政部发布了数据资源会计处理实施问答，全面解答了"对于企业内部数据资源研究开发项目的支出，应当如何对其开发阶段有关支出资本化的条件进行判断？"这一关键问题。接下来，我们将基于《暂行规定》及相关实施规范，梳理数据资产入表应明确的重点问题。

1.《暂行规定》的适用范围

根据《企业会计准则》的定义，资产是指企业过去的交易或者事项形成的，由企业拥有或者控制并预期会给企业带来经济利益的资源。同时，符合资产定义的资源还需要同时满足两个条件——与该资源有关的经济利益很可能流入企业、该资源的成本或者价值能够可靠计量。结合资产定义与确认条件两方面要求，企业数据资源可以划分为三大类：确认为资产的数据资源、不符合相关资产确认条件而未确认为资产的数据资源，以及不符合资产定义的数据资源。《暂行规定》中，对于"确认为资产的数据资源"，还需进一步分为确认为无形资产的数据资源和确认为存货的数据资源；对于"不符合相关资产确认条件而未确认为资产的数据资源"，尚需强调企业合法拥有或控制并预期会给企业带来经济利益的条件，即基本满足资产定义，如图 7-1 所示。

	符合无形资产确认条件	符合存货确认条件	不符合资产确认条件
符合资产定义	确认为无形资产的数据资源	确认为存货的数据资源	不符合相关资产确认条件而未确认为资产的数据资源
不符合资产定义	不符合资产定义的数据资源		

图 7-1 《暂行规定》对数据资源的分类方式

那么，在实务中如何判断数据资源是否符合资产定义或确认条件呢？财政部在《暂行规定》专题线上培训中讲解到，数据资源不符合资产定义的情形包括：1) **对相关数据的拥有或控制不具有合法性**。例如，数据获取行为不符合法律法规要求；购买的个人数据来源不正当，未按《个人信息保护法》的相关规定取得个人用户的授权。2) **未实现拥有或控制**。例如，通过开源数据平台免费下载的公开数据集；仅获得与其他会员相同的查询数据库的权利，而非排他性地直接获取该数据库的全部内容。3) **预期不能够或无法确认未来是否能给企业带来经济利益**。例如，购买的原始数据难以与企业的其他资源相结合来支持其经营活动，也无法从中挖掘形成有价值的数据产品以获得经济利益；尚未对数据资源构建清晰的应用场景，无法确认未来是否能够带来经济利益。数据资源不符合资产确认条件的情形包括：**1）不符合"与该资源有关的经济利益很可能流入企业"的资产确认条件**。例如，难以找到数据分析工具的需求方。**2）不符合"该资源的成本能够可靠计量"的资产确认条件**。例如，由于企业内部的数据治理基础相对薄弱，未能对数据资源的清洗整理等成本进行可靠计量。

在具体判断数据资源能否被确认为无形资产或存货时，数据资源的确认条件需要结合相关准则进一步明确。特别是企业内部数据资源研究开发项目在开发阶段的支出，只有在满足资本化条件时才能确认为无形资产。根据《企业会计准则第6号——无形资产》规定的5个资本化条件，财政部在数据资源会计处理实施问答中对数据资源如何适用这些资本化条件进行了全面阐述。

2. 会计处理的适用准则

《暂行规定》指出，"企业应当按照《企业会计准则》相关规定，根据数据资源的持有目的、形成方式、业务模式，以及与数据资源有关的经济利益的预期消耗方式等，对数据资源相关交易和事项进行会计确认、计量和报告。"由于不同业务模式能够体现企业数据资源运用方式和经济业务实质的差异，数据资源业务模式成为数据资产会计处理适用准则选择的重要依据。基于对自身数据资源业务模式的深入剖析，企业能够有效解决通过无形资产准则还是存货准则进行会计处理的关键问题。

财政部在《暂行规定》专题线上培训中提到了3种业务模式，并结合案例对业务模式适用的会计准则进行了讲解，现归纳如表7-2所示。可以看出，适用无形资产准则还是存货准则的主要判断依据在于数据资源在价值实现过程中是否发生控制权的转移，以及企业的日常经营模式。从现实情况来看，多数企业倾向于将数据资源开发为数据产品或服务，供内部使用或提供给外部客户，其间并不会发生数据控制权的转移。因此，这类数据资源在满足资产定义和确认条件的前提下确认为无形资产更为适宜。

表 7-2　企业数据资源业务模式与会计处理适用准则

业务模式	将数据资源与其他的资源相结合使用，从而服务、支持其他的生产经营或管理活动，实现降本增效等目的	运用数据资源为其他的主体提供有关服务		直接交易原始数据或者加工后的数据
		利用相关的数据资源形成其他主体所需要的新数据	利用数据资源和技术提供数据资源相关的专业服务	
提供服务的类型	数据库和数据分析工具，智能推荐算法工具	通过调用数据接口的方式提供数据查询或者验证服务	提供数据采集、清洗、标注等专业服务，或是提供算法模型、搭建平台等数据相关的整体解决方案	直接交易转让有关的数据集、数据包
用途	对内用于企业自身的经营管理	对外向客户提供数据服务		将数据采集加工后出售给客户作为日常经营活动
价值实现中的权属特点	自用	非排他性授予使用权，并不直接转移数据的控制权		将数据资源的控制权转移给需求方
适用准则	无形资产	无形资产		存货
备注	—	若不符合资产的定义和确认条件，数据资源的价值体现在服务收入中，数据资源相关支出应当作为服务成本进行核算		—

3. 会计计量方法

按照《暂行规定》及相关会计准则的要求，我们对数据资源的会计计量方法进行了总结，如表 7-3 所示。初始计量方面，区分数据资源无形资产或存货的形成方式——外购、自行加工或其他方式取得，分别按照相关成本进行初始计量。后续计量方面，对于无形资产，考虑使用寿命的估计、摊销与减值的计提等；对于存货，考虑发出存货的成本结转与存货跌价准备的计提等。处置方面，考虑无形资产在出售或报废时的处理方法，以及存货在出售或毁损时的处理方法。企业在利用数据资源向客户提供服务或出售未确认为资产的数据资源时，还需要按照收入准则确认相关收入。

表 7-3　企业数据资源会计计量方法总结

数据资源	初始计量	后续计量	处置
无形资产	外购：购买价款、相关税费，直接归属于使该项无形资产实现预期用途所需要的数据脱敏、清洗、标注、整合、分析、可视化等加工过程中的有关支出，以及数据权属鉴证、质量评估、登记结算、安全管理等活动发生的相关费用 自行加工：企业内部数据资源研究开发项目的支出，应当区分研究阶段的支出与开发阶段的支出。研究阶段的支出，应当在支出发生时计入当期损益。开发阶段的支出中，满足无形资产准则第九条规定的有关条件的，才能确认为无形资产	1. 使用寿命估计，合理确定摊销方法与残值 2. 按照无形资产准则规定进行摊销，利用数据资源对客户提供服务的，将无形资产的摊销金额计入当期损益或相关资产成本 3. 无形资产的减值，应当按照《企业会计准则第 8 号——资产减值》处理	企业出售无形资产，应当将取得的价款与该无形资产账面价值的差额计入当期损益
存货	外购：购买价款、相关税费、保险费，以及数据权属鉴证、质量评估、登记结算、安全管理等所发生的其他费用可归属于存货采购成本的费用 数据加工：采购成本，数据采集、脱敏、清洗、标注、整合、分析、可视化等活动发生的相关成本和使存货达到目前场所和状态所发生的其他支出	1. 企业应当采用先进先出法、加权平均法或者个别计价法确定发出存货的实际成本 2. 资产负债表日，存货应当按照成本与可变现净值孰低计量。存货成本高于其可变现净值的，应当计提存货跌价准备，计入当期损益	企业出售确认为存货的数据资源，应当按照存货准则将其成本结转为当期损益；同时，企业应当按照收入准则等规定确认相关收入
收入	企业利用数据资源对客户提供服务的，应当按照收入准则等规定确认相关收入，符合有关条件的应当确认合同履约成本 企业出售未确认为资产的数据资源，应当按照收入准则等规定确认相关收入		

4. 列示与披露要求

针对数据资源在财务报告中的呈现方式，《暂行规定》从资产负债表列示和相关披露两方面进行了规范。数据资源在资产负债表中的列示方式如下：在"存货"项目下增设"其中：数据资源"项目，反映资产负债表日确认为存货的数据资源的期末账面价值；在"无形资产"项目下增设"其中：数据资源"项目，反映资产负债表日确认为无形资产的数据资源的期末账面价值；在"开发支出"项目下增设"其中：数据资源"项目，反映资产负债表日正在进行的数据资源研究开发项目中满足资本化条件的支出金额。

相关披露主要指在会计报表附注中披露数据资源相关的会计信息，涉及具体披露格式要求（见表 7-4 和表 7-5）、确认为无形资产的数据资源披露要求、确认为存货的数据资源披露要求，以及其他披露要求。数据资源和存货的披露要求与相关准则的披露要求保持一致。其他披露要求对数据资源评估信息的强制性披露情形进行了界定，即"企业对数据资源进行评估且评估结果对企业财务报表具有重要影响的，应当披露评估依据、信息来源，评估结论成立的假设前提和限制条件，评估方法的选择，各重要参数的来源、分析、比较与测算过程等信息。"数据资源评估信息的强制性披露要求，结合数据资源相关信息的自愿性披露要求，共同完善了报表使用者对数据资源价值水平的理解，并能够与财务报表中的历史成本信息互相补充、交叉验证，增加数据资源相关披露的信息含量与市场反应。

表 7-4　确认为无形资产的数据资源相关披露格式

项目	外购的数据资源无形资产	自行开发的数据资源无形资产	其他方式获得的数据资源无形资产	合计
一、账面原值				
1. 期初余额				
2. 本期增加金额				
其中：购入				
内部研发				
其他增加				
3. 本期减少金额				
其中：处置				
失效且终止确认				
其他减少				
4. 期末余额				
二、累计摊销				
1. 期初余额				
2. 本期增加金额				
3. 本期减少金额				
其中：处置				

（续）

项目	外购的数据资源无形资产	自行开发的数据资源无形资产	其他方式获得的数据资源无形资产	合计
失效且终止确认				
其他减少				
4. 期末余额				
三、减值准备				
1. 期初余额				
2. 本期增加金额				
3. 本期减少金额				
4. 期末余额				
四、账面价值				
1. 期末账面价值				
2. 期初账面价值				

表 7-5 确认为存货的数据资源相关披露格式

项目	外购的数据资源存货	自行加工的数据资源存货	其他方式获得的数据资源存货	合计
一、账面原值				
1. 期初余额				
2. 本期增加金额				
其中：购入				
采集加工				
其他增加				
3. 本期减少金额				
其中：出售				
失效且终止确认				
其他减少				
4. 期末余额				
二、存货跌价准备				
1. 期初余额				
2. 本期增加金额				
3. 本期减少金额				

(续)

项目	外购的数据资源存货	自行加工的数据资源存货	其他方式获得的数据资源存货	合计
其中：转回				
转销				
4. 期末余额				
三、账面价值				
1. 期末账面价值				
2. 期初账面价值				

7.3.2 构建数据资产入表的整体链路

构建数据资产入表的整体链路有助于增进企业对数据资产入表的全面认识，为企业开展数据资产入表做好前期准备，提升数据资产入表实践的成效与质量。从整体链路来看，数据资产入表需要充分、恰当地反映企业数据资产化的进程。特别是，当前数据资源相关的会计处理面临不少复杂和困难的问题，会计人员需要不断加强与数据资源相关的职业判断。其次，数据资产入表需要结合数据资产的全生命周期开展会计处理程序。同时，数据资产入表还应关注后续的会计信息运用，以充分发挥数据资产入表对企业决策的价值。因此，数据资产入表的整体链路涉及塑造会计职业判断、设定会计处理程序、完善会计信息运用等一系列重要问题，如图 7-2 所示。

塑造会计职业判断
会计准则与制度
数据资产化进程
会计处理方法

设定会计处理程序
凭证传递程序
账簿登记程序
编制报表程序等

完善会计信息运用
会计信息披露要求
数据资产化利益相关者

图 7-2 数据资产入表的整体链路

1. 塑造会计职业判断

数据资产入表成功开展的前提是，市场对数据资产入表的价值和方法形成普遍共识。这主要体现在会计准则与相关制度规范的确立上，不仅为数据资源相关会计处理提供了统一的操作指引，也为会计从业人员在面对复杂、不确定的情形时提供了清晰的职业判断依据。与此同时，数据资产入表在业务层面的判断依赖于会计人员对企业数据资产化进程的深入理解。这要求会计人员全面把握数据资产的获取、整合、应用、变现等各环节的特性和价值链条。例如，不同类型的数据资产在权属确认、价值评估和使用场景上存在差异，入表时需要结合具体业务场景进行适配。

基于实际运营情况的职业判断，不仅能够反映企业数据资产的真实状况，还能为企业在战略规划、资源配置和业务创新等方面提供有力支持。总体而言，数据资产入表的推进既依赖制度的完善，也需要企业从业务实践中不断积累经验，二者共同作用，才能推动数据资产入表的规范化和可持续发展。

2. 设定会计处理程序

在数据资产入表中，设定完善的会计处理程序是确保数据资产核算科学性和规范性的核心环节。首先，对于凭证传递程序，应明确数据资产确认、摊销和变动的凭证生成机制，包括对数据采集、加工和授权使用等关键环节的记录，并经过多级审核以保证相关记录的合规性和真实性。企业可引入电子凭证系统，提高凭证传递效率并降低操作风险。其次，对于账簿登记程序，应在企业的总账中设立"数据资源"二级科目，并配套明细账详细记录数据资产的来源、用途、评估价值和使用周期。企业还需建立数据资产定期更新机制，及时反映数据的增值、减值或销毁情况，确保账簿信息的实时性和准确性。

此外，对于编制报表程序，应设计专门的数据资产报表，全面展现数据资产的分类、构成、流动及其对企业财务业绩的影响。同时，在资产负债表中新增列示数据资源项目，并在会计报表附注中增加"确认为无形资产的数据资源"或"确认为存货的数据资源"等内容。最后，为保障会计处理程序的顺利实施，应配套建立完善的内控机制，包括明确岗位职责、设定审批权限和定期进行审计评估，确保数据资产会计核算的可靠性。通过系统化的会计处理程序设定，企业不仅能够实现数据资产的规范化管理，还能推动数据资产在财务体系中真正体现其价值，为企业数字化转型奠定坚实的基础。

3. 完善会计信息运用

会计信息的核心功能之一是为管理层和决策者提供准确、及时的财务数据。在数据资产入表过程中，完善的会计信息能够帮助企业全面理解数据资产的价值，从而为战略决策提供科学依据。例如，企业可以通过分析数据资产的收益情况、市场价值及使用效率，及时调整数据管理策略，实现资源的优化配置。此外，透明的会计信息还能够为企业提供关于数据资产的绩效评估，帮助管理层识别潜在风险和机会，从而制定更有效的经营策略。这样不仅提升了企业的决策质量，还为企业在快速变化的市场环境中保持竞争优势奠定了基础。

数据资产入表涉及多方利益相关者，包括企业内部管理层、投资者、客户、供应商及监管机构等。各利益相关者对数据资产的认知、评价及期待各不相同，这要求企业提供全面、准确的会计信息，以满足不同利益相关者的需求。例如，投资者通常关注企业的财务健康与投资回报，他们需要清晰的会计信息来判断企业的数据资产是否能够带来持续的经济利益。客户和供应商则更关注企业在数据资产方面的管理能力，这直接关系到产品和服务的质量。监管机构则要求企业在会计信息披露方面遵循法律法规，以维护市场的公平性和透明度。

在这一背景下，企业通过完善会计信息运用，能够有效满足各利益相关者的需求。例如，企业可以定期发布有关数据资产的绩效报告，说明数据资源的管理和运营状况，提升透明度，增强各方对企业的信任。此外，通过建立互动机制，企业可以收集利益相关者的反馈，及时调整数据资产管理策略，以实现各方利益的平衡与协调。

7.4 数据资产入表的步骤

在数字经济时代，数据作为一种重要资产，越来越多地被纳入企业的财务报表中。根据《暂行规定》，企业在进行数据资产入表时，需要遵循一系列具体步骤。我们在之前的章节已经讨论了如何开展数据资产确认和登记，这也是数据资产入表的前置环节。基于数据资产入表的价值刻画目标，本节将从梳理数据资源价值链、成本归集与分摊、开展会计处理、列示与披露几方面，探讨数据资产入表的具体步骤，如图 7-3 所示。

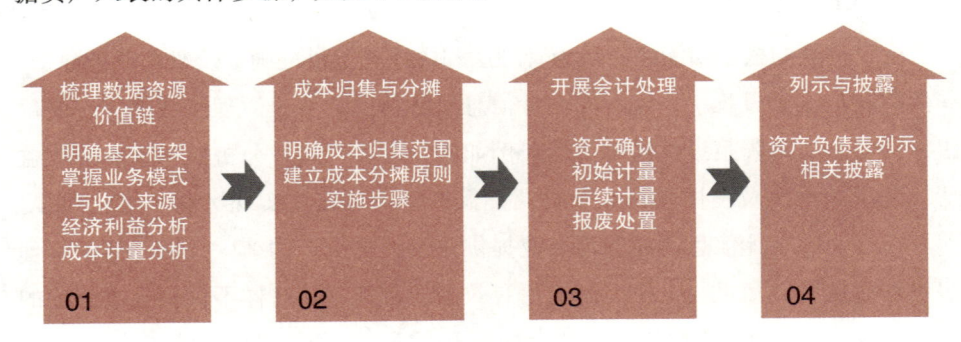

```
┌─────────────┐      ┌─────────────┐      ┌─────────────┐      ┌─────────────┐
│ 梳理数据资源 │      │ 成本归集与分摊│      │ 开展会计处理 │      │  列示与披露  │
│   价值链    │      │             │      │             │      │             │
│ 明确基本框架 │  →   │ 明确成本归集范围│ →  │  资产确认   │  →   │ 资产负债表列示│
│ 掌握业务模式 │      │ 建立成本分摊原则│    │  初始计量   │      │   相关披露   │
│ 与收入来源  │      │  实施步骤    │      │  后续计量   │      │             │
│ 经济利益分析 │      │             │      │  报废处置   │      │             │
│ 成本计量分析 │      │             │      │             │      │             │
│     01      │      │     02      │      │     03      │      │     04      │
└─────────────┘      └─────────────┘      └─────────────┘      └─────────────┘
```

图 7-3　数据资产入表的步骤

7.4.1　梳理数据资源价值链

在数据资产入表过程中，梳理数据资源价值链是关键环节。企业需要结合数据资源价值链，了解数据资源的持有目的、业务模式、形成方式以及与数据资源相关的经济利益的预期消耗方式。这些都与数据资源价值链密切相关，从而为资产入表提供明确的业务流程和价值流转路径。以下是梳理数据资源价值链的步骤和要点。

1. 明确数据资源价值链的基本框架

数据资源价值链由数据的采集、加工、存储、分析、应用和循环再利用组成，涵盖数据生命周期的各个阶段。

- ❏ **数据采集**：包括数据的生成与获取环节，关注数据来源的合法性与质量。
- ❏ **数据加工**：对原始数据进行清洗、整理和标注，提高数据的可用性和准确性。
- ❏ **数据存储**：数据存储技术及其安全性和可访问性是评估此阶段价值的关键。

- **数据分析**：通过分析技术挖掘数据的潜在价值，为决策提供支持。
- **数据应用**：评估数据在业务流程优化、新产品开发和市场洞察等方面的实际价值。
- **数据循环再利用**：关注数据的重复利用和共享增值潜力，尤其是其在数据要素市场中的流通价值。

2. 掌握数据资源的业务模式与收入来源

掌握数据资源的业务模式是分析数据资源相关经济利益的基础，也是判断数据资源适用会计准则的依据。在此过程中，企业还需要厘清利用数据资源获得了哪些收入，以进一步理解数据资源的价值变动规律，为后续摊销和减值的计提打下坚实基础。

根据财政部对《暂行规定》的专题讲解，数据资源业务模式有以下3种：第一种是将数据资源与其他资源相结合使用，从而服务、支持其他生产经营或管理活动，实现降本增效等目的；第二种是运用数据资源为其他主体提供相关服务；第三种是直接交易原始数据或加工后的数据。

企业需要明确各类数据资源在何种应用场景中创造价值，这往往需要结合数据资源所获得的收入的性质来确定数据资源对应的业务模式，以及其在业务模式中的核心角色和功能。根据业务模式，数据资源的直接和间接收入来源包括以下几类。

（1）直接收入

- **数据销售**：如原始数据的交易或定制化数据集的提供所获得的收入。
- **数据服务收费**：包括数据分析服务和API接入费用等。
- **订阅或授权收入**：通过持续提供数据更新、平台访问等服务产生的收入。

（2）间接收入

- **业务优化效益**：数据在提升生产效率、优化流程、降低成本等方面的价值贡献。
- **交叉销售与客户黏性**：通过数据支持实现个性化推荐，提高二次销售和客户终身价值。

❏ **广告和推广收益**：利用数据支持精准广告和市场营销活动。

3. 开展经济利益分析与成本计量分析

接下来，企业可以记录价值链各环节的核心活动及其价值贡献点，如数据清洗的标准化流程、分析模型的优化等。基于关键活动的识别，企业可以归集并分配成本信息到价值链的不同环节，通过计算各环节的投入产出比，核算数据资源对收入来源的贡献比例，明确高价值数据的核心属性，为数据资源的经济利益分析提供依据。

另外，通过识别数据采集、存储、加工和分析等环节的成本属性，可以了解数据资源的成本是否能够被可靠计量。通过系统梳理数据资源的业务模式和收入来源，企业能够更加精准地评估数据资产的商业潜力，为数据资产入表提供依据，同时优化数据驱动的商业布局和战略决策。

7.4.2 成本归集与分摊

在梳理数据资源的确认条件后，企业需要对相关成本信息进行归集和分摊。《暂行规定》列出了数据资源初始计量时的相关成本类型。据此，企业可以按照以下步骤开展数据资源成本归集与分摊。

1. 明确成本归集范围

首先，根据数据资源的适用准则和形成方式，明确所有与初始计量相关的成本类型，包括数据采集成本、存储成本、清洗加工成本、技术支持成本，以及数据安全与合规管理成本等。

然后，区分直接成本与间接成本。

直接成本是指企业在获取数据资源时发生的直接支出，包括数据购买费用、数据清洗和加工费用，以及数据权属鉴证、质量评估、登记结算和安全管理等费用。在收集这些直接成本时，企业应建立详细的成本核算体系，确保每一笔支出有据可依并能够追溯。

除了直接成本外，企业在数据加工过程中可能会产生一些间接成本。这些成本包括人力资源成本、设备折旧费、软件许可费等。企业需要合理分摊这些间接成本，以确保真实反映数据资源的成本。例如，企业在进行数据分析时，使用的数据分析软件的许可费应当合理分摊到相关数据资源的成本中。

数据资产入表后还需要持续更新维护，运维费用也应纳入成本信息的收集范围。运维费用包括数据更新费用、数据备份费用和数据安全措施费用等。例如，为确保客户数据的及时更新和准确性，企业需要投入一定的人力和技术资源。在这方面，企业可以通过自动化工具减少人力资源成本，提高数据管理效率。

2. 建立成本分摊原则

企业在分摊数据资源成本时，可以考虑以下 3 种原则。

- **基于使用比例分摊**。按照数据资源在企业不同部门或业务单元的实际使用比例，分摊共同成本。例如，根据存储量、访问频次或计算资源占用情况分配服务器费用。
- **基于业务收益分摊**。如果数据资源直接推动特定业务单元的收益增长，可按收益贡献率分摊成本。
- **基于时间维度分摊**。对于长期使用的数据资产，可采用时间加权的方法分摊维护成本和减值成本，平滑各期费用负担。

3. 实施步骤

在数据采集环节，将采集成本分为外部采购成本和内部开发成本两类。归集每类成本的投入并分类核算；在数据加工与治理归集数据清洗、转换、整合等过程中投入的技术、工具及人工成本，并按工作量分配至具体数据资产。在数据存储与维护环节，归集数据存储设备、云服务费用及定期维护、优化的支出，按存储容量或访问频率合理分摊。在数据应用与运营环节，根据数据在不同场景下的使用价值，分摊相应的运营成本，确保成本分摊结果真实反映各部门的实际贡献。通过科学归集与分摊数据资产相关成本，不仅能真实反映企业数据资产的经济价值，还能优化数据资产管理决策，为数据资产化进程提供坚实的财务支持。

7.4.3 开展会计处理

在分摊数据资源成本后，企业可以按照《暂行规定》及相关会计准则的要求设置会计处理程序，开展相应的会计处理。

1. 资产确认

在确认数据资产时，企业需依据前述确认条件对数据资源的持有目的、形成方式、业务模式，以及与数据资源相关的经济利益的预期消耗方式等进行审核，确保数据资产确认符合会计准则要求。一旦确认，企业应在会计账簿中登记数据资产的初始计量成本。这一过程需要详细记录数据资源的来源、使用目的及相关交易信息，以便未来进行审计和评估。

2. 初始计量

企业应根据收集的成本信息，按照不同的形成方式对数据资源的成本进行初始计量。通常采用历史成本法计量初始成本，即数据资源的入账价值等于其获取成本。针对内部加工形成的数据资源无形资产，要特别注意区分企业内部数据资源研究开发项目的研究阶段与开发阶段，只有开发阶段的支出满足资本化条件时才能确认为无形资产。

3. 后续计量

针对数据资源无形资产，企业应在评估其使用寿命时，考虑无形资产准则应用指南规定的因素，重点关注数据资源相关的业务模式、权利限制、更新频率和时效性、产品或技术迭代以及同类竞品等。此外，企业应根据数据资源的预计使用期限进行合理摊销。摊销方法可根据企业实际情况选择，例如直线法或加速摊销法。摊销费用应根据无形资产的使用用途计入当期损益或相关资产成本，以反映数据资产对企业经济利益的贡献。企业应根据数据资产的实际使用情况定期审查摊销方法，确保其合理性。当企业发现无形资产的可收回金额低于账面价值时，应进行减值处理。这要求企业定期评估无形资产的可收回性，并在必要时进行计提资产减值准备。针对数据资源存货，企业应按照存货准则进行后续计量，包括成本结转和存货跌价准备的计提等。

4. 报废处置

无形资产准则针对处置和报废的规定是："企业出售无形资产，应当将取得的价款与该无形资产账面价值的差额计入当期损益。无形资产预期不能为企业带来经济利益，应当将该无形资产的账面价值予以转销。"存货准则对存货毁损的规定是："企业发生存货毁损，应当将处置收入扣除账面价值和相关税费后的金额计入当期损益。存货的账面价值是存货成本扣减累计跌价准备后的金额。"由此，企业可以按照同样的做法对数据资源无形资产和存货进行处置。

7.4.4 列示与披露

企业还需对数据资产进行适当的列示和披露，以确保财务报表的透明度和信息的充分揭示。根据《暂行规定》，列示和披露的要点如下。

1. 资产负债表列示

数据资源在财务报表中应作为无形资产、存货或开发支出的二级科目列示，分别反映资产负债表日确认为无形资产、存货的数据资源的期末账面价值，或正在进行数据资源研究开发项目中满足资本化条件的支出金额。

2. 相关披露

企业在会计报表附注中需详细披露确认为无形资产的数据资源的账面原值、累计摊销、减值准备、期末余额及账面价值等变动项目；确认为存货的数据资源则需披露账面原值、存货跌价准备及账面价值等变动项目。此外，企业应根据相关准则披露影响无形资产或存货价值的重大事项。如果企业数据资源评估结果对财务报表具有重要影响，应当披露评估的相关信息。企业还可以自愿披露与数据资源相关的信息，包括数据资源的应用场景或业务模式、对企业创造价值的影响方式，以及与数据资源应用场景相关的宏观经济和行业领域前景等信息。

7.5 数据资产入表现状分析

7.5.1 数据资产入表的实践情况

自《暂行规定》实施以来，众多企业根据自身对数据资产的认定和使用情况，积极开展数据资产入表工作，并取得显著进展。同时，多家机构对企业当前的数据资产入表情况进行了深入研究，其中，上海高级金融学院的《中国企业数据资产入表情况跟踪报告——2024年第一季度》以及上海大智慧财汇数据科技有限公司旗下的"企业预警通"提供了重要的统计数据与分析。本节将结合上述公开资料，探讨数据资产入表现状。

根据《中国企业数据资产入表情况跟踪报告——2024年第一季度》，在规模与分布方面，2024年第一季度的数据显示，上市公司的数据资产入表情况仍较为有限。在A股市场的5000多家公司中，仅有18家公司在其一季度财报中披露了数据资源，涉及的总金额为1.03亿元。其中，0.79亿元归类于无形资产，0.18亿元归类于开发支出，剩余部分则包含在存货项目中。例如，中远海科将主要用于利用数据资源为客户提供服务的项目相关研发费用转入数据资产项目，并在2023年底确认符合资本化条件，随后转入无形资产核算，在2024年财报中根据新会计准则进行单独列示。

与上市公司相比，城投公司和类城投国企在数据资产入表方面的表现更为积极。目前，已有22家城投公司和28家类城投国企披露了数据资产入表情况，其数量显著超过上市公司。同时，部分公司已开始利用入表资产开展融资活动。在这50家入表公司中，有5家城投公司和7家类城投国企通过数据资产入表成功获得银行授信。截至2024年5月底，这50家公司中已有12家成功通过入表数据资产实现融资，总额约为1.02亿元。

与此同时，8家非上市民营企业也在积极探索数据资产入表的机会，尤其在环境保护、数字孪生和低空经济等新兴行业的数据领域取得了突破。其中，4家企业获得了银行授信，包括中科城市大脑数字科技有限公司的800万元授信、鲜度数据的500万元授信、江苏猪八戒网企业服务有限公司的1000万元授信，以及乘木科技的200万元授信。

根据"企业预警通"的统计，截至2024年8月31日，共有64家公司在半年报中披露了企业数据资产的入表情况，入表总金额达到14.02亿元。与一季度的23家公司相比，新增了41家公司，涉及总金额增加了3.83亿元，增幅为37.6%。其中，43家为上市公司，披露金额为13.77亿元；9家新三板公司披露金额为 1245.49 万元；12 家非上市公司披露金额为 1301.58 万元；8 家发债城投公司披露金额为 1237.45 万元。在这 64 家披露数据资产入表的公司中，有 40 家公司将数据资源归入无形资产，规模合计为 6.14 亿元；8 家公司将其计入存货，规模为 4.79 亿元；25 家公司则将其计入开发支出，规模为 3.10 亿元。

尽管数据资产入表的工作取得了一定进展，但在实际操作中仍面临诸多会计处理的难点和疑点。

首先，数据资产的确认时点较为模糊。根据《暂行规定》，企业需判断数据资产是否达到预定用途。然而，数据的特性和应用场景多样，导致确认时点的适用性和判断标准在实践中存在较大差异。这使得企业在判断数据是否可以入表时面临主观判断的挑战，从而影响财务报表的透明性和一致性。

其次，数据资产的后续管理与减值测试也是一大挑战。数据资产的使用寿命和价值波动较大，企业需要定期进行减值测试以确认数据资产的账面价值是否合理。然而，目前尚无明确的减值测试指引，企业在执行减值测试时可能会遇到困难，导致不当的会计处理。此外，数据资产的生命周期管理也十分复杂，企业需时刻关注数据的更新与变更，这对会计信息系统提出了较高要求。

最后，数据资产的披露要求仍存在不确定性。虽然《暂行规定》已提供了一定的指导，但企业在实际披露数据资产时，选择适当的披露格式和内容仍面临挑战。不少企业对数据资产的披露较为谨慎，这可能导致财务报告信息不对称，影响投资者和其他利益相关者的决策。

从行业来看，金融服务、科技和电信行业在数据资产入表方面的表现更为积极。这些行业通常拥有大量客户数据和市场数据，这些数据在业务决策和战略规划中起着重要作用。例如，中国移动、中国联通和中国电信在数据资源入表方面的举措备受关注。据 2024 年上半年统计，这三家企业的数据资源入表总额超过 2.6 亿元，占所有披露企业总规模的 18.5%，体现了其在数据资产管理和利用上的突出表现。具体来看，中国电信以 1.05 亿元的入表金额位居榜首，中国联通紧随其后，入表金额为 0.85 亿元，而中国移动的入表金额为 0.7 亿元。

综上所述，尽管数据资产入表的工作已取得一定进展，但在会计处理过程中仍然面临多种挑战。随着市场对数据资产认知的提高和相关政策的逐步完善，未来的入表工作有望更加规范，为企业的可持续发展和创新提供有力支持。企业应加强对数据资产的认识，持续改进数据资产的确认、计量、管理与披露流程，以实现更高的财务透明度和信息对称性。

7.5.2 数据资产入表的现实挑战

随着《暂行规定》的出台，数据资产的管理和入表逐渐成为企业关注的重点。然而，企业在实施数据资产入表时仍面临诸多现实挑战。这些挑战不仅来自技术和管理层面，还涉及法律法规、会计准则以及市场环境的复杂性。以下是数据资产入表过程中主要的现实挑战。

1. 动态调整与适应性问题

尽管《暂行规定》为数据资产的会计处理提供了初步框架，但在实际操作中，企业往往面临具体实施细则不明确的问题。例如，在数据资产的确认和计量上，如何界定"有用的数据"和"无用的数据"并未给出具体标准。这导致不同企业在操作时可能产生不同的理解和处理方法，进而影响财务报表的可比性和透明度。此外，随着数据资产的性质和应用场景日益多样化，企业在面对快速变化的市场环境时，需要不断调整其会计处理方法，以确保与行业最佳实践保持一致。然而，这种动态调整要求企业具备相应的灵活性和职业判断，而许多企业在这一方面仍存在明显短板。

2. 内部控制与管理流程的不足

许多企业在数据资产管理方面缺乏完善的内部控制机制。这意味着在数据的创建、存储、使用及销毁过程中，可能出现信息不对称和管理漏洞。这些问题可能导致数据的丢失或错误，从而直接影响财务报表的准确性和完整性。例如，某企业在进行数据资产入表时，内部控制不力导致数据资产估值错误，最终影响了财务报告的可靠性。

有效的数据资产管理需要专业的会计和数据管理人才。然而，当前市场上合格人才的供给远远不能满足企业需求。尤其是在数据分析、数据治理和会计合规性方面，许多企业面临人才短缺的问题。缺乏专业知识的人才可能导致企业在数据资产管理上效率低下，难以进行科学决策。

3. 技术与工具的适配性

数据管理技术和工具的迅速变化使企业在技术适应性方面面临挑战。企业需要不断投资升级数据管理工具以保持竞争力。例如，企业可能需要采用云计算、大数据分析等新技术来提高数据处理效率，而这一转型过程往往需要时间和资源投入。

在实施数据资产入表时，企业必须面对数据整合和治理的问题。许多企业在不同系统和平台上存储数据，导致数据孤岛现象严重。这种孤岛现象使企业无法有效利用各类数据，进而引发数据在入表过程中的不一致性和完整性问题。为解决这一问题，企业需要建立有效的数据治理框架，实现不同数据源的整合。

7.6 本章小结

本章从概念、意义、前提条件、步骤和现状 5 个方面系统梳理了数据资产入表的相关知识。在概念上，数据资产入表被定义为"对与数据资源相关的经济活动进行会计处理，使相关会计信息恰当地反映在财务报表中的行为"。从意义来看，数据资产入表具有三大核心价值：统筹数据资产化进程、支持数据产业做强做大，以及优化数据资产价值版图。在开展数据资产入表之前，企业需深入理解会计准则及实施规范中的相关要求，并构建完整的入表链路，包括塑造会计职业判断、设定会计处理程序以及完善会计信息运用。在具体实施中，企业可参照以下步骤完成入表：梳理数据资源价值链、成本归集与分摊、开展会计处理、列示与披露。目前，已有部分企业率先探索数据资产入表，但在这一过程中仍存在现实挑战。面对这些问题，企业需紧抓市场机遇，与政策支持相结合，共同推动数据资产入表体系的完善。总之，数据资产入表的序幕已经拉开，实现过程中需要社会各界共擘蓝图，协力攻坚，以创新思维和实践突破助推数据资产化的长远发展。

| 第三部分 |
数据资产管理

第 8 章　数据资产质量评价

第 9 章　数据资产价值评估

第 10 章　数据资产使用管理

第 11 章　数据资产安全管理

第 8 章 CHAPTER

数据资产质量评价

数据资产的质量是数据在准确性、完整性、一致性、规范性、时效性和可访问性等方面的综合表现。这些特性是衡量数据资产质量的关键要素，直接影响数据资产的使用效果和潜在价值。数据资产质量评价的核心目的是确保关键质量要素得到满足，提升数据的可用性和整体价值。通过系统的质量评价，企业能够识别数据资产的质量现状及潜在问题，并有针对性地采取改进措施。本章将从以下几个方面为企业的数据资产质量评价提供参考：首先，明确质量评价的目的与意义，突出数据资产质量评价对业务发展的作用；其次，详细探讨质量评价的具体内容，包括构建指标体系、设定方法流程和部署技术工具等，以系统化打造数据资产质量评价的实施路径；最后，总结质量评价过程中可能面临的挑战及其应对策略，以保证数据资产质量评价受到持续关注，推动数据资产质量不断提升。

8.1 数据资产质量评价的目的和意义

数据资产质量评价在企业管理中扮演着重要角色，其主要目的是全面评价数据资产的质量，为后续的价值评价、应用和资本化等工作提供坚实的基础。通过质量评价，企业能够实现多重目标，提升数据资产管理的整体水平。

首先，数据资产质量评价可以帮助企业掌握数据资产的整体情况，特别是确定数据的可靠性和可用性。通过系统分析数据资产质量，企业能够判断数据是否足以支持后续的分析和决策，并为数据的实际应用提供参考，确保在关键时刻做出科学决策。数据资产质量评价能够识别数据资产存在的问题与潜在风险，帮助企业制定有针对性的改进措施。这不仅提升了数据资产的管理效率，还提高了决策的科学性和准确性，使企业能够在复杂多变的市场环境中从容应对各种挑战。

其次，在提升数据价值方面，数据资产质量评价显著增强了数据的经济价值和战略价值。高质量的数据资产不仅能够为企业创造更多经济效益，还能为战略决策提供支持，从而提升市场竞争力。随着数字时代的到来，数据逐渐成为企业的核心资产，持续的数据资产质量评价和改进使企业在竞争中保持领先地位。定期进行数据资产质量评价还可以降低运营成本。数据资产质量问题常常导致数据分析处理过程中产生额外的成本和风险。通过及时发现和解决这些问题，企业能够有效降低运营成本，提高整体运营效率，进一步优化资源配置。

综上所述，数据资产质量评价对企业的发展具有重要的战略意义。它不仅有助于提升数据价值、增强企业竞争力、促进数据创新和应用，还能降低运营成本、提高运营效率。因此，企业应当高度重视数据资产质量评价，在数据资产的全过程使用中充分发挥质量评价的作用。

8.2　数据资产质量评价的指标体系

中国资产评估协会在财政部的指导下制定了《数据资产评估指导意见》（下称《指导意见》），旨在规范数据资产评价执业行为，保护资产评估当事人的合法权益和公共利益。同时，《指导意见》归纳了六大数据资产质量要素特性，并以此为基础构建数据资产质量评价的指标体系，如图8-1所示。其中，准确性、一致性、完整性、规范性可归纳为内容质量，时效性和可访问性则可归纳为效用质量。数据资产质量评价模型和测度方法的设定可以参考一系列国家标准，包括 GB/T 36344—2018《信息技术 数据质量评价指标》、GB/T 25000.12—2017《系统与软件工程 系统与软件质量要求和评价（SQuaRE） 第 12 部分：数据质量模型》和 GB/T 25000.24—2017《系统与软件工程 系统与软件质量要求和评价（SQuaRE） 第 24 部分：数据质量测量》等。

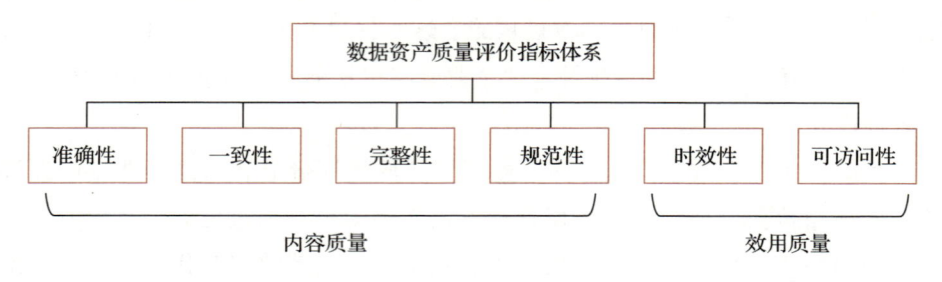

图 8-1　数据资产质量评价指标体系

为了便于信息处理，企业可以开展数据资产质量评价指标的编码设计。指标编码是评价指标的唯一编号，由一级指标和二级指标共 4 位数字构成，如图 8-2 所示。一级指标由 2 位数字组成，01 代表准确性，02 代表一致性，03 代表完整性，04 代表规范性，05 代表时效性，06 代表可访问性。二级指标也由 2 位数字组成。参考《指导意见》和相关国家标准，可以针对每个一级指标建立具体的二级指标。

图 8-2　数据资产质量评价的指标编码规则

8.2.1　数据资产的准确性评价

数据资产的准确性是指数据资产准确反映其所描述事物和事件的真实程度。数据资产准确性评价的二级指标主要包括内容正确率、精度准确率、记录重复率和脏数据出现率等，具体解释见表 8-1。

表 8-1 数据资产准确性评价的二级指标

序号	指标名称	指标描述	计算公式
0101	内容正确率	数据内容表述正确的元素的比例。数据集是指数据记录汇聚的数据形式。元素是组成数据源中记录或者数据项的最小单元	数据集中内容表述正确的元素数量/数据集中元素的总数量
0102	精度准确率	数据格式（数据类型、数据范围、数据长度、精度、编码等）满足预期要求的元素的比例。数据项是指对应于数据源中一列信息的一组完整的内容	数据项精度符合标准规范的元素数量/数据集元素总数量
0103	记录重复率	重复记录的比例	数据集中重复记录的条数/数据集中记录的总条数
0104	脏数据出现率	无效数据（非法字符和业务含义错误的数据）的比例	数据集中无效数据元素的数量/数据集中元素的总数量

8.2.2 数据资产的一致性评价

数据资产的一致性是指不同数据资产在描述同一事物和事件时无矛盾的程度。数据资产一致性评价的二级指标主要包括相同数据的一致性和关联数据的一致性，具体解释见表 8-2。

表 8-2 数据资产一致性评价的二级指标

序号	指标名称	指标描述	计算公式
0201	相同数据的一致性	同一数据在不同位置存储或被不同应用或用户使用时的一致性情况	数据集中具有相同含义的数据（同一时点、存储在不同位置）赋值一致的元素数量/数据集中元素的总数量
0202	关联数据的一致性	关联数据符合一致性约束规则的情况	数据集中具有关联的数据（同一时点、存储在不同位置）赋值一致的元素数量/数据集中元素的总数量

8.2.3 数据资产的完整性评价

数据资产的完整性是指构成数据资产的数据元素被赋予数值的程度。数据资产完整性评价的二级指标主要包括元素填充率、元素冗余率、记录填充率、记录融合填充率、数据项填充率等，具体解释见表 8-3。

表 8-3 数据资产完整性评价的二级指标

序号	指标名称	指标描述	计算公式
0301	元素填充率	数据元素的填充程度	数据集中赋值的元素数量/数据集中元素的总数量
0302	元素冗余率	数据元素的冗余程度	多余的数据元素数量/数据集中元素的总数量
0303	记录填充率	数据记录的填充程度	数据集中赋值完整的记录条数/数据集中记录的总条数
0304	记录融合填充率	当业务发生融合时，数据记录能够覆盖所有数据元素的程度	数据融合后赋值完整的记录条数/融合后数据集中记录的总条数
0305	数据项填充率	数据项的填充程度	数据集中赋值完整的数据项数量/数据集中数据项的总数量

8.2.4 数据资产的规范性评价

数据资产的规范性是指数据资产符合数据标准、业务规则和元数据等要求的规范程度。数据资产规范性评价的二级指标主要包括命名规范性、数据模型规范性、元数据合规性、业务规则规范性、参考数据规范性、安全规范性、数据脱敏规范性等，具体解释如表 8-4 所示。

表 8-4 数据资产规范性评价的二级指标

序号	指标名称	指标描述	计算公式
0401	命名规范性	数据项的命名方式符合相关命名规范的程度	数据集中命名符合规范的数据项数量/数据集中数据项的总数量
0402	数据模型规范性	数据记录符合数据模型规范的程度	数据集中符合数据模型规范的数据记录数量/数据集中数据记录的总条数
0403	元数据合规性	数据元素符合元数据规范的程度	数据集中符合元数据规范的元素数量/数据集中元素的总数量

（续）

序号	指标名称	指标描述	计算公式
0404	业务规则规范性	数据元素符合业务规则的程度	数据集中符合业务规则的元素数量/数据集中元素的总数量
0405	参考数据规范性	数据元素符合参考数据既有格式及规范的程度	数据集中满足参考数据既有格式及规范的元素数量/数据集中元素的总数量
0406	安全规范性	数据元素符合适用法律法规和行业安全规范的程度	数据集中符合适用法律法规和行业安全规范的元素数量/数据集中元素的总数量
0407	数据脱敏规范性	数据元素已脱敏的程度	数据集中已脱敏的元素数量/数据集中元素的总数量

8.2.5 数据资产的时效性评价

数据资产的时效性是指数据资产真实反映事物和事件的及时程度。数据资产时效性评价的二级指标主要包括周期及时性、实时及时性和时序性等，具体解释见表 8-5。

表 8-5 数据资产时效性评价的二级指标

序号	指标名称	指标描述	计算公式
0501	周期及时性	数据元素在要求的日期范围内，赋值或者频率分布符合业务要求的程度	数据集中赋值满足业务周期频率要求的元素数量/数据集中元素的总数量
0502	实时及时性	数据元素在特定时点上，赋值延迟时间符合业务要求的程度	数据集中赋值延迟时间满足业务要求的元素数量/数据集中元素的总数量
0503	时序性	同一实体的数据元素之间符合相对时序关系的程度	数据集中符合时序关系的元素数量/数据集中元素的总数量

8.2.6 数据资产的可访问性评价

数据资产的可访问性是指数据资产能够正常访问的程度。数据资产可访问性评价的二级指标主要包括可访问率、可用性和接口有效性等，具体解释见表 8-6。

表 8-6 数据资产可访问性评价的二级指标

序号	指标名称	指标描述	计算公式
0601	可访问率	可访问的数据元素的数量比例	数据集中请求访问成功的元素数量/数据集中请求访问元素的总数量
0602	可用性	满足可用性要求的数据元素的数量比例	数据集中满足可用性要求的元素数量/数据集中元素的总数量
0603	接口有效性	数据接口可正常访问数据的程度	能够准确、正常地返回请求的数据接口数量/数据接口总数量

8.2.7 数据资产质量评价指标计算

1. 数据资产质量评价计算过程

在数据资产质量评价指标体系中，每个一级指标所涵盖的二级指标均可依据式（8.1）进行取值和计算。此操作不仅遵循了标准化的评价流程，提升了评价过程的严谨性，还确保了评价结果的客观性和准确性。

$$x_i = \frac{A}{B} \tag{8.1}$$

其中，x_i 表示二级指标的取值，A 代表数据资产中符合该二级指标要求的元素数量，B 代表待评价数据资产中元素的总数量。

2. 数据资产质量评价权重

在进行数据资产质量评价时，可采用权重分配法来计算质量评分。具体而言，需要对数据资产质量评价所涉及的各项指标进行合理的权重分配，并通过加权平均的方式得出最终的评价结果。针对每项一级指标，二级指标的权重总和均设定为 100%。

$$X = \sum_{i=1}^{n}(x_i \times w_i) \tag{8.2}$$

其中，X 是数据一级指标得分，x_i 代表二级指标取值，w_i 代表数据资产二级指标权重。不同数据资产适用的质量评价指标可能有所差异，企业可以根据实际情况对二级指标进行必要的调整或扩展。

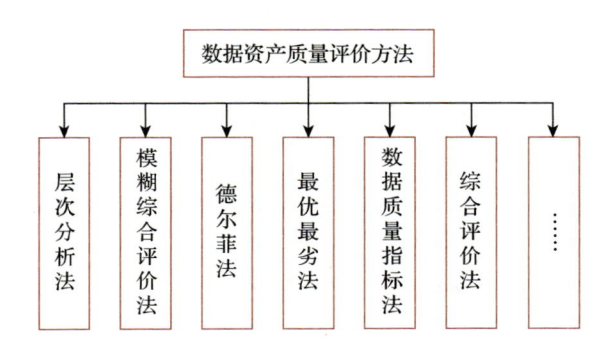

8.3 数据资产质量评价的方法和流程

8.3.1 数据资产质量评价的方法

数据资产质量评价的方法多种多样，这些方法旨在从不同角度评价数据资产质量的要素特性。一些常用的数据资产质量评价方法如图 8-3 所示。

图 8-3 数据资产质量评价方法

1. 层次分析法

层次分析法是一种定性与定量相结合的分析复杂因素的方法，它将决策因素分解成不同的组成因素，并根据因素间的相互关联影响以及隶属关系将因素按不同层次聚集组合，形成一个多层次的分析结构模型。

在数据资产质量评价中，层次分析法可用于构建数据资产质量评价指标体系，并通过专家打分等方式确定各指标的权重，从而对数据进行综合评价。

具体步骤如下。

1）构建层次结构：将复杂问题分解为目标、准则和备选方案 3 个层次。目标层是决策的最终目标，准则层包含评价目标的标准，备选方案层则是可供选择的方案。

2）两两比较：对每一层次中的元素进行成对比较，构建判断矩阵。判断矩阵中的元素表示两个比较对象的重要性比值，通常使用 1 到 9 的标度，其中 1 表示两者同等重要，9 表示一者绝对重要。

3）计算权重：利用特征向量法或几何平均法计算判断矩阵的特征向量，确定各元素的相对权重。特征向量对应判断矩阵的最大特征值。

4）一致性检验：计算一致性指标（CI）和一致性比率（CR），判断矩阵的一致性。如果CR<0.1，则认为判断矩阵具有一致性，结果可信。

5）综合评价：根据各层次的权重和判断矩阵结果，对备选方案进行综合评价，选择最优方案。

该方法的优点如下。

- 系统化决策：层次分析法提供了一种系统化的决策框架，能够有效处理复杂的多准则决策问题。
- 易于理解和应用：层次分析法的结构直观明了，易于理解和应用，特别适合定性与定量因素并存的决策问题。
- 灵活性高：可根据不同的决策问题调整层次结构和准则，具有较高的灵活性。

该方法的缺点如下。

- 主观性强：判断矩阵的构建依赖专家的主观判断，可能导致结果偏差。
- 一致性要求高：判断矩阵的一致性要求较高，不一致可能影响结果的准确性和可信度。
- 计算复杂：对于大型决策问题，构建和处理大量判断矩阵较为复杂，需进行较多计算和分析。

2. 模糊综合评价法

模糊综合评价法基于模糊数学理论，用于处理具有模糊性和不确定性的多因素评价问题。该方法通过构建隶属度函数和模糊评价矩阵进行综合评价，适用于复杂系统的评价，如环境评价、风险评价和数据质量评价等。

由于数据资产的质量因素往往具有模糊性，难以用精确语言描述，因此模糊综合评价法非常适合用于数据资产质量的评价。它可以通过建立模糊评价集和模糊评价矩阵对数据进行综合评价。

具体步骤如下。

1）确定评价因素：根据评价目标选择评价指标和因素，并构建评价指标体系。

2）构建隶属度函数：根据各指标的特点，构建隶属度函数，确定各评价因素的隶属度。隶属度函数表示某一评价对象属于某一评价等级的程度，取值范围为 0 到 1。

3）确定权重：利用层次分析法、专家评分法或熵权法确定各评价因素的权重，权重反映各因素在综合评价中的相对重要性。

4）构建模糊评价矩阵：根据隶属度函数和权重构建模糊评价矩阵，模糊评价矩阵中的元素表示各评价对象在各评价因素上的模糊隶属度值。

5）综合评价：利用模糊算子（如加权平均算子或最大–最小算子）对模糊评价矩阵进行综合运算，得到各评价对象的综合隶属度，从而进行综合评价和排序。

该方法的优点如下。

- 可处理模糊信息：能够有效处理模糊性和不确定性较高的评价问题，结果较为稳定可靠。
- 全面性强：综合考虑多个评价因素，提供全面的评价结果。
- 适用范围广：适用于多种复杂系统的评价，如环境、风险和数据质量等领域。

该方法的缺点如下。

- 主观性较强：隶属度函数和权重的确定依赖专家经验和主观判断，可能导致结果偏差。
- 计算复杂：方法较为复杂，需具备较高的数学基础和计算能力。
- 结果解释困难：模糊综合评价的结果解释较为复杂，可能不易被决策者理解。

3. 德尔菲法

德尔菲法是一种采用匿名方式征询专家意见，通过多轮征询和反馈，使专家意见趋于一致的预测方法。它具有广泛的代表性，较为可靠。

在数据资产质量评价中，德尔菲法可以用于邀请行业内的专家对数据资产的质量进行打分和评价，通过多轮征询和反馈，使专家的意见趋于一致，从而获得更加客观、准确的数据资产质量评价结果。

具体步骤如下。

1）选择专家：选择相关领域的专家，确保专家团队的多样性和代表性。

2）设计问卷：设计有针对性的问卷，向专家征求意见和预测。问卷内容应涵盖评价目标和关键问题。

3）多轮问卷调查：进行多轮问卷调查，每轮问卷的反馈结果作为下一轮问卷的基础，专家根据上一轮的反馈和自己的判断进行修正。

4）意见汇总：汇总各轮调查结果，分析并整理专家意见，形成最终结论。

5）达成一致：通过多轮反馈和修正，逐步汇聚专家意见，达成一致性结论。

该方法的优点如下。

- 全面：能够汇集多位专家的智慧，结果更加客观全面。
- 提高一致性：通过多轮反馈和修正，提升结论的一致性与准确性。
- 适用范围广：适用于复杂且无明确答案的问题，具有广泛的应用前景。

该方法的缺点如下。

- 时间和资源耗费大：需要花费大量时间和资源进行多轮问卷调查。
- 过于依赖专家选择和问卷设计：专家选择和问卷设计对结果影响较大，具有一定的主观性。
- 中立性难以保证：专家之间可能相互影响，难以完全保持中立性。

4. 最优最劣法

最优最劣法（BWM）是一种用于确定评价指标权重的方法，通过比较最优和最劣指标来确定其他指标的相对重要性。BWM 由 Jafar Rezaei 于 2015 年提出，是一种多准则决策方法。

具体步骤如下。

1）选择评价指标：确定需评价的指标，构建评价指标体系。

2）确定最优和最劣指标：在所有指标中选择一个最优指标和一个最劣指

标,最优指标是所有指标中最重要的,最劣指标是所有指标中最不重要的。

3)比较其他指标:分别将其他指标与最优指标和最劣指标进行比较,形成最优比较向量和最劣比较向量。最优比较向量表示其他指标相对于最优指标的重要性,最劣比较向量表示其他指标相对于最劣指标的重要性。

4)计算权重:通过优化模型计算各指标的权重,优化目标是最小化比较向量的差异。

5)一致性检验:检验比较矩阵的一致性,确保结果合理。

该方法的优点如下。

❑ 评价过程简化:只需两次比较即可确定权重,简化了评价过程。
❑ 一致性较高:优化模型确保了结果的一致性,适用范围广。
❑ 易于理解和应用:方法直观明了,便于理解和应用。

该方法的缺点如下。

❑ 选择指标要求高:对最优和最劣指标的选择要求较高,选择不当可能会影响结果的准确性。
❑ 实践较少:应用案例有限,实践经验不足。
❑ 依赖主观判断:最优和最劣指标的选择依赖于主观判断,可能导致结果偏差。

5. 数据质量指标法

数据质量指标法是通过设定一系列数据质量指标来评价数据资产的质量。这些指标可以包括数据的准确性、完整性、一致性、时效性和可用性等方面。

在实际应用中,企业可以根据数据资产的特点和评价需求,选择适当的数据质量指标进行评价。例如:对于金融数据资产,企业可以重点关注其准确性和时效性;对于电商数据资产,企业可以重点关注其完整性和可用性。

具体步骤如下。

1)确定数据质量指标:根据具体需求选择相关质量指标,构建数据质量指标体系。常见指标评价维度包括准确性(Accuracy)、完整性(Completeness)、一致性(Consistency)、及时性(Timeliness)、唯一性(Uniqueness)和有效性

（Validity）。

2）收集数据：获取相关数据，进行数据清洗与预处理，确保数据的准确性和完整性。

3）计算指标：采用统计方法或其他技术计算各个指标的值。可以使用数据质量管理工具或编写脚本来自动化指标计算过程。

4）综合评价：结合各指标的结果进行综合分析，判断数据质量。可以采用加权平均法或其他综合评价方法，对各个指标的评价结果进行整合。

5）改进措施：根据评价结果，提出数据质量改进措施，持续监控并优化数据质量。

该方法的优点如下。

- 评价指标明确：各项指标定义清晰，结果易于理解和说明。
- 定量分析：能够进行定量分析，具有较强的客观性，结果具有较高的可信度。
- 适用范围广：适用于各类数据质量评价和监控，具有广泛的应用前景。

该方法的缺点如下。

- 指标定义和计算复杂：需要准确定义指标和计算方法，涉及较多技术和专业知识。
- 主观性存在：某些指标可能难以量化，需结合主观判断。
- 实施成本高：实施过程复杂，需要投入大量时间和资源。

6. 综合评价法

综合评价法是将多种评价方法结合起来，对数据资产的质量进行全面而系统的评价。这种方法可以充分利用各种评价方法的优点，弥补单一评价方法的不足。

在数据资产质量评价中，可以综合使用上面提到的层次分析法、模糊综合评价法、德尔菲法、数据质量指标法等，对数据资产的质量进行全面而系统的评价。通过综合评价法得出的结果更加客观、准确和全面。

具体步骤如下。

1）确定评价指标：选择多种评价方法的指标，构建综合评价指标体系。评价指标应涵盖数据质量的各个方面，包括准确性、完整性、一致性和及时性等。

2）数据收集与处理：收集和处理数据，进行数据清洗与预处理，确保数据的准确性和完整性。

3）指标计算与评价：分别使用多种方法（如层次分析法、模糊综合评价法、数据质量指标法等）计算各项指标的值，并进行单独评价。

4）综合分析：结合各方法的结果，进行综合分析和评价。可以采用加权平均法、多元统计分析或数据挖掘技术，对各个方法的评价结果进行综合分析。

5）结果解释与改进：对综合评价结果进行解析，识别数据质量问题，提出改进措施和建议，不断优化数据质量。

该方法的优点如下。

- 全面评价：能够全面评价数据质量，考虑多方面因素，结果更加科学可靠。
- 结合多种方法：融合多种评价手段，可以克服单一方法的局限性，提高评价结果的准确性和可信度。
- 适用范围广：适用于各种复杂系统的数据质量评价，具有广泛的应用前景。

该方法的缺点如下。

- 方法复杂：综合评价法涉及多种评价方法，实施难度较高，计算和分析过程较为复杂。
- 技术要求高：需要较强的技术和专业知识支持，涉及多元统计分析、数据挖掘等技术。
- 成本高：实施过程复杂，需要投入较多时间、资源和专业人员。

总体来看，这6种数据资产质量评价方法各有优缺点，适用于不同的数据资产质量评价场景。在实际应用中，企业往往需要根据具体情况选择合适的方法，或结合多种方法进行综合评价，以确保评价结果的准确性和全面性。

8.3.2　数据资产质量评价的流程

数据资产质量评价流程具体如图 8-4 所示。

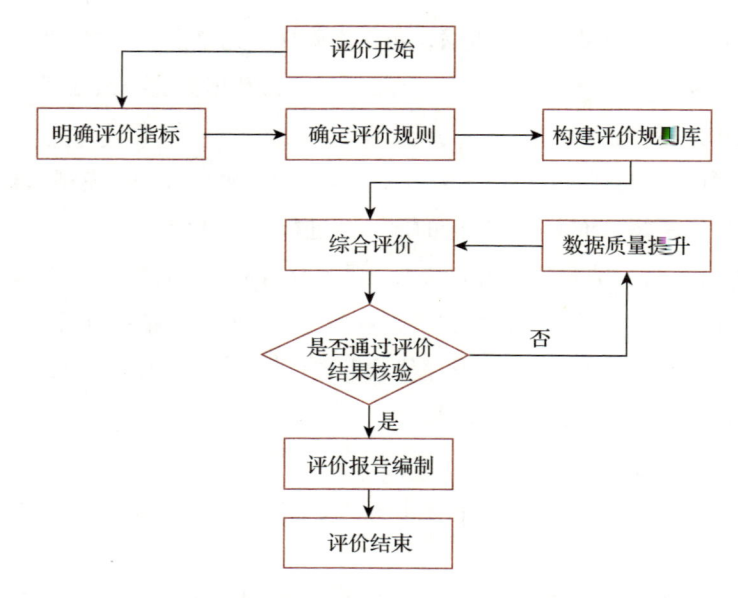

```
            ┌──────────────┐
            │   评价开始    │
            └──────┬───────┘
                   ↓
┌──────────┐  ┌──────────┐  ┌──────────────┐
│明确评价指标│→│确定评价规则│→│构建评价规则库│
└──────────┘  └──────────┘  └──────────────┘
                   ↓
            ┌──────────┐     ┌──────────────┐
            │  综合评价 │ ←── │ 数据质量提升 │
            └──────┬───┘     └──────▲───────┘
                   ↓                │
            ╱是否通过评价╲──否───────┘
            ╲结果核验    ╱
                   │是
                   ↓
            ┌──────────────┐
            │ 评价报告编制 │
            └──────┬───────┘
                   ↓
            ┌──────────┐
            │ 评价结束 │
            └──────────┘
```

图 8-4　数据资产质量评价流程

1. 评价开始

基于明确的数据资产质量评价需求，严格遵循数据资产质量规范，结合业务实际情况构建数据资产质量评价模型。该模型整合了质量核验、质量分析、质量监控等多方面的特性，旨在确保数据资产质量评价的严谨性、有效性和可靠性。

2. 明确评价指标

数据质量评价维度，作为衡量数据质量的基准和定义约束规则的基石，旨在从多个方面审视数据质量。国家标准 GB/T 36344—2018《信息技术 数据质量评价指标》对数据质量评价指标的框架进行了说明。数据质量评价特性涵盖规范性、完整性、准确性、一致性、时效性以及可访问性等关键要素。该标准的附录详细列出了各指标的名称、描述及计算方法，为质量评价工作提供了具体指导。根据质量评价的具体需求，可从中选择相应的评价指标，并结合层次分析法、德尔菲法等科学评价方法，构建全面、系统的评价模型。

3. 确定评价规则

数据资产质量评价规则是一种严谨而系统的约束手段，通过语义、语法等明确界定的方式，对数据、知识以及业务范畴进行有效管理。数据资产质量评价规则的理论基础源自质、量、形、时四大类规则在关系数据模型中的核心作用。基于这些规则，我们能够科学判断数据质量是否满足既定的评价标准，并依据数据质量的均衡标准，精确描述数据集合与数据元素之间的映射关系。这一评价体系不仅确保了数据的准确性和可靠性，也为业务决策提供了有力的数据支撑。

4. 构建评价规则库

规则库作为数据质量评价模型的核心组成部分，旨在根据数据评价实体的特性，构建一套有明确针对性的规则集合，以实现对各类数据元素的差异化质量评价。在规则库的构建过程中，业务模型的设计尤为关键。它需要根据不同业务需求，精准确定数据实体需评价的维度和指标，进而构建多元化的业务模型，并与相应的规则精确关联，从而确保为相似数据实体提供统一且高效的评价模型。完成关联后的业务模型可直接在质量评价任务中运行，确保数据质量评价的准确性和高效性。

5. 综合评价

根据已确立的数据质量评价方案中的各项指标，对评价对象进行全面的自我评估与反思。在实际操作中，企业需要深入分析每个指标，确保评价过程的全面性和准确性。同时，按照既定的数据质量检核规则，对数据进行详细检查与核实。这些规则有助于发现数据中可能存在的问题，从而确保数据的准确性和可靠性。在此过程中，企业会从多个维度进行数据检查，包括完整性、一致性、准确性和时效性等方面，以确保数据质量符合预期标准。这种全面的检查有助于及时发现潜在问题，并为后续的改进和优化提供依据，确保企业能够充分利用其数据资产。

6. 评价结果核验

数据质量评价结果核验是对已完成数据质量评估结果进行确认和验证的关

键环节。一方面，依据既定的数据质量检核规则，对数据的完整性、准确性、一致性和时效性等指标进行详细检查，确保数据符合标准。同时，通过多维度的质量检查（如自动化检测和人工复核），确认评价流程的规范性和稳定性，确保数据质量评价过程的合规性。在核验过程中，企业需要将自评价的结果与实际检核结果进行比对，发现评价流程中可能存在的问题。

另一方面，为了更全面地评价数据质量，企业需要考虑不同的数据使用场景和业务需求。不同的场景和需求对数据质量的要求各不相同。例如，对于需要实时决策的业务场景，高质量的数据至关重要。而对于一些非实时性的分析任务，数据的质量要求可能相对宽松。基于这些考量，企业可以对数据质量进行分级评价。这种分级评价方法通常包括将数据质量分为几个等级，如优秀、良好、一般和差。每个等级都有明确的定义，以便对数据质量进行量化和比较。通过这种分级评价，企业可以直观了解数据质量的优劣，并据此采取相应的措施。如果数据质量不佳，可以追溯数据来源，重新收集或修正数据，或者改进数据处理流程，以确保数据的准确性和可靠性。

7. 评价报告编制

在数据资产质量评价圆满完成后，通常以质量评价报告的形式向管理层全面、系统地展示质量评价的各项成果。数据资产质量评价结果报告通常包含以下 3 方面核心内容。

- **规则执行情况**。以字段为最小单位，详细展示每个字段执行的评价规则、类型及相应结果，便于直接定位数据标准、业务规则、元数据等在质量评价中的具体表现。
- **评价结果数据的汇总分析**。对质量评价结果数据进行全面汇总与分析，包括评价字段总数、各评价指标下异常字段的数量、异常比例、符合预设要求的数据数量以及高质量数据的比例等关键指标。基于评价结果，通常会编制一份详尽的评价分析报告，其内容应包括但不限于评价的具体对象与范围、明确的评价指标、清晰的计分规则、具体的检核方法、评价的实施过程以及发现的质量问题。

❏ **综合评价**。根据评价结果计算满足各项规则的数据所占的百分比得分，并根据业务需求为各评价指标设定不同的权重，最终得出全面反映数据质量的综合得分。

8. 数据质量提升

通过对数据资产进行深入的质量评价，企业可以发现数据资产中存在的各种质量问题。这些问题可能包括但不限于数据缺失、数据冗余、数据错误、数据不一致等。针对这些问题，企业需要及时将反馈意见传达给数据资产评价方。收到反馈后，数据资产评价方将对数据资产进行有针对性的质量提升。这可能包括对数据进行清洗、整理、校验等操作，以确保数据的准确性和可靠性。通过这样的整改，可以有效提升数据资产的质量，使其更好地满足数据资产化要求。

8.4 数据资产质量评价的技术与工具

8.4.1 数据资产质量评价的技术

数据资产质量评价涉及多种技术，这些技术的目标是确保数据资产的准确性、完整性、一致性、可靠性和时效性，从而为企业决策提供坚实的数据支持。一些关键的技术如图 8-5 所示。

数据质量度量标准和工具

数据溯源建模技术

数据资产质量监测技术

知识图谱和自然语言处理技术

数据标记与追踪技术

数据加密与屏蔽技术

数据目录构建与血缘追溯技术

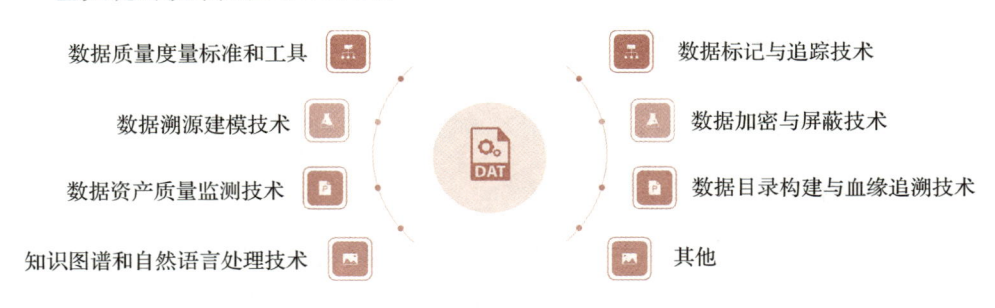

其他

图 8-5 数据资产质量评价的关键技术

1. 数据质量度量标准和工具

数据质量是评价数据资产价值的关键因素之一。通过使用数据质量度量标准和工具，可以对数据的可信度、一致性和完整性进行评估。这些工具通常具有自动化检查功能，能够识别数据中的错误、缺失值和异常值，并提供数据清洗和修复的建议。

2. 数据溯源建模技术

数据溯源建模技术利用 IPO（输入－处理－输出）模型对指标的形成过程进行逐步回溯，形成指标的全局视图。通过对每个指标的产生进行溯源，可以掌握所有与之相关的初始人工输入数据和自动采集数据。这种技术有助于了解数据的来源和生成过程，从而评价数据的可靠性和准确性。

3. 数据资产质量监测技术

数据资产质量监测技术利用业务监测和技术监测两种方式，对数据资产溯源全过程的节点进行及时性、完整性、准确性、有效性、一致性和关联性核查的监测。这种技术能够及时发现数据中的问题，确保数据在收集、处理和存储过程中的质量。

4. 知识图谱和自然语言处理技术

知识图谱作为一种基于图的数据结构，通过节点和边表示现实世界中的实体及其相互关系。它能够将不同种类的信息连接起来，形成一个关系网络，有助于从大量文本和数据中提取相关知识，并自动化、智能化地构建与业务相关的概念和实体网络。自然语言处理技术对数据资产中的文本数据进行词嵌入处理，提取文本的向量特征，为后续的计算和建模提供支持。这些技术有助于更深入地理解和分析数据资产的内容。

5. 数据标记与追踪技术

通过数据标记与追踪技术，可以对数据资产的来源、处理过程和流转情况进行详细记录和监控。这种技术有助于确保数据的可追溯性，从而在数据质量出现问题时快速定位问题源头，并采取相应措施进行修复。

6. 数据加密与屏蔽技术

为了保护数据资产的安全性和隐私性，数据加密和屏蔽技术被广泛应用于数据资产评价过程中。加密技术可以对敏感数据进行加密处理，防止数据泄露和未经授权的访问。屏蔽技术则可以对部分数据进行屏蔽处理，以保护数据的完整性和可用性。

7. 数据目录构建与血缘追溯技术

通过为数据资产的行业特性和业务属性建立分类分级的灵活数据目录树，可以实现数据资产的自动扩展和血缘追溯。这种技术有助于了解数据资产的生成和使用链，实时监控数据资产变更的影响范围，并为数据资产管理提供有力支持。

这些技术共同构成了数据资产质量评价的完整体系，有助于确保数据资产的质量和价值。

8.4.2 数据资产质量评价的工具

1. 开源的数据资产质量评价工具

1）Talend Open Studio 作为 Talend 工具系列中的一款免费且开源的 ETL（抽取、转换和加载）工具，内置了数据质量（Data Quality，DQ）检查这一重要功能。数据质量检查功能旨在支持数据清理与数据可视化的高效执行，并特别提供了数据下钻的能力，以满足用户对数据深入分析的需求。

2）Kylo 平台提供了一个专门的用户界面，用于配置新数据质量评价的各个方面，涵盖架构规划、安全性设置、数据验证与清洗等关键步骤。该平台以 Spark 作为核心数据运算引擎，确保其数据处理框架具有高度的适应性和灵活性，能够有效支持构建批处理作业或数据流处理流水线，满足多样化的数据处理需求。

3）MobyDQ 是一款为数据工程师设计的高效工具，能够自动执行数据管道的数据质量检查。MobyDQ 的数据质量检查框架基于 5 个核心维度，分别是异常检测、数据完整性验证、数据新鲜度评价、延迟监控以及数据有效性确认。该工具展现出良好的兼容性，支持多种数据源接入，包括但不限于 MySQL、PostgreSQL 和 Snowflake 等，从而确保数据质量监控的全面性和灵活性。

4）Apache Griffin 作为一种针对大数据的数据质量解决方案，以对批处理和流式处理模式的全面支持而著称。该工具精心设计了涵盖多数常规数据质量检查问题的领域模型，以确保数据质量的精准把控与高效管理。

5）SQL Power Architect 作为一款数据建模与分析的专业工具，旨在为用户提供数据库结构全面且详尽的视图。该工具能够显著加速数据仓库设计的各个环节，确保设计的高效与准确。

6）Aggregate Profiler 是一款功能全面的数据分析和数据准备工具。该工具提供了一系列高级数据分析方法，包括但不限于元数据发现、异常检测以及模式匹配，旨在为用户提供深入的数据洞察。同时，它还集成了数据脱敏、加密等安全功能，确保数据在处理过程中的安全性和合规性。

2. 选择评价工具时的参考因素

企业在配置数据资产质量评价工具时需从多个角度综合考虑，以确保选购的工具能够满足需求。图 8-6 列出了企业在选择数据资产质量评价工具时需要重点考量的参考因素。

```
选择数据资产质量评价工具时的参考因素
┌──────────┐  ┌──────────┐
│ 功能完备  │  │ 本地化    │
├──────────┤  ├──────────┤
│ 持续扩展  │  │ 成本效益  │
├──────────┤  ├──────────┤
│ 易用性    │  │ 安全合规  │
├──────────┤  ├──────────┤
│ 集成能力  │  │ 生态体系  │
└──────────┘  └──────────┘
```

图 8-6　选择数据资产质量评价工具时参考因素

1）功能完备是企业选型时的首要考虑因素。一款优秀的数据资产质量评价工具应当具备全面的功能，能够满足企业在数据质量评价方面的主要需求，包括但不限于数据的准确性、完整性、一致性、可靠性和时效性等关键评价维度。

2）企业业务的不断扩展和数据的持续增长，使数据资产质量评价工具的可扩展性变得尤为重要。工具应当具备适应数据量和数据类型变化的灵活性，以在企业规模扩大时仍能保证高效、准确的数据质量评价。

3）易用性也是企业选型时不容忽视的重要因素。数据资产质量评价工具应当具备直观、友好的用户界面，能够降低员工的学习成本，提升工作效率，从而促进员工接受和应用工具。

4）对于工具与现有系统的集成能力，企业需确保新购置的工具能够与现有的数据管理系统和其他工具链无缝对接，避免工具间不兼容导致资源浪费和效率低下。

5）针对国际厂商的工具，企业在选购时还需考虑其在中国市场的本地化水平。这包括工具是否提供中文界面、中文文档，以及是否具备在中国提供技术支持的能力。这将直接关系到企业在使用工具过程中的便捷性和问题解决效率。

6）在考虑成本效益时，企业应全面权衡工具的购置成本、运营成本以及预期收益，力求在满足需求的前提下，选择性价比最高、最适合自身规模和预算的解决方案。

7）合规性也是企业选购数据资产质量评价工具时必须严格遵守的原则。工具必须符合法律法规（如《网络安全法》《个人信息保护法》等）对数据安全和隐私保护的要求，以保障企业数据操作的合法性。

8）对于开源工具，活跃的社区和丰富的生态系统至关重要。这样的社区和生态可以为企业提供持续的技术支持，促进工具的不断创新和改进，从而使企业能够始终保持数据资产质量评价工具的领先性和竞争力。

3.评价方法和工具的实施策略

在起步阶段，企业应从规模较小的试点项目开始，挑选关键性的数据资产进行质量评价。在此阶段，企业可以先利用开源工具或云服务开展相关工作，以降低前期投入成本。此阶段的核心在于关注基本的统计分析和规则验证，以确保数据质量能够满足基本需求。

在发展阶段，企业需要扩大数据质量评价的范围，覆盖更多的数据领域。此时，企业可以引入更复杂的数据质量评价方法，例如数据剖析和跨系统比对等。同时，企业也需要考虑引入专业的数据质量管理平台，以便更好地管理数据质量。

在成熟阶段，企业应建立全面的数据质量管理体系，实现质量评价的自动化和智能化。在此阶段，企业需要整合多种评价方法和工具，构建统一的数据质量视图。此外，企业还需将数据质量评价深度融入业务流程和决策过程。

通过选择合适的数据资产质量评价方法和工具，企业可以更有效地管理和提升数据质量，为数据驱动的决策和创新奠定坚实基础。随着数据在企业战略中的重要性不断提升，建立系统化、自动化的数据质量评价机制将成为企业数字化转型的关键一环。因此，企业需要根据自身的业务特点、技术环境和发展阶段制定适合自身的数据质量评价策略，并在实践中不断优化和完善。

8.5 数据资产质量评价面临的挑战及其应对策略

8.5.1 数据标准方面

数据标准不统一是数据资产质量评价面临的常见问题，主要表现为不同系统、部门和组织之间的数据标准、格式、定义及编码规则不一致。这种不一致性导致数据难以整合和比较，影响数据资产质量评价的执行效率。

一方面，跨部门协调难度加大。不同部门可能使用不同的数据标准和格式，缺乏统一的数据管理政策和规范，导致难以有效整合数据资产。另一方面，数据转换和集成成本居高不下。由于数据格式和标准不一致，企业需要投入大量时间和资源进行数据转换和清洗，增加了数据处理的成本和复杂性。这些问题使得数据资产质量评价在实际执行中难以覆盖所有数据资产，或增加质量评价的时间和资源投入，影响数据资产质量评价的有效性。

企业需要制定统一的数据标准以应对挑战。首先，通过建立统一的数据标准和规范，确保不同部门和系统之间的数据一致性和兼容性；其次，加强跨部门协作，设立跨部门的数据管理委员会，促进不同部门之间的协作和沟通，确保数据标准的统一实施；最后，积极利用数据治理工具和平台，自动化进行数据标准化、清洗和转换，降低数据处理成本。

8.5.2 数据关系方面

现代企业的数据关系复杂，涉及多个系统和平台之间的数据交互与关联。这种复杂性增加了数据质量评价的难度，使得在评价过程中难以探测数据之间的关系和依赖性。一方面，数据来源多样，来自多个系统、应用和数据库，不同系统之间的数据关联复杂，导致数据资产的一致性难以保证。另一方面，数据模型设定和应用场景复杂。复杂的数据模型及层层嵌套的关系使得数据之间的关联和依赖性难以识别和管理。广泛的应用场景使数据间的融合应用十分普遍，新的衍生数据不断产生，数据血缘追溯困难，质量规则更新不及时将导致质量评价的准确性下降。这些问题使现有质量评价技术和工具难以穿透不同系统和数据库，对数据资产的一致性和规范性做出准确判断。

为了应对这些挑战，企业需要加强数据整合和集成。首先，采用数据仓库和数据湖技术，将不同来源的数据进行整合和集成，并提供统一的管理视图。其次，加强对数据建模和元数据的管理，通过数据建模和元数据管理工具，明确数据之间的关系和依赖性，提升数据管理的透明度。最后，建立可靠的数据同步机制，确保不同系统之间的数据一致性和实时性。

8.5.3 数据质量评价科学性方面

数据质量评价的科学性不足主要体现在缺乏系统化、标准化和量化的评价方法，导致数据质量评价结果缺乏可靠性。缺乏明确的数据质量评价指标和标准，使质量评价过程主观性强，评价结果难以量化；缺乏系统化和标准化的数据质量评价方法和工具，使评价过程随意性大，评价结果不稳定。这些问题阻碍了数据质量评价科学、客观地反映数据资产质量。

因此，企业需要建立数据资产质量评价指标体系，通过制定明确的数据资产质量评价指标和标准，确保评价过程的客观性和科学性。在评价过程中，可引入成熟、系统化的数据资产质量评价方法，如层次分析法、综合评价法等，并使用专业的数据资产质量评价工具和平台，尽可能自动化地进行数据资产质量评价，以提升评价效率和准确性。

8.5.4 数据处理技术方面

数据资产质量评价过程中面临的技术挑战主要包括数据处理技术的复杂性、工具和平台的不完善、技术人才的短缺等，影响了数据资产质量评价的效率和效果。一方面，数据处理和分析技术复杂，需要较高的技术水平和丰富的专业知识。如果缺乏完善的数据资产质量评价工具和平台，难以实现自动化和高效的数据资产质量评价。另一方面，数据科学和数据治理领域的技术人才短缺，影响了数据资产质量评价的实施和推广。

为了应对这些挑战，首先应当引入先进技术，采用大数据、人工智能和机器学习等技术，提升数据处理和分析的能力和效率。其次，可以通过开发和使用专业的数据资产质量评价工具和平台，实现数据资产质量评价的自动化和标准化。最后，加强数据科学和数据治理领域的人才培养与引进，提升数据资产质量评价的专业水平。

8.5.5 数据资产管理意识方面

数据资产管理意识淡薄主要体现在数据安全和隐私保护措施不到位、对数据资产的价值和重要性认识不足，导致数据资产管理和质量评价机制长期缺位，影响数据资产质量评价的有效开展和数据质量的持续提升。

数据安全和隐私保护风险是影响数据资产质量评价效果的重要因素。数据泄露、篡改和滥用等安全问题，不仅会从根本上挑战数据资产质量评价的有效性，还可能导致严重的法律和声誉风险。因此，健全的数据安全和隐私保护措施是保障数据资产质量评价效力的基石。为应对这一挑战，企业首先需要加强数据加密和保护，采用数据加密、访问控制和安全审计等技术，确保数据在传输、存储和处理过程中的安全；其次，建立数据安全管理体系，制定和实施数据安全管理政策和标准；最后，通过匿名化、脱敏和权限控制等技术，加强对敏感数据的隐私保护，确保数据使用的合规性和安全性。

数据资产管理意识淡薄，导致企业可能缺乏系统的数据资产管理政策和规范，数据资产质量评价缺乏制度保障，进而使得质量评价的频率和效果受到影响。此外，如果企业内部对数据资产的价值和重要性认识不足，员工可能缺乏数据资产管理和质量评价的积极性与主动性。为应对这些挑战，企业需要采取以下措施：首先，加强宣传和培训，提升员工对数据资产价值和重要性的认识；其次，制定数据资产管理政策和规范，使数据资产质量评价有章可循；最后，建立健全数据资产管理机制，通过引入数据治理框架和工具，实现数据资产管理与质量评价的一体化运用，凸显数据资产质量评价在企业经营中的实际价值。

以上内容列举了数据资产质量评价面临的 5 个主要挑战及应对策略。可以看出，数据资产质量评价需要在制度、技术、管理等方面获得全方位支持，因此应高度重视。企业可以通过将数据资产质量评价融入更广阔的价值版图来降低其面临的阻力，还可以在评价过程中采用先进的方法和技术，以提升其执行效果。

8.6 本章小结

数据资产质量评价是数据资产评估体系中的关键环节，不仅是评估流程的核心内容之一，还决定了后续工作的准确性和有效性。数据资产质量评价在数据资产化的整体流程中起着承上启下的重要作用，它既是对过往数据资产形成过程的成果检验和问题整理，又能够为今后的数据资产管理提供依据，为数据资产价值提升和评估奠定基础。从数据要素市场的角度来看，数据资产质量评价的目标不仅在于提升参与市场交易的数据资产整体质量，还通过评价结果为数据资产的准确估值和合理定价提供支持。科学的质量评价可确保数据资产在市场中体现其真实价值，促进公平合理的价值交换。总而言之，科学有效的数据资产质量评价是系统改善数据资产质量、实现数据资产价值的重要手段。

第 9 章 | CHAPTER

数据资产价值评估

数据资产价值评估是企业了解和管理数据资产价值的重要手段,对数据资产的流通和管理具有重要意义。通过合理的价值评估,企业能够量化数据资产价值,从而支持决策和优化资源配置。数据资产评估工作本身具有较高的专业性和规范性要求。根据中国资产评估协会发布的《数据资产评估指导意见》,数据资产评估是指"资产评估机构及其资产评估专业人员遵守法律、行政法规和资产评估准则,根据委托对评估基准日特定目的下的数据资产价值进行评定和估算,并出具资产评估报告的专业服务行为。"这表明数据资产评估不仅是一项技术性工作,更是满足数据资产管理需求的专业化服务。数据资产价值评估贯穿数据资产管理全过程,为数据要素市场化流通提供机制保障,并对数据资产价值实现路径和开发利用模式产生深远影响。本章将明确数据资产价值评估对数据要素市场和企业的现实意义,系统梳理数据资产价值评估的理论体系、操作流程和面临的挑战,并结合实践案例探讨如何实现价值评估的管理目标。

9.1 数据资产价值评估的意义

数据资产价值评估是数据资产化的重要环节，也是数据要素市场化流通的机制保障。在国家针对大数据产业和数字经济的顶层规划中，数据资产评估有所提及。2021 年 12 月，国务院印发《"十四五"数字经济发展规划》，针对"加快数据要素市场化流通"的发展目标，提出"建立健全数据资产评估、登记结算、交易撮合、争议仲裁等市场运营体系"的具体措施。2022 年 12 月发布的"数据二十条"也提到，有序培育包含资产评估在内的第三方专业服务机构。由此可见，数据资产评估始终是数据要素市场建设的核心议题。

9.1.1 对数据要素市场的意义

数据资产价值评估在数据要素市场中的重要性不可忽视。建立科学合理的数据资产价值评估机制，不仅可以促进数据要素的流通和市场规范化，还能推动数据的商业化应用、优化资源配置、提升市场透明度与增强投资者信心，如图 9-1 所示。可以说，数据资产价值评估为数据经济的健康发展奠定了基础。

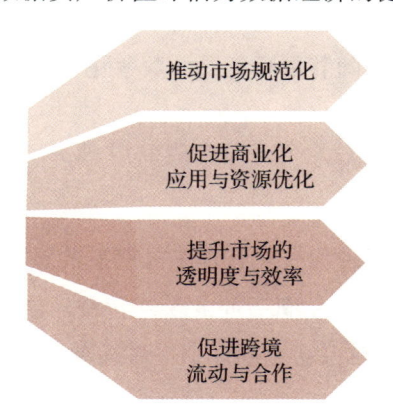

图 9-1 数据资产价值评估对数据要素市场的意义

1. 推动市场规范化

数据资产价值评估是数据要素市场健康发展的基础。通过建立科学的评估机制，可以为数据交易双方提供公正的参考，缓解信息不对称问题，降低交易风险。规范的评估体系使数据能够像传统资产一样进入市场交易，促进数据要素的流通，提升市场效率。

2. 促进商业化应用与资源优化

数据的价值不仅体现在收集与存储上，还体现在其加工与应用上。评估能够帮助企业清晰认识数据资产的潜在商业价值，从而支持战略决策和资源配置。企业通过了解自身数据资产的价值，可以决定是否进行数据交易、合作开发或数据共享，优化资源配置，促进产业升级。

3. 提升市场的透明度与效率

数据资产价值评估为市场提供明确的定价依据，降低交易中的不确定性。随着数据要素市场规模的扩大，合理的评估标准能够避免价格泡沫或低估现象，促进市场健康发展，增强企业和投资者对数据交易的信心，推动更多资金流入市场。

4. 促进跨境流动与合作

数据资产价值评估标准的建立有助于全球数据市场的互联互通。合理的价值评估将为跨境数据交易提供依据，推动不同国家和地区之间的数据合作，促进全球数据经济的发展。随着国际贸易的数字化，跨境数据流动将成为未来市场的重要组成部分。

9.1.2 对企业的意义

数据资产价值评估在现代企业管理中具有重要意义，特别体现在推动数据治理与合规管理、促进业务创新与商业模式转型、修正企业估值模型等方面，如图 9-2 所示。下面将从这几个方面详细探讨其对企业的意义。

1. 推动数据治理与合规管理

随着数据隐私法规日益严格，企业必须加强对数据资产的治理与合规管理。数据资产价值评估能够帮助企业全面了解其数据资产的类型、价值和风险，从而制定更有效的治理策略。通过明确数据的合规性和风险特征，企业可以确保其数据使用符合国内外法律法规要求，降低法律风险。

图 9-2　数据资产价值评估对企业的意义

例如，一家金融机构通过对其客户数据进行价值评估，发现部分数据在合规性方面存在潜在问题。基于评估结果，该机构迅速采取措施，确保数据管理符合行业标准。这不仅保护了企业的声誉，也避免了违规导致的高额罚款和法律诉讼。

2. 促进业务创新与商业模式转型

在竞争日益激烈的市场环境中，企业需要不断创新以维持其市场地位。数据资产价值评估使企业能够识别数据的真正价值，并通过对数据资产的创新性使用，积累新的竞争优势。一方面，通过数据资产价值评估，企业可以发现哪些业务场景催生或使用了高价值数据，从而识别新的业务增长机会，为业务创新提供坚实的基础。另一方面，通过数据资产价值评估，企业可以发现市场价值较高却未被妥善使用的数据资产，识别出未被满足的市场需求或未被充分开发的市场机会，从而做出开发新产品和服务、开辟新市场的决策。

数据资产价值评估还能够支持商业模式的转型。随着数字化转型的推进，传统企业需要适应新的商业环境。数据资产价值评估可以引导企业从数据资产中探索新的收入来源和业务机会，促进基于数据资产的数据产品和服务的开发。这种转型不仅增加了企业的收入渠道，还提高了企业在数据资产时代的抗风险能力。

3. 修正企业估值模型

企业估值是投资者和管理层关注的关键问题。传统的企业估值方法往往侧重于财务指标，忽略了数据资产的潜在价值。而数据资产价值评估能够为企业提供更全面的估值视角。

通过评估数据的实际价值，企业能够将数据资产纳入整体估值模型中。这种方法不仅增强了企业的透明度，还提高了投资者对企业未来潜力的认知。例如，某科技公司通过对其数据资产进行详细评估，发现用户生成内容（UGC）的价值被严重低估。调整后的估值模型不仅吸引了更多投资者关注，也为后续融资提供了有力支持。

9.2 数据资产价值评估的理论体系

由于数据资产价值评估日益重要，理论界与实务界对其进行了大量讨论。数据资产价值评估的基本思路是定位能够刻画数据资产价值的若干指标，再讨论这些指标之间的相互关系，从而打造衡量数据资产价值水平的单一数值。学术界的普遍做法是结合企业基本状况对数据资产的构成进行分析，确定数据资产价值评估的指标体系，根据选用的评估方法搭建数据资产价值估值模型，并运用层次分析法等确定价值驱动因素和相关参数在模型中的取值，从而计算出数据资产的理论价值水平。因此，针对数据资产价值评估的研究主要围绕数据资产价值构成、数据资产价值评价指标体系、数据资产价值评估方法与模型构建3个方面展开。

从实务界的做法来看，数据资产评估服务需要在制度标准体系的指导下开展，以确保相关流程的规范性。2019年6月，我国数据资产领域首个国家标准《电子商务数据资产评价指标体系》（GB/T 37550—2019）发布，规定了电子商务数据资产评价指标体系的构建原则、指标体系、指标分类和评价过程。2019年12月，中国资产评估协会发布《资产评估专家指引第9号——数据资产评估》，对数据资产评估对象、评估方法以及评估报告的编制进行了详细说明。《数据资产评估指导意见》进一步明确了各类数据资产评估方法的操作要点。2024年2月，由中国银行业协会指导研制的《银行业数据资产估值指南》发布，为银行业金融机构的数据资产估值提供了参考。接下来，我们将结合学术界与实务界的类似做法，讨论数据资产价值评估的理论体系，相关要点如图9-3所示。

9.2.1 分析数据资产的价值构成

数据资产价值构成是指数据资产价值的组成部分或构成要素，以及这些要素如何在整体价值中发挥作用。对数据资产价值构成的分析，主要是根据数据资产价值的形成过程，确定其价值的来源和结构，以揭示数据资产价值的本质属性与刻画方法。需要注意的是，数据资产价值的影响因素众多，但不全是可以用来直接刻画数据资产价值的决定性因素。因此，分析数据资产的价值构成奠定了数据资产估值体系的逻辑起点，并决定了估值指标体系的推演和估值方法的选择。

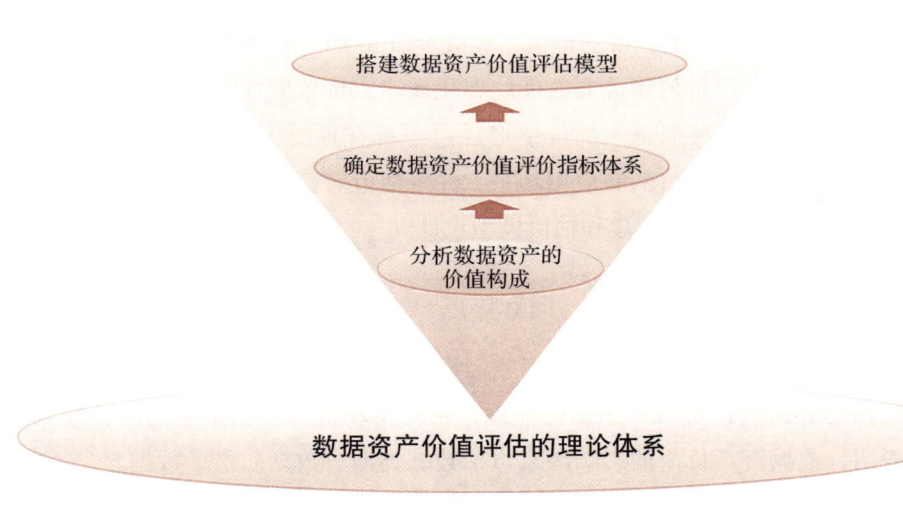

图 9-3　数据资产价值评估的理论体系构成

苑泽明等认为，数据资产的价值构成可以从数据资产流转的 3 个阶段进行分析：在数据资产的收集形成和储备传播过程中，数据资产的价值都体现在所耗费的成本费用中；在收益实现过程中，数据资产的价值体现在为企业创造的收益中，主要指数据资产对收入或现金流的边际贡献[一]。这种划分能够较好地将货币化计量的对象与数据资产价值运动过程结合起来，并且可以对应于成本法和收益法等传统估值方法。张志刚等认为数据资产价值构成包括数据资产成本与数据资产应用。因此，数据资产价值评估方法是将这两者通过数据资产价值评估模型计算得出[二]。高华和姜超凡将数据资产价值形成过程分为数据资产成本

[一] 苑泽明，张永安，王培琳. 基于改进超额收益法的企业数据资产价值评估[J]. 商业会计，2021，(19)：4-10.
[二] 张志刚，杨栋枢，吴红侠. 数据资产价值评估模型研究与应用[J]. 现代电子技术，2015，38（20）：44-47+51.

249

价值产生、应用价值产生和风险价值产生 3 个阶段，并在此基础上确定数据资产的价值构成及各部分影响因素[一]。

现有研究对数据资产价值维度的讨论非常普遍，而数据资产价值维度即数据资产价值实现的方式[二]。2016 年，中关村数海数据资产评估中心与全球权威的信息研究与顾问咨询公司 Gartner 联合发布了全球首个包含内在价值、业务价值、绩效价值、成本价值、市场价值、经济价值 6 个维度的数据资产评估模型。该模型基于数据资产价值实现成熟度的变化规律，将数据资产的价值构成分为 6 种类型，对于理解数据资产的价值形成过程具有重要作用。在估值实践中，企业可结合不同的估值目的和应用场景，分析估值对象的价值来源，并依据该模型开展具体的指标体系构建和估值模型设计。

9.2.2 确定数据资产价值评估指标体系

梳理数据资产价值评估的关键影响因素，是量化评估数据资产价值的技术前提；构建数据资产价值评估指标体系，则是实现价值评估策略的路径规划。研究表明，数据资产价值的影响因素包括数据类型、数据质量、数据容量、数据安全、数据使用期限、数据分析能力等[三][四]。国内外众多学者基于这些影响因素构建了数据资产价值评估指标体系，并运用层次分析法和专家打分法确定不同影响因素的权重，量化数据资产价值影响因素，以表征数据资产的价值水平。

从标准制定层面来看，《电子商务数据资产评价指标体系》关注的是数据资产评价指标体系的构建，提出从数据资产成本价值和数据资产标的价值两个方面对数据资产价值进行评价。其中，数据资产成本价值包括数据资产全生命周期的各项成本，涵盖建设成本、运维成本、管理成本等。数据资产标的价值指数据资产能够产生的价值，从数据形式、数据内容、数据绩效等维度进行衡量。具体的指标构建如图 9-4 所示。

[一] 高华，姜超凡. 应用场景视角下的数据资产价值评估 [J]. 财会月刊，2022，（17）：99-104.
[二] 尹传儒，金涛，张鹏，等. 数据资产价值评估与定价：研究综述和展望 [J]. 大数据，2021，7（04）：14-27.
[三] 周芹，魏永长，宋刚，等. 数据资产对电商企业价值贡献案例研究 [J]. 中国资产评估，2016，（01）：34-39.
[四] 李永红，张淑雯. 数据资产价值评估模型构建 [J]. 财会月刊，2018，（09）：30-35.

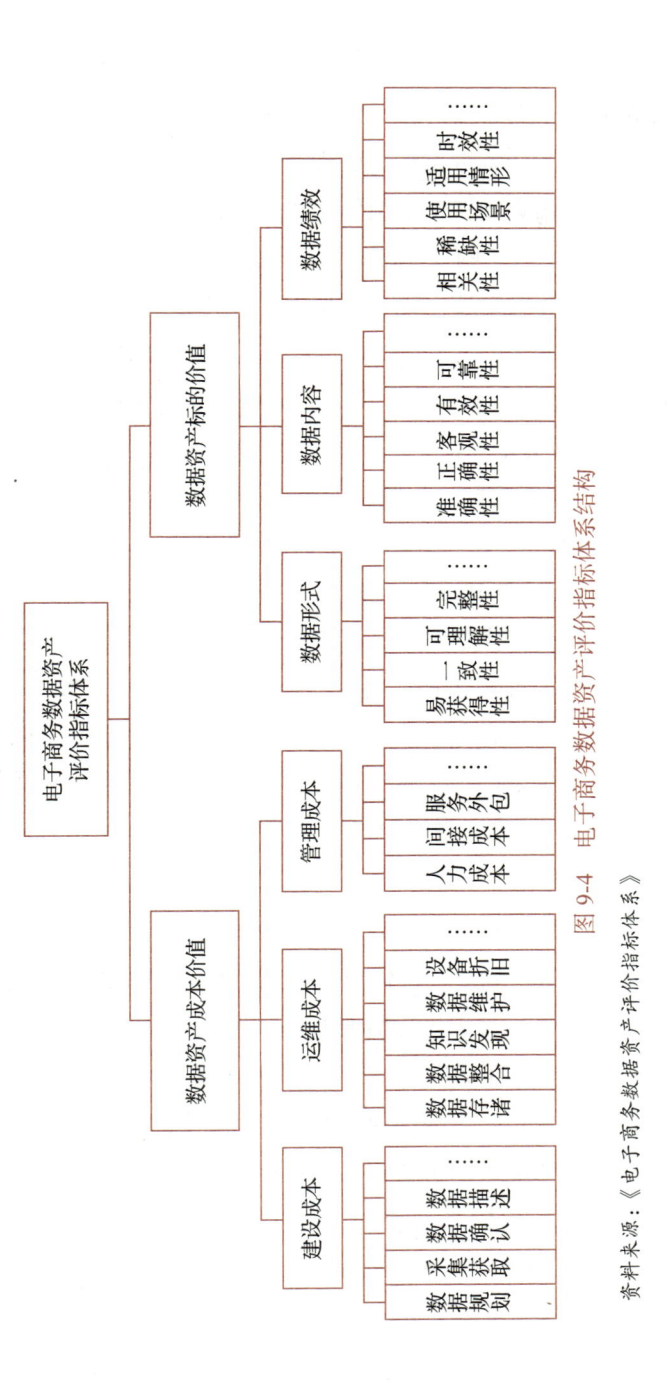

第9章 数据资产价值评估

图 9-4 电子商务数据资产评价指标体系结构

资料来源：《电子商务数据资产评价指标体系》

251

除了这一国标外，不少研究对企业数据资产的价值类型及其影响因素进行了不同的划分，并建立了相应的评价指标体系。2023年11月10日，中国互联网金融协会正式发布《金融数据资产管理指南》团体标准。该标准提出了数据资产估值方法，并指出数据资产估值结果可以应用于数据资产的发掘、促活与增值。涉及的5种估值方法的计算方式如下。

1）内在价值=（数据质量评分+数据资产定义质量评分+使用频率评分）/3×数据规模

2）成本价值=建设成本+加工成本+运维成本+管理成本+风险成本

3）业务价值=业务指标提升

4）经济价值=业务总收益×数据驱动的贡献比例

5）市场价值=数据产品在外部流通中产生的总收益

2024年3月20日，中国银行业协会发布《银行业数据资产估值指南》团体标准。该标准由中国光大银行牵头，中国工商银行、中国农业银行、招商银行、浦发银行等单位共同参与研究制定。该标准明确指出："数据资产价值评价指标体系是通过整合数据资产管理中的多个相互联系、相互协调的活动或要素，形成的一系列反映数据资产加工特性和价值特性的一组指标。该组指标的设计与GB/T 37550—2019中第4章提出的系统性、典型性、动态性和可操作性原则协调一致。"

同时，该标准创新性地阐述了数据资产价值评价指标体系的设计策略，如图9-5所示。简而言之，数据资产价值评价指标体系根据传统估值方法和基础评价方法分别进行设计。对于传统估值方法，为成本法匹配成本价值指标，包括规划成本、获取成本、存储成本、加工成本、管理成本、成本价值调整系数；为收益法匹配经济价值指标，包括业务收益、成本收益、风险收益、经济价值调整系数；为市场法匹配市场价值指标，包括交易价值、交易年限、市场价值调整系数。根据基础评价方法，该标准采用内部价值法进行系数评估，匹配内部价值指标，包括数据规模、数据质量、数据应用、数据市场、数据安全等；再通过层次分析法将这些指标定量转化为价值调整系数。

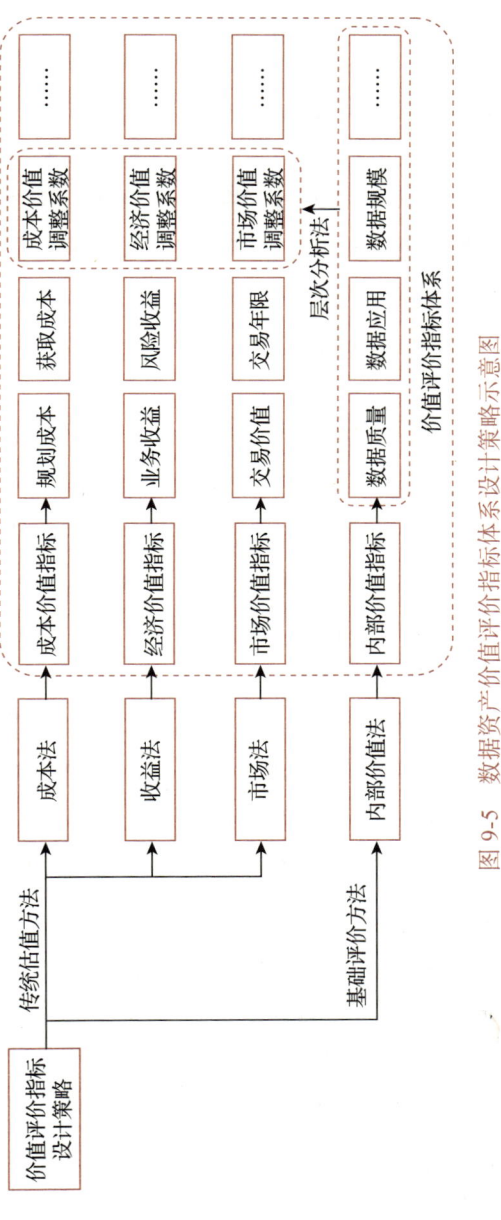

图 9-5 数据资产价值评价指标体系设计策略示意图

资料来源：《银行业数据资产估值指南》

该设计策略的一大亮点是充分考虑了价值调整系数的估算过程。计算价值调整系数的必要性在于，单纯采用价值指标的计算结果与评估基准日的实际价值之间往往存在差距，例如，采用成本法估值时，数据资产成本常常低于实际价值，如果不能妥善处理价值调整系数，就可能导致评估结果低于实际价值。因此，有必要强调价值调整系数的计算过程。这一设计策略全面展现了价值调整系数对数据资产估值指标体系的影响，并提供了不同算法的示例以供参考。值得注意的是，价值调整系数本质上是实际价值与不同价值指标计算结果之间的比值，也就是说，在不同的估值方法下，该比值是不同的。在估值过程中，需要注意区分影响价值调整的不同因素和计算方法。

9.2.3　搭建数据资产价值评估模型

数据资产价值评估模型是依据估值方法提供的技术思路，将估值指标体系以数学化的方式呈现。在实际操作中，除了关注估值模型的选择，我们还需考虑模型中的数据来源、计算方法等问题。中国资产评估协会于 2023 年发布的《数据资产评估指导意见》提供了评估方法相关模型的示例及适用场景，对评估模型的选择具有重要的参考价值。

从学术界来看，评估模型的设定与实际应用优化一直是相关研究的核心议题。现有研究或改进传统无形资产的评估方法，或构建新模型进行评估，积累了丰富的成果。在 **传统方法改进** 方面，成本法面临的争议较大。罗玫等（2023）在层次分析法以及成本法的基础上，设置数据质量、价值折损以及数据风险 3 个维度作为数据资产的价值调整因子[一]。收益法在数据资产估值的案例研究中应用较多，相关研究分别针对分成收益预测、超额收益预测、增量收益预测给出了完整的评估方案。例如，基于超额收益法的估值方案一般包括企业整体超额收益的确定、过去数据资产收益额的确定、未来数据资产收益额的预测、折现率的确定等步骤[二]。基于市场法的估值模型修正也较多。刘琦等（2016）指出市

[一] 罗玫，李金璞，汤珂. 企业数据资产化：会计确认与价值评估 [J]. 清华大学学报（哲学社会科学版），2023，38（05）：195-209+226.

[二] 苑泽明，张永安，王培琳. 基于改进超额收益法的企业数据资产价值评估 [J]. 商业会计，2021，（19）：4-10.

场法在实际应用中存在一些尚待改进的地方，包括技术修正系数体系的搭建、期日修正系数和容量修正系数的核定方法，并给出具体的改进思路[⊖]。尽管理论上可以对市场法的评估模型进行修正，但由于缺乏成熟的数据交易市场，导致可比数据资产的选择和模型参数的确定较为困难。综合来看，若能妥善解决收益法中指标取值的问题，收益法的估值将可能是最为可靠的方法。在新模型构建方面，学者们主要探索了实物期权、博弈论分析、客户感知价值等方法在数据资产估值中的应用。

在评估模型的实际应用过程中，数据资产价值评估指标的计算可能面临缺乏准确数据来源的问题。为了克服这一问题，现有研究多在理论上拆分出数据资产对企业价值终端贡献程度，再基于企业层面的财务数据进行估算。譬如针对收益法的指标估算，学者们往往通过理论分析从企业的总体收益中剥离出归属于数据资产的部分。这种做法能够在一定程度上克服估值基础资料不足的问题，通过对企业财务数据的有效分析可以评估出数据资产的大致价值区间，但同时也存在可信度和外延性受限的局限性。因此，建立数据资产的会计核算制度对数据资产估值是有所助益的，这也是掌握数据资产价值运动规律的必经之路。

9.3 数据资产价值评估流程

数据资产价值评估是一项体系化的工作，具有一整套科学且完善的评估流程。《银行业数据资产估值指南》指出："评估流程包括以下步骤，即识别估值目的、划分估值对象、选取估值方法、匹配估值指标、确认估值信息、编制估值报告及归档估值信息。"国家标准《信息技术 大数据 数据资产价值评估》（征求意见稿）提出的评估流程包含数据评价和价值评估两大步骤——数据评价包括对数据资产的质量要素、成本要素和应用要素的评价，由此可以得到估值模型中的价值调整系数，再采用收益法、成本法或市场法完成价值评估。

⊖ 刘琦，童洋，魏永长，等.市场法评估大数据资产的应用[J].中国资产评估，2016，（11）：33-37.

综合来看，执行数据资产价值评估业务时，首先需要明确评估目的，即本次数据资产价值评估的诉求。其次，分析评估对象，了解并关注数据资产的基本情况、特征和权利类型等。接下来应通过数据评价获取评估要素，主要包括影响数据资产价值的成本因素、场景因素、市场因素和质量因素。在此基础上，分析评估方法的适用性，这可能涉及采用多种评估方法并进行比较的做法。之后，分析不同评估方法结果的差异及其原因，最终确定评估结果。最后，披露或记录评估结果，并管理评估结果的使用过程。数据资产价值评估流程如图 9-6 所示。

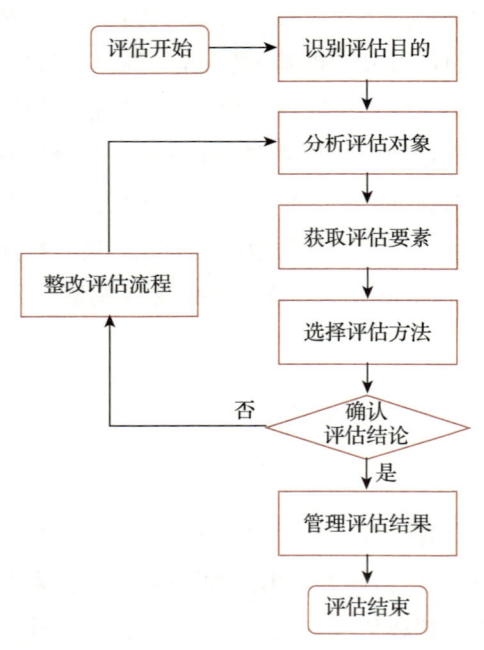

图 9-6 数据资产价值评估流程

9.3.1 识别评估目的

识别评估目的是数据资产评估工作的起点和关键步骤，因为不同的评估目的决定了评估对象的范围和特征、评估方法的选择以及评估参数的取值等。关于识别评估目的的作用，《数据资产评估指导意见》指出："根据评估目的、权利证明材料等，确定评估对象的权利类型；了解相应评估目的下评估对象的具体应用场景，选择和使用恰当的价值类型；执行数据资产评估业务时，资产评估专业人员应当根据评估目的、评估对象、价值类型、资料收集等情况，分析上述三种基本方法的适用性。"

就识别评估目的的具体思路来说，首先需要明确评估的需求背景，即发起评估的组织或部门需要解决什么问题，例如，是为了优化内部数据资产的管理和使用，还是为了推动数据市场化流通（如交易、共享）。接下来，需要结合业务目标确定具体的评估目的。常见的评估目的包括：1）市场流通导向——确定数据资产的经济价值或潜在收益，具体用于交易定价、合作谈判或财务报表披露。2）内部管理导向——优化数据资产在内部的分配与利用，提高运营效率；识别低效或冗余数据资产，制定精细化管理策略；评估数据安全性、合规性及隐私风险，为数据合规审计或风险控制提供支持；为数据基础设施建设或技术投资提供依据；发现数据资产的潜在用途或增值机会，例如将数据资产用于开发新产品、服务或算法模型。然后，根据评估目的清晰定义评估范围和价值类型。评估范围主要考虑包括：是评估所有数据，还是仅评估某类数据（如客户数据、业务数据）；是覆盖整个组织，还是针对某个部门或特定系统。最后，明确评估的边界条件，主要包括明确评估对象的时间跨度、应用场景和作用对象。例如，如果评估目的是推动数据交易定价，那么评估范围可能限定为适合市场交易的高价值数据集，而不包括内部低价值或冗余数据。

9.3.2 分析评估对象

在确定评估目的之后，明确评估对象及其分析要素。一方面，可以结合评估目的、业务需求、时间框架等因素确定评估对象。另一方面，影响数据资产价值的要素较为多样，因此评估对象的分析要素也较为丰富，评估人员可以参考《数据资产评估指导意见》（以下简称《指导意见》）中提出的分析要素。《指导意见》第三章"评估对象"指明了开展数据资产评估时应当了解和关注被评估数据资产的基本情况、特征和权利类型等信息，以及获取这些信息的方式。

具体来说，数据资产的基本情况包括数据资产的信息属性、法律属性和价值属性等。信息属性主要涵盖数据名称、数据结构、数据字典、数据规模、数据周期、产生频率及存储方式等。法律属性主要涉及授权主体信息、产权持有人信息、权利路径、权利类型、权利范围、权利期限以及权利限制等。价值属性则包括数据覆盖地域、数据所属行业、数据成本信息、数据应用场景、数据质量、数据稀缺性和可替代性等。

数据资产特征包括非实体性、依托性、可共享性、可加工性、价值易变性等。这些特征的定义和内涵在第 1 章已有介绍，此处不再赘述。由于这些特征可能影响数据资产的估值结果，评估人员应在理解其内涵的基础上，仔细分析它们对评估对象的具体影响。这些特征不仅影响数据资产的价值评估方法，还对评估结果的可靠性和适用性产生直接影响。通过全面考虑这些特征，评估人员能够更准确地反映数据资产的实际价值，为企业的数据资产管理和决策提供有力支持。

此外，数据资产的权利类型，将影响数据资产价值的影响范围、存续时间和实现方式，也是影响评估对象价值的重要因素之一。《指导意见》提到"应当根据数据来源和数据生成特征，关注数据资源持有权、数据加工使用权、数据产品经营权等数据产权，并根据评估目的、权利证明材料等，确定评估对象的权利类型"。由此可见，对数据资产权利类型的判断要基于对数据资产价值形成特征的把握，也要根据评估目的和权利证明材料等，考虑数据资产权利类型的真实性及其在评估中的适用情况。

由于数据应用基于特定行业，不同行业的数据资产具有不同的特征，例如金融行业的数据资产特征与电信行业有所不同。这些行业特征会影响数据资产价值评估模型中的参数取值，从而对估值结果产生影响。因此，评估人员可以参照《数据资产评估专家指引第 9 号——数据资产评估》中列举的不同行业数据资产特征，如金融行业数据资产通常具有高效性、风险性等特征，电信行业数据资产则具有关联性、复杂性等特征，选择适当的数据资产价值评估方法和模型。

9.3.3 获取评估要素

获取评估要素是指根据数据资产的价值构成，对影响数据资产价值的核心要素开展数据评价的过程。国家标准《信息技术 大数据 数据资产价值评估》（征求意见稿）认为数据资产价值评估框架的主要内容是："在提供评估保障和确保评估安全的前提下，分析数据资产的基本属性和基本特征，对数据资产进行数据评价，获得可供价值评估使用的质量要素、成本要素和应用要素等参数，再采用收益法、成本法或市场法完成价值评估"。可以看出，获取评估要素在整体评估流程中起到承上启下的关键作用，能够将评估人员对数据资产价值的理解转变为评估模型的参数指标输入，从而推动价值估计数额的生成。

评估要素的分类和获取方法是影响数据资产评估效果的关键。《指导意见》第四章"操作要求"归纳了影响数据资产价值的四大要素——成本因素、场景因素、市场因素和质量因素。其中，成本因素包括形成数据资产所涉及的前期费用、直接成本、间接成本、机会成本和相关税费等。场景因素包括数据资产相应的使用范围、应用场景、商业模式、市场前景、财务预测和应用风险等。市场因素包括数据资产相关的主要交易市场、市场活跃程度、市场参与者和市场供求关系等。质量因素包括数据的准确性、一致性、完整性、规范性、时效性和可访问性等。我们在第8章讨论的"数据资产质量评价"即是对质量要素的评价过程。

我们可以进一步讨论4种评估要素的获取方法。成本因素的获取方法包括：1）历史记录分析——查阅数据资产形成过程中的相关记录，如研发费用、设备投入、人工成本和运营支出。2）财务审计——通过企业财务报表或专项审计报告，明确直接成本、间接成本和机会成本。3）税务申报文件——从税务记录中提取与数据相关的税费信息，确保全面反映形成成本。

场景因素的获取方法包括：1）需求调研——通过内部访谈或外部市场调研，了解数据的主要应用场景、潜在商业模式及其市场需求。2）行业分析——结合行业发展趋势和市场前景，评估数据资产在特定场景下的应用价值。3）风险评估——通过数据使用历史记录和外部环境分析，识别应用过程中的可能风险。

市场因素的获取方法包括：1）市场行情调研——利用数据交易平台或市场

分析报告，了解相关数据交易的市场规模和活跃程度。2）供需分析——分析目标市场中的主要参与者、竞争格局及供求关系，判断数据的市场价值。3）案例参考——收集同类数据资产的交易案例，提供评估参考基准。

质量因素的获取方法包括：1）数据质量核查——通过技术手段验证数据的准确性、一致性和完整性，如数据校验和清洗工具。2）规范性检测——依据行业标准和法规要求，评估数据资产的规范性和合法性。3）用户反馈——从使用者的角度收集对数据时效性和可访问性的评价，帮助完善数据质量评价。

以上方法通过综合多维度信息，可确保评估要素获取的准确性和全面性，为数据资产价值评估提供可靠依据。此外，数据资产评估的价值类型也是在开展价值评估前需要明确的重点。根据相应评估目的下评估对象的具体应用场景，评估人员可以确定数据资产评估的价值类型[⊖]。若数据资产的评估目的和应用场景是以市场流通为导向，可选择市场价值（正常公平交易的价值）。若是以内部管理导向，可酌情选择投资价值（对特定投资者的价值）、在用价值（作为企业组成部分或者要素资产按其正在使用方式和程度及其对所属企业的贡献的价值）、清算价值（处于被迫出售、快速变现等非正常市场条件下的价值）等。价值类型的选择会影响后续评估方法和模型参数的使用。

9.3.4　选择评估方法

根据《数据资产评估指导意见》和《资产评估专家指引第 9 号——数据资产评估》，数据资产价值的评估方法包括成本法、收益法和市场法 3 种基本方法及其衍生方法。

1. 成本法

成本法是数据资产评估的一种基础方法，通过计算数据资产在收集、处理和维护过程中发生的全部成本来确定其价值，同时考虑折旧和损耗等因素。该

⊖　关于资产评估价值类型的定义、选择与使用，详请参见《资产评估价值类型指导意见》（中评协〔2017〕47 号）。

方法操作简单，适用于成本结构清晰的场景。然而，由于数据资产重置成本难以确定、使用寿命难以量化，以及在数据规模极大或极小时可能偏离真实价值[一]，成本法的适用范围受到一定限制。通常，我们可以将成本法与其他评估方法结合使用，以提高评估结果的全面性和准确性。

根据《数据资产评估指导意见》，成本法的基本计算公式为 $P = C \times \delta$。式中，P 表示被评估数据资产价值。C 表示数据资产的重置成本，主要包括前期费用、直接成本、间接成本、机会成本和相关税费等。前期费用包括前期规划成本，直接成本包括数据从采集到加工形成资产过程中持续投入的成本，间接成本包括与数据资产直接相关者可行合理分摊的软硬件采购成本、基础设施成本及公共管理成本。δ 表示价值调整系数。价值调整系数是对数据资产全部投入对应的期望状况与评估基准日数据资产实际状况之间的差异进行调整的系数，例如，对数据资产期望质量与实际质量之间的差异等进行调整的系数。

可以看出，价值调整系数是一个较为抽象的概念，即数据资产实际价值与总成本之间的比值。《资产评估专家指引第 9 号——数据资产评估》提供了一种有益的价值调整思路——先用数据资产成本投资回报率将总成本调整为数据资产的期望价值，再用数据效用将期望价值调整为实际价值，具体计算公式为 $P = TC \times (1 + R) \times U$。式中，$P$ 表示评估值，TC 表示数据资产总成本，R 表示数据资产成本投资回报率，U 表示数据效用。

数据效用的计算公式为 $U = \alpha\beta \times (1 + l) \times (1 - r)$。式中，$\alpha$ 表示数据质量系数，β 表示数据流通系数，l 表示数据垄断系数，r 表示数据价值实现风险系数。

总体来说，数据资产成本法与传统无形资产成本法的主要区别在于更强调价值调整系数，而非贬值因素。主要原因在于数据资产具有可复制性、可加工性等独特属性，相较于传统无形资产，数据资产在使用中能够创造更多溢价。实务中也经常出现数据资产价值大于成本的现象。因此，采用成本法时，我们

[一] 李泽红，檀晓云. 大数据资产会计确认、计量与报告 [J]. 财会通讯，2018，（10）：58-59+129.

往往需要考虑数据资产的预期使用溢价，并通过数据质量、数据规模等影响数据资产价值实现的因素对传统成本法进行修正。

在实际评估企业数据资产价值时，我们可结合市场均值或企业自身历史盈利数据确定该类数据资产的合理利润，并将合理利润率作为影响数据资产价值的重要因素进行调整。此外，我们还可考虑数据资产的剩余经济寿命、社会价值、带来的收入增长率、应用场景的多样性等因素。

2. 收益法

收益法是通过预测数据资产在未来特定应用场景中的预期收益，并将其折现以计算数据资产合理价值的方法。该方法能够直观反映数据资产的经济价值，尤其适用于具有明确使用场景且能持续带来经济利益的数据资产。通过估算数据资产在一定时间内的利润贡献，收益法也能较为真实地反映数据资产的潜在经济效益。但收益法的应用存在挑战，例如数据用途多样性、使用期限和现金流的不确定性，以及折现率难以确认。此外，数据收益与其他业务收益的交叉关系也增加了评估复杂性。因此，收益法虽然理论基础扎实，但需要关注每种计算方法的适用场景并在实际应用中结合其他评估方法以提高评估结果的可靠性。

根据《资产评估专家指引第9号——数据资产评估》，收益法的基本计算公式为：

$$P = \sum_{i=1}^{n} F_t \frac{1}{(1+r)^t}$$

其中，P 表示评估值，F_t 表示数据资产未来第 t 个收益期的收益额，n 表示剩余收益期，t 表示未来第 t 年，i 表示折现率。此外，根据数据资产收益预测计算方式的不同，还可划分为直接收益预测、分成收益预测、超额收益预测、增量收益预测等相关模型。

根据《数据资产评估指导意见》，使用收益法进行估值时，应特别关注收益法相关模型的计算方法和适用场景，具体见表9-1。

表 9-1 收益法相关模型的计算方法和适用场景

模型名称	计算方法	适用场景
直接收益预测	对利用被评估数据资产直接获取的收益进行预测	被评估数据资产的应用场景及商业模式相对独立,且数据资产对应服务或者产品为企业带来的直接收益可以合理预测的情形
分成收益预测	总收益 × 数据资产的收入提成率(或数据资产的净利润分成率)	通常适用于软件开发服务、数据平台对接服务、数据分析服务等数据资产应用场景,也适用于其他相关资产要素所产生的收益不可单独计量的情形
超额收益预测	整体收益 – 其他相关资产的贡献	被评估数据资产可以与资产组中的其他无形资产、有形资产的贡献进行合理分割,且贡献之和与企业整体或者资产组正常收益相比后仍有剩余的情形
增量收益预测	使用该项数据资产所得到的利润或现金流量 – 没有使用该项数据资产所得到的利润或现金流量	可以使应用数据资产主体产生额外的可计量的现金流量或者利润的情形,或是可以使应用数据资产主体获得可计量的成本节约的情形

3. 市场法

市场法是通过参考市场上同类或类似数据资产的近期交易价格来估算目标数据资产的价值的方法。市场法能够较为客观地反映数据资产的市场状况,评估结果容易被买卖双方接受。为了提高其准确性,我们可以结合层次分析法或灰色关联分析法进行差异调整。理论上,当市场上有足够多的数据交易实例时,可以依据这些可比资产的交易价格及可比资产与目标资产的可比指标进行评估。对于通过数据所有权交易获得直接经济利益的数据资产,市场法是最有效的估值方法。

然而,数据资产的价值波动较大,难以找到完全可比的数据资产。此外,数据本身具有非竞争性特征,市场交易通常涉及数据复制许可或使用许可的交易,而非数据资产所有权的交易。在这种情况下,市场法主要适用于少数数据资产的市场交易情形⊖。

⊖ 胡亚茹,许宪春. 企业数据资产价值的统计测度问题研究 [J]. 统计研究,2022,39(09):3-18.

根据《数据资产评估指导意见》，市场法的基本计算公式为 $P = \sum_{i=1}^{n}(Q_i \times X_{i1} \times X_{i2} \times X_{i3} \times X_{i4} \times X_{i5})$。

式中，P 表示待评估数据资产价值；n 表示待评估数据资产所分解成的数据集的个数；Q_i 表示参照数据集的价值；X_{i1} 表示质量调整系数；X_{i2} 表示供求调整系数；X_{i3} 表示期日调整系数；X_{i4} 表示容量调整系数；X_{i5} 表示其他调整系数。

4. 衍生方法

随着数据资产的复杂性和应用场景的多样性提升，新的评估方法应运而生。这些方法在传统评估方法的基础上引入了更多的灵活性和深度。从本质上看，这些新方法仍是传统评估框架的延伸与发展。传统方法提供了评估数据价值的基本原理，而新方法则在此基础上进行补充和优化，以更好地适应不断变化的市场和应用需求。

（1）综合评估法

由于不同估值方法存在互相补充的可能性，因此可通过设置权重系数，将 3 种估值方法的结果进行加权平均。根据国家标准《信息技术服务 数据资产 管理要求》（GB/T 40685—2021），综合评估法的计算方式为 $P = \alpha_1 \times P_1 + \alpha_2 \times P_2 + \alpha_3 \times P_3$。

式中，P 表示待评估数据资产的价值；α_1 表示成本法计量数据资产价值的权重系数（%）；P_1 表示用成本法计量的数据资产价值，单位为元；α_2 表示市场法计量数据资产价值的权重系数（%）；P_2 表示用市场法计量的数据资产价值，单位为元；α_3 表示收益法计量数据资产价值的权重系数（%）；P_3 表示用收益法计量的数据资产价值，单位为元。

（2）实物期权法

实物期权法将期权理论应用于数据资产的估值，重点评估数据资产带来的未来灵活性和战略决策价值。这种方法特别适用于那些具有较高不确定性和较大发展潜力的数据资产，例如尚未确定最终应用的创新数据。实物期权法通过模拟不同的期权类型（如扩张期权、放弃期权、延迟期权等），评估数据资产在不同市场环境下的潜在增值机会。

在实物期权法中，数据资产的价值由两部分组成：数据资产带来的现金流现值和附加的期权价值。实物期权法通过预期未来现金流，并结合不同期权类型的价值与发生概率，计算出数据资产在当前时刻的估值。

（3）博弈法

博弈法通过分析数据资产在不同参与者之间的博弈行为和竞争策略来评估其价值。此方法适用于竞争性较强的市场环境，特别是在多方利益相关者互动下，用来评估数据资产的潜在价值。博弈模型可以预测各方在特定博弈情境中的决策，从而确定数据资产在不同战略互动中的价值。在博弈过程中，数据交易双方基于各自掌握的信息进行博弈，并最终达成一个双方认可的均衡价值。博弈法重点分析数据交易的动态过程，可以视为市场法的一种衍生方法。因此，博弈法适用于数据交易市场中存在竞争和信息不完全的情境，尤其在多方博弈下，它能够揭示数据资产价值形成的复杂互动机制。这种方法不仅有助于评估数据交易的公平性，还能帮助预测不同博弈策略下数据资产的潜在价值。

9.3.5 管理评估结果

由于价值评估对形成数据资产的价值认识具有重要意义，数据资产评估结果的使用也备受关注，主要涉及评估结果的披露要求和管理要求。在披露要求方面，《数据资产评估指导意见》明确了数据资产评估报告应包含的内容，并对评估结果的对外披露事项进行了规范。此外，财政部颁布的《企业数据资源相关会计处理暂行规定》明确了评估结果在财务报表中的披露要求——企业对数据资源进行评估且评估结果对企业财务报表具有重要影响的，应披露评估依据的信息来源，评估结论成立的假设前提和限制条件，评估方法的选择，各重要参数的来源、分析、比较与测算过程等信息。

此外，国家标准《信息技术服务 数据资产 管理要求》对数据资产评估提出了5点管理要求，其中包含"将评估结果及时更新至数据资产目录，并确保评估过程被记录、可追溯"。团体标准《金融数据资产管理指南》提出，数据资产估值结果可以用于"开展数据资产的发展、促活与增值"。这些规定鼓励企业在保证规范使用的基础上，积极发挥数据资产评估结果在信息披露和内部管理领域的作用。

9.4 数据资产价值评估的实践研究

金融业作为较早开展数据治理的行业，许多金融机构在数据资产管理上开辟了新的发展路径，积累了丰富的实践经验。

【案例一】2021年8月，中国光大银行与瞭望智库联合发布了《商业银行数据资产估值白皮书》，系统研究了金融领域尤其是商业银行的数据资产估值体系建设，具有前瞻性和实用性，开行业先河。该白皮书以光大银行为研究对象，针对17个估值对象确定了17个数学计算公式，结合111个计算参数，明确了198个计算指标及口径。最终，采集了198个指标数据，计算出光大银行目前的数据资产价值超过千亿元。

光大银行此次数据资产评估的主要目的是"全面评估数据资产在内部应用的价值，为本行数据资产管理体系建设及各级管理决策提供参考"，以及"为未来拟交易数据资产实现外部价值进行全面分析"。因此，评估的价值类型包括内部使用价值和外部交易价值。结合光大银行对数据资产的分类，所采用的数据资产估值方法归纳如表9-2所示。

表9-2 数据资产价值评估对象与评估方法的匹配

数据资产分类		内部使用价值	外部交易价值
原始类数据资产	内部采集类	成本法	结合是否存在交易，分析是否可以产生直接交易收入；如可交易，则建议进一步分析是否满足市场法的条件，使用市场法衡量其外部交易价值，并与内部使用价值加总计算
	外部获取类	成本法	
过程类数据资产		成本法	
应用类数据资产	统计支持类	成本法	
	收益提升类	收益法	

光大银行数据资产估值的重要启示是，企业开展数据资产估值的前提是在内部明确数据资产的分类和盘点方法，然后根据相应的估值目的，确定不同估

值类型所需采用的估值方法，从而将数据资产估值成功纳入数据资产管理体系，实现数据资产管理效能的整体提升，达到良好的估值效果。

【案例二】2021年10月，浦发银行联合IBM、中国信息通信研究院共同发布《商业银行数据资产管理体系建设实践报告》，阐述了其在数据资产管理体系建设上的实践路径。可以看出，浦发银行已经率先完成了数据资产价值评估框架的搭建与应用，其对数据资产评估是为了促进业务部门更多采用数据驱动的方法实现业务提质增效，使业务经营模式从专家型、经验型转为数据驱动型，实现数据在内部的价值创造。由于对数据资产的应用较为成熟，浦发银行将数据资产纳入常态化运营体系中，按月统计形成《数据资产经营报表》，从数据价值增量、数据资产规模、数据资产运营3个维度衡量数据资产经营的整体情况，并将相关部门数据资产价值的实现情况纳入考核指标，衡量业务部门的数字经营能力，促使业务部门积极开展数据应用，加快推动企业数字化转型。浦发银行数据资产价值评估框架如图9-7所示。

浦发银行在数据资产价值评估上的重要经验是从数据资产估值结果的应用角度出发，构建了数据资产价值评估的逻辑闭环。具体做法包括清晰描绘数据资产估值的目的是促进数据赋能组织转型，从推动数据资产价值实现的角度搭建数据资产估值指标体系，并将估值结果嵌入数据赋能的业务转型中，从而更好地开展数据资产运营，提升数据资产的使用效能。

9.5 数据资产价值评估面临的挑战

目前，较为成熟的数据资产价值评估标准体系已经初步显现，但在实际操作中仍面临诸多挑战：一是数据资产特征方面，尤其是数据资产价值的易变性、可复制性等特征不同于传统资产的特征，给估值结果的应用带来了挑战；二是数据资产评估方法方面，评估方法的适用性给评估结果的可靠性带来了挑战；三是安全合规方面，合规成本高、合规复杂度大对价值评估的顺利开展形成了阻碍；四是市场需求方面，市场建设尚处于早期阶段，需求不显著给价值评估造成了一定影响。

图 9-7 浦发银行数据资产价值评估框架

资料来源：《商业银行数据资产管理体系建设实践报告》

9.5.1 资产特征方面

数据资产因其独特的属性，在评估过程中面临诸多挑战，包括依赖性、可复制性、价值易变性、非实体性和多样性等。这些特点使得数据资产的评估复杂，对评估方法和结果的准确性提出了更高要求。

首先，数据资产高度依赖于技术和基础设施，如存储设备、网络环境和数据处理工具，这些因素直接影响数据的质量和完整性。因此，我们在评估时需考虑技术基础设施的状态以及业务流程对数据资产价值的影响。

其次，数据的可复制性带来了双重影响。一方面，复制数据可以广泛传播，增加其价值；但另一方面，过度复制可能导致数据滥用和市场价值下降。因此，我们在评估时需谨慎处理数据复制对其独特性和价值的影响，避免多次复制导致资产估值泡沫。

接着，数据的价值易变性带来了挑战。数据的价值会随时间、市场需求等因素变化，实时数据的价值可能迅速下降，因此评估时需动态考虑其时效性和变化趋势。同时，数据的非实体性也使其评估更为复杂，由于其不存在于物理形态中，评估主要依赖于信息利用和决策支持程度，而非传统的有形资产标准。

最后，数据资产的多样性增加了评估的难度。不同类型的数据（如结构化、半结构化、非结构化数据）具有不同的评估标准和方法。评估结构化数据时需关注其准确性和完整性，而评估非结构化数据则需更注重内容的丰富性和可用性。

因此，面对这些评估挑战，企业需要采用多维度的评估方法，动态监测数据价值，运用技术手段进行分析，并建立健全数据评估标准与规范。

9.5.2 评估方法方面

数据资产评估面临诸多挑战，主要体现在评估方法的局限性和复杂性上。常见的评估方法包括成本法、市场法、收益法及衍生方法，但这些方法在应用于数据资产时存在明显局限。

成本法是基于数据的生产和维护成本进行评估，但成本与数据资产市场价值往往不一致。某些高价值数据可能成本较低，而低价值数据可能耗费巨资。

此外，成本法难以应对数据价值随时间变化的问题。市场法依赖于找到可比的市场交易数据，但由于数据资产市场尚不成熟，公开交易的案例有限，且数据高度异质化，难以找到完全可比的参考对象，从而影响评估的准确性。收益法通过预测未来收益来评估数据资产，但数据的收益预期具有高度不确定性，受市场、技术及政策变化等多种因素影响。此外，收益法依赖的参数（如折现率、增长率等）主观性较强，容易导致结果偏离实际。

衍生方法试图整合上述方法的优点，但在实践中面临较高的操作复杂性。如何有效结合这些方法，平衡不同来源的数据与信息（如历史成本、市场交易数据、未来收益预测）成为一大难题，并需要专家的主观判断，这增加了评估结果的不确定性。此外，数据资产评估的可比性和公正性也面临挑战。缺乏统一的评估标准使得不同评估者可能得出不同结果，影响评估结果可信度和决策参考价值。

总体来看，数据资产评估受制于方法局限、数据质量和标准缺乏等问题，未来随着技术与法规的完善，有望提高其科学性与公正性，充分发挥数据资产的价值。

9.5.3 安全合规方面

数据安全合规成本高、合规复杂度大是当前数据资产评估面临的重要挑战。随着数据隐私保护法规日益严格，企业在数据采集、存储、处理和传输过程中需要投入大量资源以确保合规和安全。这不仅增加了数据资产评估的成本，也增加了评估的复杂性，从而影响评估结果的准确性和可靠性。

为保障数据安全，企业必须在硬件、软件和人力资源上进行大量投入，包括购置高性能服务器、部署防火墙和入侵检测系统、定期备份和开展恢复演练等。这些成本直接增加了数据管理和维护的负担，间接影响数据资产的评估价值。此外，合规成本还包括满足法律法规要求的各项支出，例如《个人信息保护法》要求企业加强对个人数据的保护，需要投入数据加密、访问控制等技术，并进行员工培训。《数据安全法》则要求企业建立相关的数据安全和合规制度。

数据安全和合规要求使企业的数据管理变得更加复杂，需制定并执行多层次的数据管理政策和流程，以确保数据在整个生命周期内的安全和合规。这些复杂流程增加了数据管理的难度，进而影响数据资产评估的效率和准确性。此外，企业必须采用多种先进技术，如数据加密、去标识化和区块链等。这些技术的应用不仅增加了数据处理的复杂性，还要求评估人员具备较高的技术背景，以准确评估其对数据资产价值的影响。

数据安全和合规要求的增加导致评估成本上升，企业需投入更多资源进行安全保护和合规性审查，如聘请法律顾问和技术专家等。这些成本降低了评估的经济性，甚至可能令一些企业放弃评估。此外，数据管理的复杂性还增加了评估过程中的不确定性，影响评估结果的准确性。例如，数据加密和去标识化可能导致部分信息丢失，从而影响评估结果的精确性。

综上所述，数据安全合规成本高、复杂性大，给数据资产评估结果带来了许多挑战。为应对这些挑战，企业应制定标准化评估流程，加强技术培训与支持，优化数据管理与治理，引入外部专家，并动态监测和更新评估。

9.5.4　市场需求方面

数据产品市场需求较低和数据资产价值实现路径模糊是当前数据资产评估面临的重大挑战，直接影响数据资产的市场价值和评估的准确性。当前，我国数据要素市场尚处于初期阶段，数据商业模式仍在探索中，尚未形成成熟的市场体系。市场对数据资产的接受程度参差不齐，导致价值预期存在较大不确定性，这影响了数据资产的评估。

数据产品需求低的原因之一是应用场景有限、市场教育不足，或数据产品未能有效满足市场需求。另一个原因是市场竞争激烈，许多企业推出相似的数据产品，导致市场饱和，个别产品难以脱颖而出。例如，在数据分析领域，众多企业提供类似服务，进一步压缩了市场需求。

此外，数据资产的价值实现路径模糊也是一个关键问题。很多企业虽然拥有大量数据，但缺乏有效的商业化路径，导致数据资产的市场价值难以评估。公共数据的授权运营也是如此，尽管一些地方尝试将公共数据授权给企业进行运营，但应用场景仍然较为单一，缺乏多元化和创新性，导致数据资产的价值难以显现。

这些因素导致数据资产的市场价值和评估结果存在不确定性。为应对这些挑战，企业应加强市场调研，明确商业模式和价值实现路径，优化数据产品和应用场景，结合技术和市场需求，采用多维度评估方法，从而提高评估的科学性和准确性，确保数据资产的管理和利用。

9.6 本章小结

数据资产价值评估作为数据资产化的重要环节，对数据要素市场建设和提升数据资产管理效能具有重要意义。基于学术界与实务界积累的丰富成果，本章提炼了数据资产价值评估理论体系中主要关注的 3 个问题——数据资产的价值构成、数据资产价值评价指标体系、数据资产价值评估模型。在每个问题上，学术界与实务界都展开了深入讨论，并形成了一系列具有参考价值的标准与指导意见。通过总结现行的主流做法，本章归纳了数据资产价值评估的主要流程，包括识别评估目的、分析评估对象、获取评估要素、选择评估方法和管理评估结果等。通过研究数据资产价值评估案例，我们发现实务界在厘清数据资产价值评估的前提与应用方面进行了大量有益探索，由此形成了数据资产价值评估的逻辑闭环。最后，本章从资产特征、评估方法、安全合规以及市场需求等方面提出了数据资产评估面临的挑战。这些挑战促使我们不断改进数据资产价值评估机制，也帮助我们更全面地看待价值评估结果及其适用范围。

第 10 章 CHAPTER

数据资产使用管理

数据资产管理正成为实现数据资产化的核心需求。特别是在数据资产使用过程中，企业需要开展数据资产全生命周期管理。为此，本章将围绕使用对象、使用权限、使用主体和使用周期 4 个方面，构建数据资产使用管理的整体框架。首先，通过数据资产的分类与分级管理，可以突出不同种类数据资产的管理要点及使用方式。其次，使用权限管理是保护和控制数据资产权属的关键手段，确保企业有效防范数据滥用与安全风险。同时，应结合数据要素市场的发展动态，关注数据资产在不同主体间的流通范围、流通模式及流通工具与技术。最后，在使用过程中，重点关注数据资产的更新、维护及销毁处置，完成对数据资产全生命周期的动态管理与风险防控。必须强调的是，数据资产合规管理贯穿数据资产使用全流程，以确保企业遵照法律法规要求，做到全方位的数据安全合规。

10.1 数据资产使用管理概述

10.1.1 数据资产使用管理的内涵

数据资产管理的内涵十分丰富。2024 年 1 月，财政部印发了《关于加强数据资产管理的指导意见》，明确了数据资产的管理目标，强调了全面管理的必要性，涵盖了数据资产管理的各个环节。在加强数据资产使用管理方面，这份文件阐述了一系列重要举措，包括数据资产的定期更新与维护、数据安全管理、数据资产价值复用、市场化流通以及数据资产全流程合规管理等，为企业数据资产使用管理提供了重要指导。

考虑到数据安全管理的内容相对独立，我们将在下一章专门进行介绍。本章则针对数据资产的使用对象、使用权限、使用主体和使用周期，分别讨论相应的管理机制，并明确数据资产合规管理在其中发挥的基础性作用。为了推动数据资产使用管理的系统实施，本章相关核心内容总结如图 10-1 所示。

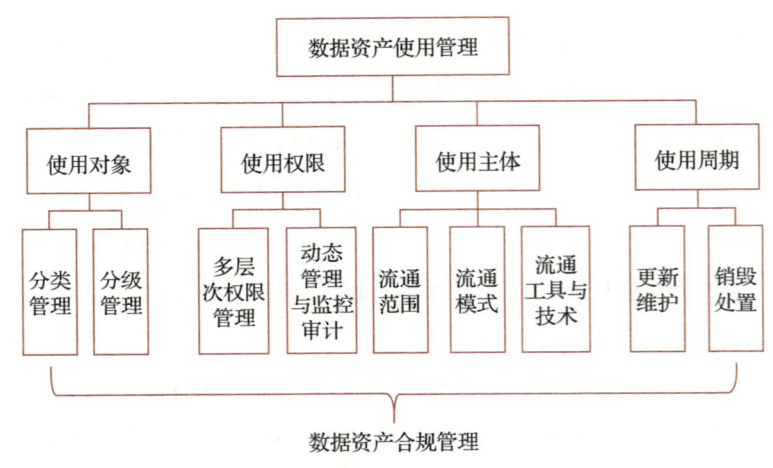

图 10-1 数据资产使用管理的核心内容

其中，数据资产分类分级管理和使用权限管理是数据资产使用管理的核心。数据分类分级管理帮助企业根据不同种类数据资产的使用特征，确定相应的使用方式和管理策略。数据资产使用权限管理则确保对数据资产的权属控制，为后续的确权与授权使用奠定基础。在明确使用权限的前提下，企业能够合法、透明地使用数据资产。这不仅有效保护了企业利益，还为数据资产流通交易创造了条件。

10.1.2 数据资产使用管理的意义

数据资产使用管理具有重要的战略意义，是现代企业在数字经济环境中提升竞争力、创新能力和实现可持续发展的关键。

数据资产使用管理可以帮助企业更好地挖掘和利用数据资源，将其转化为实际的商业价值。通过科学的管理，企业能够有效提升数据的质量、可靠性和应用性，从而支持更精确的决策制定、优化运营流程，并推动产品与服务创新。

数据资产使用管理有助于保障数据安全和合规性。随着数据隐私和安全问题日益受到关注，企业面临严格的法律和监管要求。通过合规管理，企业能够确保在数据的采集、存储、处理和流通过程中始终符合相关法律法规要求，避免法律风险和声誉损失。同时，数据资产使用管理中的追溯和审计机制还能提高企业对数据活动的可见性和控制力，及时发现并应对潜在的安全威胁。

通过市场化的数据资产使用管理，企业可以在合法合规的框架下实现数据的交易与共享，拓展数据的应用场景，推动数据的多次利用。这不仅能够为企业带来直接的经济收益，还能促进企业与外部合作伙伴之间的协同，推动整个产业链的数字化转型。

总体而言，数据资产使用管理不仅是企业自身发展的需要，更是顺应数字化时代潮流的重要举措。它帮助企业在激烈的市场竞争中保持领先地位，提升运营效率，增强风险抵御能力，并通过数据驱动的创新推动业务持续增长。

10.2 数据资产分类分级管理

数据资产分类分级本质上是根据数据的内在属性、特征和管理目的，对数据进行标签化和符号化识别与划分的过程。具体来说，数据资产分类是依据数据的属性和特征，按照特定原则和方法，将具有相似性或共性的数据归类，并构建层次化分类体系的过程。数据资产分类有助于明确数据的本质、属性、权属及相关关系，从而更有效地管理和使用数据。数据资产分级则是根据既定目的，按照特定原则和方法，对数据在权限、范围和影响程度等方面进行差异化定级的过程。数据资产分级有助于明确数据的使用方式、价值及权限。

随着数据量的迅猛增长，不同类型数据资产在敏感性、法律合规性和应用场景上的差异日益显著。数据资产分类分级管理成为数据资产使用管理的关键内容。企业能够借此进一步明确不同类型数据资产的管理要求、使用权限和安全保护措施，从而提升数据资产使用效率，保障数据资产使用安全，并推动数据资产价值最大化。

首先，不同类型数据资产的敏感性决定了其安全需求的高低。公共数据的开放共享可以带来便利，而个人隐私数据的泄露可能引发重大损失。因此，数据资产分类分级管理可以根据数据的风险等级采取不同的安全保护措施，防止数据泄露和滥用。

其次，数据资产分类分级管理有助于满足法律法规对数据保护的合规要求。例如，《通用数据保护条例》（GDPR）对个人数据保护提出了严格要求。通过数据资产分类分级，企业能够在数据处理和使用过程中及时遵循合规要求，降低法律风险。

此外，数据资产分类分级管理还可以提升数据资产的开发利用效率。通过有针对性地管理，为数据资产匹配更优的应用场景，以充分挖掘其价值潜力。与此同时，数据资产分类分级管理有助于明确数据共享和协作的规则，在发挥数据价值的同时，对敏感数据进行有效保护，实现安全与发展的统一。

10.2.1　数据资产分类分级的制度建设

数据资产分类分级应尽可能遵循统一标准，因此数据分类分级的制度体系建设必不可少。根据服务对象的不同，我们可以将数据资产分类分级的制度建设过程分为针对数据资源的生产供给、数据安全保护和数据流通利用3部分。

1. 针对数据资源的生产供给

数据不仅是对现实的客观描绘，还包含对信息的科学展示和逻辑总结。在信息技术发展的早期，数据的收集主要依靠观察、统计、实验和计算等传统手段，内容主要是对信息资料的统计与记录。数据背后的信息量相对有限，数据结构与关系也较为简单。随着信息技术的迅猛发展，利用计算机设备以数字化方式收集和保存数据已经成为信息生成的关键途径。这不仅促进了数据量的快速增长，还显著提升了数据表现形式的多样性和复杂性。尽管数据量和数据类型日益丰富，但由于缺少统一的数据收集和管理规范，将来自不同渠道、不同结构的数据进行融合应用变得更加困难，在很大程度上影响了数据的使用效率。

为了应对这一挑战，我国在"十二五"规划之前，已经开始构建数据分类分级体系，旨在通过标准化的数据分类分级流程，提升数据供应的质量和效率。相关行业部门为了促进数据资源的有效生产和供给，在制度文件中陆续提出了数据分类分级的要求。例如，2003年发布的《关于做好房地产市场预警预报信息系统有关工作的函》强调，房地产市场预警预报信息系统的基础工作是数据分类采集；《2004—2010年国家科技基础条件平台建设纲要》则在科学数据共享平台建设部分提出，要形成国家科学数据分级分类共享服务体系。数据分类分级制度体系的构建将在很大程度上确保数据的合理生产与高效供给，为数据要素产业的长远发展奠定基础。

2. 针对数据安全保护

以大数据和人工智能为代表的新一代信息技术与传统行业的融合速度加快，产业数字化程度不断加深，数字产业化已初具规模。然而，随着数据量的不断增长，个人隐私泄露、信息非法采集、数据垄断、数据侵权等数据安全问题日益突出，对行业发展和国家安全构成潜在威胁，针对数据安全的监管需求愈发迫切。

我国数据分类分级管理的相关政策文件体现了对数据安全的高度重视以及对数据要素市场的规范引导。《数据安全法》作为数据安全领域的基础性法律，确立了数据分类分级保护制度，明确将数据划分为国家核心数据、重要数据以及一般数据的核心原则。《网络数据安全管理条例》进一步细化了网络数据处理活动的规范，强调数据分类分级保护以及数据安全风险评估和监测预警机制。

工业和信息化部发布了《工业和信息化领域数据安全管理办法（试行）》，规范工业和信息化领域的数据处理活动，加强数据安全管理，保障数据安全，促进数据开发利用，保护个人和组织的合法权益，维护国家安全和发展利益。该文件的发布为工业和信息化领域的数据处理者提供了数据安全风险评估的指导，以提升数据安全管理水平，维护国家安全和发展利益。

国家标准 GB/T 43697—2024《数据安全技术 数据分类分级规则》提供了数据分类分级的通用规则，为数据分类分级管理工作的实施提供了重要指导。该标准于 2024 年 10 月 1 日起正式实施，明确了数据分类分级的基本原则，包括业务相关性、数据敏感性、风险可控性等，并针对重要数据制定了识别指南，为规范、准确地识别重要数据和核心数据提供了依据。

总体而言，数据分类分级的制度体系建设有助于确保数据的安全合理利用，为数字经济的可持续发展奠定基础。

3. 针对数据流通利用

继农业经济和工业经济之后，数字经济开启了新的经济形态。在党的十九届四中全会上，数据首次被列为生产要素之一，这进一步凸显了数据在社会经济发展中的重要性。数据已从信息化的单一结果转变为具有经济价值、参与社会生产和价值分配的要素化产物。因此，如何提升数据要素化的效率，推动数据在更广泛范围和更大规模上实现市场化流通利用，以及如何更好地发挥数据要素的价值以促进社会经济的高质量发展，成为"十四五"期间数据分类分级制度建设的重心。

《"十四五"大数据产业发展规划》《"十四五"数字经济发展规划》《要素市场化配置综合改革试点总体方案》等政策均从促进数据流通利用的视角强调了数据分类分级的重要性，要求在保障个人隐私和数据安全的基础上，逐步有序地推动数据在某些领域的流通和应用。中共中央 国务院《关于构建数据基础制度更好发挥数据要素作用的意见》进一步明确了要加强数据分类分级管理，把该管的管住、该放的放开，将数据分类分级作为数据基础制度的关键部分，明确要在国家数据分类分级保护制度下，推进数据分类分级确权授权使用和市场化流通。

2023年，国家数据局等17个部门共同发布了《"数据要素×"三年行动计划（2024—2026年）》。该计划从12个数据要素应用场景出发，提出利用数据要素推动社会经济发展的核心措施，涉及数据分类分级流通利用导向的制度，以支持数据要素价值的实现。这些政策文件和标准共同构成了我国数据流通利用的基本政策框架，推动在数据资源流通利用中实施数据分类分级管理。

10.2.2 数据资产分类分级的主要形式

在数据资产使用管理过程中，分类与分级是两个密切相关但又相对独立的环节。分类侧重于数据的属性和来源，分级则侧重于数据的敏感性和重要性。在实践中，分类和分级通常是同时进行的。通过两者的结合，数据管理者能够为不同的数据资产制定合适的管理策略和保护措施。

1. 数据分类

数据分类通常是根据数据来源、用途、涉及的主体等维度展开，主要目的是明确数据的属性和使用场景，为后续的管理和利用奠定基础。在实际管理中，数据主要分为以下三大类。

（1）公共数据

公共数据是由政府、公共机构或其他社会组织生成的数据，具有公益性、社会共享特点。典型的公共数据包括气象数据、地理数据、交通数据、人口统计数据、环境监测数据等。这类数据通常涉及公共利益，不涉及个人隐私或商业秘密，其开放共享对社会和经济发展具有积极意义。

因此，公共数据的管理主要以开放和共享为核心。近年来，各国都在推动开放数据政策制定，鼓励政府和公共机构将公共数据向社会开放，供企业和个人使用。这种开放数据的举措不仅能够提高数据的利用效率，还能够激发社会创新，推动数字经济发展。

（2）个人数据

个人数据是能够直接或间接识别特定个体的数据，涉及个人身份信息和隐私。个人数据的范围非常广泛，包括但不限于姓名、身份证号、电话号码、电子邮件地址、地理位置、消费记录、浏览历史、社交媒体数据等。随着互联网的普及，个人数据的数量快速增长，成为许多企业洞察用户需求、精准营销的重要资源。

根据个人数据的特性，我们可以进一步将其划分为普通个人数据和敏感个人数据。普通个人数据如联系方式、电子邮件地址等，对个人的隐私和安全影响较小。敏感个人数据则包括健康记录、财务数据、生物识别信息等，一旦泄露可能对个人造成严重损害。因此，在个人数据的管理过程中，个人隐私保护始终是核心任务。随着互联网的迅猛发展，数据泄露和隐私侵犯事件层出不穷，个人数据的安全性愈发受到公众和法律的关注。各国和地区相继出台了严格的个人信息保护法规，如欧盟的《通用数据保护条例》（GDPR）和中国的《个人信息保护法》。这些法律对企业处理个人数据提出了严格要求，包括获取数据主体的同意、确保数据传输安全、限制数据的存储时限等。

（3）企业数据

企业数据是指企业在其日常运营过程中产生的各类数据，包括财务数据、客户数据、生产数据、供应链数据、市场营销数据等。企业数据是企业重要资源之一，不仅影响企业的运营效率和市场竞争力，还可以通过数据分析推动商业决策和创新。

企业数据的管理必须兼顾安全性和利用效率。一方面，企业需要通过严格的访问控制、数据加密、内部审计等手段，确保敏感数据和机密信息的安全。另一方面，企业需要合理利用这些数据进行业务分析和决策优化，以数据驱动的方式提高企业的运营效率和市场响应能力。

2. 数据分级

数据分级一般是根据数据的敏感性、重要性和价值高低等因素进行的，目的是确定其应有的保护措施、访问权限以及使用策略，从而最大限度地降低数据泄露风险，并确保数据的合理使用。

《数据安全法》要求，根据数据遭到篡改、破坏、泄露或者非法获取、非法利用，对国家安全、公共利益或者个人、组织合法权益造成的危害程度，将数据从低到高分为一般数据、重要数据、核心数据3个级别。这是从国家数据安全角度给出的数据分级基本框架。

2024年10月1日起实施的国家标准GB/T 43697—2024《数据安全技术 数据分类分级规则》将数据分为核心数据、重要数据、一般数据3个等级。

- 核心数据：是指对领域、群体、区域具有较高覆盖度、较高精度、较大规模、一定深度的，一旦被非法使用或共享，可能直接影响政治安全的重要数据。核心数据主要包括关系国家安全重点领域的数据，关系国民经济命脉、民生、公共利益的数据，以及经国家有关部门评估确定的其他数据。
- 重要数据：是指特定领域、特定群体、特定区域或达到一定精度和规模的数据，一旦被泄露、篡改或损毁，可能直接危害国家安全、经济运行、社会稳定。仅影响组织自身或公民个体的数据一般不视为重要数据。
- 一般数据：是指核心数据和重要数据之外的其他数据。

在实际操作中，企业可以将上述分类分级的主要形式作为参考，充分吸收法律法规和国家标准的相关要求，根据自身的业务情况、数据开发利用情况和使用管理目标，制定具体的数据资产分类分级管理标准。

10.2.3 数据资产分类分级管理的流程

数据资产分类分级管理是一个持续的过程，需要根据数据资产的生命周期动态调整其分类和分级。数据资产分类分级管理流程包括以下几个步骤。

- 数据采集与初步分类：在数据进入系统时，根据其来源和用途进行初步分类。例如，公共数据、个人数据和企业数据的分类通常在数据采集阶段就已完成。
- 敏感性评估与分级：数据分类完成后，根据数据敏感性、法律要求、商业价值等因素，对数据进行分级处理。数据管理者需要依据既定的标准和评估模型，判断哪些数据需要特殊的安全措施，哪些数据可以较为自由地流通。

- **制定管理策略**：根据数据的分类和分级，制定相应的管理策略，包括存储、访问、传输、共享和销毁等环节的具体操作流程。对于敏感数据和高价值数据，可能需要设定更为严格的保护措施，如加密、分区存储、定期审计等。
- **动态监控与审计**：在数据使用过程中，分类分级管理必须与动态监控和审计相结合，确保管理策略能够有效执行。对于高敏感级和极高敏感级数据，定期进行安全审计是必不可少的。数据管理者需要定期检查访问记录和数据传输情况，确保没有违规操作。
- **数据更新与重分类**：随着数据的使用场景、法律环境或业务需求的变化，某些数据的敏感性或重要性可能会发生变化。在这种情况下，数据需要重新分类分级，确保其继续处于适当的管理策略之下。例如，某些业务数据随着时间的推移不再敏感，可能从高敏感级数据降为中敏感级数据，从而释放更多访问权限。
- **销毁与归档**：数据生命周期结束时，依据分类分级策略对数据进行销毁或归档。高敏感级数据和极高敏感级数据的销毁必须经过严格的审批和操作流程，确保数据不再存在泄露风险。

总体而言，数据资产分类分级管理从使用对象的角度，为数据资产的使用管理指明了方向，也为数据资产的合规管理提供了便利。合理的数据资产分类分级管理能够在确保数据安全合规的前提下，促使各类数据资产最大限度发挥价值。

10.3 数据资产使用权限管理

数据资产使用权限管理是数据资产使用管理的核心部分，涵盖数据资产全生命周期的访问和使用权限控制。通过这一管理，企业可以有效规范数据资产使用全过程，并在各领域实施数据资产权属控制与保护，促进数据资产的安全合规与价值实现。这对于企业数字化转型的顺利实施和运营效率的提升至关重要。

10.3.1 数据资产使用权限管理的核心原则

数据资产使用权限管理的两个核心原则是最小权限原则和分级授权原则。

最小权限原则是指数据使用者只能访问和操作与其工作职责直接相关的数据。该原则通过限制数据的访问范围，有效减少数据暴露的风险，尤其在跨部门或跨团队的数据共享和使用场景中发挥了重要作用。例如，在一个大型企业中，市场部的员工无法访问研发部门的内部数据，财务部门的员工也无法查看销售数据。这样可以避免不必要的数据暴露，降低数据泄露和滥用的风险。通过严格执行最小权限原则，企业能够在不同层级和部门之间建立清晰的数据使用边界，确保数据的安全性和合规性。

分级授权原则是指根据数据的敏感性进行分级授权。对不同层级的用户开放不同级别的数据权限。例如，普通员工可能只能访问企业的公共业务数据，高级管理人员才能访问高度敏感的财务或战略数据。这种分级授权机制通过精细化权限管理，有效控制敏感数据的流通，防止数据泄露或滥用。在实际操作中，数据可以根据其敏感性分为多个级别，例如公开数据、内部数据、敏感数据和高度敏感数据。

10.3.2 多层次的权限管理框架

为了应对不同场景下的数据使用需求，企业需要构建多层次的权限管理框架。该框架不仅应涵盖企业内部各部门、各岗位的数据使用权限管理，还需延展至外部合作伙伴、供应商和第三方机构的数据使用权限管理。通过多层次的权限划分和管控，企业能够确保在任何数据使用场景中都足够安全。

- 内部权限管理：企业内部的权限管理框架需要根据不同职能部门和岗位进行精细化划分。不同部门和岗位对数据的使用需求各不相同，因此权限的设置应根据具体工作职责进行。例如，财务部门的员工需要访问财务报表和会计数据，市场部门的员工主要使用客户数据和市场分析数据。通过分层次的权限管理，企业可以确保数据流通符合实际业务需求，同时避免敏感数据的过度共享。
- 外部权限管理：随着企业业务的扩展，越来越多的外部合作伙伴和供应商需要访问企业的数据资源。因此，企业需要在权限管理框架中纳入外部用户的权限控制。通过 API 访问控制、合同约定等方式，企业可以确保外部用户只能访问其授权范围内的数据，避免数据滥用或泄露。

结合多层次的权限管理框架，企业通常采用不同的访问控制模型来实现权限的分配与管理。这些模型不仅适用于企业内部的数据使用场景，也涵盖数据流通交易中的使用环境。以下是常见的访问控制模型。

- **基于角色的访问控制（Role Based Access Control，RBAC）**：RBAC 模型是一种企业广泛采用的权限管理模型。在该模型中，权限是基于用户所承担的角色分配的。例如，对于数据主管的角色，允许其访问公司所有非敏感数据资源；对于财务主管的角色，允许其拥有访问财务数据。RBAC 模型的优势在于简化权限管理流程，尤其适用于组织结构复杂的大型企业。RBAC 模型的核心思想是在用户与权限之间通过角色建立关联。通过修改角色的权限，企业可以轻松实现对某类用户的权限管理，而无需对每个用户逐一设置权限。这种模型适合于权限相对固定且明确的场景，如企业内部的常规工作流程和部门间的数据共享。

- **基于属性的访问控制（Attribute Based Access Control，ABAC）**：ABAC 模型是一种更为灵活的权限管理模型。在该模型中，权限是根据用户的具体属性（如职位、部门、地理位置、工作时长等）分配的。例如，一位远程工作的员工可能因为地理位置不在设定范围内而被限制访问某些特定的敏感数据，夜班员工在非工作时间无法访问公司数据。这种模型具有更高的灵活性，适用于多维度、动态变化的权限管理场景。ABAC 模型的优点在于其灵活性和可扩展性，特别是在复杂的权限需求中，它支持根据不同的环境条件动态调整用户权限。这种方式在企业与外部合作伙伴的数据共享中尤为重要，因为不同合作方的权限需求可能基于具体业务情境而变化。

10.3.3 动态权限管理与监控审计

企业的数据使用需求是动态变化的，因此权限管理也需要具备相应的灵活性和动态调整特点。动态权限管理的核心思想是根据数据使用的时间、地点、目的等条件，动态分配或调整用户的访问权限。动态权限管理不仅可以满足临时数据访问需求，还能够在使用场景发生变化时快速收回权限，确保数据安全与合规。

- ❏ 临时权限分配。例如，在跨部门或跨项目的合作中，企业可以根据项目需求临时开放某些数据的访问权限，项目结束后自动收回这些权限。这样可以确保数据不会被长期暴露，同时保障项目期间的高效合作。
- ❏ 权限审查与更新。随着企业业务和数据需求的变化，权限设置需要定期审查和更新。定期审查权限设置不仅可以确保当前的权限分配与实际业务需求相符，还能防止权限过度分配和滥用。例如，某些员工可能因岗位变动不再需要访问先前的数据资源，这时企业应及时更新其权限，避免不必要的数据暴露。

为了确保数据权限管理的有效性，企业需要实施严格的监控和审计机制。通过记录所有数据的访问行为，企业可以全面掌握数据使用情况，并确保每次数据访问都可以被追溯。

数据访问日志记录是这一过程的关键，企业应确保所有数据操作（包括读取、修改、删除等）都被详细记录。记录所有数据的访问行为，追踪用户的访问时间、操作内容和数据来源，确保每一个操作都可以被审查和回溯。

实时监控技术使企业能够即时检测异常的数据使用行为，并及时采取应对措施。例如，如果某用户在短时间内进行了大量数据下载操作，系统可以立即发出警报并阻止其继续操作。实时监控不仅能够防范内部违规操作，还能有效应对外部黑客攻击和数据泄露风险。

10.4 数据资产流通管理

企业数据资产流通管理是数据资产使用管理中的一个重要环节，旨在通过规范化的流程和工具，确保数据资产能够在内部和外部有效、安全地流动。随着数据成为企业的核心资产，数据资产流通管理不仅有助于实现数据的高效利用，还推动了数据市场的发展。数据资产流通管理需要解决的核心问题是如何明确数据资产使用主体的范围，以及如何协调使用主体间的关系。本节将详细探讨数据资产流通管理中的几个关键要素，包括流通策略的制定、流通模式的选择，以及流通工具与技术支持，以帮助企业优化数据资产流通过程，实现数据资产价值最大化利用。数据资产流通管理的核心内容如图 10-2 所示。

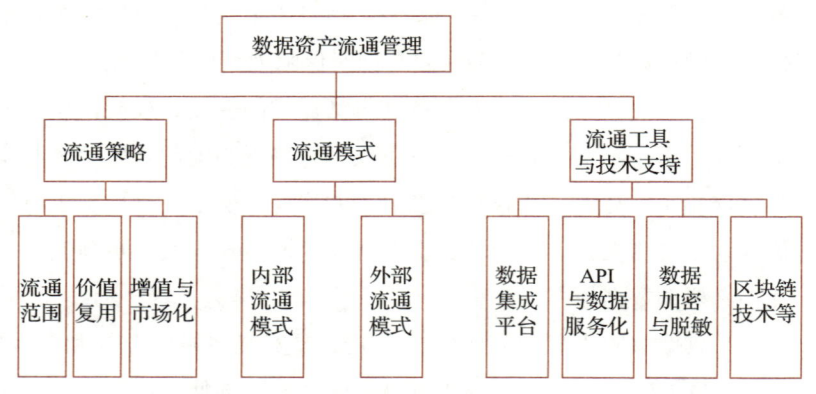

图 10-2　数据资产流通管理的核心内容

10.4.1　流通策略

企业应根据自身的业务特点和发展战略，制定明确的数据资产流通策略，确保数据在内部和外部流动中的一致性与高效性。数据资产流通策略不仅是企业数据资产管理的重要组成部分，也是推动企业数字化转型和数据驱动决策的关键。

1. 流通范围

企业必须明确哪些数据可以在内部或外部流通，哪些数据需要严格限制。通过对数据的敏感性和使用目的进行细致分类，企业可以更好地管理数据的流通。对于内部数据共享，企业可以根据具体业务需求决定不同部门间的数据流通。例如，在市场营销部门和产品研发部门之间，共享客户反馈数据可以促进产品改进和创新。而在外部数据流通方面，企业应严格评估数据的商业价值和潜在风险，确保数据的共享和交易安全。例如，在与合作伙伴共享客户数据时，企业需要确保合作伙伴具备充分的数据保护措施，以防数据泄露或被滥用。通过这种细致的管理和评估，企业可以有效保护其数据资产，同时充分利用数据的价值。

2. 价值复用

价值复用在于通过数据的二次开发和深入分析，实现数据在不同业务场景中的多次使用与增值。数据复用不仅显著提升了数据的利用率，还能为企业带来新的业务增长点。例如，市场营销部门可以根据销售数据进行客户分析和精准投放，从而提高营销转化率。同样的数据还可以用于财务部门的预算分析，帮助更准确地制订预算计划和控制成本。通过跨部门的数据复用，企业能够从多个维度挖掘数据的潜在价值，从而实现更高效的数据管理与决策支持。

3. 增值与市场化

随着数据市场的发展，数据的市场化和商业化变现已经成为企业数据流通的重要目标之一。企业通过数据交易或共享，可以将数据资产转化为直接的经济收益。例如，企业可以将处理后的非敏感数据出售给有需求的公司或机构，从而获得额外收入。一个典型的例子是金融机构购买数据服务商的信用数据，以提升其风险评估能力。数据的市场化不仅帮助企业实现数据资产增值，还推动了整个数字经济的发展。

随着业务需求和市场环境的变化，企业需要根据具体情况动态调整数据流通策略。例如，在业务扩展到新市场或与新合作伙伴合作时，数据流通的范围、方式、权限管理可能需要重新评估。企业应建立灵活的流通策略框架，能够根据外部环境的变化和业务需求的演进及时调整，确保数据流通的效率和安全。

10.4.2 流通模式

企业数据资产的流通可以通过多种模式实现，既包括企业内部的数据共享，也包括外部的数据交易与合作。企业可以根据业务需求和数据资产的特性灵活选择流通模式，以实现数据的高效利用。

1. 内部流通模式

内部流通模式主要包括部门间的数据共享和跨子公司的数据共享。

（1）部门间的数据共享

在企业内部，不同部门之间的数据共享是日常业务运作中不可或缺的环节。例如，营销部门可以使用销售部门的客户数据来制定精准的市场推广策略，财务部门可以使用运营部门的数据进行预算分析。通过部门间的数据共享，企业能够提升整体运营效率，实现跨部门的业务协同和资源优化。

（2）跨子公司的数据共享

对于大型集团企业，跨子公司的数据共享同样至关重要。集团内部的数据共享可以有效消除子公司之间的信息孤岛，增强集团的统一管理能力。例如，总部可以通过整合各子公司的业务数据，获得更全面的业务洞察，从而制定更加有效的战略规划和决策。

2. 外部流通模式

外部流通模式主要包括数据交易、数据交换平台的使用、数据共享合作。

（1）数据交易

数据交易是企业通过数据市场化获取经济收益的一种常见方式。企业可以将经过处理和脱敏的非敏感数据在数据交易平台上出售给其他企业或机构。数据交易为企业提供了将数据资产转化为实际经济价值的途径。

（2）数据交换平台的使用

数据交换平台为企业提供了一个安全、便捷的数据流通环境。企业可以通过该平台与外部合作伙伴或其他企业交换数据。此类平台通常配备统一的数据接口、加密传输以及完善的权限管理功能，确保数据在流通过程中安全且合规。

（3）数据共享合作

数据共享合作是企业与合作伙伴、供应商、客户之间基于合作需求进行的数据流通。例如，物流企业与电商平台之间可以共享物流信息，从而提高供应链的透明度和客户服务质量。通过这种合作，企业不仅能够提升自身的服务水平，还能促进与合作伙伴之间的互利共赢。

随着数据市场的逐步成熟，跨行业的数据合作共享成为企业获取数据价值的重要途径。企业可以通过与不同领域的合作伙伴共享数据资源，实现协同效应。

为了实现跨行业的数据共享，企业需要构建一个安全、高效的数据共享生态系统。在这个生态系统中，参与者能够基于信任和透明的机制安全地共享和交换数据。这需要企业制定清晰的数据共享协议，并通过技术手段确保数据共享的合法性与合规性。为了鼓励更多企业参与数据共享，企业可以建立适当的激励机制，例如，可以通过为共享数据提供商业回报，激励其他企业或组织贡献数据。这种激励机制有助于推动更多数据在不同行业之间流通，提升整个数据生态系统的价值。

10.4.3 流通工具与技术支持

企业数据资产的成功流通依赖于先进的技术手段和平台的支持。通过各种技术手段和平台的支持，企业能够实现数据在内部或外部的高效、安全流通。常用的流通工具和技术实现方法总结如下。

1. 数据集成平台

数据集成平台是一种集成和管理不同来源数据的技术工具，能够对企业的各种数据资源进行统一管理和共享。数据集成平台不仅可以打破数据孤岛，还能提高数据利用效率。数据集成平台包括数据中台以及数据湖等多种形式，主要用于企业内部数据的流通。

数据中台是一种企业级的数据集成与管理平台，帮助企业实现数据的统一管理和跨部门的快速共享。通过数据中台，企业可以整合各个业务系统的数据，并通过标准化的接口供各部门调用。例如，财务部门和市场营销部门可以通过数据中台共享客户交易数据，以便分别进行预算和市场分析。

数据湖是企业用于存储大量原始数据的系统，能够管理和整合不同来源的结构化数据和非结构化数据。企业通过数据湖实现大规模数据的集中存储，并提供统一的数据访问服务，提升数据流通和共享的效率。

2. API 与数据服务化

API 是数据流通的核心技术工具之一。通过 API，企业能够为外部合作伙伴或内部系统提供数据访问接口，实现数据的快速调用和共享。通过开放 API，企业能够为外部合作伙伴提供实时数据访问服务。例如，电商平台可以通过 API 向供应商提供实时库存数据，帮助其优化供应链管理。这种方式提高了数据流通的灵活性，促进了供应链和客户服务效率的提升。

数据服务化是将企业的核心数据资产打包成标准化的 API 服务，供外部用户调用。这种方式不仅提高了数据的复用性，还增加了数据的商业价值。例如，一家开放银行可以通过提供 API 服务，允许第三方企业调用其风险评估数据，进一步拓展数据的应用场景。

3. 数据加密与脱敏

在数据流通过程中，数据的安全性至关重要。通过数据加密与脱敏技术，企业可以确保数据在传输和共享过程中不被恶意窃取或未经授权的访问。

- ❑ 数据加密：数据加密技术是通过将原始数据进行编码转换，来确保数据在传输过程中的安全性。无论是内部系统间的数据流动，还是与外部合作伙伴的数据共享，加密技术都能有效防止数据在传输过程中被截取或篡改。
- ❑ 数据脱敏：数据脱敏是一种通过屏蔽或替换敏感信息来保护隐私的技术。企业在共享客户数据时，可以将用户的姓名、身份证号码等敏感信息进行脱敏处理，确保数据的合规流通。例如，电商平台在共享用户购买行为数据时，可以将个人身份信息进行脱敏，确保用户隐私得到保护。

4. 区块链技术

区块链技术以其去中心化和不可篡改的特性，为数据流通管理提供了重要的技术支持。通过区块链技术，企业可以确保数据在流通过程中的完整性和可追溯性，实现数据资源的共享与验证。

- ❑ 区块链：区块链的透明性和不可篡改性使数据共享更加安全。企业可以将所有数据交易记录在区块链上，这样每次数据访问和交易都被清晰记录，确保了数据的可追溯性和真实性。

- 智能合约：智能合约是一种基于区块链的自动化协议，能够根据预定规则自动执行数据共享或交易。例如，企业可以通过智能合约设定数据交易的条件，一旦条件满足，数据交易将自动执行。这种自动化流程不仅提高了数据流通效率，还能确保数据共享过程的透明度和公平性。

10.5　数据资产更新、维护与处置

10.5.1　数据资产更新与维护

数据资产更新、维护是指对组织的数据资产进行定期或必要的重新引入与维护改进，以保证数据的准确性、完整性和时效性。财政部发布的《关于加强数据资产管理的指导意见》强调要"鼓励数据资产持有主体提升数据资产数字化管理能力，结合数据采集加工周期和安全等级等实际情况及要求，对所持有或控制的数据资产定期更新、维护"。企业在开展数据资产更新、维护工作时，需要明确数据资产更新、维护的基本目标，并制定具体的操作流程。

1. 数据资产更新与维护的目标

由于数据资产的时效性和价值波动性较强，企业需要定期更新和维护数据资产，以克服数据资产的贬值因素，保持数据资产的高效运转。同时，企业需要关注新的数据来源和数据处理方法，确保数据资产使用方式的先进性，有效提升数据资产的使用价值。

(1) 保持并提高数据的准确性

保持并提高数据的准确性是数据资产更新的首要目标。保持并提高数据的准确性能够提供真实、可靠的信息，为企业决策提供坚实的基础。如果数据存在错误或不准确，可能会导致错误的业务决策，从而对数据资产的价值及运营产生负面影响。因此，定期更新数据有助于识别并纠正数据中的错误，确保数据的准确性，从而保持并提高数据资产的价值。

保持并提高数据准确性的方法和手段有很多，主要包括数据验证与纠错、冗余数据的消除、数据的更新与修正。数据验证与纠错是通过数据校验和数据清洗工具，发现并修正数据中的错误，例如利用数据验证规则检查输入数据的

正确性，或通过数据匹配技术对比数据源中的信息，以确保数据的一致性。冗余数据的消除是指在数据资产更新过程中，进行清理和去重，消除重复的数据记录，从而提高数据的准确性。数据的更新与修正则是根据业务环境和市场条件的变化，及时且定期地更新数据，以保持数据的准确性和相关性。

（2）保障数据完整性

数据的完整性是指数据的全局一致性和完整性。在业务运营中，数据通常来源多。数据的完整性对于确保所有相关数据项的完备性和一致性至关重要。而数据资产的更新可以帮助维护数据的完整性，同时数据完整性也是影响数据资产价值的重要因素之一。保持数据完整性的方法和手段主要包括填补缺失数据、整合数据来源、进行数据一致性检查等。

数据资产更新过程中需要识别和填补缺失的数据项，这可以通过数据整合和数据补充技术实现，例如从外部数据源获取补充数据，或通过数据生成算法填补缺失信息。整合数据来源是指将不同来源的数据集中到一个统一的平台上，从而提高数据的完整性。数据资产更新过程中，数据整合和转换是确保数据一致性和完整性的关键步骤。同时，通过数据同步和一致性检查，确保数据在不同系统和数据库中的一致性。在更新数据资产时，企业需要对比和校验不同数据源中的数据，避免出现不一致的情况。

（3）增强数据的时效性

增强数据的时效性是数据资产更新的一个重要目标。高时效性的数据能够反映最新的业务状态和市场情况，对决策支持至关重要，并且可以提升数据资产的潜在价值。在数据资产更新过程中，增强数据时效性的方式主要包括实时更新数据、周期性更新数据和追踪数据变化等。

在某些业务场景中，如金融市场交易或电子商务，实时更新数据至关重要，通常通过实时数据流和自动更新机制确保数据的时效性。而对于大多数业务数据，周期性更新是保持数据时效性的有效方法，通常通过设定合理的更新频率，根据业务需求和数据变化情况定期更新数据，从而确保数据的时效性。至于追踪数据变化，则可以通过建立数据监控系统，跟踪数据的变化情况，及时更新数据以反映最新变化，从而在动态环境中保持数据的时效性。

（4）提升数据资产的使用价值

数据资产的更新、维护直接影响企业的经营效益和市场竞争力。通过定期更新数据资产，企业可以提升数据的使用价值，确保数据更好地支持业务需求。更新后的数据质量和一致性得以提高，促进跨部门之间的数据共享与协作。此外，最新的数据资产能够为企业内部创新和外部市场拓展提供有力支持，帮助企业通过数据驱动的创新提升市场竞争力。

数据资产更新、维护还可以确保企业符合法律和监管要求。随着《网络安全法》《个人信息保护法》《数据安全法》等法规的实施，企业必须不断更新数据管理流程，以确保数据合规。通过数据资产的更新与维护，企业可以避免因数据过时或不符合新法律规定而产生的法律风险，并确保数据在收集、存储、访问和传输等方面符合最新的监管要求。

总体而言，数据资产的定期更新维护对于优化企业资源配置、提升决策质量和确保数据资产合规具有重要意义，能够为数据资产的长期使用保驾护航。

2. 数据资产更新与维护的流程

企业应当重视并精心设计数据资产更新与维护流程，从而最大化提升数据资产的使用价值。一般而言，数据资产更新与维护的流程如图 10-3 所示。

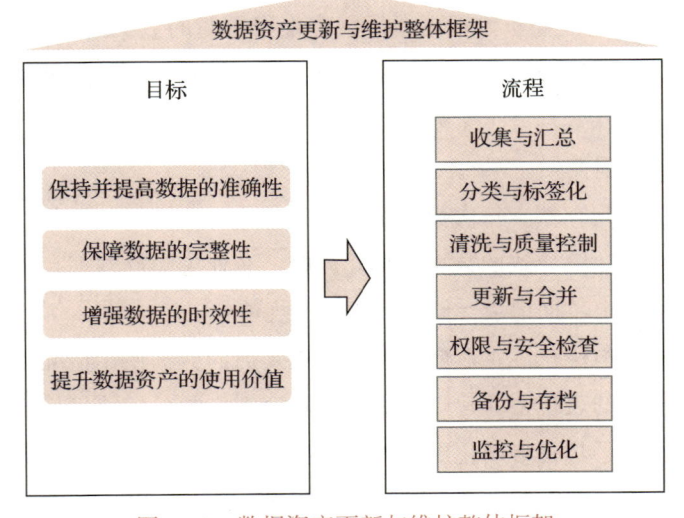

图 10-3　数据资产更新与维护整体框架

- 数据收集与汇总。数据资产的更新始于数据的收集与汇总。企业需要持续从内部系统（如业务系统、财务系统等）和外部数据源（如第三方数据供应商、公共数据平台等）获取最新数据。在此阶段，企业需确保数据来源合法合规，并定期进行数据同步。
- 数据分类与标签化。收集到的数据应根据既定的分类分级标准进行分类和标签化。企业应根据数据的类型、敏感度、用途等，将新数据与已有数据对比，确保其在数据资产库中的准确定位。通过分类与标签化，可以清晰识别哪些数据需要更新或新增，从而提高数据管理水平和维护效率。
- 数据清洗与质量控制。新增或更新的数据需要进行清洗，以去除重复数据、错误数据或不完整数据。数据质量控制措施还包括验证数据的准确性和完整性，确保数据的一致性。该过程通常包括格式校验、数据去重、逻辑校验等步骤。
- 数据更新与合并。在数据清洗完成后，企业需将清洗后的数据整合到现有的数据系统中。此步骤通常包括对已有数据的版本更新、数据资产库的动态调整以及新数据与已有数据的合并。企业应遵循数据更新规则，确保最新的数据能够及时应用到业务场景中。
- 权限与安全检查。数据更新后，应根据更新的数据内容调整访问权限，确保只有获得授权的人员或系统能够访问敏感数据。定期检查权限管理系统，确保数据安全策略能够及时响应数据的变化，防止未经授权的访问或数据泄露。
- 数据备份与存档。每次数据更新后，都应对数据进行备份，以防数据丢失或系统故障导致的数据损坏。同时，企业应建立数据存档策略，保存重要的历史数据记录，便于追溯和合规审查。
- 数据监控与优化。企业应持续监控更新后的数据使用情况，评估其在业务运营中的表现，并建立数据使用和反馈机制，持续优化数据资产使用流程。为了具备自动化更新的能力，企业还需跟踪最新的数据处理技术和工具，定期更新和升级数据处理系统，以提升数据更新效率。

10.5.2 数据资产处置

数据资产处置是指在数据资产管理周期的某一阶段，通过特定的流程和技术手段，将不再需要的、过时的或者具有潜在风险的数据资产安全地删除、销毁或转移的过程。通俗地说，数据资产处置就是将数据资产安全处理的过程。财政部发布的《关于加强数据资产管理的指导意见》强调要"规范数据资产销毁处置，对经认定失去价值、没有保存要求的数据资产，进行安全和脱敏处理后及时有效销毁，严格记录数据资产销毁过程相关操作"。

1. 数据资产处置的目标

数据资产如果长期处于闲置或低效使用状态，就会逐渐失去使用价值，可能导致企业资产流失。此外，数据资产的闲置或处置不当可能引发一系列安全漏洞，导致企业内部的数据和网络安全问题。因此，企业应对其内部数据资产进行及时处置，一方面保障数据安全与个人隐私，确保数据处理的安全合规；另一方面降低运营成本，提高资源利用率，提升基于数据资产的业务效率与竞争力。

（1）保障数据安全与个人隐私

保障自身内部的数据安全是企业开展数据资产处置的重要目的之一。在数字时代，数据安全威胁层出不穷，数据泄露事件频发，给企业带来了巨大的经济损失和声誉损害。通过有效且及时的数据处置活动，企业可以最大限度地防止数据泄露和未经授权的访问。例如，企业对不再需要的数据资产进行彻底销毁或加密删除，可以确保这些数据资产无法被恢复或滥用，从而防止潜在的安全漏洞。那么，如何对数据资产进行彻底处置呢？具体操作手段包括但不限于销毁包含敏感信息的旧硬盘或使用专业的数据擦除工具覆盖数据等。

同时，由于当前消费互联网的快速发展，企业采集的数据中包含大量个人信息。随着全球各地对个人数据隐私保护的日益重视，例如欧盟的《通用数据保护条例》（GDPR）、中国的《个人信息保护法》和美国的《加州消费者隐私法案》（CCPA）等，这些法律对企业如何处置个人数据做出了明确规定。企业必须在数据不再具有合法用途时，按照规定删除或销毁，以符合法律要求，保护用户和客户的个人信息不被泄露或滥用。通过定期清理和处置不再需要的个人数据，企业能够降低个人隐私数据被盗取或滥用的风险，确保对个人隐私权利的尊重与保护。

（2）降低运营成本与提高资源利用率

数据资产的存储和管理是一项耗费巨大的工程，尤其是在数字时代，数据增长的规模和速度呈现出爆炸式增长的趋势。数据量的不断增加给企业带来了不小的成本压力，而闲置或无价值的数据资产往往成为企业内部运营的负担。因此，企业需要定期开展数据资产的处置活动，通过数据资产处置降低运营成本，提高资源利用率。

随着企业数据量的增长，数据存储成本也在急剧上升。通过定期清理不再需要的数据，企业可以释放存储空间，减少存储设备的使用和维护成本，将有限的资源用于更有价值的数据管理。同时，数据资产的清理有助于优化数据管理。过多的无用数据会增加数据管理的复杂性，影响数据分析的效率和准确性。通过清理冗余和过时的数据，企业可以简化数据管理流程，提高数据处理和分析的效率，从而更快地做出决策。

（3）提高企业业务效率与竞争力

在竞争激烈的市场环境中，企业需要具备高效运营和快速响应市场变化的能力。数据资产的处置可以在一定程度上帮助企业提高业务效率和市场竞争力。

首先，数据资产的处置可以提升企业的数据访问速度。当系统中积累了大量不再使用的数据时，数据的检索、访问和调用速度会受到影响。通过定期清理无用数据资产，企业可以加快数据访问速度，提高数据资产的使用效率，增强业务处理能力，从而提升客户满意度。

其次，开展数据资产处置活动可以支持决策制定，提升企业的创新能力。冗余数据不仅占用存储空间，还会影响数据分析的质量，导致决策信息混淆和延迟。有效的数据资产处置可以帮助企业专注于高价值数据，确保决策者获得准确、及时的信息支持。通过优化数据质量和减少数据冗余，企业能够在激烈的市场竞争中做出更快、更明智的决策。此外，企业在进行创新和产品开发时，通常需要依赖高质量的数据支持。通过定期清理和处置无用数据，企业可以确保创新团队获得最新、最相关的数据资源，推动产品开发和技术创新。

（4）支持环境保护与可持续发展

通常而言，数据资产的长期存储和管理不仅消耗大量能源，还可能对环境产生影响。定期开展数据资产处置活动在支持环境保护与可持续发展方面具有重要意义。

一方面，存储数据资产的数据中心是能源消耗大户，其运营对环境的影响不可忽视。通过减少不必要的数据资产存储，企业可以降低能源消耗，减少碳排放，为环境保护做出贡献。此外，定期清理无用数据可以减少存储设备的过度使用，延长其使用寿命，从而减少电子废弃物的产生。企业在数据处置过程中应选择环保的销毁方式，如回收或再利用存储设备，以进一步减少对环境的负面影响。

2. 数据资产处置的指引

为了高效、定期开展内部的数据资产处置活动，企业需要制定数据资产处置的相关操作指引，为处置工作的开展提供安全、合规的指导。通过制定科学、详细的操作指引，企业可以确保数据资产处置的安全性、合规性和高效性。这不仅有助于降低存储和管理成本，还能有效防范数据泄露，提升数据资产管理的整体水平。

数据资产处置的指引往往与数据资产处置的流程相结合，操作指引提供顶层的方法论和框架性指导，而整个处置流程包含在操作指引中。本节关于数据资产处置指引的描述，重点强调在整个处置过程中需要制定哪些内部文件，同时介绍这些文件需要包含的主要内容。至于更为具体的数据资产处置流程，将在下一小节重点介绍。

数据资产处置活动一般可分为六大阶段：第一阶段是数据资产的分类识别；第二阶段是数据资产的处置方案制定与审批；第三阶段是数据资产的备份；第四阶段是数据资产的销毁实施；第五阶段是数据资产的销毁记录与审计；第六阶段是数据资产的风险评估与反馈。相应地，企业需要围绕上述阶段的活动制定《数据资产分类与识别办法》《数据资产处置方案制定与审批办法》《数据资产备份与确认办法》《数据资产销毁实施办法》《数据资产销毁记录与审计办法》以及《数据资产处置风险评估与反馈办法》等内部操作指引。

《数据资产分类与识别办法》主要针对数据资产的分类和识别进行规范，以帮助企业和组织有效管理和利用数据资产。通常情况下，在处置之前，需要对数据资产进行分类与识别，明确哪些数据资产需要处置，哪些数据资产可以保留。这一过程主要涉及数据资产的盘点和分类，并根据数据资产的敏感性和重要性，确定不同的数据资产处置方法。《数据资产分类与识别办法》涉及的内容主要包括数据资产的分类规则，如按照数据资产的重要性、敏感性或生命周期进行分类等，以及数据资产的识别方法，如数据资产来源识别、内容识别和使用识别等。

《数据资产处置方案制定与审批办法》的制定主要是为了建立一套系统化、规范化的处置方案和审批流程，以确保处置过程透明、公正和高效。通过规范化流程，可以提升资源利用效率，降低风险和损失，确保处置活动符合相关法规和组织的战略目标。《数据资产处置方案制定与审批办法》的内容主要包括处置方案的制定流程和审批流程、处置方法的选择、时间安排、操作人员的指定等。其中，处置方案的制定流程通常从需求分析开始，随后分析处置对象的具体情况，包括其现状、存在的问题、处置的必要性及可能的风险等。

《数据资产备份与确认办法》的制定是为了建立系统化的数据备份与确认机制，以保障数据在各类故障、丢失或损坏情况下的恢复能力，确保数据资产的安全和业务的连续性。在正式处置数据资产之前，企业需进行数据资产备份，确保必要的数据资产不会在处置过程中被误删除。同时，企业需对待处置的数据资产进行确认，确保所有数据都被识别和分类。《数据资产备份与确认办法》的主要内容包括备份策略、备份实施、数据资产确认、数据资产恢复管理等。在数据资产备份策略方面，重点关注备份的频率、备份的类型以及备份存储方式等；在备份实施方面，则关注备份的计划、备份的执行、备份验证等相关内容。

《数据资产销毁实施办法》旨在建立规范的数据资产销毁流程，以保护敏感数据不被未经授权访问或滥用，并确保数据在不再需要时能够被安全销毁，从而降低数据泄露风险。《数据资产销毁实施办法》的内容主要包括数据资产的物理销毁措施、逻辑删除、数据覆盖等具体操作方法。此外，由于销毁过程中应有专人监督以确保操作的正确性和规范性，因此《数据资产销毁实施办法》还需涵盖销毁执行人员的管理规范与培训计划。

在销毁操作完成后，企业需要详细记录销毁过程，包括销毁的数据种类、数量、方法、操作人员和操作时间等信息。这些记录将作为审计的依据，并需保存一定时间以备查，因此需要制定《数据资产销毁记录与审计办法》。《数据资产销毁记录与审计办法》主要规定数据资产销毁记录的内容与保存，以及审计的目的与流程等相关事项。该文件旨在规范数据资产销毁过程中的记录和审计工作，适用于企业内部所有涉及数据资产销毁的操作，涵盖所有数据类型和存储介质。

在数据资产处置之后，业务层需要定期进行风险评估，确保数据资产不可恢复，且整个数据资产处置过程不存在安全隐患，随后，应将处置流程中的经验与教训反馈给管理层，以改进和优化未来的处置流程。因此，企业需要制定《数据资产处置风险评估与反馈办法》。《数据资产处置风险评估与反馈办法》主要包含风险管理与反馈机制两大部分内容，在风险管理方面，包括风险应对策略以及风险管理计划；在反馈机制方面，主要涵盖反馈流程、反馈收集、反馈分析、反馈跟踪等内容。《数据资产处置风险评估与反馈办法》的目标是为组织建立一个系统化的风险评估和反馈机制，以识别、评估和管理潜在风险，并通过有效的反馈机制改进风险管理策略。

通过上述 6 项内部操作指引的制定，企业可以实现对数据资产处置全流程的规范管理，从而保障数据资产处置过程中的数据安全和隐私保护，提升数据资产管理效率。

3. 数据资产处置流程与分工

数据资产处置是数据资产使用管理中的最后一个环节。科学合理的处置流程设计不仅能确保数据资产被安全、合法地销毁，还能有效防范数据泄露，降低潜在的法律和安全风险。数据资产处置整体框架如图 10-4 所示。

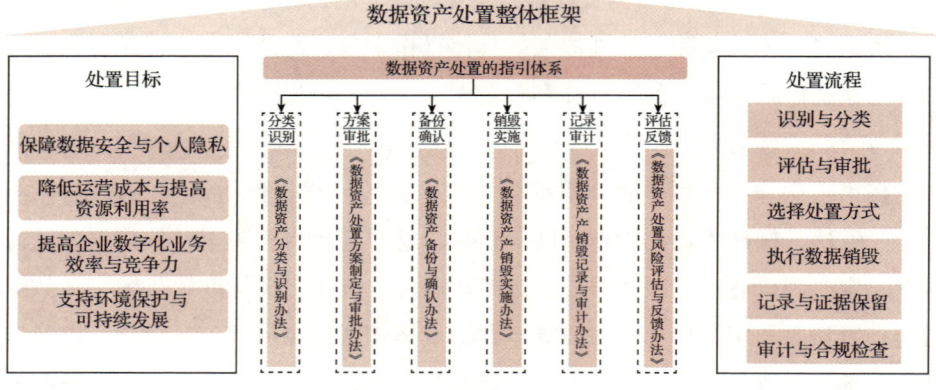

图 10-4　数据资产处置整体框架

数据资产处置流程如下。

1）**识别与分类**。企业需要识别哪些数据资产已不再具有使用价值或已达到存储期限。根据数据的敏感性、重要性和保留期限，分类确定哪些数据应被销毁、归档或转移至其他存储位置。

2）**评估与审批**。在数据处置前，企业应对拟处置的数据资产进行风险评估，确认是否符合销毁条件，并确保不会影响业务运营或违反法律法规。同时，数据处置需获得相关部门或管理层的审批，确保数据处置的合法性与合规性。

3）**选择处置方式**。根据不同的需求和数据资产类型，企业需要选择适当的技术手段进行数据资产销毁，通常包括数据覆盖、物理销毁、加密销毁、磁盘擦除等。

- 数据覆盖：通过多次覆盖的方式，使原有的数据资产不可恢复。数据覆盖技术多适用于大多数文件级数据的销毁。
- 物理销毁：对数据资产的存储介质直接进行物理破坏（如粉碎、焚烧等），常用于硬盘、光盘等存储介质的销毁。
- 加密销毁：将数据资产加密后销毁加密密钥，这样即使后续存储介质被恢复，数据资产也无法被读取。
- 磁盘擦除：使用专用工具对磁盘进行多次擦除，确保磁盘上的数据无法恢复。

4）**执行数据销毁**。在选择合适的处置方法后，企业应严格按照预定计划执行数据销毁操作，确保数据被彻底删除或介质被安全销毁。对于涉及敏感信息的高风险数据，销毁过程需在严格监控下进行。

5）**记录与证据保留**。在数据处置完成后，企业应记录处置过程的详细信息，包括销毁的方式、时间、执行人员、审批记录等。对于高度敏感的数据资产，可能需要保留销毁证据，以备日后审计和合规检查。

6）**审计与合规检查**。企业应定期审查数据处理流程，确保符合内部政策及相关法律法规的要求。审计不仅能验证数据处理的合规性，还能帮助识别潜在风险，改进数据处理流程。

此外，数据资产处置涉及多个角色，各角色应有明确的职责分工，以确保流程的顺利进行。通常，一家企业内部有关数据资产处置的层级包括3个：决策层、执行层与操作层。**决策层**一般由企业决策者（如董事长、董事等）组成，或特设的委员会，主要负责数据资产处置事项的决策、审批与监管。**执行层**主要由公司的业务管理者（如总经理、副总经理等）组成，负责落实并管理数据资产处置的各项工作。至于**操作层**，则由企业内部各相关部门组成，负责数据资产处置工作的具体执行。**操作层**主要包括数据资产管理人员、IT运维人员、内控与合规人员、审计人员、监督人员等，具体分工如下。

- 数据资产管理人员负责数据资产的分类与识别，确保所有数据资产被正确分类和标识。
- IT运维人员负责技术实施，包括数据资产备份与销毁等的具体执行。
- 内控与合规人员负责审批处置方案，确保其符合内部控制政策及法律法规要求。
- 审计人员负责审查销毁过程，确保销毁记录完整、准确，并进行审计存档。
- 监督人员在销毁实施过程中进行全程监督，确保操作合规和安全。

10.6 数据资产合规管理

数据资产合规管理是指企业在数据资产全生命周期中，遵循相关法律法规、行业标准和组织内部规定，确保数据资产使用的合法性、安全性和有效性的管理。随着信息技术的快速发展和数据量的爆炸式增长，数据资产合规管理已成为企业运营中不可或缺的一部分。数据资产合规需要遵循3方面的规定：一是遵守法律法规，企业通过合规管理，确保在收集、存储、处理和传输个人数据时，遵守《个人信息保护法》等相关法律法规的要求，避免侵犯个人隐私权；二是遵守行业标准，不同行业可能有不同的数据管理标准和规范，合规管理帮助企业了解并遵守这些标准，如金融行业的数据加密要求、医疗行业的患者隐私保护等；三是遵守组织内部规定，企业应制定内部的数据管理政策和流程，确保所有员工都了解并遵守这些规定。结合相关要求，本节对数据资产合规管理中的基础性和重点性内容进行梳理，包括个人数据处理要求、数据流通交易合规要求、数据经营合规要求。数据资产合规管理的核心内容如图10-5所示。

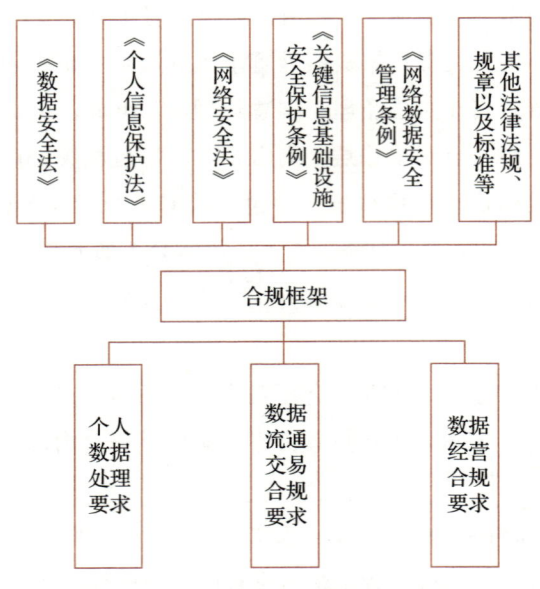

图10-5 数据资产合规管理的核心内容

10.6.1 个人数据处理要求

个人数据处理合规是企业数据资产合规管理的重要方面，包括按照相关要求获取同意，实施事前影响评估，以及遵循敏感个人信息开发利用的相关规定。

1. 告知 – 同意

"告知 – 同意"是指数据处理者在收集个人数据时，应当就个人数据的收集、处理和利用情况向数据主体进行充分告知，并征得数据主体明确同意的原则。《个人信息保护法》将"告知 – 同意"确立为个人信息处理规则的核心。在数据资源市场活动中，数据处理者在归集个人数据时应遵守"告知 – 同意"规则，明确告知归集的目的、范围、方式等。《个人信息保护法》进一步规定，个人信息处理者在处理个人信息前，应向个人告知以下内容：个人信息处理者的名称或姓名及联系方式；个人信息的处理目的、处理方式，处理的个人信息种类及保存期限；个人行使本法规定权利的方式和程序等。《网络数据安全管理条例》进一步明确了基于个人同意处理个人信息时应遵守的相关规定。

2. 单独同意

《个人信息保护法》在遵守"告知 – 同意"原则的基础上，对"同意"进行了进一步细化，提出了"单独同意"与"重新同意"的要求。对于"单独同意"，《个人信息保护法》规定，在向其他个人信息处理者提供其处理的个人信息时；在公共场所安装图像采集、个人身份识别设备，并将收集的个人图像、身份识别信息用于维护公共安全以外的目的时；向境外提供个人信息时，都必须单独取得个人同意。《网络数据安全管理条例》明确规定，处理生物识别、宗教信仰、特定身份、医疗健康、金融账户、行踪轨迹等敏感个人信息时，应当取得个人的单独同意。

3. 重新同意

《个人信息保护法》《网络数据安全管理条例》规定，个人信息的处理目的、处理方式和处理的个人信息种类发生变更；个人信息处理者需要转移个人信息，接收方变更原先的处理目的或处理方式；个人信息处理者向其他个人信息处理者提供其处理的个人信息，接收方变更原先的处理目的或处理方式的，都应取得个人的重新同意。

4. 同意例外与同意撤回

《个人信息保护法》第十三条规定了无须取得个人同意即可处理个人信息的 6 种例外情形，包括：为订立、履行个人作为一方当事人的合同所必需，或者按照依法制定的劳动规章制度和依法签订的集体合同实施人力资源管理所必需；为履行法定职责或者法定义务所必需；为应对突发公共卫生事件，或者紧急情况下为保护自然人的生命健康和财产安全所必需；为公共利益实施新闻报道、舆论监督等行为，在合理范围内处理个人信息；依照本法规定在合理范围内处理个人自行公开或者其他已经合法公开的个人信息；法律、行政法规规定的其他情形。此外，第十八条规定，个人信息处理者在处理个人信息时，若法律、行政法规规定应当保密或者不需要告知的情形，可以不向个人告知个人信息处理者的名称或姓名及联系方式。而在紧急情况下，为保护自然人的生命健康和财产安全而无法及时向个人告知的，个人信息处理者应当在紧急情况消除后及时告知。

《网络数据安全管理条例》第二十一条和第二十三条明确规定，网络数据处理者在处理个人信息前需明确个人信息撤回同意的方法和路径，并提供便捷支持个人撤回同意的方法和途径，不得设置不合理条件限制个人的合理请求。

5. 事前影响评估

《个人信息保护法》规定，处理敏感个人信息；利用个人信息进行自动化决策；委托处理个人信息、向其他个人信息处理者提供个人信息、公开个人信息；向境外提供个人信息以及进行其他对个人权益有重大影响的个人信息处理活动等，应当事先进行个人信息保护影响评估。因此，在进行数据开发利用等活动过程中，如涉及上述行为，应当事先进行影响评估。按照《个人信息保护法》的规定，评估内容包括个人信息的处理目的、处理方式等是否合法、正当、必要；对个人权益的影响及安全风险；所采取的保护措施是否合法、有效并与风险程度相适应。此外，个人信息保护影响评估报告和处理情况记录应当至少保存三年。

6. 敏感信息的开发与利用

《个人信息保护法》对个人敏感信息做出了明确定义，并在第二十八条规定：

只有在具有特定的目的和充分的必要性，并采取严格保护措施的情形下，个人信息处理者方可处理敏感个人信息。此外，处理个人敏感信息需取得个人的单独同意；如果法律法规要求取得书面同意的，还需取得书面同意。对于敏感信息中不满十四周岁未成年人的信息，《个人信息保护法》要求必须取得监护人的同意，同时个人信息处理者还需制定专门的处理规则。《网络数据安全管理条例》也明确了敏感个人信息处理的相关要求。

10.6.2 数据流通交易合规要求

数据流通交易的合规要求已在相关法律和纲领性文件中有所体现。在实际操作过程中，数据流通交易既要符合法律框架下的基本原则和要求，还需遵守交易场所的相关规定，以确保交易的合法性和合规性。

关于数据流通交易规则，《数据安全法》第十九条规定：国家建立健全数据交易管理制度，规范数据交易行为，培育数据交易市场。《关于加快建设全国统一大市场的意见》提出：加快培育数据要素市场，建立健全数据安全、权利保护、跨境传输管理、交易流通、开放共享、安全认证等基础制度和标准规范。中共中央、国务院《关于构建数据基础制度更好发挥数据要素作用的意见》进一步指出：完善和规范数据流通规则，构建促进使用和流通、场内场外相结合的交易制度体系，规范引导场外交易，培育壮大场内交易；有序发展数据跨境流通和交易，建立数据来源可确认、使用范围可界定、流通过程可追溯、安全风险可防范的数据可信流通体系。

关于数据流通交易模式，当前国家层面尚未做出明确要求，主要从制度设计层面给出了方向性指引。《要素市场化配置综合改革试点总体方案》提出：探索"原始数据不出域、数据可用不可见"的交易范式，在保护个人隐私和确保数据安全的前提下，分级分类、分步有序推动部分领域数据流通应用。《"十四五"大数据产业发展规划》提出：培育大数据交易市场，鼓励各类所有制企业参与要素交易平台建设，探索多种形式的数据交易模式。

关于数据流通交易标的，《网络安全法》与《个人信息保护法》均对非法买卖个人信息做出了明确禁止，要求不得非法买卖或者公开个人信息，杜绝非法交易。其中,《网络安全法》制定了明确条款,对非法买卖个人信息进行相应的行政处罚。

10.6.3 数据经营合规要求

数据经营作为数据资产化发展的深水区,政策规定和实践经验相对较少。在这个领域,我们既要充分发挥创造力和创新精神,深入挖掘数据的价值,同时需注意在全过程中遵守相关法律法规,确保数据经营的合法合规,以实现数据资产化的可持续发展。

关于市场运营和服务体系,《要素市场化配置综合改革试点总体方案》明确提出:规范培育数据交易市场主体,发展数据资产评估、登记结算、交易撮合、争议仲裁等市场运营体系,稳妥探索开展数据资产化服务;支持要素交易平台与金融机构、中介机构合作,形成涵盖产权界定、价格评估、流转交易、担保、保险等业务的综合服务体系。

关于数据委托处理,《个人信息保护法》和《数据安全法》分别针对个人信息的处理和政务数据的委托加工进行了规定。《个人信息保护法》要求,个人信息委托处理必须明确约定目的、期限与处理方式等,并对受托人的个人信息处理活动进行监督。《数据安全法》规定,国家机关委托他人进行政务数据加工存储的,必须经过严格的批准程序,并对受托方进行监督。

关于数据服务许可,《数据安全法》首次明文规定从事数据服务的机构应获取相关行政许可,提供明确的数据处理相关服务。如果法律法规要求取得行政许可,服务提供者应当依法取得许可。作为生产要素,数据服务行业也应参照金融等行业建立起准入管理,从而进行全行业的准入审批与数据把控。

10.7 本章小结

数据资产使用管理不仅能够帮助企业充分挖掘和利用数据资源,还在提升数据安全、确保合规性、促进市场化流通和实现数据价值复用等方面发挥关键作用。基于对使用对象、使用权限、使用主体和使用周期的全面考量,数据资产使用管理涵盖数据资产的分类分级管理、使用权限管理、流通管理、更新维护与处置等核心内容。数据资产合规管理为这一体系提供基础保障，确保企业在使用数据时符合相关法律法规，是数据资产使用管理的重要指引。

　　本章详细探讨了数据资产使用管理的整体框架、制度遵循和实践路径，为企业提供了可操作的管理方法论。企业可以根据自身的业务需求、行业特性和管理能力，灵活采用适合的管理措施。需要注意的是，数据资产使用管理不限于上述管理内容，企业还需结合实际情况，科学调整管理策略。通过积极探索新的管理模式，企业可以更好地释放数据资产的潜在价值。总体来说，数据资产使用管理为企业提供了一套系统化的解决方案，能够在复杂的数据使用环境中实现高效管理，确保数据资产使用的合规性和安全性，同时为数据资产的市场化应用提供重要支持。

|第 11 章| CHAPTER

数据资产安全管理

全球数字化转型加速推进，数据作为新型生产要素，已成为国家基础性战略资源，保障数据安全也成为维护国家主权、保障国家安全、促进经济发展的重要组成部分。习近平总书记强调：要切实保障国家数据安全，要加强关键信息基础设施安全保护，强化国家关键数据资源保护能力，增强数据安全预警和溯源能力。随着我国数据要素市场化配置制度的不断完善，数据大规模流通使用，数据泄露、数据被窃取等风险问题日益突出，确保数据在安全的前提下开放赋能已成为重要任务。本章旨在阐述数据资产安全的深层含义，详述数据资产安全管理的运作机制，并探讨数据资产安全保护的技术手段，以期为企业在数据资产管理方面提供理论指导与实践支持。

11.1 数据资产安全概述

11.1.1 数据资产安全概念

财政部印发的《关于加强数据资产管理的指导意见》提出：坚持确保安全

与合规利用相结合，统筹发展和安全，正确处理数据资产安全、个人信息保护与数据资产开发利用的关系。随着数据安全工作的不断深入，我们已经进入体系化数据安全治理的新时期。在这一时期，数据被提升至资产的地位，并成为基础设施的一部分。所谓"资产"，是相对于业务而言的。数字化业务的价值体系主要集中在数据资产上，使得数据资产的安全重点转向保护那些具有业务价值的数据。也就是说，数据资产的损失等同于企业价值的损失。因此，对数据资产的保护实际上就是对企业价值的保护。

随着数据资产的权利和义务逐步厘清，数据资产的安全问题不局限于技术层面，还涉及法律层面的权益保护，如图 11-1 所示。这意味着在数据资产的管理和使用过程中，企业必须遵守相关法律法规，确保数据的合法性和安全性，同时，还需建立健全的数据资产保护机制，包括技术手段和管理制度，以应对各种潜在的安全威胁。从数据资产全生命周期来看，每个环节都需要配置严格的安全措施。在数据资产的确认阶段，应明确数据的相关权益，确保数据的合法来源和归属。在传输过程中，必须采取加密技术手段，防止数据被截获或篡改。在利用数据时，要确保数据的合法使用，避免侵犯他人的隐私权和知识产权。在销毁数据时，也要确保数据被彻底删除，防止数据泄露。

在数据要素市场发展的背景下，数据资产的安全保护相比传统的数据安全保护显得更加复杂，主要具有以下特点。

1. 数据资产安全防护边界扩大化

随着信息技术的飞速发展，数据资产的安全防护边界正在不断扩大，数据的产生和存储已不再局限于企业内部的生产系统和管理系统。人工智能、物联网、工业互联网等技术的广泛应用，使企业的数据来源变得更加多样化，包括生产设备、传感器、供应链伙伴、客户等。这使得数据资产的安全防护边界从企业内部扩展到了整个产业链和生态系统。例如，在智能工厂中，大量传感器和设备通过物联网连接在一起，实时产生和传输数据。这些数据不仅在企业内部的生产管理系统中流动，还可能与供应商的系统、物流企业的系统以及客户的系统进行交互。因此，数据资产的安全防护需要覆盖整个供应链和生态系统的各个环节，包括设备的安全防护、网络的安全防护、数据传输的安全防护等。

图 11-1 数据资产安全基础

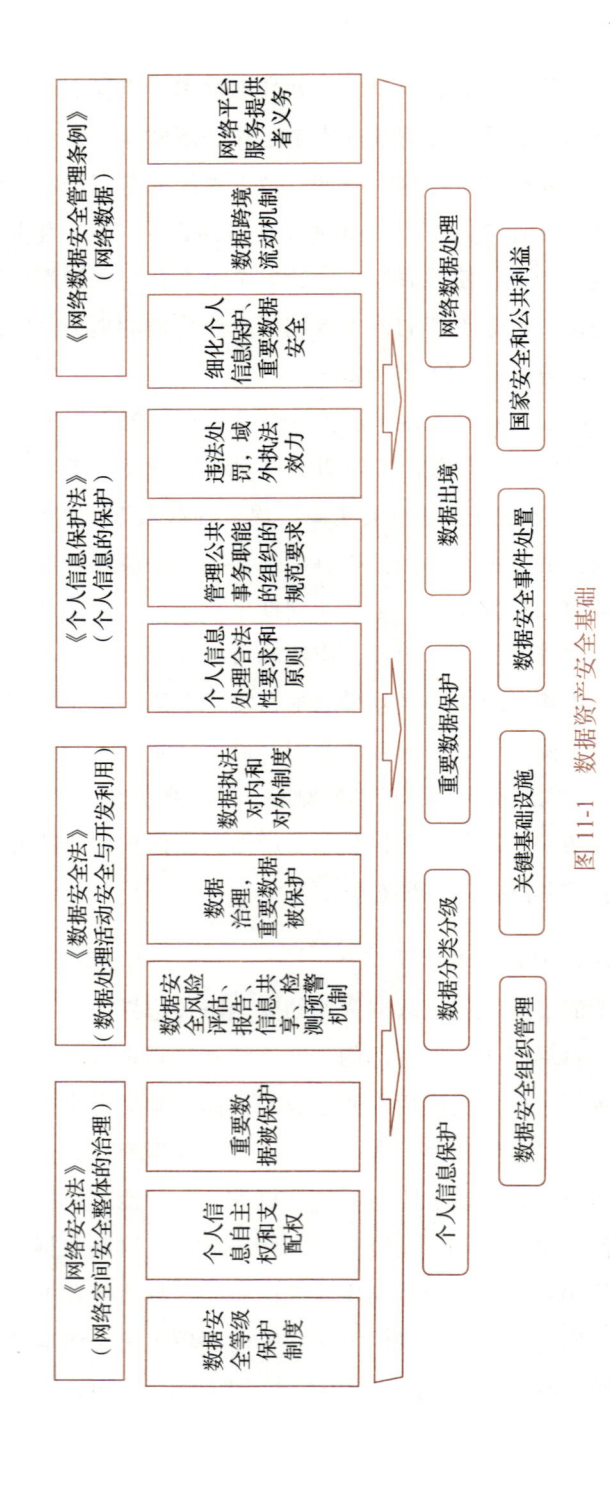

此外，随着云计算和大数据技术的应用，企业越来越多地将数据存储和处理外包给云服务提供商。这也使得数据资产的安全防护边界扩展到了云环境中，因此需要关注云服务提供商的安全措施和合规性。

2. 数据资产权益保护的要求加强

随着数据价值的不断凸显，数据资产权益保护的意识和要求逐步增强。一方面，在数据的收集、存储、处理和使用过程中，企业需要确保数据来源合法，并获得相应的授权。同时，企业还需明确数据的使用范围和目的，防止数据滥用。另一方面，企业需要采取措施保护数据资产权益，防止数据被竞争对手窃取或非法使用。为加强对数据资产权益的保护，企业需建立完善的数据治理体系，包括数据的分类分级、授权管理、审计监督等。此外，企业还应加强与政府、行业组织、其他企业的合作，共同推动数据资产权益保护相关法律法规和标准规范的制定与实施。

3. 数据资产安全防护要求多样化

数据资产的类型和来源多样，其安全防护要求也变得更加复杂。在制造业中，数据资产包括结构化数据、半结构化数据和非结构化数据。不同类型的数据资产有不同的安全防护需求。例如，对于结构化数据，企业可以采用传统的数据库安全技术，如访问控制、加密和备份等。对于半结构化数据和非结构化数据，企业需要采用更先进的安全技术，如数据加密、数字水印和访问控制等。此外，不同来源的数据资产也有不同的安全防护需求。例如，对于来自内部生产系统的数据，企业可以采用内部网络安全技术进行防护。对于来自供应链伙伴和客户的数据，企业需要采用更严格的安全技术，如数据加密、数字签名和访问控制等，以确保数据的真实性、完整性和保密性。

4. 数据资产的形成和衍生变得更加复杂

随着数据来源日益广泛、数据类型日益多样、数据处理和分析日益复杂，企业数据资产的形成和衍生过程变得更加难以控制和管理。数据需要经过采集、传输、存储、处理和分析等多个环节才能形成有价值的数据资产。在此过程中，数据可能会被篡改、丢失或泄露，从而影响数据资产的质量和价值。此外，随着数据的不断积累和分析，数据资产还会持续衍生出新的价值。例如，通过分析生产数据，企业可以发现问题并提出优化措施，从而提高生产效率和产品质量。同时，企业还可以将数据资产与其他资产整合，创造更多商业价值。为应对数据资产形成和衍生的复杂性，企业需要完善覆盖全生命周期的数据资产管理体系，加强对数据资产的监控和评估，及时发现并解决数据资产形成和衍生过程中的问题。

11.1.2 数据资产安全体系

1. 建立企业数据资产安全管理制度

企业数据资产安全制度是保障数据资产安全的重要基础。首先，应明确数据分类分级标准，根据数据的重要性、敏感性及价值，将数据划分为不同级别，并为不同级别的数据制定相应的安全管理策略。例如，对于核心业务数据，可定为高等级，采取严格的访问控制和加密措施。其次，建立数据资产的全生命周期管理制度，涵盖数据的采集、存储、使用、共享、销毁等各个环节。在数据采集阶段，确保数据来源合法、可靠；在数据存储阶段，采用加密存储和备份机制；在数据使用和共享阶段，严格遵守审批流程，明确使用范围和权限；在销毁阶段，确保数据不可恢复。同时，制定数据安全事件应急预案，明确事件响应流程和责任分工，以便在发生安全事件时能够迅速采取措施，减少损失。

2. 建立企业内部数据资产安全标准

企业内部数据资产安全标准为数据资产的安全管理提供了具体的规范和要求。在技术层面，制定数据加密标准，确保敏感数据在存储和传输过程中的保密性。例如，采用先进的加密算法对重要数据进行加密，防止数据被窃取。同时，制定数据完整性校验标准，确保数据在处理和传输过程中不被篡改。在管理层面，明确用户权限管理标准，根据员工的岗位和职责分配不同的数据访问权限。例如，只有特定的管理人员才能访问核心业务数据。此外，制定数据存储标准，规范数据存储的格式、位置和期限，确保数据易于管理和检索。制定数据备份与恢复标准，规定备份的频率、方式和恢复时间目标，以保障在数据丢失或损坏时能够及时恢复。

3. 设置数据资产安全管理措施

为实现数据资产安全，企业需采取一系列管理措施。首先，建立数据安全管理组织架构，明确各部门在数据安全管理中的职责和分工，并设立专门的数据安全管理岗位，负责制定和执行数据安全策略。其次，加强员工数据安全培训，提高员工的数据安全意识和操作技能水平。通过定期培训，员工能了解数据安全的重要性，掌握数据保护的方法和技巧，避免人为失误导致数据泄露。此外，进行数据安全审计，定期检查和评估企业的数据资产安全状况。审计内容包括数据访问记录、安全策略执行情况、系统漏洞等，及时发现并整改。同时，与第三方合作机构签订严格的数据安全协议，明确双方在数据安全方面的责任和义务，确保合作过程中数据安全。

4. 建立数据资产安全技术框架

在技术框架方面，系统保护是基础。采用防火墙、入侵检测系统等技术手段，防止外部恶意攻击。对操作系统和数据库进行安全加固，及时安装补丁，关闭不必要的端口和服务。在应用保护方面，对企业内部的应用系统进行安全评估和漏洞扫描，确保应用程序的安全性。采用身份认证和授权管理技术，限制用户对应用系统的访问权限。数据保护是核心。采用加密技术对敏感数据进行加密存储和传输。使用数据备份和恢复技术，确保数据在遭受破坏时能够及时恢复。接口保护也至关重要，对数据接口进行严格的访问控制和安全监测，防止数据通过接口被非法获取。例如，采用API密钥管理和访问日志记录技术，对接口的调用进行监控和审计。

11.2 数据资产安全管理机制

11.2.1 分类分级保护

在构建数据资产目录的过程中，企业通常需要借助业务细分与数据归类来明确管理主体、管理范围及管理对象，以实现数据治理的高效性和安全管控。中共中央、国务院颁布的《关于构建更加完善的要素市场化配置体制机制的意见》中明确指出，必须推动建立适用于大数据环境下的数据分类分级安全保护制度，并强化对政务数据、企业商业数据及个人数据的保护。

数据资产分类分级为组织提供了一种系统化、结构化的数据资源管理与利用方法，有助于政府、企业和个人更有效地监控数据质量，确保数据的准确性和可靠性。在参考现有分类分级标准的基础上，企业可结合特定行业的业务特点及数据资产特性，具体实施数据分类分级工作。金融行业可依据交易记录和账户详情进行分类。医疗行业可依据患者记录、医疗研究数据和健康监测数据进行分类，教育行业可依据学生信息、研究数据和考试内容进行分类。不同行业的企业应建立一套适用于各自特定场景的数据资产分类标准和方法，以实现数据资产的有效管理和保护，降低数据安全风险。

在进行数据分类之前，企业需构建数据资产目录，制定编制指南、元数据规范和编码规范，以便实现数据资产的分类管理和共享。在分类过程中，企业通常可依据业务类型，按照业务条线、数据类型、数据来源等进行分类。在选择分类方法时，可采用线面结合的混合分类方式，先按业务属性或特征将数据分为若干大类，再在每个大类内部根据数据的隶属逻辑关系进行细分，或者基于数据资产价值，综合考虑数据资产的数量、质量变化因素，预估其价值变化趋势再进行分类。

在分类的基础上，企业还应对数据的分类级别、数据所有者和创建者、数据的创建和修改日期、数据的存储和传输要求等进行标记，并制定清晰的标记指南，定期审查和更新标记策略。对不同类别的数据实施分类和标记后，企业能够更有效地监控和审计数据的访问和使用情况，确保数据安全。

11.2.2 数据加密与脱敏

1. 数据加密

为确保数据隐私安全，避免未授权的个人或实体非法获取敏感信息，数据加密已成为被广泛采纳的安全防护措施。该措施涉及将原始数据（即明文）转换为一种难以直接解读的格式（即密文），从而阻止未经授权的个体读取数据内容。

在金融领域，金融科技的迅猛发展推动了行业的数字化转型。金融企业转型后，对商用密码的依赖显著增加。这些密码技术广泛应用于身份验证、数据加密、校验等多个环节。在维护金融网络安全和数据安全方面，加密技术已成为至关重要的手段之一。

在医疗信息化安全领域，医疗数据在存储时通常采用加密技术，确保即便数据被未授权访问者获取，也无法被解读。同时，通过密码标准对医疗人员和终端设备进行数字身份签名认证，并对敏感的疾控数据进行加密保护。

从金融到医疗，数字加密技术（如加密算法和密钥管理）在对数据安全要求极高的行业中得到广泛应用，在保护用户隐私和数据安全方面发挥着不可或缺的作用。

2. 数据脱敏

常见的敏感数据包括个人身份信息、联系方式、银行账户详情、医疗记录、学历背景、工作单位、用户密码、生物识别信息、地理位置数据、网络浏览历史、薪资及税务信息等。这些信息因其敏感性，通常受到严格的隐私和数据保护法规的约束。数据脱敏是一种数据处理方法，通过改变数据内容，使其无法与特定个人或实体关联，同时保留数据的格式和部分属性，以便在测试、培训或其他非生产环境中使用，旨在保护敏感数据免受侵害。

通常，采用虚构数据来替代真实敏感信息。在修改数据的过程中，确保其与原始数据保持一定的关联性，同时确保无法追溯至特定个体，或直接隐藏诸如信用卡号、电话号码等敏感信息。例如，在开发与测试阶段，使用模拟数据以防真实数据泄露。通过数据脱敏技术，可以确保开发和测试人员所使用的数据不包含敏感信息，从而保护客户隐私和公司机密，同时保留数据的分析价值。此外，不同部门或组织在共享数据时也会进行脱敏处理，以保护个人隐私和敏感信息。这在政府、医疗、金融、通信等涉及大量敏感信息的行业中尤为普遍。在数据备份过程中实施脱敏措施，可防止备份介质丢失或被盗时数据被滥用；

对供公共使用或学术研究的数据集进行脱敏，则能有效保护数据中所含的个人隐私。

11.2.3　数据资产安全评估

《数据安全法》《个人信息保护法》《网络数据安全管理条例》《数据出境评估办法》等相关法律法规，对开展数据安全风险评估工作提出了明确要求。在数据资产管理过程中，应从数据合规与安全的角度，按照数据生命周期的不同阶段（如数据采集、数据传输、数据跨境、数据存储、数据处理、数据交换和数据销毁）开展数据风险评估。

1. 数据采集风险评估

评估数据资产在数据处理阶段的风险时，针对企业收集的个人信息，应评估个人信息类数据是否符合合法获取、最小化和必要性原则，是否获得数据主体同意并保留相关证据，隐私政策是否清晰、真实地反映个人信息的采集、处理目的及方式等。当个人信息的收集、处理目的或处理方式发生变化时，应及时更新隐私政策，并重新获得用户同意。针对企业收集的重要数据，应重点评估是否保留了重要数据的采集记录，确保每个重要数据的来源可追溯，且至少保留5年记录。当重要数据为间接获取时，应与数据提供方签署相关协议或承诺书，并明确双方的法律责任。当数据资产处于数据采集场景时，应识别数据资产涉及的各类数据类型，并重点评估重要数据或个人信息采集的合规风险。

2. 数据存储风险评估

评估数据资产在数据存储阶段的风险时，应重点关注各类型数据的存储位置，例如存储数据的应用系统、数据库、文件夹、虚拟机或服务器的地理和物理位置等具体信息。同时，应评估各类存储数据的密级、保留期限、数据分级的差异化存储要求，以及数据脱敏、敏感数据加密、用户权限最小化等安全措施。当数据存储在数据库中时，应重点评估用户账号权限、访问控制、日志管理、加密处理等关键控制措施。当数据存储在介质中时，应重点评估介质加密、用户访问和使用行为的记录以及定期审计等关键控制措施。在数据存储场景下，所有数据资产及其涉及的资产主数据、资产明细账数据都需根据相应数据密级的存储加密规则完成加密，并确保每类数据已设置正确的用户访问权限。

3. 数据传输风险评估

评估数据资产在数据传输阶段的风险时，应按照涉及数据类型的密级要求，重点评估每类数据的网络安全传输策略、传输加密、链路通道的身份鉴别、安全配置、密码算法配置、密钥管理、传输协议处理等网络加密要求。在公司内部进行数据传输时，应确保数据传输前已获得业务责任人的审批。对外传输数据时，应确保数据传输的发送方和接收方已签署数据传输协议，并确保 API 接口已通过渗透测试。协议内容应包括账号权限、访问控制、日志管理、加密处理、保密协议等要求。

当数据资产处于传输场景下，第三方购买者要求先查看数据资产明细信息再进行购买商谈时，数据所有方可安排潜在买家远程查看数据资产的非敏感信息后再议价。双方需签署协议，明确各自的权利与责任，方可进行远程数据查询，以保护数据资产所有者的权益，并通过网络加密和查询接口授权，避免查询过程中的数据泄露风险。

4. 数据跨境风险评估

对于在华跨国企业以及中国企业出海，数据跨境是必须面临的挑战。评估数据资产在数据跨境传输阶段的风险时，对于个人数据，应评估个人数据跨境传输的数据规模和数据量是否达到跨境申报监管要求的临界值。如已达到临界值，企业应开展数据跨境申报，获得监管部门批准后方可进行跨境传输。否则，企业只需执行个人信息保护影响评估（PIA），并保留跨境评估记录以备监管检查。此外，企业还应获得相应数据主体的同意，方可签署数据跨境传输协议。针对重要数据的跨境传输，原则上重要数据需本地化存储；除非遇到特殊需求，企业应申报监管部门，以获得批准。重要数据跨境申报的具体细则尚待发布。

当数据资产进行跨境传输时，如果涉及个人数据或重要数据，应评估该类数据是否需要跨境传输。如果仅用于总部经营分析，则无须传输具体的个人数据或重要数据。如因其他用途必须跨境传输，应先完成跨境申报并获得监管部门批准后方可实施。对于与数据跨境目的无关的字段，不应提交跨境审批。如果涉及重要数据或个人数据的跨境申报被监管部门拒绝，应评估该类数据本地化存储的可行性。

5. 数据处理风险评估

评估数据资产在数据处理阶段的风险时，针对个人数据或重要数据，应评估个人数据是否已获得数据主体或重要数据提供方的授权同意，同时实际处理的目的和方式应与签署的协议保持一致，避免数据被滥用。此外，应评估数据资产的系统环境，包括网络、终端、邮件、设备等是否存在数据泄露风险，并采取数据安全措施，如数据脱敏、水印、数据最小化授权、访问控制、例外审批、定期审计等，以防数据泄露事件的发生。

当数据资产处于数据处理场景下，应根据用户权限最小化原则，设立相关系统用户访问权限，只有获得正确身份授权的用户方可按权限访问相关数据的详细信息。

6. 数据交换风险评估

评估数据资产在数据交换阶段的风险时，针对个人数据，应评估数据交换来源的合法合规性，避免第三方未经消费者同意，将收集的数据通过加工转化为合规数据。针对重要数据，应评估是否能获得数据提供方的授权同意，只有在获得授权后才能考虑数据交换，进而重点评估各类型数据的密级要求，并在签署合规协议、加强网络传输安全措施后降低数据交换风险。

当数据资产处于数据交换场景下，应重点评估数据交换技术（如采取数据脱敏、数据加密等）的安全性避免在数据交换过程中发生篡改或泄露事件。

7. 数据销毁风险评估

评估数据资产在数据销毁阶段的风险时，应重点评估数据销毁结果是否达到监管部门规定的信息不可还原要求。对于存储数据的介质或物理设备，应评估适用的介质销毁技术，如物理粉碎、消磁或多次擦写等，使介质上的数据无法恢复，还应评估涉及的个人数据保护是否采用了匿名化技术，确保无法识别主体自然人。

当数据资产处于数据销毁场景下，应按照国家《会计法》或《档案法》等法规要求，选择最长的数据留存时间作为每类数据的预设保留期限。当数据保留时长超过该时点时，应触发相应的个人数据匿名化处理或其他类型数据的销毁操作。

11.2.4 备份与应急响应

在企业日常使用数据的过程中，难免会因操作失误、恶意操作等行为而使数据丢失或泄露。此时，数据备份和灾难恢复显得尤为重要。数据备份作为数据管理和保护策略的基础，为数据所有者提供了一个安全网，以应对日益增长的数据安全威胁和业务风险。

对于个人、企业或政府组织来说，数据备份是防止数据永久丢失的重要手段。例如，人们往往会将重要数据复制到 U 盘或存入云空间中以防丢失；企业会使用磁带或光盘作为备份介质，将数据传送到远程备份中心制作完整的备份磁带或光盘，或在与主数据库分离的备份机上复制主数据库，确保数据的一致性和安全性；税务部门通过建立异地灾备中心，将备份数据通过克隆技术复制并传输至异地存放，守好数据安全存储的最后一道防线。

在数据量较小时，可以使用移动硬盘、U 盘等移动存储设备进行数据备份；而对于数据量较大的情况，可以选择具备自动化、定时备份、数据压缩、加密等功能的专业备份软件。在备份过程中，可通过查找不同文件中的重复数据块并用指示符替代，以减少备份数据的冗余和降低存储空间需求。数据所有者应根据自身的数据规模、业务需求和预算选择合适的备份手段，并定期审查和更新备份策略，以应对不断变化的数据安全威胁。

除了上述备份措施以外，制订详细的灾难恢复计划和流程也很重要。定期测试恢复流程，综合评估数据恢复到正常状态所需的最大可接受时间和允许的最大数据丢失量，确保在紧急情况下能够迅速响应并有效发挥作用，最大限度降低损失。灾难恢复计划应该全面、灵活且可执行，能够在面对各种潜在的灾难情况时快速、有效地恢复业务运营。

11.2.5　安全合规运营

数据资产作为一种新型资产，具备不同于传统资产的特性。企业需要通过全面的合规和安全治理来有效管理和运用数据资产。这包括评估潜在风险、制定有序的管理策略、建立健全的安全防护技术措施，以保证数据资产业务的安全合规运营。企业应选派责任领导牵头，各业务部门协同参与，制定并执行数据资产合规安全策略、制度和流程规范。随着企业数据资产经营逐步规范化，以及企业内部和外部系统的不断扩展，构建一个多层次的合规安全防线至关重要。

第一道防线由业务、财务和IT部门组成，主要负责日常数据资产的运营管理，确保合规政策和安全策略在日常业务中得到有效落实。这道防线的核心任务是将企业的策略转化为具体的操作流程，确保数据的分类、权限管理和流通交易等方面有序进行。

第二道防线由内控、法务和合规部门组成，主要负责对数据资产的安全性和合规性进行持续监控，并及时预警潜在风险。这一防线的作用在于通过日常监控、分析和管理识别可能的安全隐患，确保企业能够迅速响应，避免数据违规或安全事故的发生。

第三道防线由内部审计或外部审计团队负责，定期对数据资产的合规性和安全性进行审计，收集相关证据并生成报告。审计结果能够帮助企业识别现有的安全漏洞和合规风险，并为管理层提供改进建议。通过这一防线，企业能够定期评估数据资产管理策略的有效性，并在发现问题后及时采取纠正措施。

通过建立这三道防线，企业可以实现数据资产的全生命周期管理，确保数据在从收集、存储、使用到销毁的每个环节都符合合规和安全要求。同时，持续优化管理流程和技术手段，可以进一步提升数据资产的运营效率和价值。总的来说，数据资产安全管理不仅是技术问题，而是企业治理体系中的重要一环。只有通过系统化的管理措施和多层次的合规保障，企业才能充分发挥数据资产的潜在价值，并在市场竞争中保持合规与安全的优势。

11.3 数据资产安全保护技术

11.3.1 数据资产安全保护技术类别

1. 物理安全技术

物理安全技术对于保障数据资产硬件设备的安全至关重要。在物理设备防灾方面，企业需采取一系列措施来应对可能发生的自然灾害，如地震、洪水等。首先，数据中心等关键设施应选址于地质稳定、不易受自然灾害影响的地区；同时，应建设具备抗震、防洪、防火功能的建筑结构，安装火灾自动报警和灭火系统、防水设施等。对于可能受到电磁干扰影响的设备，应采用屏蔽技术和抗干扰设备，确保硬件设备的正常运行。

数据资产的硬件设备运行环境需要严格控制。保持适宜的温度和湿度，防止设备因过热或过湿而损坏。安装精密空调系统，对环境参数进行实时监测和调节。此外，提供稳定可靠的电力保障至关重要。配备不间断电源（UPS）和备用发电机，以应对突发的电力故障。定期对电力设备进行维护和检测，确保其正常运行。同时，建立完善的电力管理系统，对电力消耗进行监控和优化，提高能源利用效率。

2. 系统安全技术

防范数据资产管理系统中的不安全因素是确保数据资产安全的重要环节。统一身份认证技术通过对用户身份的唯一标识和验证，确保只有合法用户能够访问系统，为系统提供了第一道安全防线。访问控制系统根据用户的角色和职责，严格限制其对数据资产的访问范围和操作权限。资产证书授权为特定设备或用户提供了更高级别的安全认证，确保只有经过授权的实体才能访问敏感数据。

在系统保护方面，及时对操作系统和数据库进行安全加固，关闭不必要的端口和服务，安装防火墙和入侵检测系统，以防外部恶意攻击。漏洞修复是一项持续的工作。企业应定期对系统进行漏洞扫描，及时安装安全补丁，消除潜在的安全隐患。系统软件安全适配需确保不同的软件组件能够协同工作，同时保证安全性。企业应安装相关病毒防护软件，实时监测并查杀病毒和恶意软件，防止其对系统和数据资产造成破坏。

3. 网络安全技术

网络安全技术在数据资产的网络授权访问中起着关键作用。网络身份认证技术确保只有合法的用户和设备能够接入网络。企业可以采用多种认证方式，如密码、数字证书、生物识别等，提高认证的安全性。安全存储技术对网络中的数据存储进行加密和保护，防止数据被窃取或篡改。传输加密技术（如采用 SSL/TLS 加密协议）确保数据在网络传输过程中的保密性和完整性。安全检索技术使用户能够在不泄露敏感信息的情况下进行数据检索。远程访问控制技术严格限制远程用户对数据资产的访问，并通过虚拟专用网络（VPN）等技术确保远程连接的安全。网络防护技术包括部署防火墙、入侵检测和防御系统等，对网络流量进行监控和过滤，以防恶意攻击。隐私保护技术（如采用数据匿名化、加密等技术）致力于保护用户的个人信息和数据隐私。

4. 应用安全技术

应用安全技术主要关注数据资产服务软件的安全以及数据资产的安全生产，以确保数据资产在全生命周期内的机密性、完整性和可用性。网络安全扫描技术定期对应用软件进行漏洞扫描，及时发现并修复安全漏洞。防火墙在应用层面提供访问控制和安全过滤服务，防止非法访问和攻击。身份鉴别技术确保用户的真实身份，采用多因素认证等方式提高安全性。入侵检测和响应系统实时监测应用软件的运行状态，一旦发现异常行为或入侵迹象，立即发出警报并采取相应的应对措施。完整性验证技术确保数据在应用软件处理过程中的完整性，防止数据被篡改。此外，对应用软件的开发过程进行安全管理，遵循安全开发规范，进行代码审查和安全测试，确保应用软件本身的安全性。

5. 管理安全技术

管理安全技术在数据资产相关技术和设备的规范管理方面起着重要作用。建立安全管理制度是基础，并明确数据资产安全管理的目标、原则和流程，规范员工的行为和操作。企业和组织应明确各部门在数据资产安全管理中的职责和分工，并建立专门的安全管理团队。

培训与管理可确保员工具备足够的安全意识和技能。定期开展安全培训和教育，可以提高员工对数据资产安全的重视程度。密钥的认证、授权与管理需对加密密钥进行严格管理，确保密钥的安全性和可用性。安全日志管理记录系统为安全事件的调查和分析提供依据。容灾备份是灾难发生或数据丢失时的重要保障措施。企业和组织应定期进行数据备份，并制订完善的容灾恢复计划，确保数据资产的可恢复性。

11.3.2 常用数据资产保护技术

1. 安全存储与访问控制

（1）加密技术

加密技术是安全存储与访问控制的核心手段之一。通过对数据进行加密，可以将数据转换为密文，只有拥有正确密钥的用户才能解密密文，获取原始数据。加密技术可以分为对称加密和非对称加密两种类型。

- **对称加密**。对称加密是指使用相同的密钥进行加密和解密的技术。对称加密算法的优点是加密和解密速度快，适合对大量数据进行加密处理。常见的对称加密算法有 AES、DES、3DES 等。
- **非对称加密**。非对称加密是指使用不同的密钥进行加密和解密的技术。非对称加密算法的优点是安全性高，适合对少量数据进行加密处理。常见的非对称加密算法有 RSA、ECC 等。

（2）访问控制技术

访问控制技术是安全处理技术的重要手段之一。通过对用户身份进行认证和授权，可以限制用户对数据的访问权限，防止非法用户访问数据。访问控制技术可以分为自主访问控制、强制访问控制、基于角色的访问控制 3 种类型。

- **自主访问控制**。自主访问控制是指由数据的所有者或管理者自主决定用户对数据访问权限的一种访问控制技术。自主访问控制的优点是灵活性高，适用于小型系统的访问控制。
- **强制访问控制**。强制访问控制是指由系统管理员根据安全策略决定用户对数据访问权限的一种访问控制技术。强制访问控制的优点是安全性高，适用于大型系统的访问控制。
- **基于角色的访问控制**。基于角色的访问控制是指根据用户在组织中的角色来决定其对数据访问权限的一种访问控制技术。基于角色的访问控制的优点是易于管理和维护，适用于企业级系统的访问控制。

2. 安全处理

（1）身份认证技术

身份认证技术是安全处理的基础手段之一。通过对用户身份进行认证，可以确保用户的合法性，防止非法用户访问数据。身份认证技术可分为密码认证、生物特征认证和数字证书认证 3 种类型。

- **密码认证**。密码认证是指用户通过输入正确的密码来证明自己身份的一种认证技术。密码认证的优点是简单易用，适用于小型系统的身份认证。
- **生物特征认证**。生物特征认证是指用户通过提供自己的生物特征（如指纹、面部、虹膜等）来证明自己身份的认证技术。生物特征认证的优点是安全性高，适用于高安全性要求的系统进行身份认证。
- **数字证书认证**。数字证书认证是指用户通过提供数字证书来证明自己身份的认证技术。数字证书认证的优点是安全性高，适用于大型系统的身份认证。

（2）数据校验技术

数据校验技术是安全处理的重要手段之一。通过对数据进行校验，可以确保数据的完整性，防止数据被篡改或损坏。数据校验技术主要包括哈希算法、循环冗余校验（CRC）和消息认证码（MAC）3 种类型。

- **哈希算法**。哈希算法是一种将任意长度的消息压缩为固定长度消息摘要的算法。哈希算法的优点是计算速度快，适合对大量数据进行校验。常见的哈希算法有 MD5、SHA-1、SHA-256 等。
- **循环冗余校验（CRC）**。循环冗余校验是一种通过在数据中添加冗余信息来进行校验的算法。循环冗余校验的优点是计算速度快，适合高速传输数据的校验。
- **消息认证码（MAC）**。消息认证码是一种使用密钥对消息生成认证码的算法。消息认证码的优点是安全性高，适用于高安全性要求的数据校验。

（3）备份与恢复技术

备份与恢复技术是安全处理的重要保障手段之一。通过对数据进行备份，可以在数据丢失或损坏时进行恢复，确保数据的可用性。备份与恢复技术可分为全量备份、增量备份和差异备份 3 种类型。
- **全量备份**。全量备份是指对整个数据集进行备份。全量备份的优点是恢复速度快，适用于对小型数据集的备份。
- **增量备份**。增量备份是指仅备份自上次备份以来发生变化的数据。增量备份的优点是备份时间较短，适用于对大型数据集的备份。
- **差异备份**。差异备份是指只备份自上次全量备份以来发生变化的数据的。差异备份的优点是备份时间短，恢复速度快，适用于对中型数据集的备份。

3. 安全检索

隐私信息检索（Private Information Retrieval, PIR）也称"隐匿查询或匿名查询"，是一种在数据检索过程中保护用户隐私的技术。它的核心思想是用户在数据库中检索信息时，采用一定的方法阻止数据库服务器获悉查询语句的相关信息，从而保护用户的查询隐私。

茫然随机访问（Oblivious Random Access Machine, ORAM）是一种加密方案，旨在完全隐藏 I/O 操作的数据访问模式。在大数据时代，尤其是云计算环境中，用户访问模式可能成为泄露用户隐私的一种途径。ORAM 技术通过将用户的一个文件访问请求转换成多个文件访问请求，从而模糊化用户访问文件的概率和模式等信息，以保护用户隐私。

对称密文检索（Symmetric Searchable Encryption, SSE）是一种允许用户在加密数据中高效检索特定信息的安全技术。在这种技术中，数据拥有者使用同一密钥对数据进行加密存储，并构建索引以支持密文环境下的关键词查询。

非对称密文检索（Asymmetric Searchable Encryption, ASE）是一种基于非对称加密机制的密文检索技术。在这种技术中，加密和解密过程使用不同的密钥：公钥用于加密数据，私钥用于解密数据。非对称密文检索技术特别适用于既需要保护数据隐私又允许授权用户进行高效检索的场景。

密文区间检索是一种允许用户在不解密密文的情况下，对加密数据中的数值或属性范围进行查询的技术。这种技术在处理大量加密数据时非常有用，特别是在需要基于范围进行筛选和分析的场景中。

11.4　本章小结

数据资产安全至关重要，涉及多个关键领域，并贯穿数据全生命周期的各个阶段，包括数据的采集、传输、存储、处理、共享、使用和销毁等。数据资产的安全管理要求在整个安全合规运营过程中确保数据的合法合规使用，同时维护数据资产主体的合法权益，防止其权益受到侵犯。为了应对数据资产面临的各种风险，企业可以建立健全数据分类分级保护、数据加密与脱敏、数据资产安全评估、备份与应急响应、安全合规运营等数据资产安全管理机制，并研发与部署数据资产安全保护技术。通过落实这些安全管理措施，企业能够夯实数据资产管理体系，筑牢数据资产价值实现的安全基础，构建数据资产时代的安全治理新范式。

| 第四部分 |
数据资产变现

第 12 章　数据资产时代的商业模式
第 13 章　数据资产价值实现路径与模式
第 14 章　数据资产开发利用的行业实践
第 15 章　数据资产化引领未来变革

第 12 章 | CHAPTER

数据资产时代的商业模式

数字经济的发展深刻改变了经济运行模式和人们的生活方式，推动数据资产成为数字时代的"财富"象征。在此背景下，企业除了需要不断革新技术和产品外，还需要积极重构商业模式，构建适应数据资产时代的关系网络和运行机制，借助市场力量拓宽数据资产的价值实现路径，充分释放数据资产的价值潜能。在数据资产时代，企业需要与客户建立更紧密的合作伙伴关系，基于数据供应链进行更广泛的资源整合，并采取多元化的盈利模式，高效实现数据资产的商业化运营。本章将参考信息时代的传统商业模式，讨论数据资产时代的主流商业模式，分析其在重要伙伴、关键业务、核心资源等方面展现出的典型特征，并归纳构建数据资产商业模式的要点。通过理解商业模式的重要变化趋势，企业可以着眼于传统商业模式的再评估和转型升级，特别是关注如何在数据资产开发利用上实现创新与价值创造的统一。

12.1　信息时代的传统商业模式

商业模式是管理学的核心研究内容，主要关注企业在市场中与用户、供应商以及其他合作伙伴（即营销任务环境中各主体）之间的关系，尤其是彼此间物流、信息流和资金流的互动。普遍认为，商业模式描述了一个组织创造、传递和获取价值的路径，是一种利益相关者之间从事业务活动的交易结构。基于此，本书将"数据资产商业模式"界定为：以创造、传递和获取数据资产价值为主要目的，面向数据资产交易、服务等主要业务活动所构建的利益相关者关系结构或运行模式。

在数据资产时代到来之前，信息技术经历了3个连续发展阶段：互联网时代、移动互联网时代和云计算时代。每个阶段在前一阶段的基础上引入新的技术和商业模式，推动了数字社会的逐步演进。

数据资产时代可以被视为互联网、移动互联网和云计算时代的自然延续和发展，不仅突破了供应商与用户之间的物理限制，还提供了更灵活、强大且便捷的数据处理、流通和应用能力。因此，数据资产商业模式成为信息时代传统商业模式的延伸。随着数字技术的不断进步，这四个时代的特点和优势正在融合，共同塑造现代经济社会的数字化面貌。

12.1.1　互联网时代的商业模式

在互联网时代，互联网技术大规模普及并广泛应用于信息传播和交流。这个时代的特点是信息的数字化和在线化。在此基础上，互联网商业模式整合传统线下商业模式，连接各种商业渠道，成为一种具有高创新性、高价值、高盈利性和高风险的、适应线上商业运作和组织架构的模式。

门户网站是互联网时代最典型的特征之一。配对型、搜索型、网购型、游戏型、知识问答型网站曾经占据互联网社会的主流，目前许多企业也习惯搭建自己的官方网站。

互联网时代的典型商业模式如下。

- ❏ **在线广告**：通过网站展示广告，根据点击量或展示次数收费，从而获取利润。
- ❏ **电子商务**：在线销售商品或服务，并收取平台抽成，例如亚马逊和eBay。
- ❏ **订阅服务**：用户支付定期费用以获取内容或服务，例如Netflix。

- **信息门户**：提供新闻、搜索及其他信息服务，例如 Yahoo! 和 Google。
- **社交网络**：建立在线社区，通过广告、增值服务等盈利，例如 Facebook。

在移动互联网、云计算等技术和理念的强烈冲击下，传统以门户网站为代表的互联网商业模式日渐式微。伴随着激烈的市场竞争，主流的商业模式悄然发生变化，迎接新一轮变革。

12.1.2 移动互联网时代的商业模式

随着智能手机和移动设备的普及，互联网接入不再局限于固定场所，移动互联网入口被场景化分解，信息的聚合变得无处不在。在此基础上，企业通过移动互联网提供产品和服务，移动互联网商业模式迅速发展，成为现代商业的重要组成部分。

在移动互联网时代，没有哪个超级入口能覆盖每一个细分垂直领域，微信、微博也无法垄断人们衣食住行的方方面面。移动互联网商业模式在众多细分领域遍地开花，尽管许多现象级应用昙花一现，但仍有大量初创企业不断涌现，"小而美"也是一种充满魅力的选择。

移动互联网时代的典型商业模式如下。

- **移动应用**：开发适用于智能手机和平板电脑的应用程序，通常通过应用内购买或广告盈利。
- **移动支付**：提供移动设备上的支付解决方案，例如 Apple Pay 和支付宝。
- **位置服务**：利用 GPS 数据提供基于位置的服务，例如滴滴和美团。
- **即时通信**：提供即时消息传递服务，通过广告或增值服务盈利，例如微信。
- **内容分发**：通过移动平台分发新闻、博客、视频或音频等内容，例如抖音、快手。
- **移动游戏**：开发和分发在移动平台上的游戏，通常采用免费加内购的模式，例如米哈游和腾讯游戏。

移动互联网时代商业模式的成功依赖于对用户需求的深入理解、创新的技术应用以及有效的市场定位。与互联网相比，移动互联网普及成本低，传播速度快，能够减少中间环节，消除等级障碍，缩小差异，实现产销直接连接。

然而，经过多年发展，移动互联网红利期已经基本结束，移动互联网生态系统正在逐步固化。社交、支付、购物、出行、内容等移动互联网领域已经形成"寡头"局面，马太效应明显，后续企业难以介入。优势企业凭借自身资本和技术积累，开始不断蚕食剩余细分市场。移动互联网呈现出日益中心化的趋势，云计算时代悄然到来。

12.1.3 云计算时代的商业模式

在云计算时代，头部企业利用强大的计算资源（如服务器、存储、数据库等），通过互联网为用户提供集中化的产品和服务，其特点是资源的集中化管理和按需分配。基于集中化云计算服务，企业借助自身资源优势，为用户提供整合解决方案和体验，力求在运转效率、资源分配、服务质量上实现最佳性价比。

与此同时，大量中小微企业主动或被动地依附于头部企业，依赖头部企业提供的云计算服务，成为头部企业生态的一部分。

云计算时代的典型商业模式如下。

- **基础设施即服务(IaaS)**：例如亚马逊云服务、阿里云等，提供虚拟化的计算资源，例如服务器、存储等物理设施资源。用户可以使用这些资源构建和运行自己的应用程序，而无须购买、维护和监控自己的硬件设备、操作系统和开发工具等。
- **平台即服务(PaaS)**：例如腾讯云、阿里云、华为云等，提供应用程序开发和部署的平台，包括提供数据库管理、开发工具和应用程序服务，使用户可以更容易地开发、运行、管理和维护自己的应用程序，无须购买和管理底层基础设施和系统软件。
- **软件即服务(SaaS)**：例如金蝶、用友、慧点等，通过互联网提供软件和应用程序。与传统的软件出售和安装方式不同，服务提供商提供的软件部署在云端服务器上，用户通常通过订阅模式按月或按年支付费用。
- **数据即服务(DaaS)**：例如百度众包、数梦工场等，提供数据集成、清洗和分析等数据服务，帮助用户更方便地访问和利用数据。DaaS的核心思想是在云端完成数据集成、存储和处理等过程，支持用户通过特定API的数据服务来查询和处理这些数据。

云计算这种相对中心化的服务供给模式具有显而易见的优势，具体如下。

- **相对低廉的成本**。用户只需支付一定的使用或租用费用，无须按照传统方式购买软件许可证和硬件设备，便可以使用性能强大的软硬件设备，从而降低数据存储处理、模型开发、软件测试等方面的资金投入。
- **高度灵活**。由于云计算服务通常采用订阅付费的方式，用户可以根据自身实际需求随时调整使用规模，灵活适应业务变化，满足个性化服务需求。
- **使用省心省力**。用户无须投入人力、物力和财力来购买、安装、维护软件及硬件设备，也无须付出额外运维成本，可以将全部精力投入产品研发和打磨。
- **安全性高**。云计算服务提供商资金和技术实力雄厚，在网络安全、数据安全等方面投入巨大，在提供服务过程中广泛使用加密、隐私计算、访问控制等技术，安全性和可靠性有保障。

基于上述种种优势，特别是人工智能的强势崛起，新的云计算商业模式不断涌现，如"模型即服务（MaaS）"等模式。而互联网技术的广泛应用，使传统的"中心化"云计算商业模式面临越来越多的质疑与挑战，尤其是舆论场中的"平权"和"去中心化"趋势愈发明显。人们对数据垄断、个人信息泄露和大数据杀熟等问题表达了强烈不满，逐渐形成了"数据是一种财产"的共识。这种思潮催生了"去中心化"数据资产商业模式的雏形，促使人们重新思考数据的归属与控制权，并推动了商业模式的创新与变革。

12.2　数据资产时代的主流商业模式

新一代信息技术的快速发展显著提升了数据资产的价值，使其成为一种新的生产要素，深刻改变了人们的生产和生活方式。组织和个人逐渐认识到，数据应作为一种资产被积极自主地开发和利用，而非仅由中心化的平台公司掌控。

随着这种意识的增强，信息时代的传统商业模式越来越难以满足新的生产生活需求，数据资产化的到来为商业模式的变革奏响了号角。

笔者认为，数据资产时代的商业模式的产生和发展，依赖于信息基础设施的高度发达。此时，各种计算资源和存储资源不再稀缺，组织和个人无须将数据集中存储于中心化平台公司。在分布式存储、边缘算力节点和高速互联网络的支撑下，用户可以将自身数据资产存储于本地或分布式平台，并通过构建一个通用的数字身份，实现在各个端口的通行。在这种模式下，用户完全拥有自身数据的所有权，并能够跨平台、跨领域地无缝衔接。数据资产的供给端和消费端得以完全打通，数据资产的流通和交易变得便捷且迅速，从而创造出巨大的价值。

现阶段，数据资产时代的商业模式仍处于探索和发展过程中。立足于当前技术发展水平和信息基础设施现状，政府和行业主体已经开展了积极实践。借鉴信息时代的传统商业模式，笔者尝试对数据资产时代的主流商业模式进行总结归纳，如表12-1所示。

表 12-1　数据资产时代的主流商业模式

商业模式	涉及主体	运行机制
数据授权运营	个人、公共服务机构、企业、被授权运营商	G2B模式、C2B模式
数据流通交易	数据提供者、数据购买者	数据经纪模式、数据中介模式
数据生态系统	行业价值链中的所有供应商和用户	跨各主体的数据联动，广泛的资源共享与价值共创
数据跨境贸易	买家、卖家、银行、保险公司和物流组织	支持企业向全球市场扩张

12.2.1　数据授权运营

数据授权运营是指数据主体将其拥有或持有的数据授权给特定的机构或组织，开展资产识别、评估、加工等一系列操作，同时进行场景设计和场景挖掘，推动数据资产的增值和变现，以实现数据价值最大化的一种商业模式。这一模式旨在打破数据壁垒，促进数据的共享与开放，推动数据要素的市场化运营。

目前，关于地方政府以及行业主管部门的公共数据授权运营实践和探索较多，但理论上，所有数据主体，包括政府、企业和个人，都可以采用数据授权运营模式实现数据变现。

1. 地方政府公共数据授权运营

各地方政府根据实际需求，探索出各具特色的公共数据授权运营模式和机制，以释放公共数据价值为核心，逐步形成了不同的发展模式。**一种是单一授权模式，**以上海、贵州、成都、青岛、郑州、德阳等地为代表。地方政府将其掌握的公共数据集中统一授权给某机构。该机构具体负责平台建设、数据运营、产业培育等工作。集中授权的方式有利于整合地方数据资源，实现价值最大化，但存在效率较低和灵活性不足等问题。**另一种是多头授权模式，**以北京、温州等地为代表。地方政府将其掌握的公共数据，按照不同的行业属性或不同的应用场景，分别授权给符合条件的机构开展公共数据授权运营工作。多头授权的方式灵活性更强，可以发挥市场主体的主观能动性，但对监管的要求更高。

2. 行业领域公共数据授权运营

相较于地方政府掌握的公共数据，行业主管部门作为垂直纵向行业领域的数据归口，其掌握的公共数据具有一定的完整性和全面性。目前，主流的授权模式是单一授权模式。例如，司法领域数据由最高人民法院授权中国司法大数据研究院统一开发利用；社保数据由人力资源和社会保障部授权金保信社保卡科技有限公司运营。目前，并不是所有垂直行业主管部门都开展了公共数据授权运营。

3. 企业数据授权运营

企业作为数据资产的创造主体，在丰富的生产经营活动中积累了海量宝贵的数据资产，为开展企业数据授权运营奠定了良好的物质基础。但在实际探索中，企业的数据资产多通过数据产品出售、数据授权等方式变现，采用数据授权运营模式进行变现的案例较少。现有案例多为集团公司或上级公司将企业数据授权给子公司进行运营。

此处以中国民航信息公司的数据授权运营为例。中国民航信息公司作为航空信息数据的汇总者，主要为航空公司、机场、旅行社、代理商提供航班控制、机票分销、运价服务、值机配载、结算清算等信息服务。截至 2021 年，中国民航信息公司总数据量达 150TB，年增加约 15TB。2012 年，中国民航信息公司成立"航旅纵横"项目组，并将其掌握的民航数据授权给"航旅纵横"项目组运营。"航旅纵横"项目组对民航数据进行整合和加工，对外提供智能出行等增值服务，从中获取相关收益。

4. 个人数据授权运营

相较于政府和企业，我国在个人数据授权运营方面相对谨慎。纵观全球，已有相对成熟的个人数据授权运营模式可供借鉴，其中运行较为成功的当属韩国的 MyData。

MyData 旨在建立一个公平、透明的个人数据生态系统，它的核心在于赋予个人对其信息的控制权，同时促进数据的安全共享和高价值利用。以金融行业应用为例，用户 A 通过 MyData App 行使"个人信用信息传送要求权利"，即用户 A 通过 MyData 运营商的 App，授权金融机构将所需信息提供给 MyData 运营商。据公开资料显示，MyData 已经为韩国创造了约 1000 亿元人民币的经济体量，这对于只有 5000 多万人口的韩国来说，MyData 已经成为一个现象级的应用。

除 MyData 外，数据信托也有望成为个人数据授权运营的重要方式。数据信托是指数据资产所有者委托受托人运营其数据资产，受托人享有信托财产法律上的所有权，受益人享有基于信托财产的信托利益。从目前的政策趋势来看，数据资产的持有、使用、运营等权能的分离与信托财产权属的复合式安排具有高度契合性。数据信托有望成为个人数据授权运营的重要方式。

12.2.2　数据流通交易

数据的流通交易也就是信息的传递和共享，是人类社会沟通、协作与发展的基础。自古以来，人类就以各种形式进行数据交易。数据交易在商业活动中一直占据着重要地位，无论是古代商人通过手稿记录交换贸易信息，还是工业时代利用统计数据优化生产流程，数据交易始终是推动经济增长的重要力量。随着以互联网、云计算等技术为代表的信息技术的发展，数据交易的效率不断提升、规模不断扩大、频率不断提高，日益成为人们生产生活不可或缺的一部分，并逐渐成为数据资产时代的一种重要商业模式，进而衍生出数据经纪和数据中介两大类模式。

1. 数据经纪模式

数据经纪模式是指依托数据经纪商开展数据流通交易业务的模式。根据维基百科的定义，数据经纪商是指从公共记录或私人来源收集个人信息（如通过人口普查、用户向社交网站提供的资料、媒体与法庭报告、选民登记清单、购物记录等获取数据），并将汇总收集到的数据创建成个人档案（内容涉及年龄、种族、性别、婚姻状况、职业、家庭收入等），最后将此个人档案出售给特定群体，用于广告、营销或研究等。美国联邦贸易委员会将数据经纪商定义为，从各种来源收集消费者个人信息，并将该信息再次销售给有多种目的（包括验证个人身份、征信记录、产品营销以及预防商业欺诈等）的公司。如 Acxiom 数据交易平台、Intelius 公司、Factual 公司都采用了数据经纪模式。

数据经纪模式具有以下特点。

一是数据来源均指向个人。数据经纪商收集的都是个人信息数据。

二是直接依靠数据本身获取收益。数据经纪商收集海量个人信息数据后，就像普通商品一样，依据市场化定价，将数据打包并进行销售以获取收益。此过程简单、直接，不涉及数据加工或分析所产生的附加价值。

三是客户群体相对固定。由于数据经纪商的数据源主要是个人信息数据，因此数据需求方的数据用途也相对固定，大多用于背景调查、征信、广告和营销等领域。数据经纪商与其客户之间往往会形成长期、稳定的合作关系。

2. 数据中介模式

数据中介模式是依托第三方中介平台开展数据流通交易的模式。按照传统电子商务模式分类，数据中介模式可以大致细分为 C2B 分销模式和 B2B 集中销售模式两类。在 C2B 分销模式下，数据平台直接与消费者个人互动，用户主动向中介平台提供个人数据。作为交换，平台向用户提供一定数额的商品、货币、服务等等价物，或者优惠、折扣、积分或现金回报。在 B2B 集中销售模式下，数据平台以中间代理人身份为数据提供方和数据购买方提供数据交易撮合服务。数据提供方和数据购买方均为经交易平台审核认证、自愿从事数据交易的实体，平台对交易双方及交易过程的合规性提供保障。数据提供方可以自行定价出售，也可以与数据购买方协商定价，并按特定交易方式设定数据售卖期限及使用和转让条件。B2B 集中销售模式更接近数据市场的概念，与我国数据交易所的构想类似，如上海数据交易所、广州数据交易所等。

数据中介模式具有以下特点。

一是数据来源广泛。数据平台对数据来源不进行限制，只要不危害国家和社会安全稳定，在符合法律法规要求下，绝大部分数据可以上架销售。

二是依靠交易抽成或增值服务获取收益。数据平台本身不产生数据，其销售的数据均来自数据提供方。在数据交易过程中，数据平台需要做好交易撮合、合规认证、售后服务等增值服务，通过提供高质量服务促成数据交易双方的交易，从而获取抽成或增值服务费用。

三是客户群体丰富多样。数据平台就像一个集市，数据提供方和数据购买方都是其客户，任何有数据出售或采购需求的客户均可入驻数据平台。数据平台要与客户之间形成相对稳定的合作关系，不断提高服务质量，增强客户黏性。

12.2.3 数据生态系统

数据生态系统是现实世界和数据世界的有机统一。其中，数据空间是数据生态系统运行的基础，新一代网络通信、人工智能、区块链等关键技术是数据生态系统有序运行的支柱，数据、信息、情报、计算和指令是数据生态系统运行的驱动力。在数据生态系统中，各数据主体通过数据空间实现感知、理解和认识，并进行数据的共享、交换，实现价值共创。

数据生态系统的发展是一个循序渐进的过程，从初级阶段的标准化和基础设施建设，到中级阶段的数据自由流通与交易，再到高级阶段的虚实深度融合，每个阶段都为下一步的发展奠定了坚实的基础。接下来将逐一进行介绍。

1. 数据生态系统的初级阶段

行业主管部门、行业龙头企业牵头制定标准规范，构建互操作性强、安全性高的数据基础设施。这一阶段的主要目标是解决数据孤岛问题，实现数据的互联互通。通过建立统一的标准和框架，各行各业可以更容易地整合数据资源，促进跨组织和跨领域的数据流通。这种基础设施的构建不仅提升了数据的安全性和可访问性，还为后续阶段的数据生态系统发展奠定了基础。在这一阶段，尽管数据流通尚未达到高效自由的状态，但已是迈向成熟数据生态系统的第一步。

2. 数据生态系统的中级阶段

各行各业的数据主体开始积极参与构建数据生态系统，数据在数据空间中的自由流通与高效交易逐渐成为可能。数据主体不仅包括大型企业，还涵盖中小型企业、科研机构、政府机构和个人用户等，形成了一个多元化的数据资产价值共创网络。在数据空间中，各种数据主体通过标准化接口和协议实现数据的高效流通。这个阶段的重要特点是，数据资产价值被广泛认可和实现。企业高度重视数据资产的管理，且数据资产带来的价值流稳定而显著。同时，数据的应用场景也在不断扩展，从传统的业务运营逐步延伸到智能制造、精准营销、公共服务等多个领域。

3. 数据生态系统的高级阶段

现实世界与数据世界深度融合，虚拟空间数据与现实世界数据之间无缝衔接，标志着数据生态系统的成熟。数据主体可以依托数据空间对现实世界进行管理和指挥，现实世界数据也能同步传输至数据空间，为所有数据主体所用，形成以数据为核心的泛在连接网络。在这一阶段，数据的应用已不仅限于传统的分析和决策，还涵盖智能预测、自动化操作和实时反馈等多种形式。数据驱动的智能决策系统能够在多变的环境中快速响应，显著改变了组织运行模式和组织间的连接方式。

12.2.4 数据跨境贸易

数据跨境贸易是指以数据为主要标的物的国际贸易活动。这种贸易形式既包括数据从境内传输出境，也包括数据从境外传输入境，同时还表现为数据在境内存储但通过技术手段供境外主体访问。得益于云计算、人工智能、区块链和新一代网络通信等技术的发展，数据跨境贸易规模逐渐扩大，对数字贸易的各个环节（包括从订购到交付的整个过程产生了直接或间接的影响）。这一趋势正在全面重塑未来国际贸易的成本、流量、结构和效率，成为推动全球经济增长的新动能。

随着数据跨境贸易机制的不断演化与创新，这种商业模式的具体内涵也在不断完善。本书列举了两个较有特点的内在运行机制供参考。

- 数据跨境保险是在数据跨境贸易中应运而生的一种风险管理工具。数据跨境贸易促进了数据流动，加强了全球产业链、供应链、创新链和数据链的整合与利用。然而，由于网络传输、数据质量和数据安全等因素，这一领域也面临诸多风险，例如买卖双方信用缺失可能导致数据质量下降和货款支付困难等问题。在这种背景下，数据跨境保险作为一种有效的风险规避手段，可以帮助投保人弥补潜在损失，降低风险影响。
- 数据搬运是指将数据从一个存储位置转移到另一个存储位置。此过程可能涉及数据格式、存储介质等的变化，需要关注数据的完整性、安全性和隐私保护。在现代数据管理和 IT 基础设施管理中，数据搬运较为常见。在数据跨境贸易过程中，特别是当数据存储量达到上千 TB 时，通过网络传输的效率往往低于物理运输，数据搬运可能成为数据跨境贸易的重要运行模式。

需要注意的是，我国高度重视对数据跨境行为的规范，要求在数据本地化存储的基础上兼顾数据跨境流动需求，强调数据主权和安全。目前，我国的数据跨境行为主要依据《网络安全法》《数据安全法》《个人信息保护法》以及《国家安全法》进行监督管理。在这一基本框架下，我国还出台了一系列相关法规和指南，包括《促进和规范数据跨境流动规定》《数据出境安全评估申报指南（第二版）》和《个人信息出境标准合同备案指南（第二版）》等。因此，企业在开展数据跨境贸易时，应严格遵守相关法律法规，积极维护国家安全和利益。

12.3 数据资产时代商业模式的构建要点

围绕数据资产构建商业模式时,企业需要关注 5 个核心要素,如图 12-1 所示。

图 12-1 数据资产时代商业模式的核心要素

12.3.1 重要伙伴

在数据资产时代,商业模式的创新与发展建立在数据要素市场的结构和规则之上,数据资产的商业化运营离不开数据要素市场的深度参与。在这一背景下,企业需要与数据要素市场的参与者建立紧密合作关系,共同推动数据资产价值的实现。数据要素市场的需求方大致可以分为两类:一类是大众消费市场,主要面向个体用户;另一类是行业市场,主要面向行业企业、政府部门和事业单位等组织。

在面对大众消费市场时,由于消费者需求日益碎片化和个性化,企业必须通过持续创新保持竞争力。通过引入新技术和新服务模式,企业不仅能满足现有用户的需求,还能引导和创造新的市场需求。在行业市场,数据产品和服务通常与特定应用场景紧密结合。供方企业在满足行业客户个性化需求的基础上,需要不断进行市场细分,深入挖掘各行业的具体需求,并提炼出通用的标准化产品和服务。这种差异化与标准化的结合不仅可以提升产品的适用性，还能通过优化服务体系提高行业客户的满意度，从而获得更高的利润。

可以想见，数据资产时代的商业模式需要应对客户需求差异性大、复杂程度高、涉及范围广等挑战，对于需求满足程度的客观评价也更加困难。这通常需要企业与重要伙伴共同探索数据资产与现实世界之间的价值映射方式，共同完成数据资产的价值创造。在数据资产时代商业模式的构建过程中，企业与数据要素市场的各参与方需要围绕数据的获取、整合、分析和应用等环节，构建多方共赢、深度融合的关系结构和运行模式。

为了实现该目标，企业需要确定战略合作伙伴，包括数据供应商、行业企业和技术提供商等，并明确各方的角色与责任。在价值创造过程中，企业将与重要伙伴共同定义数据资产的价值。比如，在大众消费市场，为用户提供满足其个性化需求的服务；在行业市场，满足特定行业需求并提供标准化的产品与服务。也就是说，对数据资产的价值评价离不开重要伙伴的参与，因此需要结合数据资产商业模式合理评估数据资产价值。同时，可以构建有利于协同创新的数据可信空间，鼓励企业与重要伙伴联合开展技术研发，借助彼此的资源拓展市场并推动数据应用创新。必须指出的是，数据资产商业模式还应确保各方共享商业价值，即通过合理的收益分配制度和长期合作关系，促进商业模式的可持续发展。通过这些步骤，企业能够与重要伙伴共同维护和发展数据资产时代的商业模式，不断推动数据资产的价值实现。

12.3.2 关键业务

企业在数据资产时代的关键业务是如何有效地收集、加工、保护和利用数据，使其转化为具有商业价值的产品和服务。这包括数据采集、数据清洗与加工、数据分析、数据安全管理等一系列业务环节。本书借助"数据供应链"的概念，阐述如何在商业模式中统筹协同这些关键业务。

在数据资产时代，企业应当顺应数据要素化配置带来的市场新变化，结合高质量发展需求，将数据资产供应链升级作为重要战略，构建完整高效的供应链体系，从而打造面向未来的核心竞争力。数据资产时代的市场变化可概括为以下两点。首先，企业对外部数据的需求激增。随着行业企业在垂直领域的深入，单纯依靠自身数据已无法满足业务需求，外部数据采购成为企业获得市场洞察、行业分析和用户画像的重要途径。金融、互联网等行业的外部数据采购持续增长。

其次，数据交易市场变得更加活跃。数据流通和交易已经存在多年，但在数据资产时代，交易模式愈发多样化，数据需求方通过项目式和合同式的"点对点"采购方式获取数据。同时，数据交易所的集中交易模式也在探索中，尽管场内交易占比仍较小，但其作为场外交易的补充具有重要意义。这些变化使得对于数据供应链，应更加关注外部数据的安全性与可持续供应，推动数据供应链基于数据资产化重新定义。数据供应链将涵盖从数据采集、加密确权、质量管控、计量入库等一系列业务环节，由此可以梳理出数据资产时代的商业模式应当如何统筹协同这些关键业务，如图 12-2 所示。

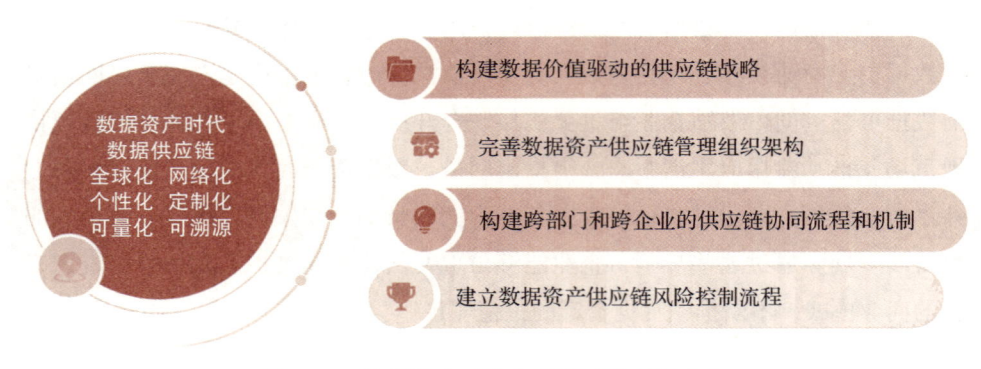

图 12-2 数据资产时代商业模式的关键业务

- **构建数据价值驱动的供应链战略。** 企业需要为客户、股东、员工甚至社会等多方主体创造价值。对于数据资产型企业而言，所有价值创造的根本都源于数据。数据是企业的生存之本，也是数据资产供应链管理的初心和核心所在。虽然许多企业已经将"数据价值"纳入企业战略，但往往忽略了它在数据资产供应链战略中的核心地位。在许多情况下，"成本"而非"价值"成为数据资产供应链的主要追求，这容易导致企业付出高昂成本，却获取低价值数据，得不偿失。而许多高价值数据尽管价格较高，但由于数据的无限性和易复制性，其广泛使用后的边际成本极低，能够创造远超成本的价值。

☐ **完善数据资产供应链管理的组织架构**。不同行业、不同规模的企业，其组织架构存在较大差异。但有一点是明确的，想要构建数据资产供应链管理的组织架构，就必须处理好"分"与"合"的关系。所谓"分"，即分别组建数据采购、数据生产、数据传输、数据计划使用等业务单元，使其能够相互制衡，规避决策风险，同时提升各个职能的专业化水平。所谓"合"，即整合资源，将前述数据采购、数据生产等业务划归供应链大部门统一管理，提升供应链运作的整体协调能力和效率。"分"与"合"没有统一的答案，最终目标都是兼顾效率和风险。不管如何整合或切分，必须保证组织架构体系中功能完整。

☐ **构建跨部门和跨企业的供应链协同流程和机制**。数据资产供应链的建设和管理必然涉及跨部门和跨企业的协作。然而，企业数据资产供应链部门仍有其明确的职责边界。受限于成本和管理效率，数据资产供应链部门不可能将所有相关部门和人员完全纳入。因此，构建一套跨部门、跨企业的数据资产供应链协同流程和机制尤为重要。以数据资产从产生、采购、运输到消费、使用的全流程为抓手，统筹协调企业内部各部门及企业外部生态伙伴，将数据资产采购、数据产品开发、数据资产运营与销售、数据服务与售后等业务流程标准化和规范化，降低协同难度。针对数据资产供应链管理，设计并建设一套数字化管理系统，将上述业务流程固化于系统之中，通过适度的刚性约束，推动供应链协同流程的有效落地。

☐ **建立数据资产供应链风险控制流程**。数据资产供应链环节较长，涉及众多外部企业和内部部门，各环节可能潜藏难以预测的风险。如果没有建立一套完整的数据资产供应链风险控制流程，稍有不慎，企业可能陷入困境。因此，企业在发展过程中，需要构筑一道风险防范的防火墙。首先要识别风险来源。有的风险来自内部，即内生风险，如信息失真、安全漏洞、法律意识淡薄等；有的风险来自外部，如数据权属风险、数据垄断风险、法律风险等。在此基础上，企业应围绕每一个风险点构建相关的风险控制流程，通过事前、事中、事后的管控，消除风险或最大限度降低风险的影响范围。

12.3.3　核心资源

为了把握数据要素市场中的机会，企业在构建商业模式时需要积极培养相应的核心资源能力。其中两类能力尤为重要：一类是细分行业领域知识的学习能力，另一类是数据要素生态合作能力。

1. 细分行业领域知识的学习能力

数据资产时代的市场竞争日益激烈，任何企业都无法单凭自身资源满足整个行业市场的需求。因此，企业必须精准定位并专注于特定的细分市场，聚焦核心资源以提升服务能力，从而获得并巩固竞争优势。企业需要深入了解目标行业的客户需求、消费行为和市场趋势，并掌握行业内的关键技术和业务流程。这不仅是掌握通用技术和服务能力，更重要的是理解行业的特殊需求与挑战，进行定制化开发与服务。例如，司法大数据研究院深耕司法领域，将积累的行业知识应用于为全国数千家法院提供法律助手服务，这使其在业内具备了独特的竞争力。企业通过持续提升行业领域知识的学习能力，可以增强在该领域的核心竞争力，以便更好地应对行业变革，加快对目标市场的深度渗透。

2. 数据要素生态合作能力

快速响应和持续创新的商业模式特征对企业知识的深度和广度提出了较高要求。从知识积累的角度看，企业可以通过参与合作生态建设来弥补自身的知识空白。鉴于行业龙头企业通常掌握较多的行业资源和知识，企业可通过与其合作快速积累行业知识，并深入了解行业动态、技术发展和市场需求。从知识输出的角度看，行业龙头企业能够通过构建合作生态，将自身积累的知识转化为行业标准或产品标准，并在合作生态中不断吸纳新的知识，以加速知识更新，巩固行业领导地位。合作方式不局限于与行业龙头企业的合作，还可通过与科研和教育机构建立战略联盟，加速行业知识的转化与应用。

基于共同促进知识融合转化的视角，企业在构建行业生态时，应特别注重与重要伙伴的深度协作与共生发展。通过共同推动行业技术的创新与应用，企业不仅能够获得关键资源，还能通过资源共享和知识互通，增强其在生态中的核心地位。通过构建稳定的合作网络，企业能够在行业快速变化中保持灵活性和创新性，从而在竞争中占据优势。例如，电科太极与中国南水北调集团开展战略合作，推动数字水利技术创新和应用，逐步提升水利领域的产品和服务能力。这类合作不仅有助于企业加快技术创新步伐，还能加快科研成果转化，将前沿技术应用于行业实践，最终形成强大的市场竞争力。

12.3.4 客户关系

客户关系是指企业为了实现其经营目标，主动与客户建立的某种联系，包括单纯的交易关系、通信关系，以及为保障交易双方利益而形成的某种买卖合同或联盟关系。客户关系具有多样性、差异性、持续性、竞争性以及双赢性等特征。良好的客户关系不仅可以为交易提供便利、节约交易成本，还可以为企业深入理解客户需求以及开展更加广泛的合作提供更多可能性。

在信息技术尚不发达的时期，供方企业和需方客户之间的信息未能有效打通，客户需要花费大量精力寻找合适的服务提供商，而供方企业主要通过发放传单、投放广告等方式扩大自身影响力。大多数情况下，企业只能被动等待客户主动联系。在这一阶段，客户关系呈现两种极端：要么非常稳固——客户因缺乏横向对比，为了节约沟通成本，被动与单一服务提供方绑定；要么非常松散——由于缺乏动态联络机制，企业的产品和服务难以覆盖不同类型的客户需求，使与客户之间的联系迅速中断。这两种情况都不利于企业在快速变化的市场环境中维持和提升竞争力。

在信息技术迅猛发展的数字化时代，企业能够借助先进的技术手段充分了解和掌握客户信息，主动发现和挖掘市场机会，不断提高客户满意度与忠诚度。这使得客户关系从传统的甲方乙方关系转向稳定的合作伙伴关系。站在需方客户的角度，由于自身对数据要素的需求不断更新迭代，无论从服务质量、服务效率还是服务稳定性的角度考虑，与"知根知底"的服务提供商展开长期合作都是一个合适的选择。

　　站在供方企业的角度，与客户的联系并不会在交易完成时结束，反而是为客户有针对性地解决问题和增强客户黏性的开始。一方面，客户购买和使用过程中能够积累大量反映市场特征的数据资源，这些资源通过恰当地开发利用，可以帮助企业提高产品开发和市场推广效率。另一方面，长期稳定的客户关系可以显著推动数据产品的复购。也就是说，企业能够更方便地将同类产品推广给有相似需求的用户，并通过持续关注用户反馈来指导产品改进，从而提升用户的复购频率。如此一来，企业可以更好地发挥数据产品边际成本极低的特点，将注意力集中在提升产品更新迭代效率上，并基于稳定的客户关系扩大市场份额，降低市场不确定性，实现长期利益最大化。因此，供需双方的共同利益被塑造为更加紧密的客户关系，过去由一次缔约形成的业务关系逐渐被长期稳固的伙伴关系甚至共生关系所取代。

　　信息技术的发展为客户关系的重塑和调整提供了前所未有的手段。企业可以依托数字化营销手段对市场空间进行规划和评估，对各种销售活动进行追踪，对客户消费习惯、爱好等进行多维分析，并在生产环节制造满足客户需求的高质量产品。企业可以通过移动通信、电子邮件、网站等多种信息渠道加强与客户的联系。单一的产品和服务难以快速满足复杂多样的用户需求。企业需要以专业化的服务能力针对某项或某几项需求，开发出差异化的服务系列。这要求企业深耕细分市场，以小批量、可迭代的方式快速打造服务系列，实现更充分的市场渗透。

　　对于单项服务来说，理想状态是能够覆盖更多的同类客户，但仅满足这些客户的部分需求，其余需求由其他专业服务来覆盖。这样，企业可以提供一个服务系列供客户选择和搭配，同一需求的满足将对应于不同的服务组合，例如打造由网页端、手机端和软件端共同组成的数据服务系列，满足客户在不同应用场景和时间段的需求。随着服务在更多维度上不断细分，服务供给端和需求端相互交织，形成一张复杂的供需对接网络，如图12-3所示。这种复杂的供需对接关系需要建立在对客户需求的深刻理解和对客户关系的充分维护之上。

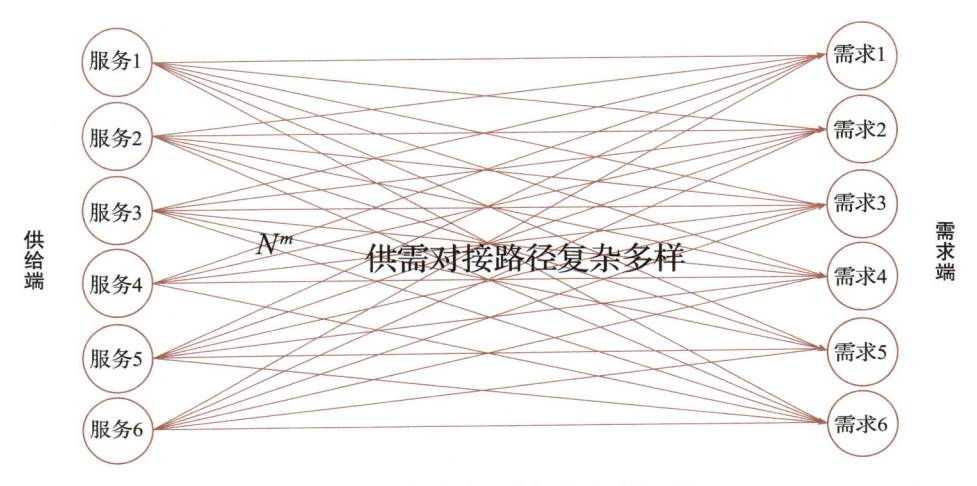

图 12-3　数据资产时代的供需对接网络

12.3.5　收入来源

数据资产时代的商业模式在收入来源方面呈现出更加多元化的特征。在延续传统一次性采购、周期性订阅、按量收费、交易抽成等计费方式的基础上，供方企业依托数据资产的新特性，探索出更加多元化的计费方式。

- ❏ **混合计费**。由于需求端个性化和碎片化的特点，供方企业往往需要提供综合性服务，因此很难通过单一的服务形式进行计价。此时，与其他服务进行绑定计费，或者采用多种服务形成的混合计费，成为更为合适的计费方案。
- ❏ **预留或预支计费**。计算和存储资源极其丰富时，供方企业拥有相对"过饱和"的资源，允许用户以比按需付费更低的价格，提前预留一定期限的资源使用权，从而快速抢占市场。
- ❏ **竞价计费**。客户针对数字化项目发布定制化服务需求，供方企业以"揭榜挂帅"的形式竞标服务订单。此时，订单的计费取决于竞价结果，并受到客户和竞争对手多方面的影响。
- ❏ **模块化计费**。供方企业将各种服务进行原子化、模块化拆分，用户根据自身需求自由组合，并根据组合结果灵活计费。

随着数据要素市场中供需双方数量增加、互动程度的增强，供方企业提供产品和服务的形式将更加多样化，收费模式也将随着客户群体的不断细分而变得更加多元，数据资产商业变现的途径将持续拓展。

12.4　本章小结

作为互联网、移动互联网和云计算时代的自然延续，数据资产时代的商业模式不仅具备独特的时代特征，还深受传统商业模式的影响。笔者认为，数据资产时代的商业模式的形成与发展高度依赖于信息基础设施的建设与普及。只有在计算和存储资源不再稀缺的情况下，用户才能将数据资产安全地存储在本地或分布式平台上，并充分掌控数据权益；同时，通过高速互联网络，实现数据资产在不同平台和领域之间的无缝衔接，释放数据资产的巨大价值潜力。数据资产时代催生了一系列令人瞩目的商业模式，如数据授权运营、数据流通交易、数据生态系统和数据跨境贸易等。这些模式在重要伙伴、关键业务、核心资源、客户关系和收入来源等方面展现出鲜明特征，为新商业模式的构建提供了重要参考。随着供需双方发生深刻变化，企业可以通过重构客户关系、优化数据供应链管理等方式，不断调整和完善自身的关系网络和运行模式，以更好地适应数据资产时代的全新商业趋势。

第 13 章 CHAPTER

数据资产价值实现路径与模式

整个数据要素市场预计有万亿元以上的市场潜力。面对这一机遇,如何获取数据价值并有效变现成为关键。政府和企业在这一领域进行了广泛探索,逐步形成了一些被认可的路径和模式。本章将从数据资产的价值实现路径和模式两方面入手,系统梳理这一过程中的重点和挑战,为读者提供实用的操作指南。通过分析数据资产的价值实现路径,本章将探讨如何将数据转化为经济收益,明确不同数据类型在各类场景中的最佳应用实践。同时,通过探讨不同的数据资产价值实现模式,将帮助读者理解如何在法律与市场环境中开展数据价值转换,从而最大限度地实现数据资产的价值。

13.1 数据资产价值实现路径探索

13.1.1 数据资产价值实现的主体

数据资产价值实现的主体在业界通常被称为"数据要素型企业",目前尚未形成对数据要素型企业的统一认知。在理论界,李金璞从市场供给侧培育的角度阐述了"数据要素型企业"的概念,将其定义为"数据要素市场中直接参与数据资源要素化的企业",侧重于推动数据从资源向数据要素产品转化的过程。他认为,在生产实践中,并非所有数据资源都具有应用价值,需要经过一系列开发活动才能将其转化为生产力。这一过程是数据的要素化过程,包含数据的汇集、预处理、分析、开发等环节,以提升数据资源的质量与可用性。

上海数据交易所从数据商的角度阐述了数据要素型企业的内涵,即"以提升数据要素化效率为目标,开展数据采集、治理、数据资产或产品开发、中介经纪、交付等业务,为数据要素提供附加价值的企业法人"。

在实践过程中,青岛、贵阳等地已经对数据要素型企业开展认定工作,明确界定了数据要素型企业。青岛市大数据发展促进会明确指出,数据要素型企业是将数据作为社会生产经营活动中必备的社会资源的企业。从社会化大生产要素参与的角度来看,以数据是否作为必要生产要素为标准来界定数据要素型企业具有一定的科学性,但也存在一定局限性,主要体现在未充分考虑数据作为生产要素参与生产的深度和程度。

贵阳市明确了3类数据要素型企业,包括资源型、技术型以及应用型,分别指:通过授权运营、流通交易其合法拥有或控制的数据资源,或通过销售、租赁算力资源获得经济收入的企业;通过提供数据采集、存储、加工、传输、分析、安全等技术服务获得收入的企业;通过提供算法模型或自主经营、许可他人经营数据产品获得经济收入的企业。贵阳市进一步从收入主线出发,从数据要素全生命周期的角度扩展了数据要素型企业的范畴。

整体来看,数据要素型企业的概念和范畴界定思路集中于数据要素价值链上,根据不同的定位,具有不同的概念界定。青岛市将数据要素型企业的范畴集中在价值链后部,即数据要素参与社会化大生产;贵阳市则将数据要素型企业定位于数据价值链的全环节,但未考虑第三方专业服务的价值。

综上所述,数据要素型企业的概念界定应以价值链为导向,体现企业对数据要素价值创造和实现的多元作用,而不是仅侧重于企业在数据要素某一方面或某一层面的作用。因此,我们需要系统性地从数据要素价值链的多个角度进行统筹考虑。本书将数据要素型企业界定为推动和支撑数据要素价值释放的企业。

13.1.2 数据要素价值链

价值链理论由迈克尔·波特（Michael Porter）提出，最初描述的是企业为增加产品和服务的实用性或价值而进行的一系列作业活动。价值链由一系列相互关联的基本活动构成，这些活动分为主要活动和支持活动。一般来说，主要活动直接涉及产品的生产和销售，包括原料供应、生产操作、外部物流、市场营销、销售以及服务等；支持活动涉及企业基础设施、人才管理、技术开发和采购管理等，为主要活动提供支撑。此后，有学者提出了行业价值链、商品链以及知识价值链等概念。行业价值链分析是从行业角度分析价值链的构成，研究价值链上每项价值活动的地位和相互关系，以及每项价值活动的成本及动因，从而对企业具有指导作用。

数据要素价值链是以数据要素为基础的价值链。许多国内外学者开展了相关研究，Miller、Curry、Becker、Faroukhi、李纲、马捷等学者从生命周期角度阐述了数据要素价值链，马费成从数据资源、数据资产、数据商品和数据资本 4 种数据价值形态角度进行了阐释。尹西明提出，实现数据价值增值需遵循"数据资源化 – 数据资产化 – 数据资本化"的演进路径。李海舰则将数据价值化创造分解为数据价值形成、数据价值实现、数据价值确权和数据价值定价 4 部分。吴志刚从权责角度将数据要素价值链划分为供给链、加工链、价值链以及监管链。

整体来看，各类数据要素价值链分析从不同角度对关键环节进行了划分，其划分目的与意义各不相同。例如：从生命周期划分，是以数据流通路径为核心业务逻辑开展的分析，对梳理数据要素价值链具有重要意义；从价值形态划分，有助于厘清价值链中各类实现价值的产品和服务形态，为企业商业变现提供方向；从增值演进路径划分，则将价值创造与业务逻辑相结合，但在实际操作中难以明确界定当前处于哪个环节，反而可能引发困惑；从权责角度划分，则能够明确数据要素价值链上各类主体的权利与义务，对企业明确自身定位、找准介入点具有重要意义。

13.1.3 相关企业价值创造核心逻辑借鉴

本小节通过回顾软件企业、互联网平台企业以及大数据企业的发展经验，从价值形态、业务逻辑、权责定位的角度总结数据要素价值创造的核心逻辑，并探讨当前数据资产价值实现所面临的问题。

1. 软件企业

软件企业的价值创造核心逻辑在于其开发和提供的软件产品及技术创新，通过不断改进和优化软件产品来提升市场竞争力和用户满意度。软件企业的价值形态如下。

- ❑ 产品导向。软件产品是核心价值，其质量和功能性直接决定企业的市场地位。
- ❑ 技术创新。持续的研发投入和技术创新是保持竞争优势的关键所在。
- ❑ 商业模式。通过一次性购买、订阅等方式实现盈利，并提供相关技术支持及维护服务。

以微软公司为例，微软通过其强大的产品线（如 Windows 操作系统、Office 办公套件和 Azure 云服务）以及持续的技术创新，在全球范围内保持了领先地位。它的商业模式包括软件销售和云服务订阅，确保了持续的收入。

软件企业的业务逻辑主要围绕产品开发、销售与分销、客户支持与维护展开。

- ❑ 产品开发。软件企业投入大量资源用于研发活动，持续关注行业趋势和用户需求，开发新功能、改进现有功能，以保持产品的竞争优势。
- ❑ 销售与分销。软件企业通过直销、在线销售、经销商等多种渠道销售其产品。针对不同产品和不同市场，软件企业采用一次性购买、订阅或按需付费等多种定价策略，还通过广告、促销活动、参加行业展会等方式进行市场推广，提高产品的知名度和市场份额。
- ❑ 客户支持与维护。在售前，软件企业为客户提供关于产品功能、购买流程等方面的咨询和支持；在售后，软件企业提供技术支持、培训和咨询等服务，确保客户能够正确使用产品，并提供产品更新与维护服务。

软件企业通过以上业务逻辑，不断开发、销售和维护其产品，以满足客户需求，保持竞争优势，实现盈利增长；同时，不断改进业务逻辑以适应市场变化。

软件企业在信息技术（IT）和软件行业中扮演着重要角色，根据其产品、服务以及市场定位在行业中占据不同的位置。一是解决方案提供商，专注于提供特定领域或行业的解决方案，以满足客户特定的业务需求和流程。二是平台服务提供商，提供开发平台或云服务，帮助其他组织构建、部署和管理其应用。三是技术创新者，致力于在技术领域（如人工智能、大数据分析、区块链等新兴技术领域）进行创新，并推出新颖的产品和服务。这类企业通常提供广泛的产品组合，覆盖多个行业和市场，成为行业的领军者。

2. 互联网平台企业

互联网平台企业的价值创造核心逻辑在于其用户基础和网络效应。通过连接不同群体（如消费者和商家），创造多边市场，并以多种方式实现变现。互联网平台企业的价值形态具有以下特点。

- 网络效应：用户越多，平台的价值越大，从而吸引更多用户和合作伙伴。
- 双边市场：连接不同用户群体（如买家与卖家），通过撮合交易和提供相关服务来实现盈利。
- 多元化变现：通过广告、交易佣金、会员费等多种方式获得收入。

互联网平台企业的业务逻辑可以归纳为"平台搭建 – 推动用户增长与活跃 – 鼓励用户生产与分享内容 – 推动商业变现与盈利"等。

- 平台搭建。互联网平台企业建立稳定、可靠的基础设施，以实现平台的正常运行和提供服务，在此基础上设计并构建用户友好的平台界面和功能，以便用户方便地访问和使用平台。
- 推动用户增长与活跃。通过搜索引擎优化、社交媒体推广、广告投放等渠道获取用户，同时通过提供优质内容和服务，以及社交互动和个性化推荐等方式，促使用户保持活跃，提高用户留存率。
- 鼓励用户生产与分享内容。丰富平台内容，提高用户黏性，提供便捷的分享功能，让用户轻松将自己喜欢的内容分享给他人，扩大内容传播范围，吸引更多用户加入和参与。
- 推动商业变现与盈利。广告收入可能是平台的主要盈利来源之一。一些互联网平台企业通过提供高级会员服务，收取会员费用；部分互联网平台企业通过提供电子商务功能，获取交易佣金收入；少数企业通过提供数据分析服务或其他形式服务，将数据资产作为收入来源。

互联网平台企业在数字经济中扮演着不可或缺的角色，具体表现如下。

- 中介服务提供者。通过技术手段将供需双方连接起来，促进交易达成。典型的例子包括电商平台、出行服务平台以及房屋租售平台。这些平台通过提供安全、便捷的交易环境，显著提高了市场效率。
- 数据汇集和处理中心。互联网平台企业积累了大量用户数据，这些数据可以为企业提供深刻的市场洞察和用户行为分析。例如，社交媒体平台通过分析用户行为，能够精准推送广告，提升广告主的投资回报率。
- 生态系统构建者。互联网平台企业往往不是只提供单一的服务，而是致力于构建一个多方共赢的生态系统。例如，微信不仅是一个通信工具，还整合了支付、购物、游戏等多种服务，形成了一个庞大的应用生态圈。
- 创新驱动者。互联网平台企业不断进行技术创新，推动行业发展。例如，云计算服务平台降低了企业的IT成本。
- 多边市场协调者。通常，互联网平台企业同时服务多个用户群体，并通过协调这些不同群体的需求实现平台价值的最大化。例如，在线支付平台（如支付宝）通过协调商户和消费者的需求，提供便捷、安全的支付服务，促进电子商务的发展。

3. 大数据企业

大数据企业的价值创造核心逻辑在于其数据资源和数据分析能力。这些企业通过收集、存储和分析海量数据，为客户提供商业洞察与决策支持。大数据企业的价值形态具有以下特点。

- 数据资产。庞大的数据资源是核心竞争力，数据的质量与数量决定了大数据企业的分析能力。
- 算法和分析。通过先进的算法和数据分析模型，从数据中提取有价值的信息与模式。
- 定制化解决方案。为不同行业和客户提供个性化的数据分析和应用方案，支持业务决策。以 Palantir 为例，Palantir 利用其强大的数据处理能力和数据分析技术，为金融服务、医疗健康等领域的客户提供深度数据分析和预测支持服务。

大数据企业的业务逻辑主要围绕数据的采集与整合、存储与管理、分析与挖掘、洞察与应用展开。

- ❑ 数据采集与整合。大数据企业从多个来源（包括传感器、社交媒体、移动应用、在线交易等）收集数据，并将不同来源的数据整合在一起，以建立全面的数据集。
- ❑ 数据存储与管理。通过建立大数据平台或数据中台，对数据进行存储和管理，以支持数据的快速检索、查询和分析。
- ❑ 数据分析与挖掘。大数据企业利用数据处理技术对存储的数据进行清洗、转换和处理，然后使用数据挖掘算法和技术，从数据中发现模式、趋势和关联，以提供有价值的洞察和预测。
- ❑ 洞察与应用。大数据企业将分析结果可视化为图表和报告，为客户提供定制化的数据洞察和解决方案，并面向客户需求提供技术咨询和支持，帮助客户利用数据实现业务增长和创新。

根据产品和服务的不同，大数据企业主要分为以下几类角色。

- ❑ 数据采集与集成服务提供商。专注于从多种来源收集、清洗和整合数据，确保数据的高质量和可用性。
- ❑ 数据存储与管理服务提供商。企业提供高效的数据存储和管理解决方案，能够处理大规模的结构化和非结构化数据。
- ❑ 数据分析与挖掘服务提供商。专注于提供数据分析和挖掘工具，帮助客户从数据中提取有价值的洞察。
- ❑ 行业定制解决方案提供商。专注于为特定行业提供定制化的大数据解决方案，以满足行业特有的数据需求。

13.1.4 数据资产价值实现路径

1. 现状分析

数据要素价值创造的核心逻辑探讨了数据如何在整个经济活动中创造价值，

并分析了数据要素在价值链中的作用。

（1）理论层面

徐蔼婷等从功能性角度将数据要素价值创造总结为提高要素回报率、优化决策流程和对外赋能流通三条路径。邹展霞从经济学原理角度，总结了销售者直接出售数据、用户与平台进行数据交易、产生网络效应价值、以服务换隐私、数据加工再销售、厂商数据交换6种经济学模式。杨赫认为，数据要素可以通过提升创新效率、配置效率和决策效率3条路径实现价值创造。

（2）实践层面

各类企业立足于自身定位，积极投身数据要素市场建设。近年来，央企通过内部资产整合，组建了多家数科公司，包括华润数科、中粮金科、中建数科、昆仑数智、中国电子数据产业集团、联通数科、国网征信公司等，积极推动自身及所属行业的数字化转型。中国电子于2022年成立国内首家由央企设立的数据产业集团，并在各地成立合资数据产业公司，推动地区数据要素市场化配置改革；提出"数据元件"和"数据金库"，以破解确权、流通、定价和安全问题，实现数据的可用不可见。联通数科依托联通云赋能企业上云及应用建设，发挥安全运营优势，全面支撑企业数字化转型。国网征信公司融合国家电网系统内部电力、电子商务数据，以及工商、司法等外部行业数据，构建具有电力特色的客户信用评价模型，输出信用评价结果、电力信用分、企业信用报告等征信产品。

在民企层面，华为在超融合基础设施、可信数据空间、盘古大模型等方面具备强大的技术储备优势，例如华为云发布可信、可控、可证的数据要素流通基础设施。大型互联网公司发挥传统技术储备优势，从数据平台开发和数据应用服务等角度发力。众多科创型公司也在技术平台上发挥重要作用，如华控清交以具有可证明安全性的多方安全计算技术为核心，结合其他多种隐私保护计算技术，实现数据可控使用，赋能数据安全流通。在安全领域，以奇虎360、奇安信、电科网安等为代表的传统网络安全公司纷纷布局数据安全赛道，为数据共享流通提供安全技术和服务保障。

由此可见，尽管数据要素的价值创造逻辑尚待完善，但各类企业已在各自领域内加速拓展数据资产的价值实现路径。若要真正实现数据要素的价值，企业必须关注数据价值创造的全生命周期。这带来了诸多挑战，如数据来源的多样性、数据质量、隐私保护、存储成本、安全性、分析技术的复杂性、实时性、可视化的易用性，以及将数据洞察转化为有效决策的能力。单靠企业自身的力量往往难以应对这些挑战，因此需要从整个价值链的角度进行布局和定位，选择合适的价值实现策略。

2. 数据资产价值实现路径构建

目前，业界尚未对数据要素价值链的产业边界和内涵形成共识。本书从业务逻辑、价值形态和行业定位3个角度切入（见图13-1），分析数据要素价值链，探讨数据要素型企业的特征及关键作用，为企业探索数据资产价值实现路径提供支持。

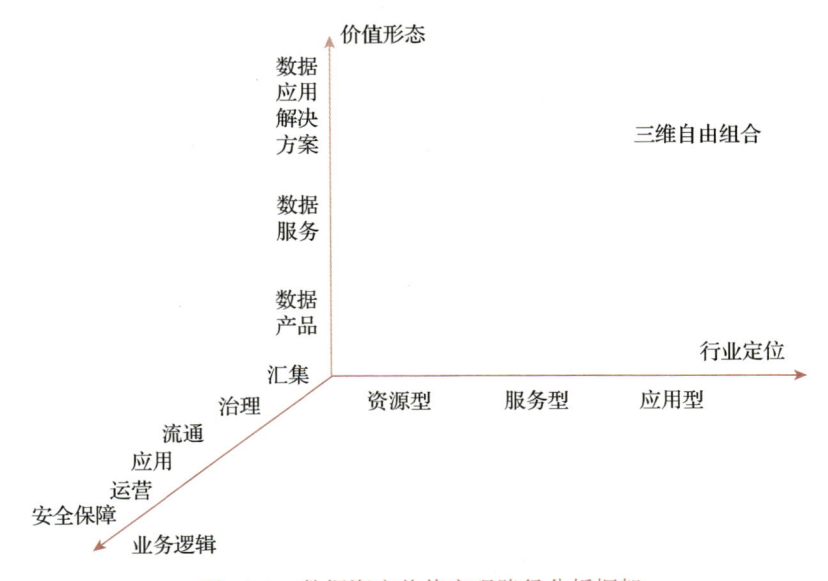

图 13-1　数据资产价值实现路径分析框架

（1）数据要素型企业的业务逻辑

在业务逻辑上，以数据汇集、数据治理、数据流通、数据应用、数据运营、数据安全保障为产业主线，辅以技术支撑和专业服务，形成了数据要素型企业的业务逻辑。

❑ **数据汇集**。企业需要从多个来源（包括传感器、设备、社交媒体、云服务等）收集数据，以构建完整的数据资源库。

❑ **数据治理**。数据汇集后，企业需要对数据进行清洗、整合、转换和加工，以便后续的分析和应用。

❑ **数据流通**。经过治理的数据需要在企业内部或合作伙伴之间流通，以实现数据的共享。

❑ **数据应用**。企业的核心目标是将数据转化为实际的业务洞察和服务。

❑ **数据运营**。企业需要不断优化和调整数据运营策略，以确保数据产品和服务的持续性与有效性。

❑ **数据安全保障**。在整个过程中，企业需要建立完善的数据安全保障机制，包括数据加密、访问控制、身份认证等，保护数据免受未经授权的访问、篡改或泄露，确保数据的机密性、完整性和可用性。

除此之外，技术支撑和专业服务（包括基础设施服务、评估服务、经纪服务等）也是完整业务链条的重要环节。

（2）**数据要素型企业的价值形态**

在价值形态上，数据要素型企业的价值形态主要体现在其所提供的数据产品、数据服务和数据应用解决方案上，如专注于数据科学、人工智能等新兴领域，同时与传统行业相辅相成，推动公共领域和行业领域的发展。

❑ **数据产品**。数据要素型企业通过数据的采集、整理、加工和分析，将海量数据转化为可用的数据产品。这些产品可以是数据报告、数据集、数据模型、数据工具等形式，有不同的价值和应用场景，例如市场趋势报告、用户画像数据集、预测模型等。

❑ **数据服务**。数据要素型企业提供定制化的数据服务，满足客户特定的需求和业务场景。这些服务包括数据分析、数据挖掘、数据咨询、数据可视化等，旨在帮助客户更好地理解数据、应对挑战、优化决策和提升业务绩效。

❑ **数据应用解决方案**。数据要素型企业通过将数据产品和服务与具体业务场景相结合，提供完整的数据应用解决方案，帮助客户解决实际问题并实现业务目标。这些解决方案可以涵盖多个行业和领域，如金融、零售、医疗、物流等，具有广泛的应用前景和商业潜力。不仅如此，数据要素型企业处于数据的中间加工和转化环节，通过提供工具、支撑平台服务、专业服务等，使数据价值链紧密联系，形成一个完整的生态，推动整个数据生态系统的发展和壮大。

（3）数据要素型企业的行业定位

数据要素型企业在行业定位上呈现出多样化的特点，扮演着不可或缺的角色，推动数据技术和应用的发展与创新。它们相互协作、相互依存，共同构建数字经济时代的新生态。

数据要素资源型企业是数据要素型企业的核心组成部分，指以数据资源、数据资产以及数据资本为主要经营对象的企业。这类企业通常拥有强大的数据处理能力和技术创新能力，能够通过对数据资源的深度加工和分析创造价值，推动数据要素价值流动，将数据要素转化为具体的产品和服务。它们是数据要素产业链的中心，通过技术创新和服务提供，推动数据资源向数据资产、数据资本转化，是数据要素的关键参与者。

数据要素服务型企业为数据要素的流通和应用提供必要的技术和服务支持。这类企业涉及云服务、技术服务、知识服务、流通服务等领域。它们为数据要素的价值运行提供基础设施和服务支撑，确保数据要素的利用效率和安全性，是数据要素产业链顺畅运作的重要保障。

数据要素应用型企业是指利用数据要素产品和服务开发新的应用场景和商业模式，从而创造经济价值和社会价值的企业。这类企业主要包括传统IT企业和传统企业，涉及人工智能、大模型、智慧政务、智慧城市、智能制造、金融科技等多个领域，通过数据要素的应用推动各行各业的数字化转型和创新发展。

13.2 数据资产价值实现模式

数据资产的价值实现主要指通过有效管理和利用，获取数据资产相关的经济或社会效益。具体而言，这一过程包括对数据资产进行开发、使用、运营和流通，以释放数据的潜在价值，并为权益所有者带来实际的经济收益或其他相关利益。它不仅提升了数据的使用价值，还推动了相关产业的发展，增强了市场的活力。

并不能将数据资产的价值实现简单理解为直接出售数据。由于数据具有非竞争性、非消耗性、可复制性等特性，因此在开发和使用过程中，数据并不会被消耗，反而可能因使用频率和使用程度的增加而更加丰富。与有形资产相比，数据资产的存储、携带和传输成本更低，方式也更灵活，这使得数据价值实现成为一项具有潜力的投资活动。

数据的种类多种多样，数据资产价值实现的模式也有很多，大体可以分为直接变现和间接变现两大类。

13.2.1 数据资产的直接变现模式

数据资产的直接变现是指以数据资产本身或其加工使用权等权属作为交易对象，快速实现数据资产的商品价值。数据资产的直接变现虽然已经较为普遍，却常常被忽视。Gartner、Forrester、McKinsey 和麻省理工学院信息系统研究中心的一些研究结果表明，目前只有大约三分之一的企业开始关注从自身数据资产中创造外部价值。

以下是当前较为常见的数据资产直接变现模式，如图 13-2 所示。

图 13-2　三类数据资产直接变现模式

1. 授权模式

数据资产授权模式是指根据数据资产授权相关方之间的协议，一方（授权方）将其数据授权给另一方（被授权方）使用的数据变现模式。如今，授权已经成为政府和企业中常见的数据开发和利用方式，政府的公共数据授权运营和企业间数据合作基本上都是采用这种模式开展的。

授权是数据资产授权模式的核心。主流的授权类型包括但不限于数据使用授权、数据传输授权、数据处理授权、数据收益授权等。授权过程中，授权人将其拥有或持有数据的相关权利授权给授权收受人使用。数据资产授权模式往往需要通过协议或合同的形式规定数据授权的内容、条件、权利和义务等。数据授权协议或合同可以是书面、电子或其他形式的。

按照授权类别的不同，参照专利、商标和版权等知识产权授权的方式方法，数据授权可以大致分为独占许可使用授权、排他许可使用授权和一般许可使用授权3种典型的模式。此外，数据的授权运营也是目前较为常见的授权模式。

特别需要注意的是，关于数据知识产权，国家知识产权局先后于2022年11月和2023年12月印发了《国家知识产权局办公室关于确定数据知识产权工作试点地方的通知》和《国家知识产权局办公室关于确定2024年数据知识产权试点地方的通知》，明确了北京、上海、江苏等共17个数据知识产权试点地区。目前，许多试点地区已经出台了数据知识产权登记的相关办法。但需要明确，数据知识产权的概念尚未被法律所承认，且数据知识产权专指依法收集、经过一定算法加工、具有"实用价值"和"智力成果"属性的数据。此类数据仅占海量数据中的一小部分，绝大多数数据很难同时具备"实用价值"和"智力成果"属性，尤其是后者。

因此，本书所指的数据资产授权模式，仅借鉴了传统知识产权授权的方法，并不能简单地将数据资产的权属等同于数据知识产权。

（1）独占许可使用授权

数据资产的独占许可使用授权是指在双方合同规定的时间和地域范围内，数据资产持有人将其数据资产的使用权授予某一特定受让方，受让方不得再次转让，同时数据资产持有人也不得在合同规定的范围内使用该数据资产。

独占许可使用授权相比其他授权方式收费更高，因此只有当从数据资产价值和垄断属性综合考虑，认为确有必要在一定时间和区域内独占使用该数据资产时，受让方才会要求得到这种授权。

（2）排他许可使用授权

数据资产的排他许可使用授权是指数据资产持有人在合同规定的时间和地域范围内，仅将数据资产授予受让方使用，同时数据资产持有人自身也保留使用该数据资产的权利，但不能再次授权他人使用。

此种授权模式下，数据资产的独占程度比独占许可使用授权更低，收费也更少。

（3）一般许可使用授权

数据资产的一般许可使用授权是指数据资产持有人在合同规定的时间和地域范围内，向受让方授予其数据资产的使用权，数据资产持有人自身保留该数据资产的使用权，同时，数据资产持有人还可以将该数据资产授权他人使用。

这种授权方式多适用于受让方规模有限或数据产品市场需求量较大的情况。数据资产持有人可以选择多个受让方，每个受让方使用授权的售价相对较低，这是一种"薄利多销"的授权方式。对受让方而言，他获得的数据资产使用授权是非排他性的，因此，如果合同涉及的数据资产被第三人使用并导致自身利益受损，受让方通常不得以自己的名义起诉侵权者，而只能将有关情况告知数据资产持有人，由数据资产持有人对侵权行为采取必要措施。

2. 直接交易模式

数据资产直接交易模式是指数据持有方将自身数据直接出售给数据需求方的一种数据资产变现模式。类似于图书、电子设备等商品交易形式，数据购买方通常可以通过一次性支付获取所购买数据的全部使用权限。这种变现模式通常基于特定的业务需求或应用场景，交易价格一般由数据提供方定，当然也可以由双方根据数据价值、用途、独占性等因素协商决定。

数据资产直接交易模式在现实生活中非常普遍，交易对象主要包括数据集和 API 等。不论采用何种方式，在全国数据要素统一大市场尚未构建的情况下，数据的直接交易模式多局限于小范围内的"自循环"。企业基于自身业务产生的数据，服务产业链上下游的生态伙伴，而跨界、跨域的数据流通实际上尚未实现，许多数据需求方甚至不知道其所需数据的来源。因此，数据资产直接交易模式的发展壮大，极为依赖全国数据要素大市场的构建。

（1）数据集模式

数据集模式是一种企业根据专业领域、应用场景等分类，将自身数据打包成标准化数据集，面向用户进行销售并获取收益的常见数据直接交易模式。

（2）API模式

与实体商品不同，用户通常对数据的时效性要求较高。一次性打包出售的数据集是静态数据，不会随时间动态更新。因此，通过API调用获取实时更新的数据，是另一种常见的数据资产直接交易模式。在此模式下，原始数据原则上存储于数据提供方，但数据使用方可以随时按需调用数据，具有一定的灵活性和时效性，可广泛应用于各类系统开发、应用构建、数据集成等领域。

3. 产品和服务模式

数据变现最显而易见的方法就是直接出售数据，或者对数据进行使用授权。其实，将数据加工处理为行业研究报告、市场洞察或其他定制化产品和服务等形式，也是一种重要的数据资产直接变现模式。理解了这一概念，我们会发现，市面上大多数企业实际上都是通过数据产品和服务实现数据资产价值的。

所谓"产品和服务模式"，是指将企业自身的数据资产通过加工处理、包装，形成标准化的数据产品和服务，并面向外部客户销售或提供订阅服务，以实现数据资产价值的模式。数据产品和服务的概念非常广泛，广义上的数据产品和服务包含所有以数据为核心载体或核心工具的产品、技术和服务，除了行业研究报告、市场洞察分析、推荐算法外，还包括客户端、App、小程序、电子游戏等。

本书认为，与数据资产价值实现直接相关的数据产品和服务，其实仅限于分析报告、模型算法等以数据分析应用为核心的产品。这些数据产品通常依托数据分析，在行业发展现状分析、趋势预测、热点事件研判、典型案例梳理等场景中进行应用，为企业和个人提供决策依据。

（1）分析报告

分析报告是一种对各种统计数据、调研数据加以分析和研判后形成的书面报告，主要用于客观、准确地表达有关统计信息、数据及其来源等方面的分析结果。它通常由详细的数字、图表和文字组成。为了保证分析报告的专业性，必要时还需经过其他专业人员审核。

以 IDC（国际数据公司）为例，该公司是全球知名的信息技术、电信行业和消费科技咨询、顾问及活动服务提供商，成立于 1964 年，在全球拥有超过 1300 名分析师，为 110 多个国家和地区的技术与行业发展机遇提供全球化、区域化、本地化的专业视角分析服务。IDC 汇集了全球 IT 市场的大量数据，通过对数据进行加工分析，形成定量数据型产品、行业研究、CIO/CXO 信息科技智库服务（IT Executive Program，IEP）、定制化服务及活动等数据产品与服务，为企业在产品定位、市场策略、技术路径等诸多方面提供决策参考。凭借专业严谨的分析视角，以及行业权威性和公信力，IDC 分析师团队的报告产品备受业界关注。

（2）模型算法

模型算法服务模式可能是当前人工智能高速发展阶段最主要的数据产品和服务模式。以生成式人工智能大模型为代表的人工智能高度依赖大数据，训练数据量越大，大模型性能越强。随着大模型技术的深入发展，模型即服务（Model as a Service，MaaS）模式焕发新生。

以美国著名人工智能企业 OpenAI 为例，该公司成立于 2015 年，致力于推动人工智能技术的发展和应用，并为用户提供安全、可靠的人工智能系统和服务。当前备受关注的 ChatGPT 就出自 OpenAI 之手。ChatGPT 是一款自然语言人工智能聊天机器人，最初推出时基于 GPT-3.5 模型构建，新版 ChatGPT 基于 GPT-4/GPT-4.0 模型构建，性能更加强大。用户通过提问，可以获得 ChatGPT 提供的答案。在日常生活中，无论是写论文、撰写讲话稿，还是寻找创意，都可以借助它。ChatGPT 是一种典型的模型算法服务。OpenAI 依托全球互联网数据以及花费重金购买的媒体数据，打造了这款强大的大模型服务，为人工智能在各个行业的应用开辟了新路径。

13.2.2 数据资产直接变现的难点及方法

数据资产直接变现的核心交易标的是数据本身及其加工使用权等相关权利。因此，围绕数据本身的流通共享、安全保护、治理能力和场景挖掘是数据资产直接变现的重点和难点。

1. 健全数据合作与共享机制

数据流通交易是数据资产直接变现的重要途径。因此，数据主体需要与其他企业、机构和组织建立稳固的合作关系，实现数据资源的共享与互通。问题在于，数据共享涉及数据所有权、数据安全和商业利益分配等问题，需要制定合理的合作机制和规则，以解决合作中的各种难题。

为此，建议企业积极参与数据标准的制定与实施，推动数据的标准化和互操作性，促进数据资源的开放共享。同时，政府及相关专业服务机构应规范数据共享和交易服务，完善数据流通机制，提高数据流通的透明度和效率。

2. 强化数据隐私和安全保护

没有数据安全，就没有数据资产安全。随着数据泄露和侵权事件的增多，数据隐私和安全问题日益受到关注。数据主体需要确保合法合规地获取、处理和存储数据，保护用户和客户的隐私及个人信息，防止数据被非法获取和滥用。

为此，建议政府部门根据国家相关法律和政策明确数据治理和合规要求。数据主体应建立健全的数据治理体系，遵守国家和地区的相关法律法规，如《个人信息保护法》《数据安全法》等，规范数据的收集、处理、使用和共享行为，降低法律风险和合规风险。

3. 提升数据价值认知和场景应用能力

数据资产需要找到合适的应用场景，才能充分实现价值。如果缺乏足够的数据价值认知和场景应用能力，将导致数据产品和服务的开发与推广困难。数据主体需要深入了解客户需求和行业特点，开发具有实际应用价值的数据产品和解决方案，以提升市场竞争力。

为此，建议企业加强市场调研和客户沟通，了解客户的需求和痛点，开发符合实际应用场景的数据产品与解决方案。积极参与行业交流与合作，与行业内的企业和机构共同开展项目，进行数据应用场景的验证与推广。

4. 提升自身数据治理能力

数据治理是提升数据质量的必要步骤，也是数据价值释放的基础。对于初创数据要素型企业而言，由于缺乏足够的资金和技术积累，数据治理面临的困难较多。同时，数据治理短期内可能看不到显著收益，如果没有其他资金与收入来源，仅靠企业自身造血难以为继。

为此，建议企业优先聚焦于独占性和特色数据资源的积累，尝试依托自身数据资源池实现盈利。在具备基本收入来源之后，按需聘用数据治理成熟人才，使用主流开源数据治理工具，对自身数据资源进行初步加工治理，提升数据价值。后期可考虑扩大数据治理团队规模，并进一步提升和精进自身数据治理能力。

13.2.3 数据资产的间接变现模式

与直接将数据本身当作交易标的不同，数据资产的间接变现是指依托数据要素的金融属性或赋能属性，发挥数据资产的增值、保值或融资等作用，通过各种间接手段实现数据资产的价值释放。目前，数据资产的间接变现尚处于探索阶段，国家和地方层面均对数据资产间接变现模式提供了政策指导。

国家层面，2023 年 12 月 31 日财政部公布《关于加强数据资产管理的指导意见》，提出应探索开展公共数据资产权益在特定领域和经营主体范围内入股、质押等方式，助力公共数据资产多元化价值流通。2024 年 1 月 30 日，国务院国资委公布《关于优化中央企业资产评估管理有关事项的通知》，提出中央企业及其子企业在开展数据资产转让、作价出资、收购等活动时，应参考评估或估值结果进行定价。

地方层面，2022 年 8 月 18 日，安徽省人民政府发布了《关于印发加快发展数字经济行动方案（2022—2024 年）的通知》，明确探索数据入股、质押融资，推进数据要素资源化、资产化、资本化。2023 年 1 月 1 日实施的《北京市数字经济促进条例》提出，推进建立数据资产登记和评估机制，支持开展数据入股、数据信贷、数据信托和数据资产证券化等数字经济业态创新。2023年6月20日，北京市人民政府印发《关于更好发挥数据要素作用进一步加快发展数字经济的实施意见》，提出探索市场主体以合法数据资产作价出资入股企业、进行股权债权融资、开展数据信托活动。2023年11月7日，温州市财政局发布的《关于探索数据资产管理试点的试行意见》提出，相关部门可探索支持数据资产质押融资、作价入股等数据资本化路径。

总体而言，政策方面对发挥和实现数据资产的金融属性持审慎务实的态度。参照传统资产的金融变现模式，数据资产的间接变现可分为增信模式、企业价值模式、保险信托模式3类，如图13-3所示。

图13-3 三类数据资产间接变现模式

1. 增信模式

增信模式是指通过采取行政化或市场化措施，帮助企业提高信用等级，降低放贷机构的贷款损失风险，从而提升企业贷款，尤其是信用贷款的可获得性。数据资产价值实现的增信模式和途径仍在探索之中。这种模式的作用机理大致可分为两类。

一类是风险补偿增信模式，目前主要采取数据资产质押融资的方式，解决贷款损失风险较高的问题。通过将数据资产进行质押，当债务人不能如约履行债务时，债权人有权优先就该数据资产受偿，为债务的本息偿付提供一定补偿和保障。

另一类是信息增信，目前主要采取数据资产信用融资的方式，旨在解决信息不对称问题。在贷前，债务人提供能够证明自身资金偿还能力的数据资产，为信贷决策制定提供更完整、更充分、更具可信度的参考信息。

（1）数据资产质押融资

数据资产质押融资是指数据资产持有人将其合法拥有的、具有经济价值的数据资产作为质押物，向金融机构申请融资的一种数据资产间接变现模式。这种模式充分利用了数据的金融属性，在满足企业资金需求的同时，也能实现数据资产价值的最大化。

数据资产质押融资具有以下特点。

一是质押物的无形性和价值不确定性。与股权、知识产权类似，数据资产是一种无形资产，同时，数据资产的具体价值难以准确量化。受市场需求、技术进步、应用场景等因素的影响，数据资产的价值可能出现快速增值或贬值的情况。

二是法律法规不完善导致的风险性。数据资产往往涉及个人隐私或企业商业机密，然而，目前我国对数据资产的权属认定、交易规则等方面的法律法规尚不健全，对数据资产的质押融资也缺乏明确的法律指导，这增加了操作的不确定性和风险。

当前，越来越多的金融机构和企业开始将数据资产作为担保品进行金融创新。

2022年10月，北京银行城市副中心分行成功落地1000万元的数据资产质押融资贷款，债务人为佳华科技有限公司，质押物为大气环境质量监测和服务相关的数据资产，该数据资产评估价值达6000余万元。

2023年9月，福建海峡银行成功落地福建省首笔数据资产质押贷款，金额为1000万元，债务人为福建省大数据集团有限公司下属的福茶网科技发展有限公司，质押物为债务人持有的茶产业生态数据。

2023年11月，北京银行上海市分行成功落地一笔2000万元的数据资产质押授信协议，刷新当年全国数据资产质押融资的最高额度。债务人为数库（上海）科技有限公司，质押物为其在上海数据交易所挂牌的产品"数库产业链图谱"。

2024年3月，中国建设银行上海市分行与上海数据交易所深度合作，发放了首笔基于上海数据交易所"数易贷"服务的数据资产质押贷款，质押物为数据中心运维大数据。

2024年5月，齐鲁银行烟台分行为烟台市公交集团提供一笔金额为1500万元的数据资产质押授信额度，质押物为烟台市公交集团的地下管线数据和公交数据两类数据，资产评估价值为3300万元。

上述案例中，被质押的数据资产包括气候监测数据、产业链数据、数据中心运维数据、交通数据等。除了第一个和最后一个案例的数据已经经过专业第三方数据资产评估以外，其他三个案例的数据资产均已在数据交易所挂牌上架。

由此可见，市场上可质押的数据资产并没有固定的类型和要求，但为了提高数据资产质押融资的成功率，降低风险，在具备条件的情况下，应对拟质押的数据资产进行评估，以确定其具体价值，或者在专业的数据交易机构挂牌上架，增加可靠性，以获得相应背书。

（2）数据资产信用融资

数据资产信用融资是指依托能够反映自身生产经营、盈利能力等的数据资产，数据资产持有人获取良好的征信或信用评级，并获得融资便利的数据资产间接变现模式。这种模式主要利用了数据的信息属性和赋能属性，具有较广的应用范围。

广义上，利用企业或个人的信用与信贷数据进行信用评级并贷款，也属于信用融资的范畴，同时也是目前主流的信用融资模式。但本书只讨论狭义的数据资产信用融资概念，即依托企业自身生产经营等行为产生的数据资产进行信用融资的模式，因为这种信贷模式更符合数据资产时代的特性，更能反映数据资产的价值，对于盘活企业数据资产具有重要意义。

以电力数据为例，企业电力相关经营数据作为企业价值评价的重要指标之一，在价值评价环节具有重要作用。依托企业用电及电费缴纳信用等相关统计，结合招投标、司法、工商等其他公开数据，可以科学构建适用于能源、制造等工业企业的评价模型，帮助银行提供更高效的个性化信贷服务。通过充分挖掘电力数据的应用价值，不仅能够高效识别价值较高的中小企业，帮助更多中小企业获得银行金融服务，切实推动普惠金融理念的落实，还有助于提升区域企业健康发展水平。

目前，南方电网、国家电网等大型电力能源核心企业均上线了基于自身上下游的供应链融资平台，并利用大数据、区块链、人工智能等技术，将核心企业的购电、用电数据传导至融资端，缓解供应商的融资困境。截至2023年9月，南方电网依托"南网融e"平台，帮助上下游企业获得银行供应链金融服务规模超过400亿元，累计服务客户数超过4.6万，其中仅2023年以来的融资规模就超过210亿元。

2. 企业价值模式

在企业整体价值评估中，企业整体价值并不等于所有可辨认净资产公允价值之和，其中可能蕴含有助于可辨认净资产发挥更大作用的难以量化的因素。作为当今时代的新型资产形态，数据资产正是这种可以发挥更大作用的难以量化的因素。

数据资产除了可以用来出售、融资，其本身的赋能属性可以显著提高企业的整体价值。因为数据资产不仅承载着企业的运营信息，还能通过有效的管理和应用，提升企业生产经营效率和战略决策能力，提高外界对企业实力和前景的总体评价。

数据资产可以通过提升企业整体价值来实现间接变现，具体方法可以分为数据资产证券化和数据资产作价入股。

（1）数据资产证券化

一般所说的证券化，是指将缺乏流动性但能够产生可预见现金流的资产，转化为可以在金融市场上出售和流通的证券的过程。

对数据资产而言，其证券化是将数据资产的未来收益即期变现，设计并发行可以在证券市场上流通交易的证券权利凭证，以满足数据资产方的融资需要。

数据资产作为企业享有的合法经济资源，其授权收入、数据产品收入以及面向上下游供应链的未来收益等都可作为数据资产证券化产品设计的基础，以确保未来收益的稳定，防控系统性风险。

数据资产证券化是数据资产间接变现的典型形式，也是数据资产入表后的必然趋势。数据资产证券化既可以获得传统资产证券化的优势，也能充分释放数据资产的潜在价值，增加其流动性和透明性，降低风险溢价，提高其在市场上的认可度。

（2）数据资产作价入股

数据资产作价入股是指数据主体将其合法持有的数据资产作为财产作价出资，参与其他相关企业的股权合作，将数据的资产价值转化为股权价值，有助于促进数据资产流通交易，激励数据主体挖掘数据资产价值。

目前，数据资产作价入股并没有法律障碍。《中华人民共和国公司法》规定："股东可以用货币出资，也可以用实物、知识产权、土地使用权、股权、债权等可以用货币估价并可以依法转让的非货币财产作价出资；但是，法律、行政法规规定不得作为出资的财产除外。"虽然并未直接将数据资产以列举的方式写为可以用于出资的非货币财产，但所谓非货币财产的类型是开放的。况且，根据《中华人民共和国市场主体登记管理条例》第十三条第二款，不得作为出资的财产包括劳务、信用、自然人姓名、商誉、特许经营权或者设定担保的财产等。该"负面清单"并不包括数据资产。因此，只要数据资产持有人的数据资产合法合规，即可以非货币财产的形式出资入股。

数据资产入股无疑可以大力推进数据要素市场的发展，有助于利用和盘活各类数据资产。但在数据资产入股过程中，建议充分考虑数据资产本身的特性、出资入股的前置条件和可能存在的出资瑕疵，在充分实现数据资产价值的同时，降低相关出资风险。

3. 保险信托模式

数据资产价值实现的保险信托模式，本质上是一种利用数据资产进行投资的行为，可以实现数据资产的保值、增值，同时兼顾安全，是一种实用的尝试。

保险信托模式主要分为数据保险模式和数据信托模式两种。

（1）数据保险模式

数据保险并不是一个新概念。随着数字化水平不断提升，各行各业与数据相关的业务量大大增加，企业对数据安全风险管理的需求也不断提高。数据早已是许多企业的核心资产，发展数据保险业务成为必然。

数据保险将数据资产作为一种独立的财产纳入保险保障体系，主要针对企业在数据收集、存储、处理和分析过程中可能遇到的风险，如数据泄露、数据损毁、数据侵权等，提供相应的经济补偿和风险管理服务，保障数据资产在其生命周期中不因各种因素而产生价值损失。

通过数据保险，可以为数据资产型企业提供强有力的安全风险保障，进一步鼓励企业开展数据资产相关业务，推动数据资产的价值释放和高效配置。

（2）数据信托模式

《中华人民共和国信托法》指出，信托是指委托人基于对受托人的信任，将其财产权利委托给受托人，由受托人依照委托人的意思，为受益人的利益或特定目的，对该财产进行独立管理、收益分配和处分。

结合信托的概念，笔者认为"数据信托"或"数据资产信托"是指数据资产持有人将其数据资产委托给受托人，受托人按照预先设定的规则和协议，代表数据资产持有人管理和使用这些数据资产，并获取相关收益，同时负责保障数据资产的安全。

数据信托有3点积极意义。一是保障数据资产主体合法权益。通过数据信托的形式，明确和固化数据信托委托人享有的数据合法权益，在此基础上促进相关权益的流转和变现，充分发挥数据资产的价值。二是促进数据资产专业化管理。数据信托受托人可以推动数据交易所、投资方、数据技术方、数据需求方等多方合作，为委托人提供从数据资产化到数据资本化的一揽子综合服务，深度挖掘数据资产价值。三是提升信托业务能力。数据信托作为信托业务的子集，拓展和丰富了传统信托业务的内涵，为传统信托业务注入新的活力。通过开展数据信托业务，还能进一步提升传统信托业务的专业性，实现协同增效。

目前，数据资产信托业务还处于探索创新阶段，相关制度和配套措施仍不完善，信托公司在开展数据资产信托业务过程中也面临一些挑战。然而，数据资产信托作为新型信托业务，对推动数据交易、保障数据安全与合规具有重要意义，对信托公司而言可带来经济收益和社会效益，是一个值得重视的市场增量。

13.2.4 数据资产间接变现的难点与方法

数据资产间接变现的核心是发挥数据资产的金融属性，通过信贷、融资、作价入股等金融手段，实现数据资产价值的增长。当前，我国数据资产间接变现仍处于起步阶段，在实际操作过程中面临诸多困难。

1. 数据价值评估

数据资产的评估价值对其间接变现具有关键影响，估值越高，间接变现收益可能越大。然而，数据资产作为一种新型资产，其价值评估方式与传统有形或无形资产存在较大差异。此外，数据资产的价值往往随着其应用场景和需求的变化而波动。这使得传统的资产评估方法（如基于成本、收益或市场价格的评估模型）难以直接适用于数据资产评估。尽管中国资产评估协会已发布关于数据资产评估的指导意见，但实操案例较少，市面上尚未形成权威、公允的数据资产评估机构。数据资产价值评估的最大挑战在于如何量化其无形价值，以及如何使其符合金融机构和市场的标准。

建议资产评估行业构建更加完善、复杂的多维度数据资产评价模型，综合考虑数据的多样性、动态性、应用场景及其潜在增值能力，以提高评估的准确性。同时，行业和监管机构应共同推动制定数据资产评估的标准化细则，减少评估过程中的主观性和不确定性。

2. 构建金融机构的退出机制

在数据资产间接变现的过程中，金融机构扮演着重要角色，其退出机制的设计和实施是确保资金流动性和风险控制的关键。作为资金提供者和风险承担者，金融机构通过信贷、融资等手段帮助企业将数据资产转化为资金流，促进数据资产价值的提升。然而，由于数据资产的无形性、可复制性等独特性质，金融机构的退出机制成为一个重要难点。

在传统的贷款和融资活动中，金融机构通常依赖资产抵押、质押作为退出保障。例如，企业通过资产抵押获得贷款，若无法按期偿还，金融机构可通过处置抵押资产的方式回收资金。然而，数据资产难以直接用于抵押、质押或变现，金融机构传统的退出机制难以直接用于数据资产的各种间接变现业务。

为了适应数据资产的特殊性，金融机构必须设计适合数据资产的退出机制，以保障资金安全。一是建立收益分成机制。金融机构与数据主体签订收益分成协议，按比例获得数据资产收益，降低数据资产无法直接变现的风险。二是制定回购或赎回条款。金融机构可以设计数据资产回购或赎回条款，允许数据主体在特定条件下赎回其数据资产，保障资金安全。三是构建市场化交易退出机制。随着数据要素市场的逐步完善，金融机构可以通过二级市场出售数据资产相关权益，实现市场化退出。

13.3 本章小结

数据作为新型生产要素，其重要性和价值日益凸显。数据要素型企业通过技术创新、数据处理和分析、多样化的应用场景，正在重塑传统产业格局，推动经济社会的深刻变革。然而，在价值创造路径的探索中，这些企业也面临诸多挑战，包括共享机制、安全合规、市场拓展和监管环境等。通过系统分析可以发现，数据要素型企业必须在业务逻辑、价值形态以及行业定位等方面有所取舍，集中优势力量，采用数据资产直接变现、间接变现或两种变现模式的灵活组合，走出一条数据要素价值实现创新路径。未来，数据要素型企业将在数据要素价值链中不断探索和创新。在这一过程中，数据要素型企业不仅是数据价值的创造者和推动者，更是数字经济的建设者和引领者。期待更多数据要素型企业在未来发挥其独特优势，探索更广泛的数据应用场景，创造更大的社会和经济价值。

第14章 | CHAPTER

数据资产开发利用的行业实践

数据资产开发利用是实现数据资产价值的关键途径，推动数据资产开发利用是数据资产价值化的必经之路。在上一章中，我们从理论和方法论的角度深入探讨了数据资产价值实现的路径和模式，接下来将结合不同行业的特点，探讨如何在实际场景中有效开展数据资产开发利用。本章将重点分析金融、能源、交通、医疗健康以及互联网等数据富集行业中数据资产开发利用的成功案例，勾勒出数据资产开发利用的典型模式。这些案例展示了如何通过数据资产开发利用为企业带来业务创新和服务优化等显著成效，同时揭示了数据资产开发利用过程中面临的挑战。为了帮助读者从行业实践中获得更多启示，本章从行业数据资产特点、开发利用模式和具体实践案例等方面构建了一个实用的分析框架，以突出相关行业实践的参考价值，如图14-1所示。

```
┌─────────────────┐
│  行业数据资产特点  │
└────────┬────────┘
         │
         ▼
┌─────────────┐      ┌─────────────┐
│  开发利用模式  │ ───▶ │  具体实践案例  │
└─────────────┘      └─────────────┘
```

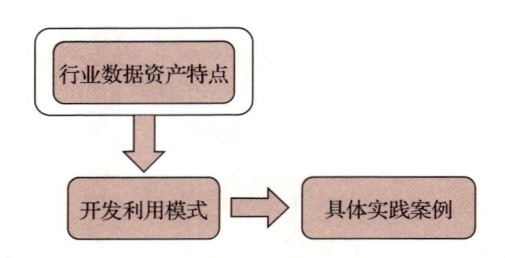

图 14-1　数据资产开发利用行业实践的分析框架

14.1　金融行业的数据资产开发利用实践

14.1.1　金融行业数据资产的特点

金融行业是一个数据密集型、受到严格监管且对风险控制要求极高的领域。金融行业较早开展了信息化建设，行业内部的数据治理体系较为完善，为数据资产的开发利用奠定了坚实的基础。金融行业能够通过数据资产的开发利用，持续优化管理和分析流程。以下是金融行业数据资产的一些显著特点。

- 多样性。金融数据不仅包括易于组织和分析的结构化数据，如交易记录和账户信息，还包括形式多样、内容丰富的非结构化数据，例如客户服务记录和社交媒体数据。数据资产的多样性虽然为分析工作带来一定的复杂性，但也为金融机构提供了更广阔的分析视角和更多的开发利用机会。

- 高敏感性。由于金融行业数据资产中包含大量个人隐私和商业机密，金融机构必须高度重视数据安全和隐私保护。数据资产开发利用的每一个环节都需要采取严格的安全措施，确保数据资产开发利用的安全性，防止数据泄露和滥用，维护客户和公众的利益。

- 实时性。许多类型的金融数据，例如股票交易数据和支付数据，都需要进行实时处理和分析。这种实时性要求金融机构具备强大的数据处理能力，并拥有高效的分析算法，以便迅速响应市场变化和客户需求，及时做出准确的业务决策。

- 高价值性。金融数据对业务决策、风险控制和客户服务具有直接而深远的影响，因此具有很高的商业价值。通过对这些数据进行深入分析，金融机构不仅能够洞察市场趋势，还能够挖掘潜在商机，从而提高业务效益，增强市场竞争力。

金融行业数据资产的多样性、高敏感性、实时性和高价值性，共同塑造了金融行业在数据资产开发利用方面的独特挑战与机遇。金融机构需要不断优化数据处理流程，加强数据安全防护，提升分析能力，以充分发挥数据资产的潜力，推动业务的持续发展与创新。

14.1.2　金融行业数据资产的开发利用模式

金融行业通过多种方式推动数据资产的开发与利用，包括客户行为分析与精准营销、风险管理与信用评估、投资组合优化以及反欺诈和合规管理等，如图 14-2 所示。

图 14-2　金融行业数据资产开发利用模式

1. 客户行为分析与精准营销

客户行为分析与精准营销是金融机构实现数据资产开发利用的关键策略之一。通过深入挖掘和分析客户数据，金融机构能够精准识别客户需求，提供定制化服务，从而显著提升营销效果和客户满意度。

- 客户行为分析。金融机构通过数据分析技术识别高价值客户群体，并通过聚类分析等机器学习方法将客户划分为不同细分群体。
- 精准营销。金融机构通过客户细分实施精准营销，推送定制化产品和服务以提升转化率。它们分析客户交易记录和偏好，推荐相关产品，并根据反馈实时调整策略以优化体验；同时，选择邮件、短信、社交媒体等最佳渠道进行精准投放，增强营销效果。

- 个性化服务。金融机构通过理解客户需求，提供个性化服务，提高客户黏性和忠诚度。精准营销提升了客户响应和转化率，降低了成本，并通过客户细分和个性化推荐增加了销售收入。个性化服务提高了客户满意度，减少了流失，进一步提高了客户忠诚度。

客户行为分析和精准营销助力金融机构提升市场竞争力和数据价值。金融机构通过分析客户数据和细分市场，实施个性化营销，更准确地满足客户需求，提升营销效果，增加收入，提高客户满意度，从而在竞争中获得优势。

2. 风险管理与信用评估

风险管理与信用评估是金融机构运营的核心环节。通过实施有效的风险管理策略，金融机构能够降低坏账率和信用风险，从而提升整体运营效率和业务稳定性。

- 构建风险模型。利用统计分析和机器学习技术开发信用评分模型，以预测客户的违约风险。
- 动态监控。金融机构需要实时监控客户的交易行为和财务状况，以便及时调整信用额度和风控措施，降低坏账率。通过实时监控客户的账户活动和交易行为，识别异常行为，并设置风险预警机制，对高风险客户进行及时干预。这可能包括调整信用额度、提醒客户还款等措施。
- 制定策略。根据风险评估结果，金融机构可以制定或调整风险管理策略，确保风险处于可控状态。

3. 投资组合优化

投资组合优化是金融机构提升客户投资收益和满意度的关键策略。通过智能化数据分析和精准的投资建议，金融机构能够帮助客户实现更高的投资回报，从而提高客户的忠诚度。

- 识别投资机会。金融机构通过大数据技术分析市场趋势和资产价值波动，识别投资机会。它们收集关键数据，如市场趋势、经济指标、资产价格变化，并整合至数据平台，确保数据全面准确。
- 个性化投资建议。金融机构通过智能投顾系统提供个性化投资建议，帮助客户达成财务目标，提高投资收益和客户满意度，提高客户忠诚度，减少客户流失。这促进了资产管理规模的增长和市场影响力的提升。

4. 反欺诈与合规管理

反欺诈和合规管理是金融机构确保业务安全和合规运营的基石。通过运用先进的技术手段，金融机构能够高效防范欺诈行为，保障业务流程的合规性。
- 异常检测。金融机构通过机器学习技术分析交易数据，识别异常行为以防范欺诈。这包括收集和整合交易、客户、设备及地理位置数据。随后，利用机器学习和大数据技术建立异常检测模型，精准识别欺诈行为。
- 实时监控和预警。金融机构通过监控交易并运用异常检测模型，可以迅速发现并阻止可疑交易，从而有效降低欺诈风险。持续分析交易行为，识别异常交易，并通过预警机制及时干预，有助于防止欺诈行为。同时，金融机构会制定应对策略，对高风险交易采取措施，如冻结账户和通知客户，以减少风险。
- 合规管理。通过合规审查和数据分析工具，金融机构能够确保交易符合监管法规要求，降低合规风险。合规审查有助于确保交易流程的合规性。数据分析工具可以自动审查交易合规性，识别风险，并定期生成报告，向监管机构和管理层汇报。

14.1.3 实践案例

金融行业对数据资产的依赖日益增强，数据的分析和应用已成为提升运营效率、风险管理能力和客户服务水平的关键。以下是金融行业数据资产开发利用的几个具体实践案例，展示了金融机构如何通过技术创新提升服务质量和效率。

1. 国内金融机构的实践案例

1）浙江网商银行利用农业农村大数据和遥感风控数据，助力普惠金融服务。

在推动乡村振兴战略的过程中，普惠金融发挥着关键作用，通过完善农村金融服务体系，为农村地区提供信贷支持，增强农户的内生发展动力。然而，农户在农业生产融资过程中仍面临诸多挑战，如可抵押资产不足、农产品生长受气候环境影响较大、普惠金融贷款渠道和产品不够丰富等。

为解决这些问题，浙江网商银行股份有限公司、蚂蚁科技集团股份有限公司和农业农村部大数据中心合作，采取了一系列创新措施。首先，通过合作，利用遥感、数字风控等技术，结合多方数据，建立了新型农业信用贷款授信评估体系，扩大了金融服务对农户的授信范围并提升了授信额度，同时增强了金融服务机构的风险防范能力。其次，建设了隐私计算平台，实现多方数据的安全融合，通过隐私计算技术，将遥感识别数据、农户个人授权数据以及农业农村部的农村土地基础数据、承包数据、农业生产活动等公共数据进行联合建模。此外，开展多源数据建模分析，深入挖掘农田遥感数据的价值，结合农户个人授信数据及全量地图数据匹配分析，实时掌握农户种植农田的实际经营情况，以评估农业信贷授信，有效解决了小农户因缺乏贷款记录和有效抵质押物而难以获得贷款支持的问题。

2）旷视科技利用人脸数据等开展智能风控反欺诈服务。

在金融行业的发展过程中，商业银行面临着一些挑战。不良贷款余额的逐年攀升、多平台借贷行为的盛行、逾期风险的难以掌控，以及传统信贷风险模型的局限性，这些问题都对金融机构的稳定运营构成威胁。特别是传统信贷风险模型依赖内部数据，无法全面评估客户风险，导致不良率居高不下。同时，监管部门对数据合规性的要求日益严格，合规运营成本大幅上升，进一步加剧了金融机构的经营压力。

智能风控反欺诈技术的应用，需要收集借贷人人脸验证次数、身份证 OCR 录入次数、风险设备数据以及各类衍生指标数据等关键信息。旷视科技对采集日志进行清洗、分类和统计，生成借贷行为特征，并将借贷行为特征转化为风险评估标签，通过 API 输出用户的借贷风险标签。这一技术解决了借贷风险行为数据在不同金融机构间交互困难、利用率较低、部分互联网数据真实性难以考证、模型输入数据质量堪忧，以及个人隐私数据收集利用缺乏统一明确规范、合规风险增加等数据流通中的卡点和难点问题。

目前，旷视科技通过科技手段有效防控多头风险，帮助多个金融机构避免了数千万元的违约损失，优化了行业信用环境，推动了金融行业的规范化发展；协助中小企业主等群体筛选放款对象，提高资金使用效率，助力实体经济健康发展。

3）邮政银行利用数据要素助力普惠金融。

小微企业在国家经济中扮演着举足轻重的角色，它们为社会提供了大量就业机会。然而，小微企业在发展过程中常常面临资金短缺的问题，这限制了它们的成长和创新能力。优化产业链生态并通过科技创新缓解资金困境，成为小微企业发展的重要策略。传统产业链金融模式依赖核心企业的信用背书，但这种模式存在诸多难点，如核心企业配合度低、操作成本高等。随着技术的发展和市场机制的完善，去核心化的供应链金融模式逐渐成为新的趋势，核心企业的角色由信用背书转变为提供信息和数据支持。

邮储银行在这一背景下采取了一系列创新措施，以支持小微企业的发展。首先，邮储银行创新了去核心化的产业链融资风控方案，设计了产业链特色信用风险评估体系，从合作紧密程度和自身经营情况两方面进行评估。其次，邮储银行推出了专属新产品，如行内银团贷款模式和产业e贷。这些产品根据产业链场景的不同，实现了模块化管理和系统自动化控制。在技术创新方面，邮储银行充分利用大数据、人工智能等新技术，构建了供应链图谱，提高了风险评估的智能性和准确性。同时，邮储银行的产业链特色信用风险评估模式覆盖了从授信到预警的整个风控流程，去核心化产业链小微企业融资智能风控方案在数字化线上信贷产品中得到了广泛应用，进一步提升了服务创新能力。

邮储银行通过实施去核心化产业链融资策略，显著提升了业务推广速度和落地效率，快速融入了基建、水泥、化工、白酒、快消品、冻品、医疗、电子等多个行业的小微企业交易场景。这一策略不仅加速了与核心企业的产业链项目合作对接，促进了产业e贷的快速推广和放款，还通过行内银团贷款模式、标准化作业流程和大数据风控方案的应用，有效提升了业务质量和效率，降低了管理运营成本，同时帮助分支机构更精准地筛选和定位优质客户，抓住了业务发展的主动权。

2. 国外金融机构的实践案例

摩根大通、高盛、富国银行和花旗银行等国外金融机构运用大数据和人工智能技术，实现了数据资产的有效开发利用，提升了企业的市场竞争力和盈利能力。摩根大通开发了一套先进的投资决策系统，通过分析海量的市场数据、经济指标和新闻资讯，识别投资机会和风险，辅助投资经理制定科学的投资策略，从而提高了投资决策的准确性和效率，进一步提升了公司的投资收益和市场竞争力。

高盛利用大数据和机器学习技术，实时分析市场数据和交易行为，快速做出交易决策，优化交易策略，提高交易效率和收益，同时降低了交易风险和成本。

富国银行开发了基于大数据和人工智能技术的客户关系管理（CRM）系统。该系统通过分析客户的交易记录、行为数据和反馈信息，精准刻画客户画像，提供个性化的金融服务和营销策略，提升客户满意度和忠诚度，显著提高客户的转化率和业务收入。

花旗银行通过大数据和机器学习技术开发了信用风险管理平台。该平台通过分析客户的信用记录、财务状况和行为数据，评估客户的信用风险，辅助信贷决策，提高了信用风险评估的准确性和效率，有效降低了不良贷款率和信用损失。

国内外的实践案例表明，金融机构通过对数据资产的深入分析和应用，能够实现业务流程的优化、风险控制的加强和客户服务水平的提升。这些实践不仅提升了金融机构的市场竞争力，也为整个金融行业的创新和发展提供了宝贵的经验。通过不断探索和应用新技术，金融机构能够更好地满足客户需求，提高服务质量，同时降低运营成本和风险，实现可持续发展。

14.2　能源行业的数据资产开发利用实践

14.2.1　能源行业数据资产的特点

能源行业是典型的资本密集型行业，高度依赖技术进步，同时受到严格的政策监管，市场波动显著，所积累的数据资产具有重要的应用价值。能源行业的数据资产具有以下特点。

- 数据密集度高。能源行业是一个数据密集型领域，其数据来源广泛，类型多样。从地质勘探到生产过程，再到设备运行和市场交易，每个环节都产生了大量数据。地质勘探数据提供了关于资源储量和位置的关键信息；生产数据记录了开采和生产过程中的各种参数；设备运行数据记录了设备状态，以便及时维护；市场交易数据可用于分析市场供需和价格走势。这些数据不仅来源广泛，而且涉及多个领域，要求能源企业具备强大的数据收集和管理能力。
- 数据增长迅速。随着物联网和大数据技术的发展，能源行业的数据量正在以指数级速度增长。设备和传感器实时生成的数据量巨大且结构复杂，包括时间序列数据、地理空间数据、图像数据等。这些数据的有效管理和分析对能源企业来说是一个重大挑战。如何从海量数据中提取有用信息，进行有效的分析和决策，已成为提升企业竞争力的关键。
- 数据价值突出。准确的数据分析可以显著提高生产效率、优化资源配置、降低运营成本。例如，通过深入分析油田的地质数据，可以提高勘探和开采的成功率；通过深入分析设备运行数据可以实现预测性维护，缩短设备故障和停机时间；通过深入分析市场数据可以优化交易策略，提高经济效益。数据已经成为能源企业的重要资产，其价值已在生产和管理的各个环节中体现。
- 敏感性高。能源行业的数据不仅关系到国家安全，还涉及商业机密，因此数据安全和隐私保护尤为重要。能源设施运行数据、资源储量数据等都可能成为攻击目标。在网络安全威胁日益严重的今天，如何保护这些数据免受未经授权的访问和篡改，是能源企业面临的重要挑战。同时，随着数据隐私法规的逐步完善，能源企业在处理个人数据时也需要严格遵守相关法律和规定，确保数据的合法合规使用。

综合来看，能源行业是一个资本密集、技术要求高、监管严格、市场波动性大的行业。能源企业要想取得成功，需要具备强大的资本实力、先进的技术水平、严格的合规意识以及敏锐的市场洞察力。数据资产的开发利用为能源行业提供了新的增长点和发展机遇。通过充分利用数据资产，能源企业可以更好地应对行业挑战，实现业务创新和价值增长，推动行业的持续发展和进步。

14.2.2　能源行业数据资产的开发利用模式

能源行业通过数据分析、智能运维与预测性维护、市场预测、优化交易策略以及拓展能源服务等方式开展数据资产开发利用，如图 14-3 所示。

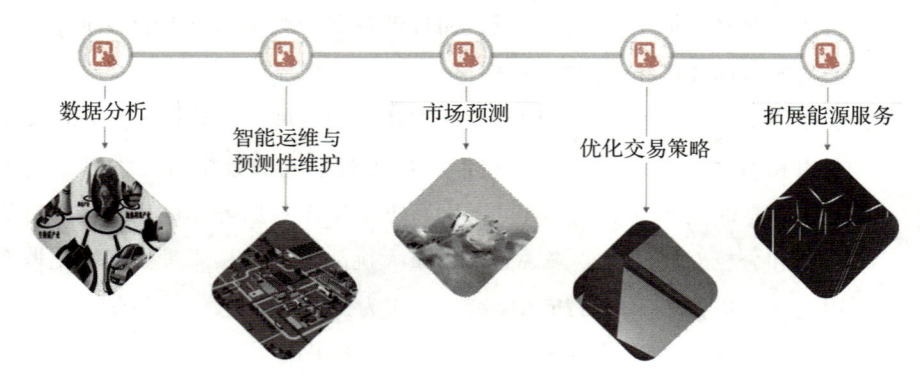

图 14-3　能源行业数据资产开发利用模式

1. 数据分析

数据分析与优化在能源行业的应用正日益深入，成为提升生产效率和降低运营成本的关键驱动力。数据分析的应用不局限于传统的石油、电力行业，还广泛应用于新兴的太阳能和风能行业。

在石油行业，数据分析的应用已经从简单的产量预测扩展到更复杂的地质结构分析和钻探策略优化。通过分析地质数据和历史产量数据，石油公司能够更准确地预测油井的产量和寿命，从而优化钻探计划并提高采油效率。此外，数据分析还能够帮助石油公司评估不同油田的经济效益，制定更合理的投资和开发策略。

在电力行业，智能电网技术的应用使电力公司能够实现对电力需求的实时监测和预测，优化电力生产和调度。通过分析用户的用电模式和需求变化，电力公司可以更灵活地调整发电量和电网运行方式，减少电力浪费，提高能源利用效率。

太阳能和风能企业通过分析天气预报数据和历史发电数据，优化发电调度和储能管理。通过对风速、光照强度等气象条件的实时监测和预测，企业能够更准确地预测发电量，合理制订发电计划和储能设备的使用，从而提高可再生能源的稳定性和可靠性。

2. 智能运维与预测性维护

智能运维和预测性维护是能源行业数字化转型的重要方向之一。通过传感器和物联网技术，能源企业能够实时监控设备的运行状态，并通过对数据的分析预测设备可能出现的故障，从而实施预测性维护。这种维护方式不仅缩短了停机时间，减少了维护成本，还延长了设备的使用寿命，提高了运行效率。

- 通过将传感器和物联网设备广泛应用于能源设备的各个部件，可以实时获取设备的运行参数，如温度、压力、振动、转速等。这些数据被传输到中央监控系统，进行实时监控和存储，形成全面的设备运行数据库。
- 通过大数据分析和机器学习算法，能源企业可以从海量运行数据中识别设备的运行规律和异常模式。预测分析模型能够提前发现潜在的故障迹象，如振动异常、温度波动等，及时预警并制订维护计划，避免突发故障导致停机。

3. 市场预测

市场预测是能源企业提高收益的关键环节之一。通过分析市场数据进行预测，能源企业能够优化交易策略，提升经济效益。

数据驱动市场预测是指利用大数据技术和分析工具，通过收集、处理和分析大量市场相关数据，预测未来市场的需求、价格变化和趋势。这种方法在能源行业中尤为重要，因为能源市场受多种因素（如经济状况、季节变化和国际政治等）影响。

数据驱动市场预测的第一步是数据收集，涉及历史数据、实时数据和预测数据。数据来源包括传感器数据、市场交易数据、经济指标、天气预报和政策法规等。第二步是通过数据分析工具和算法，处理和分析收集到的数据，识别数据中的模式和趋势。第三步是基于分析结果，建立预测模型，进行需求预测、价格预测等。预测模型可以不断优化和调整，以提高预测准确性。

4. 优化交易策略

优化交易策略是指在准确市场预测的基础上，通过调整生产计划、采购策略和销售策略，实现收益最大化与风险最小化。数据驱动的交易策略优化有助于能源企业在瞬息万变的市场环境中保持竞争优势。通过数据分析与预测，识别市场风险并制定风险管理策略，如套期保值、跨期套利等，以降低价格波动带来的风险。同时，利用数据分析优化资源配置，包括生产资源、库存资源和物流资源。通过精准的需求预测与库存管理，可以降低运营成本并提高运营效率。

5. 拓展能源服务

数据资产的开发利用为能源企业探索新业务模式提供了可能性。通过数据分析和管理，能源企业不仅可以优化自身运营，还能够拓展收入来源，提高市场竞争力。

数据分析服务为客户提供深入的数据洞察和业务分析，帮助提升运营效率和市场竞争力。能源管理服务通过分析生产、市场和运营数据，识别和突破业务瓶颈，提供市场预测和趋势分析，制定销售和采购策略，优化库存管理，提高资金周转率。

14.2.3　实践案例

1）中石化利用大数据升级页岩气勘探。

在能源开发领域，页岩气作为一种重要的非常规油气资源，其开发利用对保障能源安全和推动能源结构转型具有重要意义。然而，页岩气的开采难度、成本和技术要求均高于常规油气资源，这给页岩气的有效开发带来了挑战。在此背景下，大数据技术的引入为提高页岩气钻完井效率、指导水力压裂作业提供了新的解决方案。

为了高效与安全地进行页岩气勘探开发，中石化整合多源数据，包括地震数据、钻井数据、录井数据、测井数据等勘探大数据，以及地理位置、安全监管和周边救援等其他数据。在勘探阶段，中石化通过建立科学的数学模型，预测和分析油气藏的分布特征。在钻井阶段，运用数据技术准确识别作业中可能出现的异常情况，从而及时采取措施。在生产阶段，对地震、钻井和生产中的大数据进行及时分析，以便油藏工程师绘制储层随时间变化的动态走势，为优化高产油井数量和钻井资源提供决策支持。

中石化利用数据资产在页岩气勘探开发中取得了显著效益。首先，通过分析穿过油页岩的钻井坐标和方位，可以更深入地了解区块储量和可采储量，判断油气富集带，从而节约勘探成本。其次，利用井场、井口和井下采集的实时数据，优化钻井施工技术，监控作业进程，精确地质导向，提高资产利用率和生产效率，加快工作进程。此外，通过对整个勘探工作的实时数据分析，可以及时发现异常情况，进行安全预警，提高安全系数，避免人员伤亡和设备损失。这些效益的实现不仅提升了页岩气勘探开发的效率和安全性，也为降低油气开发成本、提高资源利用率提供了有力支撑。

2）中油易度利用数据资产优化油气管道的检修。

油气管道作为石油和天然气运输的重要方式，因其经济性和安全性在能源输送中占据不可替代的地位。然而，管道在长期使用过程中可能会遭受腐蚀，导致穿孔泄漏，这不仅会对环境造成污染，破坏生态平衡，还可能带来巨大的经济损失。因此，快速、精准地查找腐蚀点并进行修复，已成为管道日常管理中的一项重要任务。

为了有效应对油气管道腐蚀问题，能源企业需要收集和分析多方面的数据，包括管道建设和施工条件、管道应力状态、管道材质、土壤腐蚀性、金属损失量、腐蚀点数据等油气管道数据，以及相关企业生产数据、管道地理位置数据等其他数据。通过对这些数据的深入分析，可以筛选出与管道腐蚀相关的因素，并按照其对腐蚀影响的重要程度进行排序，分析不同管段位置的腐蚀概率。

中油易度数字智能研发团队通过研发 Wis 系列产品，成功解决了数据采集、传输和多源数据融合等技术难题，同时优化了数字化交付管理流程，固化了各类工艺和业务模型。这些产品不仅提升了数据资产的质量和利用率，而且通过人工智能大模型 WisGPT，实现了从信息搜索到信息生成的转变，大幅提高了设计交付的效率。

中油易度通过构建数字孪生体，实现了工艺过程与管理业务流程的高度集成，以及生产运行的集中监控。在管道建设阶段，利用无人机倾斜摄影和三维建模技术，采集关键数据并进行建模展示，提高了后期运维效率。此外，通过数字化恢复技术，对老旧管道进行三维激光扫描和地质雷达数据采集，实现了管道、设备等信息的全面浏览与检索。

数据资产在油气管道腐蚀管理中的应用取得了显著效益。首先，通过各因素的腐蚀性叠加效果并按照腐蚀概率进行排序，可以避免对所有疑似腐蚀缺陷点进行开挖，从而降低维修成本。其次，与传统风险评估方法相比，大数据技术能够更全面地检测管道状况，避免因单一数据而遗漏可能的腐蚀点。此外，利用大数据快速、精准地识别运输管道的腐蚀点并及时修复，有效预防了管道事故，保障了油气的安全运输。

3）国外能源行业的实践案例。

国外能源行业通过整合和应用大数据、人工智能、物联网等前沿技术，实现了运营效率的提升和成本的降低。BP（英国石油公司）在数字化转型中，与科技公司合作开发了先进的数据分析工具。这些工具不仅用于油田勘探和生产优化，还通过机器学习算法提高了油井产量预测的准确性，提升了采油效率。

意大利能源公司 Enel 的智能电网项目通过物联网和大数据技术的应用，实现了电力传输和分配的智能化管理。智能传感器和监控设备的安装使 Enel 能够实时监控电网状态，优化电力调度，减少损耗，预测电力需求变化，优化生产和储能策略，提高供电的可靠性和效率。

特斯拉的能源管理解决方案涵盖太阳能发电、储能系统和智能家居能源管理系统，通过数据分析和优化算法提高发电效率，并通过智能化管理实现电力的高效储存和使用。其中，智能家居能源管理系统通过数据监控和分析优化家居用电，降低了能耗和成本，为用户提供了高效、环保的能源解决方案，同时开辟新的收入源。

Schlumberger 开发的数字油田平台 Delphi，集成了地质、生产和设备数据，利用大数据分析和机器学习技术，为油田管理提供全面的解决方案。Delphi 平台的实时数据监控、生产优化和预测性维护功能，可以帮助管理者更好地了解油田运行状况，提高生产效率和资源利用率，为客户和公司创造新的商业机会和收入来源。

14.3 交通行业的数据资产开发利用实践

14.3.1 交通行业数据资产的特点

交通行业是支撑经济社会发展的关键领域。包括公路、铁路、航空和水路在内的多种运输方式各有其特定的基础设施和管理需求。该行业不仅需要满足巨大的运输需求，还需迅速适应市场和用户需求的变化，同时在经济利益与社会责任之间寻找平衡。随着数字化和信息化的推进，交通行业积累了大量多样化的数据，这些数据具有显著的动态性和实时性。有效管理和分析这些数据，有助于交通企业发现商业机会，推动行业的持续创新和长期发展。交通行业的数据资产具有以下特点。

- 数据增长体量庞大。交通行业每日产生大量数据，这些数据的生成频率高且持续不断。实时生成的数据包括车辆运行数据、乘客出行数据、货物追踪数据和交通流量数据等。这种高频次的数据生成要求企业具备强大的数据处理和分析能力。例如，城市交通管理系统需要实时处理大量车辆和交通信号数据，物流公司则需实时跟踪和管理大量货物的位置。
- 数据种类多样。交通行业的数据类型非常丰富，既包括结构化数据，如传感器读数、GPS 定位数据、票务数据等，也包括非结构化数据，如监控视频、图像、社交媒体反馈等。有效处理和利用这些多样化的数据类型，可以帮助企业实现更精细化的管理和服务。例如，分析乘客的社交媒体反馈可以帮助公共交通公司改进服务，而分析监控视频则可以提升交通安全管理。
- 时效性较强。交通数据具有高度的时间敏感性，许多数据需要在极短时间内处理和应用。例如，交通流量数据、天气数据、道路状态数据等都需要实时处理，以便快速决策和响应。智能交通系统需要实时调整交通信号，物流公司需要实时优化配送路线，航空公司需要实时监控和调整航班计划。

- 与其他数据强关联。交通数据通常具有强烈的空间关联性，涉及地理位置、路径选择、区域特征等。交通管理和优化需要结合空间数据进行分析和决策。例如，城市规划需要分析交通流量与土地利用数据，物流优化需要考虑仓库与配送点的地理位置，公共交通调度需要分析乘客出行的空间分布和流动特征。

14.3.2 交通行业数据资产的开发利用模式

数据资产开发利用是交通行业数字化转型的重要组成部分。通过对大量交通数据的收集、分析和应用，交通企业可以提升运营效率、优化资源配置并提升竞争力。图 14-4 所示是交通行业数据资产开发利用的主要模式。

图 14-4 交通行业数据资产开发利用模式

1. 智能交通管理

通过大数据和人工智能技术，交通管理部门可以实现交通流量的智能优化和管理。这种智能交通管理系统能够实时监控交通流量和路况，并通过数据分析调整交通信号灯的时间，从而缓解交通拥堵，提高道路通行效率。

利用传感器和摄像头等设备，可以实时收集交通流量、车辆速度和路况数据。通过数据分析，可以识别交通瓶颈和拥堵区域，调整交通信号灯的时长，优化交通流量。上海市的"智慧交通"项目通过数据分析和智能调控，大幅提升了交通管理的效率，显著减少了交通拥堵。

2. 物流和供应链优化

物流公司通过数据分析优化供应链和配送网络，以提高运输效率和客户满意度。这包括实时追踪货物位置、分析运输状态和优化配送路线。

使用 GPS 和传感器技术，可以实时追踪货物位置和运输状态。利用大数据分析优化配送路线，可以减少运输时间和成本，提高配送效率。FedEx 和 UPS 等公司通过实时追踪货物位置和运输状态，利用大数据分析优化配送路线，减少运输时间和成本。京东物流通过大数据分析和智能调度系统，实现了高效的仓储管理和配送服务。

3. 乘客体验提升

公共交通和航空公司通过数据分析提升乘客体验和运营效率，包括优化航班调度、座位分配，以及公共交通线路和班次安排。通过分析乘客预订行为和飞行记录，优化航班调度和座位分配，提高客座率和服务质量。利用数据分析优化线路设计和班次安排，可以减少乘客等待时间，提升出行体验。

4. 预测性维护和资产管理

交通企业通过数据分析实现设备和基础设施的预测性维护，降低故障率和维护成本。这包括实时监控车辆和设备的运行状态，利用机器学习算法预测潜在故障，及时进行维护和修理。

交通企业可以实时监控车辆和设备的运行状态，收集传感器数据；利用机器学习算法分析数据，预测潜在故障，提前进行维护和修理。铁路公司和航空公司通过预测性维护系统，显著缩短了设备故障和停运时间，提高了运营效率和安全性。

5. 新业务模式

交通企业通过数据资产的开发利用，探索新的业务模式和收入来源。这包括交通数据开放平台开发、智能交通应用开发。

交通数据开放平台向第三方开发者提供数据接口,推动智能交通应用的开发和推广。通过大数据分析,提供个性化出行服务和精准营销,创新业务模式并实现多元化发展。滴滴出行等共享出行平台通过大数据分析,提供个性化出行服务和精准营销,实现了业务模式的创新与多元化发展。

14.3.3　实践案例

1）国家能源投资集团以数据要素驱动满足多式联运需求的运输装备协同制造。

多式联运作为一种高效、可持续的物流运输模式,是构建现代综合交通运输体系、降低物流成本的重要手段。但随着全社会对不同运输方式衔接需求的不断增强,运输装备制造业与运输服务业之间供需信息不畅已成为限制多式联运发展的重要因素。

面对这一挑战,国家能源投资集团有限公司采取了一系列创新措施。公司通过汇聚多种运输装备的运行、故障、维修等数据,构建智能模型,对运输装备的效率和可靠性进行深入分析。数据的汇聚和分析不仅提高了运输装备的效率和可靠性,也为运输装备的协同制造和优化提供了有力支持。公司进一步构建了运输装备数据资产交易平台,探索形成了数据资产定价模型。该平台基于重载铁路机车车辆、港口装卸装备、船舶装备等运输装备及其关键零部件的高质量数据集,以"(当日多式联运业务节约总成本 *20%)/降本环节装备数据供给总条数"的公式计算价格,实现了数据资产的自动交易。

通过这些措施,国家能源投资集团有限公司不仅提高了运输装备的效率和可靠性,还促进了运输装备专业化数据的规范化交易,为多式联运的发展提供了有力支撑。这些创新实践为解决运输装备制造业与服务业之间的信息不对称问题提供了有益借鉴,对于推动多式联运的可持续发展具有重要意义。同时,数据的价值在这一过程中得到了充分体现,为运输装备制造业和服务业的协同发展注入了新的动力。

2）北京千方科技构建国家公共路网运行监测体系。

在国家公路网运行监测体系的建设过程中,尽管取得了一定进展,但与行业管理业务要求相比，公路网的运行管理与服务水平仍存在较大差距。主要问题体现在数据融合、系统联网、业务协同等方面，例如多源数据融合程度不高，全国性和大区域公路网运行数据的分析与预测能力不足，公路网运行监测能力与"可视、可测、可控、可服务"的要求差距较大，业务协同联动效率偏低，决策辅助支持能力不足，缺乏全国公路网运行数据中心和监测体系平台。

为了解决这些问题，北京千方科技提出了公路网运行监测管理与服务平台的解决方案。该方案通过实现部省两级公路视频、运行状态、事件等数据的联网共享，促进了跨区域、跨部门的路网协同管理。该方案包括路网数据资源平台、公路网运行综合监测预警系统、公路网运行综合分析系统等。路网数据资源平台融合了公路网基础数据，如路线、路段、里程桩等，以及视频数据、全国实时路况数据、全国拥堵路段和收费站数据、高速流量数据等，实现了多源大数据的融合。通过数据中台和全国公路"一张图"实现了多源数据的融合。

通过整合多方数据资源，千方科技构建了高速公路全量业务数据、实时多源互联网数据以及跨行业协同数据深度融合的数据中台，对数据进行统一治理、融合、运营和运维。在全国公路"一张图"的基础上，对所有动静态数据进行时空打通治理，并通过数据服务接口统一发布。数据中台由一系列支撑服务构成，如数据资源中心、主题数据仓库、数据管控、数据服务、实时应用服务支持、平台管理及配置等。在技术创新方面，通过主题创建的方式实现了公路网运行监测页面的自动化生成。用户可根据路网运行监测需求，灵活配置不同空间范围、时间范围和监测指标，系统自动生成监测页面，从而实现公路网运行监测的自动化监测、数字化管理、协同化运行和智能化服务的业务目标。

该解决方案提升了公路网运行监测预警、协调处置和协同联动水平，在重大活动、节假日及日常调度工作中，为公路交通运输提供更加安全、便捷、高效、绿色、经济的通行服务。应用成果被央视多个栏目报道，推动形成交通出行服务政企联动的新模式，全面提升了公众出行信息服务水平。此外，该解决方案还提升了路网运行安全管理能力，降低了事故发生频率和严重程度，减少了突发事件造成的经济损失。

3）北京中交兴路为重载货车数据在物流、保险等行业的应用赋能。

制造企业的生产物流管理中存在原料采集、成品生产、成品运输等环节时间周期长、管理难度大、成本高的问题。运输公司在组织运输时，由于对外协车辆的资质、在途管理和路线安排缺乏有效手段和工具而产生成本高、效率低的问题。同时，制造企业厂区内车辆进出频繁，但因地图绘制困难、车辆到达时间不确定，物流管理混乱，货物周转时间较长。此外，保险行业在重载货车保险方面存在规模与效益的矛盾，风险管理失控，在追求规模的同时承担着巨额赔付风险。

在物流方面，北京中交兴路利用企业物流能力信息化平台，打通了制造业企业从原料采集到成品出厂装载，以及货物在途运输的全业务流程应用系统；通过车辆在途数据，实现了全数据资产的一站式可视化；结合制造业企业现有的物流管理系统，打造了进厂物流车辆管理系统，使95%以上的操作行为得到高效监督与管理；同时，构建了AI智能匹配算法，帮助企业实现自有运力和外协运力的高效融合，提高管理效率，降低管理成本。在保险方面，北京中交兴路利用车辆行驶数据，结合中国银行保险信息（银保信）公司提供的车辆保险赔付数据，打造出车辆保前评分服务，并为保险公司提供保中风险减量和理赔风险减量的全流程服务。保前评分使保险公司在承保前能够更精准地制定重载货车的定价和核保。保中风险减量通过自动监控、提醒和人工外呼团队，形成对车辆用户的全流程闭环服务。理赔风险减量服务则帮助保险公司识别保险欺诈行为。

北京中交兴路打造了高效对接的运力池资源，提升了车辆进场装卸货和运单在途管理的整体效率，实现了降本增效的目标；同时，提升了厂区物流协同的效率，缩短了货运车辆等待时间，降低了企业厂区的物流成本。

4）国外交通行业的实践案例。

国外交通行业通过应用大数据、机器学习和优化算法，显著提升了运营效率、降低了成本，并提高了客户满意度。UPS的路线优化系统ORION便是一个典型例子。该系统通过分析历史配送数据、实时交通数据和天气数据，运用优化算法计算出最优配送路线，有效减少了车辆行驶里程和油耗，提高了配送效率和准时率。据 UPS 估算，ORION 系统每年可为公司节省数亿美元成本，同时减少碳排放，充分体现了数据资产在物流配送领域的开发利用潜力。

Tesla 的自动驾驶数据平台通过收集和分析车辆运行数据，优化自动驾驶算法和系统性能。该平台实时监控车辆的传感器数据、驾驶行为数据和环境数据，使 Tesla 能够不断改进自动驾驶技术，提高车辆的安全性和智能化水平。该平台不仅提升了车辆性能和市场竞争力，还为公司的技术创新和业务发展提供了重要支持。

Uber 的动态定价算法是利用大数据和机器学习技术开发的，根据实时的供需情况和交通状况动态调整乘车价格。通过分析乘客的出行需求、司机的供给情况和道路交通状况，Uber 能够在高峰时段提高乘车价格，鼓励更多司机上路，增加车辆供给，缓解乘车难题。这种动态定价策略不仅提高了 Uber 的运营效率和收入，还改善了乘客的出行体验。

Delta 航空利用大数据和机器学习技术对乘客数据进行分析，优化航班调度和服务。通过分析乘客的预订行为、历史飞行记录和反馈数据，Delta 能够更准确地预测乘客需求，优化航班计划和座位分配，从而提升客座率和收入。同时，Delta 还通过数据分析优化服务流程，进一步提高乘客满意度和忠诚度。

14.4 医疗健康行业的数据资产开发利用实践

14.4.1 医疗健康行业数据资产的特点

医疗健康行业具有高度的专业性和复杂性，特别是对从业者的专业知识和技术能力提出了较高的要求，同时具有高成本和资源密集型的特点。近年来，医疗健康行业迅速吸纳了众多高新技术，使得数据资产的价值空间不断扩大。医疗健康行业的数据资产具有以下特点。

❑ 广泛性和复杂性。首先，医疗数据不仅包括传统的临床数据和检验数据，还涵盖了由物联网设备产生的大量数据。这些数据来源广泛，涉及各种便携式医疗设备和健康可穿戴设备，如智能手表、健康监测手环等。这些设备能够实时监测和记录用户的生理参数，如心率、血压、血糖等。此外，医疗数据还包含大量的医学术语、药物名称、病症反应等专业信息，以及非结构化数据，如医生的诊断记录、患者的病历等。这些数据的复杂性不仅体现在内容的多样性，还体现在格式和结构的多样性。

- **敏感性和隐私性**。医疗数据中包含大量个人健康信息和可能的遗传信息，这些信息对个人而言非常敏感。一旦这些信息被泄露，可能会对个人隐私造成严重威胁。因此，医疗数据的管理和使用需要严格的隐私保护和数据安全措施。医疗机构和相关企业必须遵守相关法律法规，确保数据的安全性和隐私性。

- **高价值性**。由于医疗数据在医疗研究、临床决策支持、药品开发等方面具有重要的应用价值，因此具有很高的经济价值。一条医疗数据可能包含重要的诊断信息或治疗方案，其价值可能非常高。正因为如此，医疗数据成为数据泄露和非法交易的高风险领域。黑客和不法分子可能通过各种手段窃取医疗数据，以获取经济利益。

- **动态性和实时性**。随着医疗设备和监测技术的不断发展，医疗数据可以实时生成和更新。这意味着数据管理系统需要处理动态的数据流，并提供实时的数据分析和反馈。这对医疗决策和患者的健康管理具有重要意义。实时的数据分析可以帮助医生及时发现患者的健康问题，从而采取相应的治疗措施，提高医疗效果。

14.4.2 医疗健康行业数据资产的开发利用模式

医疗健康行业的数据资产开发利用空间巨大。医疗机构和相关企业可以通过精准医疗、临床决策支持系统、健康管理与预防服务、医疗科研与药物研发、智能医疗设备与服务等方式，提升竞争力，如图 14-5 所示。

1. 精准医疗

- 依托基因组数据、电子病历数据和实验室检测数据的分析，能够为个体提供量身定制的医疗服务，从而提高治疗效果。

- 通过基因组测序和分析，医疗机构可以发现个体的遗传变异及疾病风险，制定个性化的预防和治疗方案。

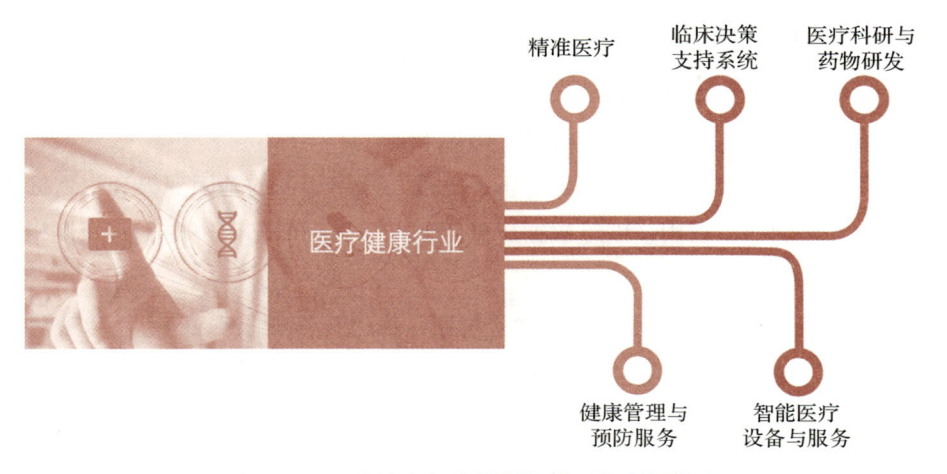

图 14-5　医疗健康行业数据资产开发利用模式

2. 临床决策支持系统

- 临床决策支持系统利用大数据和人工智能技术，为医生提供诊断与治疗的决策支持，提升诊疗的准确性和效率。
- 通过分析电子病历、实验室检测数据和医学文献，临床决策支持系统能够在多种药物选择中，根据药物效果和患者数据，推荐最合适的药物组合，从而减少药物副作用，提高治疗效果。

3. 健康管理与预防服务

- 通过分析患者的健康监测数据、电子病历及生活方式数据，为个人和企业提供个性化的健康管理与预防服务。
- 通过健康监测设备和移动应用，可以实时监测用户的健康指标，提供个性化的健康建议。例如，健康管理应用可以分析用户的运动、饮食和睡眠数据，提供个性化的健康建议，帮助用户预防疾病并改善健康状况。
- 通过分析企业员工的健康数据，可以制订针对性的健康管理计划。例如，通过分析员工的健康体检数据，制定企业健康干预措施，降低员工健康风险，提高工作效率，减少医疗成本。

4. 医疗科研与药物研发

- 通过分析电子病历、基因组数据和临床试验数据，发现新的疾病机制和药物靶点，从而开展新药研发和临床试验。
- 通过大规模基因组数据的分析，发现与疾病相关的基因变异和生物标志物。例如，利用基因组数据研究阿尔茨海默病的基因突变，并开发相应的基因治疗和个性化药物。
- 通过分析电子病历和临床试验数据，优化药物的临床试验设计。例如，通过分析患者的治疗反应数据，改进临床试验的入组标准和试验设计，提高药物研发的成功率和效率。

5. 智能医疗设备与服务

- 通过分析医学影像数据，可以自动检测和识别疾病。例如，利用人工智能技术分析胸部 X 光片，自动检测肺结节，提高肺癌早期诊断的准确性和效率。
- 通过分析手术数据和实时监控手术过程，辅助医生进行精细手术操作。例如，利用手术机器人进行微创手术，通过实时监控和数据分析，提高手术的精准性和安全性。
- 通过实时传输和分析患者的生理数据，提供远程诊断和治疗服务。例如，通过远程监测心脏病患者的心电图数据，及时发现异常，提供诊疗服务，减少患者前往医院的次数。

14.4.3 实践案例

1）讯飞医疗打造智能化辅助诊疗。

基层医疗卫生体系是保障亿万人民群众健康的重要防线，对提高生活质量具有重要意义。然而，基层医疗机构普遍面临人才短缺、医生流动性大、资源分配不均等问题，这些问题限制了其为群众提供全面医疗服务的能力。为了解决这些问题，提升基层医疗服务的整体水平，基层医疗机构需要采取创新的技术和方法。

讯飞医疗科技股份有限公司致力于提升基层医疗服务的质量和效率。公司利用大数据和人工智能技术，收集和分析海量医疗数据，构建了医疗AI大模型，为基层诊疗提供智能化辅助。该模型的构建基于与中华医学会杂志社、开放医疗与健康联盟等权威机构的合作，汇聚了公开脱敏的高质量数据资源。这些数据包括疾病知识、症状体征、检验检查、药物信息、临床路径、诊疗规范及指南等内容，为智慧医疗AI模型的训练提供了坚实的基础。为实现医疗数据与诊疗流程的深度融合，该医疗AI模型已与行业信息平台和医院信息系统对接。通过"数据不出本地局域网"的方式，模型能够汇聚并分析患者的病历数据及历史健康信息。在问诊过程中，该模型可以根据问诊逻辑提示病情问询；在诊断过程中，该模型可以对患者病历数据进行智能化分析和判断，协助医生作出合理诊断；在处方和检查检验环节，该模型可以及时提供常见用药和检查检验建议，并将异常诊断结果数据及时报送医疗主管部门复核。

2）北京市计算中心面向新药研发的高质量药物数据集及智能服务。

新药研发是一个复杂且耗时的过程，涉及多个阶段，包括候选药物研发、临床前实验、临床试验和批准上市。在候选药物研发阶段，药物靶点的选择与确认、候选化合物的选定等关键步骤中，人工智能算法的应用可以显著提高研发的准确性。然而，这一过程面临数据流通不畅、资源分散、标准不统一等问题，导致信息共享困难，数据处理和分析复杂，从而影响研发效率和成本。

北京市计算中心通过多渠道收集药物研发数据，包括公开数据库下载、文献信息整理和公开渠道购买等方式，获取药物相关的分子结构、理化性质和靶点信息等关键数据。建立的高质量新药研发数据集涵盖小分子、多肽和蛋白靶点数据，其中小分子和多肽信息超过400万条，潜在药物活性位点超过11万个。基于人工智能算法对药物数据集进行数据挖掘和特征提取，形成疾病相关的药物有效特征，为新疾病靶点预测和对应药物研发提供准确、个性化的智能分析服务。目前，北京市计算中心已与全国30余家高校和科研院所开展合作，人工智能预测的靶点超过1万个，基本覆盖已知疾病领域。该中心解决了数据流通不畅和资源分散的问题，整合了来自不同来源的关键药物数据，并通过计算机辅助和人工校验确保了数据的质量和一致性。此外，智能化分析工具的应用显著提高了从数据集中提取有价值信息的效率。在模式创新方面，通过建立高质量药物数据集，不同团队能够实现数据共享，从而提高研发效率，并可通过数据交易的方式获取数据集的使用权。

3）同方知网基于知识数据的数智医疗大模型应用。

在健康医疗领域，知识数据的运用是实现数字化转型和智能化服务升级的关键。它主要被应用于医药大模型训练和医疗软件平台的多场景AI功能支持。然而，数据在应用层面面临一些挑战，包括高质量语料资源的短缺、临床诊疗中数据复用价值的局限，以及智能服务业务场景中数据要素流通与融合困难。

为解决这些问题，同方知网提出了一个以权威医学知识库为基础的方案。该方案通过重构规则库和模型库，将临床诊疗思维及推理过程数据化，并结合大模型技术，构建了医学科研、临床决策支持和虚拟患者大模型三大系统。这不仅实现了医疗数据的集成、智能分析和决策支持，还满足了专业增强模型训练、数据协同融合及共享流通下的业务应用需求，有效提升了临床诊疗的质量和效率。在实施过程中，同方知网利用高质量医疗数据、临床数据和真实世界数据，通过高标准的数据加工和开发医学专业文献数据库，提高了数据供给水平；同时，通过构建医学知识型数据体系和医学知识图谱，挖掘医疗数据的应用场景，提升了数据复用价值；此外，与华为等单位合作，利用大语言模型、医学文献数据和临床病例数据，共建"儿科辅助诊疗大模型"，探索数据要素流通和融合的创新生态，并运用自然语言处理、深度学习等先进技术，提升智慧医疗大模型的准确性和泛化能力，依托数字出版资源优势和数据加工技术优势，推动医疗数据标准化体系建设，将医疗文献数据和临床数据作为核心数据要素，推动数据资源向生产力转变。

4）国外医疗健康行业的实践案例。

国外医疗健康行业在数据资产开发利用方面积累了一系列创新实践，通过大数据、人工智能、物联网等技术的应用，提升了医疗服务的质量和效率。IBM Watson Health利用大数据和人工智能技术，通过分析患者的基因组数据、电子病历和医学文献，为医生提供诊断和治疗建议。Watson for Oncology 系统通过分析大量病例数据和最新的医学文献，为癌症患者提供个性化的治疗方案，提高治疗的成功率和患者的生存率。

Flatiron Health 开发了专注于肿瘤的数据平台，通过收集和分析肿瘤患者的电子病历数据，帮助医生优化治疗方案。该平台整合了来自不同医疗机构的患者数据，提供了全面的肿瘤治疗信息，帮助医生更好地理解肿瘤患者的病程和治疗效果，提升了肿瘤治疗效果，加速了肿瘤药物的研发进程。

23andMe 是一家提供基因检测服务的企业，通过分析用户的唾液样本，提供基因信息和健康风险评估报告。用户可以了解自己的遗传风险、疾病易感性和药物反应，从而采取预防措施并进行个性化的健康管理。23andMe 的数据分析不仅帮助用户管理健康，还为科学研究提供了大量基因数据，推动了基因组学的发展。

Philips 通过其智能健康解决方案，利用物联网和大数据技术，提供全面的健康管理服务。健康手表和监测设备可以实时监测用户的心率、血压、睡眠等健康指标，并通过移动应用提供个性化的健康建议和预警。Philips 的智能健康解决方案提升了用户的健康管理水平，为医疗机构提供重要的健康数据支持，帮助医生进行远程监测和诊断。

Google DeepMind Health 利用人工智能技术开发了 AI 诊断系统，通过分析大量医学影像数据，辅助医生进行疾病的早期检测和诊断。DeepMind Health 的眼科诊断系统能够通过分析视网膜扫描图像，准确识别糖尿病视网膜病变、年龄相关性黄斑变性等眼部疾病，提高诊断的准确性和效率，帮助医生更早发现和治疗疾病。

14.5 互联网行业的数据资产开发利用实践

14.5.1 互联网行业数据资产的特点

互联网行业具有高度动态性和创新性，技术变革频繁，并深刻影响其他经济领域。互联网行业的数据资产具有丰富性、多样性和高价值，相关数据资产的开发利用可以为业务优化和企业创新提供重要支持。互联网行业数据资产具有以下特点。

- 数据来源广泛且多样。互联网数据的来源涉及电子商务平台、社交媒体平台、搜索引擎、在线娱乐、在线教育等多种服务和应用。数据类型多样，包括用户注册数据、行为数据、交易数据、社交互动数据、内容数据等。这些数据的多样性为业务优化和创新提供了丰富的信息资源。

- 数据量大且增长迅速。随着互联网用户数量和使用频率的增加，互联网数据的规模呈指数级增长。例如，电子商务平台每天产生大量交易数据和用户行为数据，社交媒体平台每天生成海量互动数据和内容数据。这些数据的迅速增长要求企业具备强大的数据处理与分析能力。

- 数据的实时性和动态性。互联网数据具有高度的实时性和动态性，许多数据需要在极短时间内处理和应用。例如，电子商务平台需要实时处理用户的浏览和购买行为数据，提供即时的商品推荐和促销信息；社交媒体平台需要实时分析用户的互动行为，优化内容推送和广告投放；在线游戏平台需要实时监测玩家的游戏行为，调整游戏内容和难度。

- 数据的高价值和多用途。互联网数据具有较高的商业和社会价值。通过对互联网数据分析，可以提升业务效率和用户体验，优化资源配置，推动技术创新。例如，通过分析用户行为数据，可以优化推荐系统和广告投放，提高用户满意度和转化率；通过分析社交互动数据，可以洞察用户需求和市场趋势，优化产品和服务；通过分析交易数据，可以优化供应链和库存管理，提高运营效率和利润。

- 数据的隐私保护和安全性。互联网数据涉及用户的个人隐私和商业机密，具有高度敏感性。数据的泄露和滥用可能对用户和企业造成严重损害。因此，各国政府对互联网数据的保护提出了严格的法律和监管要求，例如《通用数据保护条例》(GDPR)、《加州消费者隐私法案》(CCPA)等。互联网企业需要严格遵守这些法律法规，确保数据安全和隐私安全。

14.5.2 互联网行业数据资产的开发利用模式

互联网行业的数据资产开发利用模式相对成熟。互联网企业主要通过精准广告投放、个性化推荐系统、数据驱动的产品与服务优化、智能客服与用户支持等方式，提升运营效率、优化客户关系并推动创新发展，如图14-6所示。

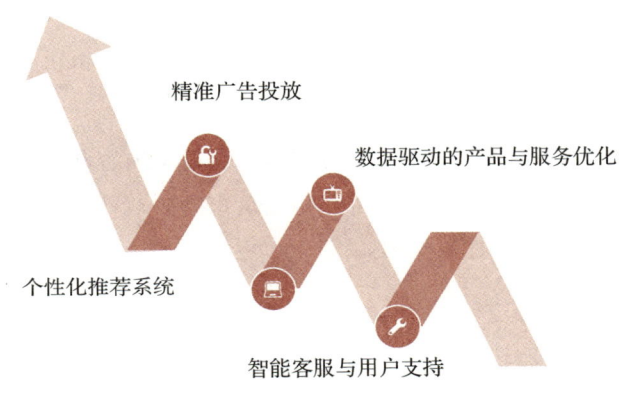

图 14-6 互联网行业数据资产开发利用模式

1. 精准广告投放

通过用户行为数据、社交互动数据和内容数据的分析，可以实现精准广告投放，提升广告效果和用户体验。通过分析用户的浏览历史、点击行为和购买记录，了解用户的兴趣和需求。例如，搜索引擎通过用户的搜索历史，向用户展示相关性强的广告，提高广告的点击率和转化率。

通过分析用户在社交媒体上的互动行为和内容分享，可以获取用户的兴趣偏好。例如，社交媒体平台通过分析用户的互动行为，推送个性化广告内容，从而提高广告的精准度和投放效果。

通过分析用户在平台上消费的内容类型和频率，了解用户的内容偏好。例如，短视频平台通过分析用户的观看历史，向用户推送相关广告，提高广告的匹配度和用户满意度。

2. 个性化推荐系统

电子商务平台通过个性化推荐系统对用户的浏览和购买行为数据分析，推荐用户可能感兴趣的商品，以提升销售额和用户满意度。通过分析用户的观看历史和评分数据，可以了解用户的内容偏好。在线娱乐平台根据用户的观看历史和评分数据，推荐个性化的影片和节目，从而提高用户的观看时长和平台黏性。

3. 数据驱动的产品与服务优化

通过对用户行为数据和反馈数据的分析，互联网企业可以不断优化产品和服务，提升用户体验和满意度。

在线教育平台可以根据学生的学习数据优化教学内容和方式，提高学习效果和学生满意度。在线游戏平台还可以根据玩家的游戏行为和反馈，优化游戏设计，提高玩家的留存率和付费率。

4. 智能客服与用户支持

互联网企业通过建设和应用智能客服系统，为用户提供快速、精准的服务支持。

通过智能客服系统，可以自动识别并回答用户的常见问题，减少人工客服的工作量。例如，电子商务平台利用智能客服系统，自动处理订单查询和售后服务，提高服务效率和用户满意度。

通过智能客服系统，可以提供个性化的影片推荐和技术支持。例如，在线娱乐平台利用智能客服系统，提供影片推荐和技术支持，提升用户观看体验和满意度。

14.5.3 实践案例

1）阿里巴巴聚焦电子商务数据的开发与利用。

阿里巴巴集团通过其先进的技术和服务，不断优化用户体验和提升商业价值。首先，个性化推荐技术，即"千人千面"，利用用户的历史购买数据和浏览行为数据，通过算法模型为用户推荐商品，使每个用户在淘宝和天猫平台上看到的商品推荐更符合其需求，从而显著提升了用户体验和购买转化率。其次，阿里巴巴为商家提供数据分析服务，包括市场趋势分析、消费者行为分析等。

通过阿里云的数据分析工具，商家能够深入洞察消费者行为，获取消费者画像、市场趋势预测和销售数据分析，帮助他们制定更有效的营销策略。此外，阿里巴巴还基于用户数据进行精准广告投放。通过阿里妈妈的营销平台，广告商可以精准定位目标消费者群体，利用搜索广告、展示广告、视频广告等多种投放方式，提高广告的点击率和转化率，从而提升广告效果。这些举措不仅为阿里巴巴带来了显著的经济效益，也为整个电商行业提供了宝贵的经验和启示。

2）腾讯聚焦于社交数据资产的开发利用。

腾讯公司主要通过 3 种方式开展数据资产开发利用。首先，腾讯利用用户数据和社交关系数据进行精准广告投放，例如在微信朋友圈和 QQ 平台上，通过分析用户的行为、偏好和社交网络，为广告商提供定制化的广告服务，实现精准营销。其次，腾讯为企业提供全面的数据分析服务。通过腾讯云的数据分析工具，企业可以深入了解用户行为，优化产品策略并提升市场竞争力。最后，腾讯根据用户的兴趣和社交关系推荐相关内容，提高用户黏性和活跃度。例如，腾讯视频和腾讯音乐通过个性化的内容推荐系统，为用户提供丰富多样的内容，提升观看率和满意度，从而优化用户体验。此外，腾讯还推出了混元大模型（如广告创意模型、文生图模型等并在多个领域进行应用）。这些技术的应用进一步提升了数据处理的智能化水平，为数据资产开发利用提供了有力的技术支撑。

3）字节跳动聚焦于内容数据，实现数据资产的开发利用。

字节跳动通过创新行动策略，实现了数据资产的有效开发利用。首先，公司利用先进的算法进行个性化推荐，根据用户在抖音、今日头条等平台上的阅读和观看行为数据，智能推荐个性化内容。这种精准的推荐系统不仅显著提升了用户体验，增加了用户在平台上的停留时间，而且通过满足用户个性化需求，增强了用户黏性。其次，字节跳动提供数据分析服务，为内容创作者和广告商提供深入的用户行为分析和市场研究。这些服务使创作者能够根据用户反馈和行为数据优化内容创作，而广告商则能够更精准地定位目标受众，制定更有效的广告策略。最后，字节跳动基于用户数据进行精准广告投放，通过分析用户的兴趣点和行为模式，实现广告内容与用户需求的精准匹配，从而提高了广告的点击率和转化率。这种以数据为驱动的精准营销策略，不仅为广告商带来了更高的投资回报率，也为字节跳动带来了稳定的广告收入。此外，字节跳动还打造了大模型产品，提供聊天机器人、写作助手以及英语学习助手等功能，可以回答各种问题并进行对话，帮助用户获取信息。通过这些策略，字节跳动成功地将数据资产转化为商业价值，推动了公司的持续增长和行业创新。

4）国外互联网行业的实践案例。

国外互联网行业通过大数据、人工智能等技术的应用，实现了精准营销、个性化服务和高效运营。Facebook 通过分析用户的兴趣、行为和社交互动数据，为广告主提供精确的广告投放策略，提高广告的点击率和转化率。

亚马逊的个性化推荐系统通过分析用户的历史购买记录、浏览历史和商品评分，向用户推荐可能感兴趣的商品，从而提高销售额和用户满意度。

Netflix 的数据驱动的内容推荐系统利用用户的观看历史、评分记录和行为数据，为用户提供个性化的影片和节目推荐，提高用户黏性。

Google 的智能广告平台利用用户的搜索历史、点击行为和浏览数据，为广告主提供精准的广告投放服务，提高广告的点击率和转化率。

Salesforce 的客户关系管理（CRM）系统通过分析客户的交易数据、行为数据和反馈数据，为企业提供全面的客户管理和营销支持，帮助企业制定个性化的营销策略与服务方案。

14.6　本章小结

数据资产开发利用在金融、能源、交通、医疗健康及互联网行业取得了显著成果。这些行业通过数据收集、分析和应用，不仅提升了运营效率和用户体验，还推动了技术创新和业务模式的转型。未来，随着技术的持续进步和市场需求的变化，各行业将在数据隐私保护、人工智能应用、多模态数据融合和用户体验优化等方面取得更多突破，使数据资产开发利用的潜力进一步释放。跨行业数据合作和应用将带来更多商业机会和创新发展，推动各行业实现更高效、更智能、可持续的发展。

第 15 章 | CHAPTER

数据资产化引领未来变革

作为提升生产力和变革生产关系的核心动力,数据资产化为企业注入了全新的增长潜力,如图 15-1 所示。通过高效利用数据,企业不仅能优化生产流程、提高运营效率,还能依靠数据驱动的精准决策获得竞争优势。在数字文化蓬勃发展的背景下,企业必须加快适应这一转型趋势,重视数据治理、数据合规与安全,以保障长期稳定发展。同时,随着全球数据主权竞争的加剧,企业必须具备全球视野,主动参与国际数据合作与治理,抓住数字经济崛起带来的机遇。数据资产化不仅代表技术变革的趋势,更是驱动企业创新、提升市场竞争力和实现可持续发展的关键力量。

图 15-1 数据资产化引领未来变革示意图

15.1 经济关系变革

15.1.1 生产力的提升

伴随着数据资产的不断积累和应用，大数据、人工智能等技术不断发展。这些技术的发展又反过来促进了数据要素与土地、劳动、资本等其他生产要素的深度融合，从而催生了新的生产方式，推动了社会生产力的极大提升。

1. 新技术的应用

数据资产的积累正加速推动人工智能、数字孪生和知识图谱等多种新技术的应用，这些技术的融合将显著提升生产力。

（1）人工智能

人工智能技术为企业提供了利用海量数据进行深度学习和预测分析的能力。展望未来，人工智能将在智能生产调度、定制化生产、质量管控等多个方面发挥核心作用。

人工智能在制造业的应用尤为广泛。企业借助 AI 算法实现生产过程的智能化管理，通过优化生产流程、实时调整生产计划、合理分配资源等方式，提高生产线的整体效率。

人工智能使大规模个性化定制成为可能。传统制造业依靠标准化大规模生产的方式来降低成本、提升市场占有率。这种做法难以满足消费者日益个性化的需求。借助人工智能手段，企业能够精准捕捉消费者偏好数据，并快速实现产品设计的更新与迭代，从而缩短产品个性化、定制化的生产周期。

人工智能的发展为企业提供了前所未有的机遇。通过人工智能技术的应用，企业能够优化生产流程、提升产品质量、降低维护成本，并增强市场竞争力。未来，人工智能将继续推动生产力提升，为企业带来更广阔的发展空间。

（2）数字孪生

未来，数字孪生技术将通过虚拟模型实现实时监控和模拟优化，从而降低生产风险，提升资源利用效率和整体生产力。

在制造业，数字孪生技术可以构建生产线的虚拟模型，实时监控和模拟生产过程，从而提前发现并解决潜在问题，减少生产停工次数和资源浪费。在基础设施管理方面，数字孪生技术通过构建城市规划和基础设施的虚拟模型，可以实现实时监控和模拟优化，提高资源利用效率。

总体来看，数字孪生技术不仅能够提升生产力、降低风险，还能促进创新，实现可持续发展。未来，数字孪生技术有望在更多领域得到应用，为社会带来更广泛的经济效益和环境效益。

（3）知识图谱

知识图谱将在企业知识管理和智能决策中发挥至关重要的作用。企业将利用知识图谱整合和分析各类信息资源，从而提高决策的科学性并激发员工的创新能力。

在企业知识管理系统的构建中，知识图谱能够整合企业内外部的信息资源，显著提升员工的知识获取效率和创新能力。以科技公司为例，通过利用知识图谱构建研发知识库，工程师可以快速定位相关技术文档和研究成果，从而加快研发进程。

在营销和服务领域，知识图谱同样展现出巨大价值。通过构建全面的客户画像，企业能够实现精准营销和个性化服务，进而提升客户满意度和忠诚度。电子商务平台可以利用知识图谱分析用户行为和偏好，推荐个性化产品，从而提高转化率和销售额。

数据资产化为构建知识图谱提供了基础，为企业带来更高效的知识管理和智能决策能力。未来，这种技术将对生产力提升产生深远影响，推动企业实现创新、转型和可持续发展。

2. 要素的融合

数据已经成为企业创新的核心驱动力。通过将数据与传统生产要素融合、挖掘和利用，企业可以发现新的市场机会和业务模式，推动创新发展。展望未来，数据要素与劳动、土地、资本等传统要素的融合将带来深远变革。

（1）与劳动要素融合

数据要素与劳动要素的融合在未来将成为推动劳动生产率提升和就业结构转型的关键力量。通过数据驱动的智能化工具和技术，企业可以显著提高劳动生产率并优化资源配置。例如，企业可以部署智能客服系统，减少人工客服的工作负担，提高客户服务效率和满意度。

企业可以基于数据分析的个性化培训系统为员工提供量身定制的培训内容，提升员工的技能水平和挖掘员工职业发展潜力。随着数据技术的应用，劳动者需具备更高的数据素养和技能，以适应新的工作环境和岗位要求。

劳动要素与数据要素的融合将在未来对生产力的提升起到关键作用，推动企业向更高效、智能和可持续的方向发展，为劳动者提供更广阔的职业发展机会与挑战。

（2）与土地要素融合

数据要素与土地要素的融合将推动土地利用的智能化与精细化管理，带来城市规划、农业生产和房地产市场的深刻变化。

在城市中，利用数据分析和物联网技术，可以实现对城市基础设施、交通、能源和环境的智能化管理。通过大数据和物联网技术，城市管理者能够实时监控和管理交通流量、能源使用、水资源分配等关键领域，优化城市资源的配置和使用。

在乡村中，数据分析和智能设备将帮助农民优化土地利用，精准控制农作物的种植和灌溉，提高农业劳动生产效率和农作物产量。土地管理部门将利用数据技术进行全方位的土地资源监控，优化土地使用策略，提高土地利用效率。通过遥感技术和大数据分析，政府可以实时监测土地利用变化，及时发现非法占地和土地浪费现象，制定科学的土地管理政策。

通过数据要素与土地要素的深度融合，未来将实现城市规划、农业生产和土地管理智能化、精细化，提高运营效率，推动经济和社会的可持续发展。数据要素将成为土地管理和利用的重要支撑，带来土地利用模式的深刻变革。

（3）与资本要素融合

数据要素与资本要素的融合将推动金融创新和资本配置效率的提升，带来金融服务与投资领域的深刻变革。金融科技将广泛应用于银行、保险、证券等各个领域，通过大数据、人工智能和区块链技术，提供更加智能化、个性化的金融服务。

金融机构通过大数据技术分析客户的投资偏好和风险承受能力，提供个性化的投资建议和资产配置方案。数据驱动的资本配置优化将实现资源的合理配置，推动经济高质量发展。通过大数据技术分析企业和个人的信用状况，金融机构能够提供精准的信贷服务，降低信贷风险，提高资金利用效率。

风险投资机构利用数据分析工具评估创业项目的潜力和风险，做出科学的投资决策，提高投资成功率。数据分析已经成为投资决策的重要依据，帮助投资者在复杂多变的市场中做出更科学的判断。通过大数据分析市场数据和交易历史，投资者可以制定量化投资策略，实现稳定的投资回报。

通过数据与资本的深度融合，未来将实现金融服务和资本市场智能化、高效化，提高运营效率，推动经济与社会的可持续发展。数据要素将成为金融创新和资本配置的重要支撑，带来金融领域的深刻变革。

15.1.2　生产关系的重构

数据资产时代正以独特的方式深刻影响并重构企业的生产关系。这一变革不仅涉及企业内部的组织架构，还延伸到整个产业链的协同与融合。数据资产化为企业带来了新的管理方式、运营模式和合作机制，从而推动了生产效率的提升和创新能力的增强。

1. 数据赋能企业组织架构的变革

数据资产的利用促使企业组织架构从传统的层级制向更加扁平化和网络化转变，通过数据透明化和信息共享机制，企业内部各部门能够实时共享市场需求和生产计划，优化资源配置和生产销售策略，显著提升整体运营效率。

数据透明化和信息共享机制，将使各层级之间的沟通更加顺畅，决策更加高效，企业的组织架构将更加扁平化，减少层级之间的隔阂，增强灵活性，提高响应速度。此外，信息共享机制将使企业内部各部门能够更好地协同工作。

2. 产业链协同与融合

企业通过产业链的协同与融合，形成一个相互依存、共同发展的有机整体。

这种协同发展不仅提高了整个产业链的竞争力，也为创新和转型提供了广阔空间。

通过数据共享，各企业间的合作将更加紧密，形成跨行业、跨领域的协同创新与融合发展模式，进一步提升整体竞争力。通过数据共享，企业可以与供应商和合作伙伴共同构建协同创新的生态系统。

通过数据分析和实时监控，企业将实现供应链的进一步优化管理。供应链各环节的数据互通，使物流、库存和生产过程更加透明。

3. 数字生态圈

随着数据资产化的发展，数字经济生态圈将逐步完善。各类企业将形成一个更加紧密、互联互通、协同发展的利益共同体。

在生态圈中，通过利益纽带建立更完善的协作机制，实现跨部门、跨行业、跨企业的数据互通。这种合作模式不仅显著提升了资源利用效率，促进了产业链各环节的协同发展，还为产业创新发展提供了新路径。

数据资产化将进一步促进跨行业的融合发展，形成新的产业生态。例如，金融科技公司将通过更智能的数据分析和技术创新，融合传统金融与互联网技术，与实体行业协作推出更多创新的金融产品和服务，推动金融行业的数字化转型。

15.1.3 新经济形态的涌现

1. 数据驱动的新业态

数据资产化将推动更多新业态的涌现，如数据服务和智能服务。这些新经济形态不仅能为市场带来新的增长点，还能促进产业结构的优化、升级。

数据服务行业发展繁荣，包括数据分析、数据咨询、数据撮合、数据评估等服务。企业通过购买更专业的数据服务，获取更精准的数据分析和决策支持，进一步提升业务能力。

人工智能技术在各行业的广泛应用，将推动更多智能产品和智能服务的发展。金融领域的智能投顾通过更先进的数据分析和机器学习技术，提供更个性化的投资建议和资产管理服务。

未来，数据资产的积累与应用将为新业态的发展提供强大动力。企业需要紧跟数据驱动的发展趋势，不断创新、优化业务模式，以适应市场的变化。

2. 数据平台经济

数据平台经济是一种通过数据平台汇聚和分析多方资源，实现资源高效配置和协同利用的经济模式。企业利用数据平台整合更多资源和信息，打破传统生产关系中的壁垒，促进资源高效利用和价值最大化。

数据平台经济具有巨大的发展潜力和应用前景。企业与政府需要共同努力，推动数据平台经济的发展，实现资源的高效利用和价值最大化，促进经济的可持续发展。

3. 创新创业

数据资产化正在重塑全球经济格局，为创新创业创造前所未有的机遇。数据资产化通过降低创业门槛、精准市场定位、构建完善的创新生态系统，推动了创业活动的蓬勃发展和经济的持续增长。

数据分析工具可以帮助创业者精准定位目标用户，优化营销策略，提升市场竞争力。通过精准的用户画像，创业者能够制定个性化的营销方案，提高广告投放效果和客户转化率。

政府和企业可构建完善的创新生态体系，为创业者提供资源、技术和资金支持，推动创新创业发展；为初创企业提供支持创新和创业的环境，促进技术交流、资源共享和市场对接。

数据资产作为创新创业的有力催化剂，正推动全球经济格局的深刻变革，为创业者提供了前所未有的机遇，加速了创新生态的构建和经济的持续增长。

15.2 社会文化的变迁

数据资产化不仅推动了生产力和生产关系的变革，还对社会文化产生了深远影响。随着数字技术的普及和数据重要性的不断提升，数据资产化将进一步推动数字文化的兴起、数据治理体系完善、数据权益保护的加强，从而塑造一个更加智能、高效的社会。

15.2.1 推动数字文化的兴起

（1）数字生活方式的普及

随着数据传输与处理日益及时，智能家居、智慧医疗和在线教育等领域快速发展。通过物联网技术连接各种家用设备，可实现远程控制和智能管理。用户能够通过智能手机或语音助手控制家中的照明、温度、安防系统等，从而提升生活质量和便利性。

另外，通过数据分析和人工智能技术，可以实现个性化的健康管理和精准医疗。智慧医疗将进一步普及，患者能够通过智能设备实时监测健康状况，医生可以通过远程诊断和治疗提升医疗服务的效率。通过互联网技术，可以提供丰富的教育资源和个性化的学习体验。在线教育将更加普及，学生能够通过在线课程、虚拟课堂和智能辅导系统获取高质量的教育资源，提升学习效率。

（2）信息获取与传播的变革

数据资产化正在改变信息获取与传播的方式。数据资产化使信息更加透明和易于获取，降低了信息不对称性。数据分析和智能算法使信息传播更加精准，有效提高了信息的到达率和影响力。数据资产化推动了个性化内容推荐的发展，使信息获取更加符合用户需求。

（3）全民数据素养教育

通过将数据识读、数据分析和数据应用能力纳入课程体系，未来教育系统将通过设置数据素养课程，提升学生的数据素养水平，培养数据资产时代所需的人才。数据资产也将用于提升数据素养教育的质量和效果。教育机构可以采用多样化的教学方法和工具，如在线课程、虚拟实验室和智能辅导系统，提升数据素养教育的效果。

数字技术将无缝融入日常生活，提升人们生活质量和便利性，推动社会文化的深刻变迁。数据资产的普及和应用将促进全民数据素养教育的深入发展，培养具备数据识读、分析和应用能力的新一代人才，为构建数字文化和提升社会整体信息素养奠定坚实的基础。

数据资产的发展将深刻改变社会文化，推动数字生活方式的普及，使日常生活更加智能和高效。通过提升全民的数据素养，教育系统将培养出能够适应数据驱动时代的人才，为社会文化的数字化转型提供支撑。最终，数据资产的深度融合将促进信息获取与传播方式的革新，引领社会进入一个信息流动更高效、更广泛、更个性化的新时代。

15.2.2 推动数据治理体系完善

（1）数据治理体系的建立

数据资产化发展要求建立完善的数据治理体系，确保数据的质量、安全和合规。政府和企业共同制定并实施数据治理标准和规范，推动数据治理体系的全面建设。数据质量管理是数据治理的重要组成部分。企业通过数据清洗、数据标准化和数据验证等手段，确保数据的准确性、一致性和完整性，提升数据的可靠性和可用性。

数据安全保护是数据治理的核心内容。企业通过数据加密、访问控制和安全监控等措施，确保数据的安全性和隐私性，防止数据泄露和滥用。数据合规管理是数据治理的基本要求。企业需严格遵守数据保护法律法规，建立数据合规管理体系，确保数据的合法使用和合规处理。

数据资产的兴起将推动建立更加严格和全面的数据治理体系，确保数据的高质量、安全性和合规性，为数据驱动的决策和创新提供坚实的基础。

（2）数据管理与透明度

有效的数据治理将提高数据管理的透明度和可追溯性，有助于提升公众对数据使用的信任，推动数据资产的合法合规应用。数据透明化和信息公开将成为数据治理的重要原则，增强数据使用的公信力和社会认同度。数据透明化是提升数据管理透明度的重要手段。企业通过数据透明化措施，公开数据的来源、用途和处理流程，增强数据使用的透明度和可追溯性。信息公开是提升数据使用信任度的有效途径。

（3）数据治理融入企业治理架构

将数据治理纳入企业治理架构，意味着将数据管理的各个方面整合进企业的整体管理体系中，确保数据作为一种重要资产得到全面、系统的管理和利用。

数据治理已成为企业战略的一部分。通过制定明确的数据战略和政策，可以确保数据治理与企业总体战略方向一致。企业高层应重视数据资产，将数据治理纳入企业战略规划，明确数据在企业发展中的核心地位。企业可以设立专门的数据治理委员会或数据管理部门，负责制定和实施数据治理政策与标准，确保数据治理在各个业务部门得到有效执行。管理层应推动数据治理的制度化和规范化，建立数据管理流程及责任体系。

数据资产的兴起将推动建立更加严格和全面的数据治理体系，确保数据的高质量、安全性和合规性，为数据驱动的决策和创新提供坚实的基础。有效的数据治理将提高数据管理的透明度和可追溯性，有助于提升公众对数据使用的信任，推动数据资产的合法合规应用。将数据治理纳入企业治理架构，意味着将数据管理的各个方面整合到企业整体管理体系中，确保数据作为一种重要资产得到全面、系统的管理和利用。

15.2.3　加强数据权益保护

（1）个人数据权益保护

个人数据权益保护将成为社会关注的焦点。随着数据资产化的发展，个人数据的价值被充分挖掘，但隐私泄露的风险也日益增加。政府与企业将共同努力，建立完善的个人数据保护机制，确保个人数据隐私安全。

个人数据隐私保护法律法规将不断完善。政府将制定并实施严格的个人数据隐私保护法律，规范个人数据的收集、存储、处理和使用，确保个人数据的合法合规使用。企业将采用先进的数据隐私保护技术，如数据加密、数据脱敏和匿名化处理等，确保个人数据的安全性和隐私性，防止数据泄露和滥用。个人将对自身数据具有更强的掌控能力。通过建设个人数据基础设施，可以实现个人数据的逻辑汇聚，并能够行使数据主权，获取相应收益。

随着数据资产化的发展，个人数据权益保护将成为社会关注的焦点。政府和企业将共同努力，通过完善法律法规和采用先进技术，保障个人数据隐私安全，促进个人数据权益的有效保护。

（2）数据使用规范与透明

企业将明确数据使用的范围和目的，确保数据使用的合法性和透明性，保护数据主体的合法权益。数据使用规范与透明将成为数据资产化的重要原则，推动数据的合法合规使用。企业将制定并实施严格的数据使用规范，明确数据的使用范围和目的，确保数据的合法合规性，保护数据主体的合法权益。企业还可以通过数据使用透明化措施，公开数据的使用情况和处理流程，增强数据使用的透明度和公信力，提升公众对数据使用的信任。

数据资产化将推动企业明确数据使用规范并实现透明化，确保数据使用的合法性、合规性及透明度，从而有效保护数据主体的合法权益，并提升公众对数据使用的信任。

（3）数据利益分配机制

在数据资产化的时代，合理的数据利益分配机制能够确保数据使用的公平性和透明性，保障各方的合法权益。通过建立数据价值共享机制，可以确保数据产生的价值能够公平分配给数据提供者和使用者。

企业将通过数据交易平台和共享协议，确保数据价值在各方之间公平分配。透明化数据利益分配过程，可以确保各方了解并监督数据价值的分配情况。企业将通过奖励机制和数据使用反馈，激励数据提供者积极参与数据共享和使用，推动数据资产的持续增长与价值提升。

通过构建公正透明的数据利益分配机制、价值共享体系以及激励措施，不仅能够保障数据提供者与使用者的权益，还能促进高质量数据的共享，从而推动数据资产价值的持续增长与优化。在数据资产化时代，建立公正透明的数据利益分配机制、价值共享体系和激励机制，可以保障数据提供者与使用者的权益，同时促进高质量数据的共享，推动数据资产价值的持续增长与优化。

15.3 国际关系变局

数据资产化不仅对经济和社会产生深远影响，也在重塑国际关系格局。随着数据成为新的战略资源，国家间的数据主权争夺和数据技术竞争日益激烈。未来，跨国数据合作、数据贸易与治理将成为全球化进程中的重要议题，各国将共同应对全球性挑战，推动国际社会共同发展。

15.3.1 数据主权与国际竞争

（1）数据主权的争夺

数据主权，即国家对其境内数据的控制权和保护权，已成为国际关系中的重要议题。未来，全球可能会进一步加强对数据主权的重视，制定相关政策和法规，以保护本国的重要数据资源。

各国通过制定和实施国家数据战略，强化法律法规、技术手段和政策措施，保护本国数据主权，确保数据资源的安全可控。数据主权的争夺将成为国家竞争的重要领域，全球将在数据立法、数据管理和数据安全等方面展开激烈竞争。

现阶段，部分地区和国家已经通过制定严格的数据保护政策，限制跨国数据流动，确保本国数据资源不被滥用或泄露，从而在全球范围内形成日益激烈的数据保护与利用竞争格局。例如，欧盟的《通用数据保护条例》（GDPR）和《数据法案》已经成为全球数据保护的标杆，未来将有更多国家推出类似的法律法规，以保护本国的数据主权。

（2）数字科技的国际竞争

数字科技的竞争，尤其是人工智能、量子计算和区块链等新兴技术的发展与应用，正成为国家间科技竞争的核心。这些技术的进步将深刻影响国家的经济实力和全球竞争力，推动各国在政策、资金和人才等方面进行战略性投入，以争夺科技领域的制高点和主导权。

数据主权的争夺和数据技术的国际竞争将成为国际关系的重要内容。各国将通过国家数据战略和数据保护政策保护本国的数据主权，并通过科技的创新和应用提升国家的综合实力与全球竞争力。数据主权与数据技术竞争将深刻影响全球经济格局和国际关系的走向。

15.3.2 国际数据合作与治理

（1）跨国数据合作

全球化背景下，跨国数据合作变得愈发重要。各国通过数据共享与合作，推动国际社会在经济、科技和公共事务等方面的共同发展。未来，全球数据共享平台将逐步建立，为各国提供丰富的数据资源，支持科技创新与经济发展。各国将通过国际数据合作项目，共同应对全球性挑战，如气候变化和公共卫生等。未来，更多国际数据合作项目将启动，推动全球社会的可持续发展。

数据资产的跨国合作趋势表明，随着全球化的深入发展，各国将通过建立全球数据共享平台和参与国际数据合作项目，实现数据资源的跨国流动与协同创新，共同应对全球性挑战，推动国际社会的共同进步与可持续发展。

（2）国际数据治理框架的建立

随着数据跨境流动的增加，国际社会亟须建立统一的数据治理框架，规范数据的收集、存储、处理和使用，以确保数据流动的安全与合规。国际社会将共同制定和实施统一的数据保护标准，确保数据跨境流动的安全与合规。国际数据保护标准将规范数据的收集、存储、处理和使用，保护数据主体的合法权益。各国将通过跨国数据立法合作，共同制定并实施数据保护法律法规，推动数据治理的国际协调。未来，更多跨国数据立法合作将启动，推动全球数据治理框架的建立与完善。

国际社会将成立专门的国际数据治理机构，负责协调和管理跨国数据流动及数据保护事务。国际数据治理机构将推动国际数据合作与治理，确保数据流动的安全与合规，促进全球数据资源的共享和利用。

数据资产的价值增长和跨境流动的增加正推动国际社会朝着建立统一的数据治理框架迈进，通过共同制定和实施数据保护标准、开展跨国数据立法合作以及成立国际数据治理机构，以确保数据流动的安全、合规，并促进全球数据资源的共享与利用。

15.3.3 国际贸易与数字经济发展

（1）加快国际数据贸易

数据不仅是重要的战略资源，也是一种新型的贸易商品。国际数据贸易将成为全球贸易的重要组成部分，各国将通过数据贸易促进经济发展和技术进步。全球将逐步建立规范的数据交易市场，为数据资源的买卖提供平台和保障。数据交易市场将推动数据资源的流通和利用，促进全球经济的协同发展。

各国将通过双边和多边数据贸易协议，规范数据贸易行为，保护数据交易双方的权益。数据贸易协议将为国际数据贸易提供法律和制度保障，推动数据贸易的健康发展。各国将建立统一的数据价值评估标准，确保数据交易的公平性和透明度。数据价值评估标准将规范数据的定价和交易流程，提升数据交易的公信力和效率。

数据资产作为新型贸易商品，将推动国际数据贸易成为全球贸易的关键部分。通过建立规范的数据交易市场、双边和多边数据贸易协议、统一的数据价值评估标准，以及加强国际数据合作与治理，可促进数据资源的流通、利用和全球经济的协同发展。

（2）促进数字经济发展

数据资产化有助于释放数据的潜在价值，促进数字技术与实体经济的深度融合，推动数字经济的快速发展。数字经济已成为全球经济增长的新引擎，各国通过数据资产化能够抢占数字经济发展的制高点，提升国家经济竞争力。

数据资产化可以为传统产业提供新的发展机遇，推动产业升级转型。通过对数据的分析和挖掘，企业可以更好地了解市场需求，优化生产流程，提高产品质量和服务水平，推动传统产业向数字化、智能化方向转变。

15.4 本章小结

展望未来，数据资产化将继续引领生产力和生产关系的重大变革，推动社会文化的深刻变迁，重塑国际关系格局。企业将通过数据驱动的新技术和生产方式实现更高效的运营和更强的市场竞争力，社会将通过数据治理和权益保护建立更加透明和公正的数据使用环境，国家将通过国际数据合作与治理应对全球性挑战，推动全球经济的可持续发展。